航天科技图书出版基金资助出版

DE GRUYTER

惯性导航系统在大地测量学中的应用

Inertial Navigation Systems with Geodetic Applications

[美] 克里斯托弗·杰克利（Christopher Jekeli） 著
李海兵 韩若曦 刘静晓 罗建刚 译

中国宇航出版社
·北京·

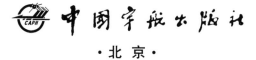

著作权合同登记号：图字：01－2022－6511 号

图书在版编目（CIP）数据

惯性导航系统在大地测量学中的应用 /（美）克里斯托弗·杰克利（Christopher Jekeli）著；李海兵等译. -- 北京：中国宇航出版社，2023.5

书名原文：Inertial Navigation Systems with Geodetic Applications

ISBN 978-7-5159-2166-2

Ⅰ.①惯…　Ⅱ.①克…　②李…　Ⅲ.①惯性导航系统－应用－大地测量学－研究　Ⅳ.①P22

中国版本图书馆 CIP 数据核字(2022)第 238013 号

责任编辑　侯丽平　　**封面设计**　王晓武

出版发行　中国宇航出版社

社址　北京市阜成路 8 号　**邮编**　100830
(010)68768548

网址　www.caphbook.com

经销　新华书店

发行部　(010)68767386　(010)68371900
(010)68767382　(010)88100613（传真）

零售店　读者服务部　(010)68371105

承印　北京中科印刷有限公司

版次　2023 年 5 月第 1 版
2023 年 5 月第 1 次印刷

规格　787×1092

开本　1/16

印张　18

字数　438 千字

书号　ISBN 978-7-5159-2166-2

定价　128.00 元

本书如有印装质量问题，可与发行部联系调换

航天科技图书出版基金简介

航天科技图书出版基金是由中国航天科技集团公司于2007年设立的，旨在鼓励航天科技人员著书立说，不断积累和传承航天科技知识，为航天事业提供知识储备和技术支持，繁荣航天科技图书出版工作，促进航天事业又好又快地发展。基金资助项目由航天科技图书出版基金评审委员会审定，由中国宇航出版社出版。

申请出版基金资助的项目包括航天基础理论著作，航天工程技术著作，航天科技工具书，航天型号管理经验与管理思想集萃，世界航天各学科前沿技术发展译著以及有代表性的科研生产、经营管理译著，向社会公众普及航天知识、宣传航天文化的优秀读物等。出版基金每年评审1～2次，资助20～30项。

欢迎广大作者积极申请航天科技图书出版基金。可以登录中国航天科技国际交流中心网站，点击“通知公告”专栏查询详情并下载基金申请表；也可以通过电话、信函索取申报指南和基金申请表。

网址：http：//www.ccastic.spacechina.com

电话：(010) 68767205，68767805

译者序

地球重力场是重要的地球物理场，它能有效地反映地球内部物质分布、运动及变化情况，确定地球重力场信息是大地测量学、地球物理学、海洋学、空间科学、地球动力学等学科的重要基础。人类认识地球重力场的水平，很大程度上受限于重力场信息测量技术的发展。惯性技术的蓬勃发展和卫星导航系统技术的广泛应用使得惯性技术在大地测量领域，尤其是动态重力测量领域具有广泛的应用。动态重力测量技术利用重力仪和 GNSS 技术组合进行相对重力测量，是解决全球高覆盖率和高分辨率重力测量的有效手段。

本书的作者 Christopher Jekeli 是美国俄亥俄州立大学教授，早年曾参与动态重力仪、重力梯度仪的项目管理、系统测试、数据处理和评估方法研究，在惯性系统和重力测量方面具有丰富的经验，现在仍在从事动态重力测量技术的研究工作，尤其是以惯性系统为基础的矢量重力测量技术。

本书建立在读者精通微积分、向量和矩阵代数的基础上，从第一性原理深入浅出地说明了坐标系与坐标变换、常微分方程、系统误差动态方程、随机过程和误差模型、线性估计等数学基础理论，初步构建了惯性导航和重力测量的理论基础，深入地推导了惯性测量单元、惯性导航系统、卫星导航系统三个系统的工作原理、主要误差项和典型误差源及典型值，最后给出了惯性导航系统、卫星导航系统在大地测量学中的应用，重点介绍了动基座重力测量方法。本书特别适合从事测绘、导航、控制等技术领域的研究生、工程技术人员研读，以快速了解惯性导航系统在大地测量学中的应用。

本书在翻译过程中，得到了王巍院士的悉心指导，在此表示诚挚的感谢。在本书的出版过程中，得到了中国宇航出版社的大力支持，在此表示由衷的感谢。也由衷地感谢航天科技图书出版基金、北京航天控制仪器研究所、崂山国家实验室、山东省重大科技创新工程的大力支持和帮助，使得本书顺利出版。

鉴于译者水平有限，虽然在翻译过程中力求做到忠于原文、概念准确，仍难免存在纰漏之处，恳请读者批评指正。

译　者

2023 年 4 月

献给我的母亲和父亲

前　言

陀螺仪的性能如此完美，令人惊叹！

Wallace E. Vander Velde，MIT，1983

这是对机械陀螺仪在20世纪后半叶取得的工程成就的肯定和赞扬。

机械陀螺仪是传统惯性导航系统的一个重要组成部分。随着当今激光技术和数字电子技术的发展，惯性传感器性能也随之提升，对惯性器件性能的要求也逐步提升；然而，高精度的导航和制导系统仍然依赖于现代光学陀螺的上一代——机械陀螺仪。此外，新一代传感器的稳健性、可靠性、高效性、低成本，将为商业、工业及科学事业中的更深入和更广泛的应用提供机会。与技术创新同时出现的是新的分析工具，特别是卡尔曼滤波器，专门用于惯性导航系统的分析、标定和融合。在过去20年中，全球定位系统已在定位和导航应用中占据主导地位，新的惯性传感器技术使这些先进设备的利用率得以持续增长，并推动了大地测量方法、全球定位系统融合等许多不同方法的迭代。

大地测量学是一门测量和确定地球表面的科学，现在依赖于全球定位系统的精度，同样也要认识到惯性导航系统在多种应用中的优势和机遇。尽管本书最终致力于这一目标，但对于那些非从事大地测量学、希望全面了解惯性导航系统的数学原理及精确导航和定位机制的读者，本书也具有相应价值。特别是本书尝试将惯性技术基本原理与估计理论相结合，不仅适用于传感器动态及其误差的理解，还适用于惯性导航系统与其他系统（如全球定位系统）的融合。我是一位热爱数学应用的大地测量学家，对这些主题的理解最好从第一原理导出的说明性公式入手。因此，相当多的工作体现在建立坐标系、线性微分方程和随机过程的初步概念中，这些数学理论也可以在其他著作中找到，但本书通过将这些内容融汇贯通于惯性导航系统在大地测量相关应用中，使得本书独具特色。通过数学细节和部分数值分析，我也希望读者能够欣赏Vander Velde的上述名言，这将很好地扩展到导航系统，进而扩展到其整个技术发展，惯性技术的成就确实令人惊叹。

本书建立在读者精通微积分，以及基本向量和矩阵代数的基础上。因此，微积分的本科课程，包括传统的高级微积分和线性代数，是理解本书的前提。此外，复变量、微分方程、数值和统计分析的知识虽非必需，但这些知识将为读者提供更多的数学知识拓展，以便充分理解和掌握本书内容。本书可作为大学本科高年级或研究生阶段的教材。尽管本书给出了详细的数学推导，但严谨的读者应该谨记一句老话，即数学不是一项观赏性运动。

如果没有空军和俄亥俄州立大学同事们的启发，本书将难以完成。我要特别感谢：Warren Heller，Jim White，Jacob Goldstein，Robert Shipp（TASC）；Triveni Upadhyay，Jorge Galdos（Mayflower Communications，Inc.）；David Gleason，Gerald Shaw（空军地球物理实验室）；Jim Huddle（Litton 制导与控制公司）；Alyson Brown（NAVSYS 公司）；Klaus-Peter Schwarz（卡尔加里大学）；Clyde Goad，Burkhard Schaffrin，Dorota Grejner Brzezinska，C. K. Shum，Ren Da，Jin Wang 和 Jay Kwon（俄亥俄州立大学）。此外，W. Vander Velde 和 A. Willsky（均在麻省理工学院）的几期长篇讲稿成为本书中数学理解的关键。

杰克利

哥伦比亚，俄亥俄州，2000 年 7 月

关于作者

克里斯托弗·杰克利博士于1981年在俄亥俄州立大学获得了大地测量学博士学位；1982—1993年在马萨诸塞州贝德福德的空军地球物理实验室担任研究科学家，在这期间，他领导了航空重力梯度仪项目团队和非牛顿重力实验数据分析团队，航空重力梯度仪的项目由国防测绘局［Defense Mapping Agency，DMA，即现在的国家测绘局（National Imagery and Mapping Agency，NIMA）］赞助；1993年，成为俄亥俄州立大学大地科学与测量系（现为土木与环境工程与大地科学系）的副教授（自1998年起担任教授）。他的教学和研究专长以及兴趣包括全球和局部重力建模及测量、大地水准面确定、重力谱分析、卫星大地测量学、惯性导航系统、全球定位系统和大地测量参考系统。

克里斯托弗·杰克利是国际大地测量学协会（International Association of Geodesy，IAG）的会员，为其执行委员会成员，并担任航空重力测量和高程系统理论研究领域的主席。克里斯托弗·杰克利是国家大地测量研究委员会的成员，也是美国地球物理学会和导航研究所的成员。他是《大地测量学》期刊的副主编，并经常在大地测量学领域发表有关重力测量技术和理论的文章。

目　录

第 1 章　坐标系与坐标变换

1.1　介绍

描述地球表面附近点的位置时，我们会自然地使用坐标系。尽管人们可以设计一个综合数据库来描述物体的位置，但如果我们不仅希望获得位置信息，还想获得距离、面积、体积和方向的测量值，那么非常有必要指定一个坐标系。同样，对于导航，需要定义一个坐标系，在这个系统中可以测量（载体的）运动并确定轨迹和目的地。有几种坐标系可供我们选择，每种坐标系均有特定的应用，这取决于特定学科的不同需求。在大地测量学中，涉及位置确定、地图投影、运载体的导航、沿着既定路线的制导等，每种应用场景都需定义特定的坐标系。

我们重点讲一下笛卡儿坐标系或者直角坐标系，笛卡儿坐标系的坐标轴相互垂直，3 个坐标轴可以实现空间中多个方向的表示，如图 1-1 所示。在直角坐标系中，坐标轴通常按顺序定义 1 轴、2 轴和 3 轴。坐标系被定义为右手坐标系，即绕 1 轴逆时针旋转 90°，从 1 轴指向原点方向来看，2 轴旋转到 3 轴的位置。同样，绕 2 轴逆时针旋转 90°，3 轴旋转到 1 轴的位置；绕 3 轴逆时针旋转 90°，1 轴旋转到 2 轴的位置。

我们以带下标的小写字母表示笛卡儿坐标轴，例如 x_j，$j=1$，2，3。相应的粗体字母 $\boldsymbol{x}$ 代表以 x_j 作为分量的向量（参见图 1-1）。同样，图 1-1 中给出了一组单位向量，由 $\boldsymbol{e}_j$ 表示。每个单位向量仅有一个非零元素，即单位向量中的第 j 个元素等于 1，其余元素为 0；也就是说，$\boldsymbol{e}_j$ 的方向是沿着相对应的坐标轴，并且具有单位长度。

$\boldsymbol{x}$ 向量可表示为

$$\boldsymbol{x}=\begin{pmatrix}x_1\\x_2\\x_3\end{pmatrix} \tag{1-1}$$

也可以使用单位向量表示为

$$\boldsymbol{x}=x_1\boldsymbol{e}_1+x_2\boldsymbol{e}_2+x_3\boldsymbol{e}_3 \tag{1-2}$$

式中，很明显坐标 x_j 是向量 $\boldsymbol{x}$ 在对应坐标轴上的正交投影。我们假设读者熟悉向量（和矩阵）代数，包括向量的加法、减法和乘法（如标量的点积，向量的叉乘，也包括矩阵乘法和倒置）等基本运算。对于这些向量代数运算的回顾，可参见 Lang（1971）。

上面给出了几个概念的介绍。接下来，将首先讨论大地测量学/天文学中使用的典型术语：坐标系统（coordinate system）和坐标系（coordinate frame）（可参见 Moritz 和 Mueller，1987）。坐标系统包括物理理论以及它们的近似和模型，这将用于定义 3 个坐标

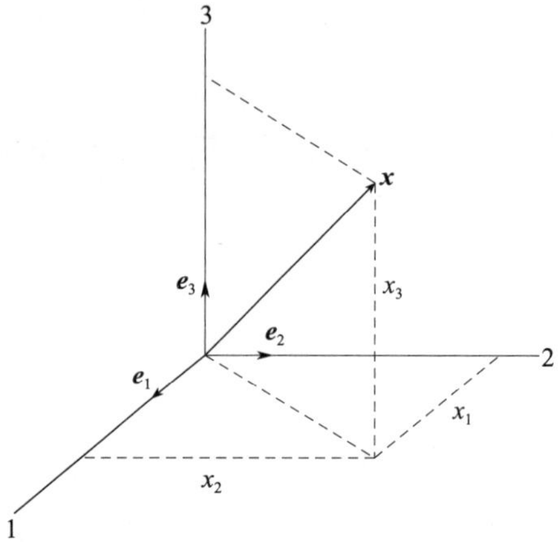

图 1-1　向量 $\boldsymbol{x}$ 的笛卡儿坐标和单位向量 $\boldsymbol{e}_j$

轴；坐标系通过一组点实现坐标系统，这些点的坐标可以与坐标系对应起来。确定一个坐标系统的基本原理和方法超出了本书范围，对于当下目标而言，了解每个坐标轴的定义和会表示一个坐标系就足够了。在导航的相关参考文献中通常使用坐标系代替坐标系统，在本书中仍然坚持这个惯例，也就是我们要清楚在每个坐标系后都有一个坐标系统。

我们将使用的坐标系是全球坐标系或当地坐标系，这很大程度上是通过使用的精度和期望达到的精度来确定。全球笛卡儿坐标系固联于旋转的地球或固联于恒星；当地笛卡儿坐标系是通过当地方向来定义的，例如北、东和地。此外，曲线坐标也可以描述空间的点——我们不用曲线坐标来描述表面的固有特性，它们更多地用于数学（微分几何学）应用；它们的应用是基于以下条件，即运动和位置通常是在球或椭球表面。曲线坐标仍然是三维坐标，主要为了方便计算和推导。曲线坐标可以是球极坐标，或者是更适合的测地学坐标，如经度、纬度和高度（这些将在第 1.2 节中进行精确的定义）。

研究惯性导航系统时，就会遇到其他各种坐标系。例如，导航仪器坐标系，安装导航仪器的平台坐标系，承载平台的载体坐标系。每一种坐标系都是一个笛卡儿坐标系。显而易见，主要问题就是将每个坐标系与其他相关坐标系关联起来，这样在一个坐标系下的测量值就能够在另外一个最适合提供信息的坐标系中传递或表示，这需要用到坐标变换的知识（见第 1.3 节）。首先，我们需要更加明确地定义每个坐标系。

1.2　坐标系

大地测量学是一门测量、确定和绘制地球表面点坐标的科学，我们使用的坐标系以大地测量学为背景。我们扩展了 F. R. Helmert（1880）对大地测量学简短正式的定义，它还包括一个点沿着运动轨迹的动态定位，也就是导航。提到导航，我们通常认为是实时或瞬时定位；很明显，导航系统可以用于定位的后续处理。在任何情况下，根据我们的需求，我们会引用特定的物理学定律；我们将看到，引力加速度将起到关键作用。

1.2.1　惯性坐标系

我们从大地测量学中最基本的坐标系统讲起，即惯性系统，其经典定义为牛顿运动定律成立的系统。牛顿定义的惯性系统符合欧几里德（伽利略）系统，即一个坐标满足欧几里德几何的系统。此系统中，在不施加外力的情况下，一个静止（或者匀速直线运动）的物体将保持静止（或者匀速直线运动）。这就是牛顿第一运动定律。

此外，这个系统中运动的动力学可以使用牛顿第二运动定律和第三运动定律公式来表达。特别是牛顿第二运动定律（可参见 Goldstein，1950），阐述了施加在一点上的力 $\boldsymbol{F}$ 等于这个点动量的时间变化率

$$\boldsymbol{F}=\frac{\mathrm{d}}{\mathrm{d}t}(m_i\dot{\boldsymbol{x}}) \tag{1-3}$$

式中，$m_i\dot{\boldsymbol{x}}$ 为质点的动量，为质点速度 $\dot{\boldsymbol{x}}$ 和惯性质量 m_i 的乘积。变量上方的圆点表示对时间的导数——一次导数用一个圆点，二次导数用两个圆点，以此类推。如果没有力施加在质点上，那么它的动量为一个常数（动量守恒定律）。

假定这个质点的质量是一个恒量，我们有一个简化的牛顿第二运动定律的表达式

$$m_i\ddot{\boldsymbol{x}}=\boldsymbol{F} \tag{1-4}$$

式（1-4）表明在惯性系统中一个质点的加速度 $\ddot{\boldsymbol{x}}$ 正比于施加在这一质点上的力 $\boldsymbol{F}$ 。这些经典的牛顿定律奠定了惯性坐标系的基础，也描述惯性测量单元（见第 3 章）的动力学特性。

在我们的世界中，全球惯性系统是一个抽象概念，因为在太阳系附近的任何坐标系都存在引力场，这个引力场具有（引力）梯度空间变化的特性。例如，假定太阳系质量中心的坐标系是非旋转的，一个最初静止或者做匀速直线运动的物体，将在太阳或者其他星体引力作用下加速（这就违反了牛顿第一定律）；因此，这个坐标系就不是惯性的。引力加速度与向心加速度或者科里奥利加速度一样，不是由于式（1-3）外部施加物理作用力 $\boldsymbol{F}$ 所产生的，恰恰相反，这是一个引力场的结果。在这种情况下，引力场属于运动力的范畴（可参见 Martin，1988），引起的加速度不依赖被加速的物体。

那么，为了使用牛顿经典力学方法进行下一步推导，有必要修正牛顿第二运动定律（正如在一个旋转坐标系中修正以解释向心加速度和科里奥利加速度）。修正式（1-4），其目的是为了说明由于一个周围的引力场产生了加速度

$$m_i\ddot{\boldsymbol{x}}=\boldsymbol{F}+m_g\boldsymbol{g} \tag{1-5}$$

上式认为引力加速度向量 $\boldsymbol{g}$ 是引力质量 m_g 和引力 $\boldsymbol{F}_g$ 之间的“比例系数”，可通过牛顿万有引力定律（反平方定律）来表示

$$\boldsymbol{F}_g=k\,\frac{m_gM}{\ell^2}\boldsymbol{e}_\ell=\boldsymbol{g}m_g \tag{1-6}$$

式中，引力场是由质点质量 M 产生的，质量 m_g 与 M 之间的距离为 ℓ，$\boldsymbol{e}_\ell$ 是两个质点连线的单位向量，k 为常数（牛顿引力常数），这个常数符合量纲要求。

根据（弱）等效原理，对于相同质量，$m_i=m_g=m$ ，可得

$$\ddot{\boldsymbol{x}} = \boldsymbol{a} + \boldsymbol{g} \tag{1-7}$$

式中，$\boldsymbol{a} = \boldsymbol{F}/m$ 是由施加力产生的加速度；$\boldsymbol{a}$ 也称为比力（每单位质量的力）。例如，比力包括大气阻力、机翼提供的升力和"反作用力"，反作用力是地球表面施加在物体上以防向地球中心下落的力。

在此，给出相关的专业术语。准惯性坐标系是出现在测地学文献（可参见 Moritz 和 Mueller，1987）的名称，是指地心坐标系绕着太阳加速，但是自身不旋转，认为"几乎是惯性的"，因为根据相对论描述，太阳系的引力场相对微弱，并且空间-时间的曲率非常小，因此经典的牛顿动力学定律成立。然而，准惯性坐标系对于坐标系本身可能是足够的，但物体在这个坐标系中运动时，它就不符合要求了。很明显，如果惯性坐标系由牛顿第一运动定律定义，那么由于万有引力不是一个施加的力，而是一个场，是我们所在空间的一个组成部分，我们通常不可能遇到以上提到的惯性坐标系。如果继续使用经典方法，我们必须修正牛顿定律来解释万有引力。由于等效原理成立，可以修正牛顿定律。但是，严格来说，这些坐标系不是惯性坐标系，也不是准惯性坐标系。更好的一个术语是伪惯性坐标系，这很像全球定位系统（GPS）术语表中的伪距（参见第 9 章），表明其为包含了时钟偏差效应的一个测量距离。

认识惯性坐标系的起源后，对于固联于地心做惯性运动的非旋转坐标系，我们将保留惯性坐标系（i 坐标系）的名称。在太阳、月球和其他星体的引力场中，这个坐标系是惯性运动的。式（1-7）中的 $\boldsymbol{g}$ 包括了地球的引力加速度，也包括了太阳、月球和行星相对于地心的引力加速度（潮汐加速度）。这个坐标系的方向固定于天球，同样通过类星体的观测方向来实现，类星体是极远处的天体，认为它们的相对方向没有任何改变。在 i 坐标系中一点的坐标是指定向量 $\boldsymbol{x}^i$ 中的组成部分，这个上标表示坐标的坐标系。

国际地球自转服务委员会（International Earth Rotation Service，IERS）使用银河系外的无线电信号源（可参见 McCarthy，1996；Feissel 和 Mignard，1998）建立了"惯性"坐标系统，称为国际天体参考坐标系统（International Celestial Reference System，ICRS)。这样，坐标系统的 3 轴（北天极）和 1 轴（在天赤道面上）就非常接近传统的定义。这个系统通过 608 个类星体来实现，它们的方向是使用甚长基线干涉测量技术和在 *Hipparcos Catalogue* 一书中 12 000 个恒星的坐标来确定的。通过地球自转轴及空间轨道的章动和进动、极点相对于地球表面运动的理论和惯例，将国际地球参考系统（International Terrestrial Reference System，ITRS）（见第 1.2.2 节）和国际天体坐标系统联系起来。在行星运动理论中动态时间是时间的自变量，为了保持与动态时间的定义一致，通常认为国际天体坐标系统的原点就是太阳系的质量中心。本书中，i 坐标系坐标原点的差异没有实际的影响。

1.2.2 地心地固坐标系

地心地固坐标系是固联于地球的坐标系，原点在地球质量中心。它的坐标轴通过惯例来确定：3 轴是一个固定的极轴，1 轴定义为赤道面上经度为 0°确定的位置（即格林尼治子午线）。极轴与地球表面在传统国际原点处（Conventional International Origin，CIO）相交，极轴接近旋转轴，这是由于地极运动旋转轴偏离这个固定点（可参见 Mortiz 和 Mueller，1987）。

在地心地固坐标系（Earth-centered-Earth-fixed，ECEF）或 e 坐标系中，指定的坐标向量是 $\boldsymbol{x}^e$ 。在历史上，地球固定的坐标系统使用测地学数据（可参见 Torge，1991）的定义来实现，也就是通过地球表面一个或多个点的坐标来确定原点。现在，国际地球自转服务委员会建立了一个国际地球参考系统，这个系统通过卫星激光测距系统、全球定位系统及其他卫星系统来实现，所以国际地球参考系统是以地球为中心的。国际地球参考系（International Terrestrial Reference Frame，ITRF）建立在全球分布的天文台的基础上，并通过板块构造引起的地壳运动来修正天文台的坐标。

1.2.3　导航坐标系

导航坐标系是描述载体导航的当地坐标系。为了定义这个坐标系，我们首先考虑全球大地测量参考系。传统的大地测量参考系由曲线坐标（ϕ，λ）组成，这组坐标定义了相对于改进旋转椭球的法线方向（也就是垂直方向）（见图 1-2）。通过定义比例和形状，选择椭球的参数，使它也接近地球的零海拔水平面（大地水准面）。

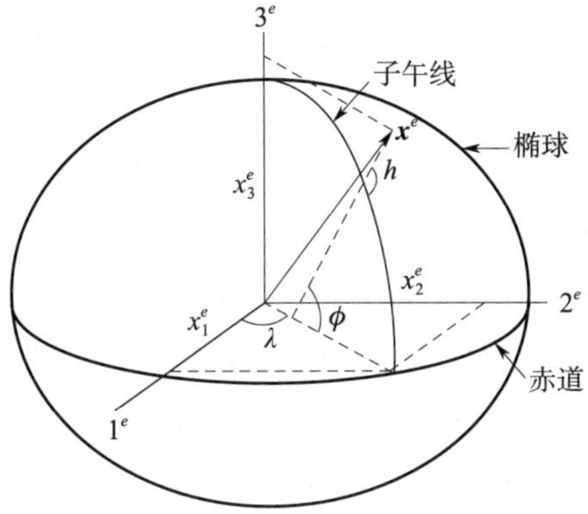

图 1-2　地心地固坐标和地球椭球的测地学坐标

一个点的测地学纬度 ϕ 是通过在子午线平面内这个点的法线与赤道的夹角来表示的，正值表示指向北，负值表示指向南。测地学经度 λ 是格林尼治子午线（包含 1^e 轴）与这个点的子午线平面在赤道平面内的夹角。椭球高度 h 是沿着法线从椭球面到这一点的距离。坐标（ϕ，λ，h）等同于一组相互正交的坐标。假设确定了以地球为中心的椭球（即原点在地球质量中心上），它们能够代替笛卡儿坐标系来使用，$\boldsymbol{x}^e$ 表示在 e 坐标系中的位置。（ϕ，λ，h）和 $\boldsymbol{x}^e$ 之间的变换由第 1.5 节给出。

当地坐标系可以定义为一组笛卡儿坐标轴，其中第三轴与椭球上通过该点的法线方向一致，指向“地”，第一轴指向真北（平行于子午线的切线），第二个轴指向东（见图 1-3）。北-东-地的另一个选择是南-东-天，其中 3 轴正向指向天，坐标系也是右手坐标系。相反，测地学家通常将当地北-东-天坐标系用于天文-测地学观测，这个坐标系是左手坐标系，不在此处考虑范围之内。这里采用惯性导航领域传统使用的北-东-地坐标系作为导航坐标系，或 n 坐标系。n 坐标系的原点是在椭球面上，或在导航系统当地位置上（如图 1-3 所示）。

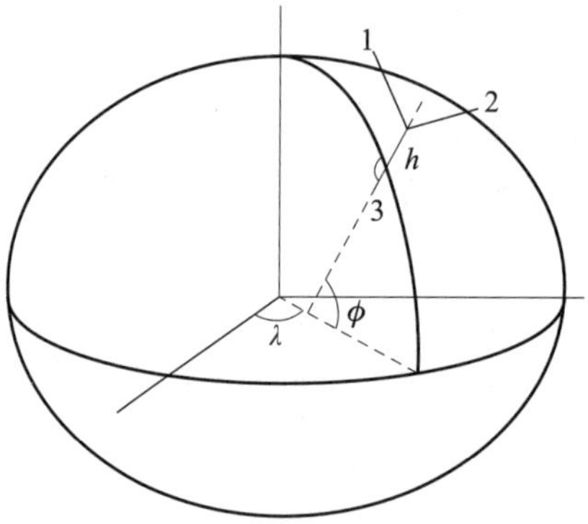

图 1-3　当地北-东-地坐标系

特别注意，n 坐标系的 3 轴不通过地球的质量中心，这使得坐标在 n 坐标系和 e 坐标系之间的变换更加复杂。但更重要的是，n 坐标系通常不以坐标的形式表示运载体的位置。相反，应当对 n 坐标系进行可视化，这样 3 轴就总是与承载导航系统的载体同时运动。n 坐标系的主要目的是提供当地北-东-地 3 个方向，载体的速度可以沿着这 3 个方向来表示。这在那些传感器总是与水平和垂直方向安装一致的导航系统中十分有用。对任意机械编排的系统，通过计算的方式来获得 n 坐标系下的导航参数。此外，n 坐标系也经常作为平台坐标系和仪器坐标系相关的常用参考坐标系。

对 n 坐标系，它相对于 e 坐标系和 i 坐标系的相对方向是最重要的。除非在正式情况下，向量 $\boldsymbol{x}^n$ 不用于表示载体位置的坐标，因为通过定义仅有第三个分量是非零的。

除了这些基本的坐标系，可以将前述的笛卡儿（垂直）坐标系和测量系统及其运载体的每个不同分量联系起来（可参见 AFSC，1992）。载体坐标系通常涉及的是被导航的载体，或称为 b 坐标系。根据惯例，坐标轴沿着前、右和向下的方向来定义（见图 1-4，图 1-8）。传感器坐标系仅是用于表示和分析导航系统的坐标系。例如，在进行滤波分析时，传感器坐标系通常作为统一的坐标系，在此坐标系下对仪器误差进行建模和识别。在捷联系统中（见第 4.2.3 节），传感器坐标系可以与载体坐标系一致，而在当地水平的稳定平台系统中（见第 4.2.2 节），传感器坐标系通常与导航坐标系相对应。

惯性导航系统的仪器是加速度计和陀螺仪；加速度计测量加速度，通过对加速度进行积分得到位置，陀螺仪提供加速度计的方向信息（见第 3 章）。每组加速度计和陀螺仪都有其自身的坐标系统。加速度计坐标系通常取为正交坐标系，但现实情况中仅有一个加速度计敏感轴与坐标系的一个坐标轴（1 轴）平行，其他加速度计敏感轴可能与相对应的坐标轴不平行。仪器的非正交性可以通过特定的标定程序来确定。加速度计坐标系的原点是加速度计比力的计算点。同样，陀螺仪坐标系也是正交的，仅有一个输入轴与坐标系轴（1 轴）一致。陀螺仪坐标系的原点与加速度计坐标系的原点是相同的。为了理解每个仪

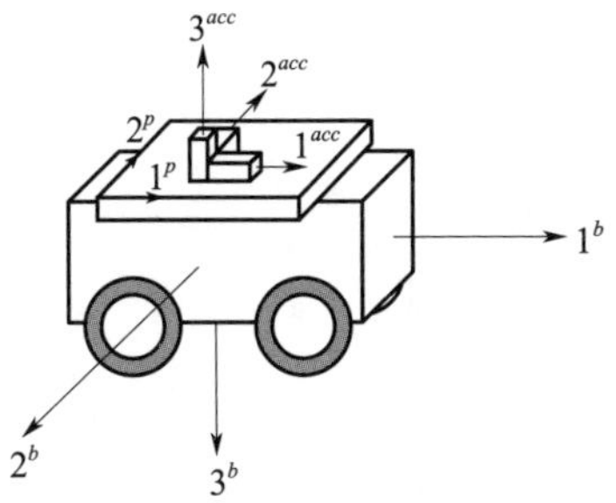

图 1－4　载体坐标系、平台坐标系和惯性测量单元坐标系之间的典型关系

器的工作原理，引入仪器坐标系，这个坐标系用来定义每个加速度计和陀螺仪的输入轴和输出轴。平台坐标系（或壳体坐标系）提供了一组物理基准轴，这组基准轴可以给仪器提供共同的原点。

在任何情况下，点坐标在各自坐标系中是具有合适上标向量的元素。为了实现惯性导航，必须将仪器坐标系下测量值变换成地球固联坐标系下的有用数据，这首先需要研究坐标系之间的变换。

1.3　坐标变换

从一个坐标系到另外一个坐标系的坐标变换存在几种可能，最重要的就是它们的相对方向。不同坐标系相对应原点之间可能也有变换，但这可以简单地通过坐标矢量的差值来表示，它们对同一坐标系内的点均适用。通常没有必要来考虑不同的刻度，这些刻度一般通过国际计量局（BIPM，1991）的惯例对所有的系统进行定义（一个特殊类型的传感器可能产生与另一个传感器不同刻度的数据，但不是赋予每个坐标系自己的刻度，而数据通过一个刻度系数联系起来）。

假设坐标系是直角坐标系，3 个角足以描述坐标系之间的相对位置。坐标变换是线性变换，并且可以通过方向余弦、旋转（欧拉）角或者四元数（使用了 4 个非独立的参数）来获得。本章将讨论四元数的一些细节，并将在第 4 章中应用，惯性大地测量学中的分析和研究将重点关注方向余弦和旋转角的应用，因为在动态良好环境中，它们在这些重要条件下是适用的。

1.3.1　方向余弦

考虑 s 系和 t 系两个同心的坐标系，它们的相对方向是任意的（见图 1－5）。令一个点在 s 系的坐标表示为向量 $\boldsymbol{x}^s$，在 t 系的坐标表示为向量 $\boldsymbol{x}^t$，可得

$$\boldsymbol{x}^s = \begin{pmatrix} x_1^s \\ x_2^s \\ x_3^s \end{pmatrix};\boldsymbol{x}^t = \begin{pmatrix} x_1^t \\ x_2^t \\ x_3^t \end{pmatrix} \tag{1-8}$$

在任意坐标系中，点的坐标是向量在坐标系相应坐标轴上的正交投影，如式（1－2）

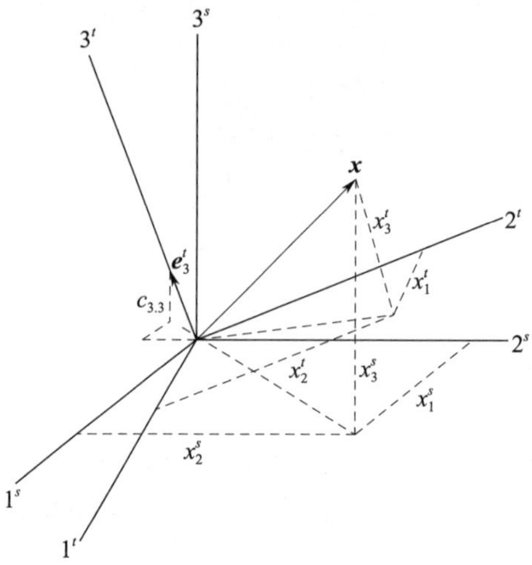

图 1-5　s 坐标系和 t 坐标系

中所示

$$\boldsymbol{x}^s = x_1^s \boldsymbol{e}_1^s + x_2^s \boldsymbol{e}_2^s + x_3^s \boldsymbol{e}_3^s \tag{1-9}$$

$$\boldsymbol{x}^t = x_1^t \boldsymbol{e}_1^t + x_2^t \boldsymbol{e}_2^t + x_3^t \boldsymbol{e}_3^t \tag{1-10}$$

式中，$x_j^s = \boldsymbol{e}_j^s \cdot \boldsymbol{x}^s$，$j=1, 2, 3$，是在 s 系中的坐标；$\boldsymbol{e}_j^s$，$j=1, 2, 3$，是沿着坐标轴对应的单位向量；对于 t 系，同样如此。

同理，t 系单位向量的坐标 $\boldsymbol{e}_k^t$ 在 s 系中的坐标表示为

$$c_{j,k} = \boldsymbol{e}_j^s \cdot \boldsymbol{e}_k^t \tag{1-11}$$

因此

$$\boldsymbol{e}_k^t = c_{1,k} \boldsymbol{e}_1^s + c_{2,k} \boldsymbol{e}_2^s + c_{3,k} \boldsymbol{e}_3^s \tag{1-12}$$

如果将式（1-12）中的每个 k 代入式（1-10），然后将这个结果与式（1-9）比较，我们可以获得坐标之间的变换，以向量的形式写为

$$\boldsymbol{x}^s = \boldsymbol{C}_t^s \boldsymbol{x}^t \tag{1-13}$$

其中变换矩阵可以通过下式给出

$$\boldsymbol{C}_t^s = \begin{pmatrix} c_{1,1} & c_{1,2} & c_{1,3} \\ c_{2,1} & c_{2,2} & c_{2,3} \\ c_{3,1} & c_{3,2} & c_{3,3} \end{pmatrix} \tag{1-14}$$

特别注意标记符号 $\boldsymbol{C}_t^s$ 如何表示初始坐标系（下标）和变换后的坐标系（上标）。$\boldsymbol{C}_t^s$ 的下标是变换坐标系的向量标记，上标是变换后坐标系的向量标记。

从式（1-11）和向量标量积的特性可知，系数 $c_{j,k}$ 是 s 系第 j 个坐标轴和 t 系第 k 个坐标轴之间夹角的余弦，$\boldsymbol{C}_t^s$ 称为方向余弦矩阵。要注意，$\boldsymbol{C}_t^s$ 的第 k 列表示单位向量 $\boldsymbol{e}_k^t$ 在 s 坐标系中的值；$\boldsymbol{C}_t^s$ 的第 j 行表示单位向量 $\boldsymbol{e}_j^s$ 在 t 坐标系中的值。因此，矩阵的列是相互正交的，行也是相互正交的；矩阵 $\boldsymbol{C}_t^s$ 是一个正交矩阵

$$\boldsymbol{C}_t^s (\boldsymbol{C}_t^s)^{\mathrm{T}} = \boldsymbol{I} \quad \Rightarrow \quad \boldsymbol{C}_s^t \equiv (\boldsymbol{C}_t^s)^{-1} = (\boldsymbol{C}_t^s)^{\mathrm{T}} \tag{1-15}$$

正交性表明矩阵 $\boldsymbol{C}$ 的九个元素均是独立的，也就是说，它们的相对方向仅取决于 3 个自由度。

任意 3×3 矩阵 $\boldsymbol{A}$ 在正交坐标变换下的变换矩阵推导如下。令 $\boldsymbol{y}^t=\boldsymbol{A}^t\boldsymbol{x}^t$ ，那么使用式（1－13）和式（1－15），我们有

$$\boldsymbol{y}^t=\boldsymbol{A}^t\boldsymbol{x}^t \quad\Rightarrow\quad \boldsymbol{C}_s^t\boldsymbol{y}^s=\boldsymbol{A}^t\boldsymbol{C}_s^t\boldsymbol{x}^s \quad\Rightarrow\quad \boldsymbol{y}^s=\boldsymbol{C}_t^s\boldsymbol{A}^t\boldsymbol{C}_s^t\boldsymbol{x}^s \tag{1-16}$$

可知它遵循下式

$$\boldsymbol{A}^s=\boldsymbol{C}_t^s\boldsymbol{A}^t\boldsymbol{C}_s^t \tag{1-17}$$

1.3.2 欧拉角

s 系和 t 系的相对方向也可以通过顺序的旋转来描述。所以，对于方向余弦矩阵变换的一个选择就是连续应用绕特定坐标轴的旋转矩阵。每个轴的旋转矩阵如下

$$\boldsymbol{R}_1(\theta)=\begin{pmatrix}1 & 0 & 0\\ 0 & \cos\theta & \sin\theta\\ 0 & -\sin\theta & \cos\theta\end{pmatrix}$$

$$\boldsymbol{R}_2(\theta)=\begin{pmatrix}\cos\theta & 0 & -\sin\theta\\ 0 & 1 & 0\\ \sin\theta & 0 & \cos\theta\end{pmatrix}$$

$$\boldsymbol{R}_3(\theta)=\begin{pmatrix}\cos\theta & \sin\theta & 0\\ -\sin\theta & \cos\theta & 0\\ 0 & 0 & 1\end{pmatrix} \tag{1-18}$$

$\boldsymbol{R}_j(\theta)$ 表示绕第 j 个坐标轴旋转角度为 θ ，沿着坐标轴指向原点（右手规则）方向看逆时针方向为正。显然，每个 $\boldsymbol{R}_j(\theta)$ 是一个特殊的方向余弦矩阵。它是正交矩阵，$\boldsymbol{R}_j^{-1}(\theta)=\boldsymbol{R}_j^{\mathrm{T}}(\theta)$ ；并且，逆矩阵是“逆向旋转”，$\boldsymbol{R}_j^{-1}(\theta)=\boldsymbol{R}_j(-\theta)$ 。例如，如果旋转 t 系得到 s 系 ，首先绕 1 轴旋转角度 α ，然后绕第一次旋转后的 2 轴旋转角度 β ，最后绕第二次旋转后的 3 轴旋转角度 γ ，那么从 t 系到 s 系的变换矩阵为 $\boldsymbol{R}_3(\gamma)\boldsymbol{R}_2(\beta)\boldsymbol{R}_1(\alpha)$ ；并且

$$\boldsymbol{x}^s=\boldsymbol{R}_3(\gamma)\boldsymbol{R}_2(\beta)\boldsymbol{R}_1(\alpha)\boldsymbol{x}^t \tag{1-19}$$

因为每个旋转矩阵均为正交矩阵，所以总的变换矩阵也是正交矩阵

$$\begin{aligned}[\boldsymbol{R}_3(\gamma)\boldsymbol{R}_2(\beta)\boldsymbol{R}_1(\alpha)]^{-1} &= [\boldsymbol{R}_3(\gamma)\boldsymbol{R}_2(\beta)\boldsymbol{R}_1(\alpha)]^{\mathrm{T}}\\ &=\boldsymbol{R}_1(-\alpha)\boldsymbol{R}_2(-\beta)\boldsymbol{R}_3(-\gamma)\end{aligned} \tag{1-20}$$

需要特别注意的是，旋转顺序不同所得到的变换矩阵也不同，这一点尤其重要。这很容易通过示例证明，例如 $\boldsymbol{R}_1(\alpha)\boldsymbol{R}_2(\beta)\neq\boldsymbol{R}_2(\beta)\boldsymbol{R}_1(\alpha)$ 。

选择绕哪个坐标轴进行旋转完全取决于需要解决的问题。不同的（旋转）顺序可以产生最终相同的变换，但是一个变换的方便性可能要超过另外一个。在群论、物理学和相关领域中常用的旋转顺序为 $\boldsymbol{R}_3\boldsymbol{R}_2\boldsymbol{R}_3$ ，相应的角度通常也就是已知的欧拉角（也有许多作者定义的顺序为 $\boldsymbol{R}_3\boldsymbol{R}_1\boldsymbol{R}_3$ ）。实际上，如 O'Donnel（1964）和 Arfken（1970）中所述，这些角的术语总是不与任何顺序的旋转相联系，在这种情况下，我们提到的旋转角度通常是指

欧拉角。由于它的角度通常与绕 3 个独立坐标轴的旋转一致，因此在惯性导航系统的文献中采用式（1－19）给出的顺序。这反映了稳定平台系统的构建（见第 4.2 节）和由飞机施加的旋转类型（横滚、俯仰、偏航，见第 1.5 节）。

不管我们使用方向余弦还是使用欧拉角，一个给定（坐标）变换最终结果一定是一致的；也就是说，在这种情况下

$$\boldsymbol{C}_t^s=\boldsymbol{R}_3(\gamma)\boldsymbol{R}_2(\beta)\boldsymbol{R}_1(\alpha) \tag{1-21}$$

显然，我们可得

$$\boldsymbol{R}_3(\gamma)\boldsymbol{R}_2(\beta)\boldsymbol{R}_1(\alpha)=\begin{pmatrix}\cos\gamma\cos\beta & \cos\gamma\sin\beta\sin\alpha+\sin\gamma\cos\alpha & -\cos\gamma\sin\beta\cos\alpha+\sin\gamma\sin\alpha\\ -\sin\gamma\cos\beta & -\sin\gamma\sin\beta\sin\alpha+\cos\gamma\cos\alpha & \sin\gamma\sin\beta\cos\alpha+\cos\gamma\sin\alpha\\ \sin\beta & -\cos\beta\sin\alpha & \cos\beta\cos\alpha\end{pmatrix} \tag{1-22}$$

这清楚晰地表明欧拉角和方向余弦之间的关系，这种变换取决于所选择的欧拉角和旋转顺序。在这种情况下，根据式（1－19）中给出欧拉角的坐标变换，方向余弦 $c_{j,k}$ 很明显是式（1－22）中的元素。反过来，给出方向余弦，在这种情况下可以给出欧拉角

$$\alpha=\tan^{-1}\left(\frac{-c_{3,2}}{c_{3,3}}\right);\quad \beta=\sin^{-1}(c_{3,1});\quad \gamma=\tan^{-1}\left(\frac{-c_{2,1}}{c_{1,1}}\right) \tag{1-23}$$

对于小角度 α，β，γ，我们取近似值：$\cos\alpha\approx 1$，$\sin\alpha\approx\alpha$ 等；并且，仅保留一阶项，式（1－22）变成

$$\begin{aligned}\boldsymbol{R}_3(\gamma)\boldsymbol{R}_2(\beta)\boldsymbol{R}_1(\alpha)&\approx\begin{pmatrix}1 & \gamma & -\beta\\ -\gamma & 1 & \alpha\\ \beta & -\alpha & 1\end{pmatrix}\\ &=\begin{pmatrix}1 & 0 & 0\\ 0 & 1 & 0\\ 0 & 0 & 1\end{pmatrix}-\begin{pmatrix}0 & -\gamma & \beta\\ \gamma & 0 & -\alpha\\ -\beta & \alpha & 0\end{pmatrix}=\boldsymbol{I}-\boldsymbol{\Psi}\end{aligned} \tag{1-24}$$

式中，定义的 $\boldsymbol{\Psi}$ 是小旋转角度的斜对称矩阵。从式（1－21）（对于小角度 α，β，γ）可得

$$\boldsymbol{C}_t^s\approx\boldsymbol{I}-\boldsymbol{\Psi}=\begin{pmatrix}1 & \gamma & -\beta\\ -\gamma & 1 & \alpha\\ \beta & -\alpha & 1\end{pmatrix} \tag{1-25}$$

由于小旋转角是 s 系和 t 系各自轴之间的夹角，很明显这种近似与绕坐标轴的旋转顺序是无关的；结果也总是式（1－25）。因此，也给出逆变换

$$\begin{aligned}\boldsymbol{C}_s^t&\approx\begin{pmatrix}1 & \gamma & -\beta\\ -\gamma & 1 & \alpha\\ \beta & -\alpha & 1\end{pmatrix}^{\mathrm{T}}\\ &=\begin{pmatrix}1 & 0 & 0\\ 0 & 1 & 0\\ 0 & 0 & 1\end{pmatrix}-\begin{pmatrix}0 & \gamma & -\beta\\ -\gamma & 0 & \alpha\\ \beta & -\alpha & 0\end{pmatrix}^{\mathrm{T}}\\ &=\boldsymbol{I}-\boldsymbol{\Psi}^{\mathrm{T}}(\alpha,\beta,\gamma\text{ 为小角度})\end{aligned} \tag{1-26}$$

1.3.3 四元数

在某种意义上讲，四元数是复数的推广。这并没有反映出代数中需要这种新发明的数(同求解任意多项式的所有根需要复数的方式)。相反，正如复数可以用于表示二维向量，四元数是可以表示四维向量的数［一般认为四元数由汉密尔顿所创，并且形成了一套向量操作符的集合（可参见 Morse 和 Feschbach，1953），尽管它们在现代物理学中仅仅具有历史意义］。

复数 z 是实部和虚部的和，为

$$z = x + \mathrm{i}y \tag{1-27}$$

式中，x 和 y 是实数；i 代表虚数单位（x 前部项暗含的 1 表示实数单位)。虚数单位满足方程 $\mathrm{i}^2=-1$。使用复数表示二维向量是通过定义 1 和 i 为沿着两个相互垂直轴的单位，因此 x 和 y 是向量的坐标，类似于式（1-2)。复数的一个等效形式为

$$z = \rho \mathrm{e}^{\mathrm{i}\theta} \tag{1-28}$$

式中，ρ 表示向量的幅值；θ 表示向量与 1 轴的夹角。通过代入欧拉方程，则式（1-27）和式（1-28）的等效式表示为

$$\mathrm{e}^{\mathrm{i}\theta} = \cos\theta + \mathrm{i}\sin\theta \tag{1-29}$$

可以证明，这个方程可以依次使用 $\mathrm{e}^{\mathrm{i}\theta}$ 、$\cos\theta$ 和 $\sin\theta$ 的级数展开式来表示

$$\mathrm{e}^p = 1 + \frac{1}{1!}p + \frac{1}{2!}p^2 + \frac{1}{3!}p^3 + \cdots$$

$$\sin(p) = p - \frac{1}{3!}p^3 + \frac{1}{5!}p^5 - \frac{1}{7!}p^7 + \cdots$$

$$\cos(p) = 1 - \frac{1}{2!}p^2 + \frac{1}{4!}p^4 - \frac{1}{6!}p^6 + \cdots \tag{1-30}$$

对于任意 p 成立。

对于四元数，我们介绍两个附加的“虚数单位”j 和 k，它们和 i 表示沿着 3 个相互垂直轴的单位。单位 1 表示沿着第 4 个轴的单位，在某种意义上可以认为它垂直于其他 3 个轴。j 和 k 的定义如 i 一样

$$\mathrm{i}^2 = -1;\quad \mathrm{j}^2 = -1;\quad \mathrm{k}^2 = -1 \tag{1-31}$$

此外，我们定义（它们的）积

$$\mathrm{ij} = -\mathrm{ji} = \mathrm{k};\quad \mathrm{jk} = -\mathrm{kj} = \mathrm{i};\quad \mathrm{ki} = -\mathrm{ik} = \mathrm{j} \tag{1-32}$$

式中，我们要注意区别不同单位的非交换性（例如 $\mathrm{ij} \neq \mathrm{ji}$)。

那么，一个四元数通过和的形式给出

$$q = a + \mathrm{i}b + \mathrm{j}c + \mathrm{k}d \tag{1-33}$$

式中，a，b，c，d 是实数。q 的共轭（同 z 的共轭复数）可以通过对所有虚部的符号求反来获得

$$q^* = a - \mathrm{i}b - \mathrm{j}c - \mathrm{k}d \tag{1-34}$$

使用式（1-31）和式（1-32)，容易给出 q 幅值的平方，类似于复数

$$qq^{*}=a^{2}+b^{2}+c^{2}+d^{2} \tag{1-35}$$

一般来说，两个四元数的积、和仍是四元数。然而，由于式（1－32）的乘积的不可交换性。也就是说，如果 q_1 和 q_2 是两个任意的四元数，通常

$$q_1q_2 \neq q_2q_1 \tag{1-36}$$

当它乘以任意复数 $z=\rho e^{i\phi}$（表示二维向量），复数 $e^{i\theta}$ 将向量旋转的角度为 θ

$$w=e^{i\theta}z=e^{i\theta}\rho e^{i\phi}=\rho e^{i(\theta+\phi)} \tag{1-37}$$

因此，w 和 1 轴的夹角为 $\theta+\phi$ 。同样，一个特定类型的四元数可以用来描述三维向量的旋转。令四元数为

$$q_\zeta=\cos\frac{\zeta}{2}+\sin\frac{\zeta}{2}(\mathrm{i}b+\mathrm{j}c+\mathrm{k}d)=a_\zeta+\mathrm{i}b_\zeta+\mathrm{j}c_\zeta+\mathrm{k}d_\zeta \tag{1-38}$$

式中，b，c，d 的数值满足约束条件

$$b^{2}+c^{2}+d^{2}=1 \tag{1-39}$$

当然，a_ζ，b_ζ，c_ζ，d_ζ 的数值满足以下约束

$$a_\zeta^{2}+b_\zeta^{2}+c_\zeta^{2}+d_\zeta^{2}=1 \tag{1-40}$$

这个特殊的四元数也可以通过一个包括角 $\frac{\zeta}{2}$ 的指数表示为类似于欧拉方程（1－29）的形式

$$q_\zeta=e^{\frac{\zeta}{2}(\mathrm{i}b+\mathrm{j}c+\mathrm{k}d)} \tag{1-41}$$

这个方程的正确性可以使用无穷级数的展开式来证明。

通过式（1－35）可知，四元数 q_ζ 的幅值为 1，式（1－41）中的指数 $\frac{\zeta}{2}(\mathrm{i}b+\mathrm{j}c+\mathrm{k}d)$ 表示幅值为 $\frac{\zeta}{2}$ 和方向余弦为 b，c，d 的三维空间向量［$\mathrm{i}b+\mathrm{j}c+\mathrm{k}d$ 是用坐标或是对应式（1－12）的方向余弦 b，c，d 来表示单位向量］。四元数的三乘积

$$\boldsymbol{x}'=q_\zeta\boldsymbol{x}q_\zeta^{*} \tag{1-42}$$

（表示）绕 $\mathrm{i}b+\mathrm{j}c+\mathrm{k}d$ 的方向旋转任意三维向量 $\boldsymbol{x}=\mathrm{i}x_1+\mathrm{j}x_2+\mathrm{k}x_3$ ，转过的角度为 $\zeta\left(\text{不是}\frac{\zeta}{2}\right)$，旋转后的向量为 $\boldsymbol{x}'$ 。这可以在研究常用旋转矩阵之后得到证明。

尽管旋转四元数的方程式（1－41）非常有吸引力，类似于通过复数 $e^{i\theta}$ 旋转获得，但式（1－41）是在特定的操作符使用下，因为它的指数在式（1－32）要求的条件下运算，不能像四元数一样进行加减等操作运算。例如，两个旋转四元数的积不能通过相加指数函数中它们对应的指数来获得（因为这将暗含着可交换性）。

我们使用更加直观的旋转矩阵（来实现向量旋转）替代式（1－42）所述实现向量旋转的方法。然而，旋转四元数在旋转速率的数值积分中非常有用，这将在第 1.4 节和第 1.5 节中看到。因此，发现旋转四元数元素和方向余弦矩阵元素之间的转换关系非常重要。我们首先假定坐标系之间任何的旋转都可以通过绕一个旋转向量的旋转来完成。这个（三维）旋转向量指定一个单轴，绕单轴旋转可以将一个坐标系变换为另外一个坐标系。

这样的旋转向量总会存在，根据方向余弦来确定其组成。

考虑 s 系和 t 系两个坐标系，并且假定通过正交变换矩阵 $\boldsymbol{C}_t^s$ 联系起来，$\boldsymbol{C}_t^s$ 为绕坐标轴旋转获得。我们需要通过一个等效的转角为 ζ 的单轴旋转描述这个变换。令这个方向通过单位旋转向量 $\boldsymbol{e}_\zeta^t$ 来确定，它在 t 系的方向余弦（也就是坐标）为 b，c，d 。这可以用于定义与旋转四元数式（1-41）相关联的数值；不失一般性，它们也可以根据球极坐标来表示，θ，λ 可写为

$$\boldsymbol{e}_\zeta^t=\begin{pmatrix}b\\c\\d\end{pmatrix}=\begin{pmatrix}\sin\theta\cos\lambda\\\sin\theta\sin\lambda\\\cos\theta\end{pmatrix}\tag{1-43}$$

描述绕这个方向的旋转，首先定义新坐标系 ζ 系，新坐标系的 3 轴沿着 $\boldsymbol{e}_\zeta^t$ 的方向，1 轴在 $\boldsymbol{e}_\zeta^t$ 和 t 系的 3 轴形成的平面内（见图 1-6）。从 t 系到 ζ 系的变换给出如下

$$\begin{aligned}\boldsymbol{C}_t^\zeta&=\boldsymbol{R}_2(-\theta)\boldsymbol{R}_3(-\pi+\lambda)\\&=\begin{pmatrix}-\cos\theta\cos\lambda&\cos\theta\sin\lambda&\sin\theta\\\sin\lambda&-\cos\lambda&0\\\sin\theta\cos\lambda&\sin\theta\sin\lambda&\cos\theta\end{pmatrix}\end{aligned}\tag{1-44}$$

在 ζ 系中实现 ζ 旋转的矩阵是 $\boldsymbol{R}_3(\zeta)$ 。根据式（1-17），给出在 t 系中这个旋转表示为 $\boldsymbol{C}_\zeta^t(\zeta)\boldsymbol{R}_3(\zeta)\boldsymbol{C}_t^\zeta$ 。最后，施加这个旋转是 $\boldsymbol{C}_t^s$ 的条件

$$\boldsymbol{C}_t^s=\boldsymbol{C}_\zeta^t\boldsymbol{R}_3(\zeta)\boldsymbol{C}_t^\zeta\tag{1-45}$$

可以根据四元数的元素使用式（1-43）和式（1-44）来写出变换矩阵 $\boldsymbol{C}_t^\zeta$

$$\boldsymbol{C}_t^\zeta=\begin{pmatrix}\dfrac{-db}{\sqrt{1-d^2}}&\dfrac{-dc}{\sqrt{1-d^2}}&\sqrt{1-d^2}\\\dfrac{c}{\sqrt{1-d^2}}&\dfrac{-b}{\sqrt{1-d^2}}&0\\b&c&d\end{pmatrix}\tag{1-46}$$

引入式（1-38）中定义的元素 a_ζ，b_ζ，c_ζ，d_ζ ，从式（1-45）可得

$$\boldsymbol{C}_t^s=\begin{pmatrix}a_\zeta^2+b_\zeta^2-c_\zeta^2-d_\zeta^2&2(b_\zeta c_\zeta+d_\zeta a_\zeta)&2(b_\zeta d_\zeta-c_\zeta a_\zeta)\\2(b_\zeta c_\zeta-d_\zeta a_\zeta)&a_\zeta^2+c_\zeta^2-b_\zeta^2-d_\zeta^2&2(c_\zeta d_\zeta+a_\zeta b_\zeta)\\2(b_\zeta d_\zeta+c_\zeta a_\zeta)&2(c_\zeta d_\zeta-a_\zeta b_\zeta)&a_\zeta^2+d_\zeta^2-b_\zeta^2-c_\zeta^2\end{pmatrix}\tag{1-47}$$

这表明式（1-14）变换方向余弦和式（1-38）四元数元素之间的关系。使用式（1-31）和式（1-32）进行前向代数运算，可以证明式（1-42）可以产生相同的结果。确定正交变换最多需要 3 个独立元素；然而旋转四元数有 4 个元素，通过约束条件式（1-39）可以消除一个自由度。在约束条件（1-40）下，式（1-47）中的 $\boldsymbol{C}_t^s$ 可以通过式（1-44）和式（1-45）展开为正交矩阵。逆变换也成立，即给出一个按照式（1-47）中元素排列的正交矩阵，那么约束条件式（1-40）也成立。这部分留给读者自己去证明约束条件式（1-40）是式（1-47）正交性的充分必要条件。

可以获得从方向余弦到四元数的逆变换，首先通过式（1-47）表示变换矩阵 $\boldsymbol{C}_t^s$ 的迹

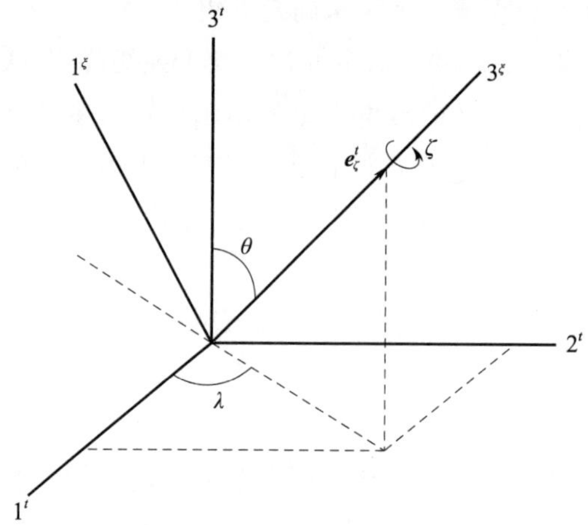

图 1-6　单位旋转向量 e_ζ^t；ζ 坐标系和 t 坐标系

（矩阵对角线元素的和），结合式（1-40）给出矩阵的迹

$$\mathrm{tr}\boldsymbol{C}_t^s = 4a_\zeta^2 - 1 \tag{1-48}$$

因此

$$a_\zeta = \frac{1}{2}\sqrt{1 + c_{1,1} + c_{2,2} + c_{3,3}} \tag{1-49}$$

式中 $c_{j,j}$ 是方向余弦，见式（1-14）。减去式（1-47）中相应的非对角线元素，可得

$$b_\zeta = \frac{1}{4a_\zeta}(c_{2,3} - c_{3,2}) \tag{1-50}$$

$$c_\zeta = \frac{1}{4a_\zeta}(c_{3,1} - c_{1,3}) \tag{1-51}$$

$$d_\zeta = \frac{1}{4a_\zeta}(c_{1,2} - c_{2,1}) \tag{1-52}$$

给定一组方向余弦，相应的旋转四元数就可以通过式（1-49）～式（1-52）来计算；反过来，也可以通过式（1-14）和式（1-47）来计算相应的方向余弦。

1.3.4　轴向量

惯性测量单元提供的旋转角度信息与仪器坐标系或者载体坐标系的角速率相关，因此需要在导航坐标系中推导测量角速率的方程。这些方程是微分方程，通过积分可以获得任意时刻在导航坐标系下的角度值。

为了研究微分方程，有必要首先定义轴向量。轴向量（也称为伪向量）由顺序排列的 3 个欧拉角（α，β，γ）给出。除非在特殊情况下，它通常不是一个真正的向量。一般这样两个轴“向量”不满足向量可交换性的特征

$$\boldsymbol{\psi}_1 = \begin{pmatrix}\alpha_1\\ \beta_1\\ \gamma_1\end{pmatrix}, \boldsymbol{\psi}_2 = \begin{pmatrix}\alpha_2\\ \beta_2\\ \gamma_2\end{pmatrix} \Rightarrow \boldsymbol{\psi}_1 + \boldsymbol{\psi}_2 \neq \boldsymbol{\psi}_2 + \boldsymbol{\psi}_1 \tag{1-53}$$

旋转变换与坐标轴旋转顺序有关。另外，如果是小角度，那么 $\boldsymbol{\psi}$ 的特性更像一个向量，尽管不完全是向量（它对于一阶近似满足可交换性）。一个向量是否是真正向量是看它在任意正交变换下是否满足向量的条件。可以证明（可参见 Goldstein，1950），如果 $\boldsymbol{\psi}$ 是小角度，在一个合适旋转的变换下，它是一个向量，也就是说，如果没有轴变换，就允许从左手坐标系变到右手坐标系。对于我们来说，总是假定 $\boldsymbol{\psi}=(\alpha,\ \beta,\ \gamma)^{\mathrm{T}}$ 是小角度，满足所有向量的特征，将被认为是一个向量。（小量很明显是在观察者眼中的小量，一个向量的特征成立要求角度为无穷小量。）

在小角度旋转情况下，从 t 系到 s 系的变换可以结合式（1－25）写为

$$\boldsymbol{x}^s=\boldsymbol{C}_t^s\boldsymbol{x}^t=(\boldsymbol{I}-\boldsymbol{\Psi})\boldsymbol{x}^t=\boldsymbol{x}^t-\boldsymbol{\Psi}\boldsymbol{x}^t=\boldsymbol{x}^t-\boldsymbol{\psi}\times\boldsymbol{x}^t \tag{1-54}$$

$\boldsymbol{\Psi}$ 的矩阵等于 $\boldsymbol{\psi}$ 的叉乘，可以通过式（1－24）中对 $\boldsymbol{\Psi}$ 的定义来证明。可以写为

$$[\boldsymbol{\psi}\times]=\boldsymbol{\Psi}\ \text{或}\ \left[\begin{pmatrix}\alpha\\ \beta\\ \gamma\end{pmatrix}\times\right]=\begin{pmatrix}0 & -\gamma & \beta\\ \gamma & 0 & -\alpha\\ -\beta & \alpha & 0\end{pmatrix} \tag{1-55}$$

在这种约束条件下，轴向量 $\boldsymbol{\psi}$“坐标”在旋转变换下就像一个向量。令 $\boldsymbol{\psi}^t$ 是 t 系的小量旋转。如果这两个坐标系是通过任意旋转变换 $\boldsymbol{C}_t^s$ 联系起来的，那么相对应的 s 系的小量旋转是 $\boldsymbol{\psi}^s$，按照式（1－13）来变换

$$\boldsymbol{\psi}^s=\boldsymbol{C}_t^s\boldsymbol{\psi}^t \tag{1-56}$$

根据式（1－17），式（1－56）可以表示为

$$\boldsymbol{\Psi}^s=\boldsymbol{C}_t^s\boldsymbol{\Psi}^t\boldsymbol{C}_s^t \tag{1-57}$$

根据式（1－55），式（1－56）与式（1－57）是等效的。

1.3.5　角速率

角速率的表述，符合 Britting（1971）使用的符号规则。我们认为坐标系绕彼此旋转，且旋转是时间的函数。也就是说，角度有与旋转相关的速度（和加速度）。令 $\boldsymbol{\omega}=(\omega_1\quad \omega_2\quad \omega_3)^{\mathrm{T}}$ 是绕坐标系三个轴的瞬时旋转速率向量。这些角速率不需要是小量，通过定义可知，速率是无穷小角度与无穷小时间增量的比值。但严格来说，$\boldsymbol{\omega}$ 仍然仅是一个轴向量，仅在合适的旋转条件下，它才能作为一个向量进行变换。例如，与地球自转相关的旋转向量。如果 3 轴是与地球的自转轴一致的，那么 $\boldsymbol{\omega}=(0\quad 0\quad \omega_e)^{\mathrm{T}}$，其中 ω_e 是地球自转的角速率。

通常考虑 t 系相对于 s 系旋转。我们表示为

$$\boldsymbol{\omega}_{st}^t=t\ \text{系相对于}\ s\ \text{系的角速率在}\ t\ \text{系内的坐标} \tag{1-58}$$

s 系相对于 t 系的角速率在 s 系内的坐标是 $\boldsymbol{\omega}_{ts}^s$。此外，角速率被认为是向量，因此在不同坐标系中它们可以通过相对应的变换矩阵（其元素也依赖于时间）联系起来。我们有

$$\boldsymbol{\omega}_{st}^t=\boldsymbol{C}_s^t\boldsymbol{\omega}_{st}^s=-\boldsymbol{C}_s^t\boldsymbol{\omega}_{ts}^s \tag{1-59}$$

这是因为

$$\boldsymbol{\omega}_{st}^s=-\boldsymbol{\omega}_{ts}^s \tag{1-60}$$

作为向量，相对角速率可以通过分量相加（满足可交换性）

$$\boldsymbol{\omega}_{st}^{t}=\boldsymbol{\omega}_{su}^{t}+\boldsymbol{\omega}_{ut}^{t} \tag{1-61}$$

需要注意的是，一定要在同一个坐标系中进行相对角速率求和。使用反对称矩阵的表达式为

$$[\boldsymbol{\omega}_{st}^{t}\times]=\boldsymbol{\Omega}_{st}^{t} \tag{1-62}$$

其中，$\boldsymbol{\Omega}_{st}^{t}=\begin{pmatrix}0 & -\omega_3 & \omega_2\\ \omega_3 & 0 & -\omega_1\\ -\omega_2 & \omega_1 & 0\end{pmatrix}$

此外，需要强调的是，向量 $\boldsymbol{\psi}$ 是小旋转角时，$\boldsymbol{\omega}$ 通常被写为反对称矩阵的形式，但 $\boldsymbol{\omega}=(\omega_1\quad\omega_2\quad\omega_3)^{\mathrm{T}}$ 的元素可以是任意值。

1.4 坐标变换的微分方程

通常，我们认为两个坐标系彼此相互旋转，也就是说，它们的相对方向随时间发生变化。为了使用旋转变换来描述这个过程，有必要找到一个变换对时间的导数表达式，即 $\dot{\boldsymbol{C}}_t^s$ 。通常，如果坐标系是彼此相互旋转的，确定时间微分的坐标系就非常重要。除非有特别说明，时间微分的坐标系由变量的上标来指定。

旋转变换矩阵 $\boldsymbol{C}_t^s$ 的时间导数可以认为是一个时间 τ 的函数，通过以下形式给出

$$\dot{\boldsymbol{C}}_t^s=\lim_{\delta\tau\to0}\frac{\boldsymbol{C}_t^s(\tau+\delta\tau)-\boldsymbol{C}_t^s(\tau)}{\delta\tau} \tag{1-63}$$

s 系中在微小的时间间隔 $\delta\tau$ 内，可以得到 $\tau+\delta\tau$ 时刻相对于 τ 时刻变换，这可以表示为

$$\boldsymbol{C}_t^s(\tau+\delta\tau)=\delta\boldsymbol{C}^s\boldsymbol{C}_t^s(\tau) \tag{1-64}$$

小角度变换也可以写为［见式（1-25）］

$$\delta\boldsymbol{C}^s=\boldsymbol{I}-\boldsymbol{\Psi}^s \tag{1-65}$$

将式（1-64）和式（1-65）代入式（1-63）可得

$$\begin{aligned}\dot{\boldsymbol{C}}_t^s&=\lim_{\delta\tau\to0}\frac{(\boldsymbol{I}-\boldsymbol{\Psi}^s)\boldsymbol{C}_t^s(\tau)-\boldsymbol{C}_t^s(\tau)}{\delta\tau}\\&=\lim_{\delta\tau\to0}\frac{-\boldsymbol{\Psi}^s\boldsymbol{C}_t^s(\tau)}{\delta\tau}=-\lim_{\delta\tau\to0}\frac{\boldsymbol{\Psi}^s}{\delta\tau}\boldsymbol{C}_t^s(\tau)\\&=-\boldsymbol{\Omega}_{ts}^s\boldsymbol{C}_t^s\end{aligned} \tag{1-66}$$

式中，最后一个等式遵循这样一个事实，即 s 系对时间 $\delta\tau$ 的微小旋转的极限值表示 s 系对于 t 系的角速率在 s 系中的坐标［见式（1-58）］。使用式（1-17）和式（1-60），可得

$$\boldsymbol{\Omega}_{ts}^s=-\boldsymbol{\Omega}_{st}^s=-\boldsymbol{C}_t^s\boldsymbol{\Omega}_{st}^t\boldsymbol{C}_s^t \tag{1-67}$$

因此，给出变换矩阵的时间导数

$$\dot{\boldsymbol{C}}_t^s=\boldsymbol{C}_t^s\boldsymbol{\Omega}_{st}^t \tag{1-68}$$

对式（1-13）以时间为变量求导可得

$$\dot{\boldsymbol{x}}^s = \boldsymbol{C}_t^s \dot{\boldsymbol{x}}^t + \dot{\boldsymbol{C}}_t^s \boldsymbol{x}^t = \boldsymbol{C}_t^s (\dot{\boldsymbol{x}}^t + \boldsymbol{\Omega}_{st}^t \boldsymbol{x}^t) \tag{1-69}$$

或

$$\boldsymbol{C}_s^t \dot{\boldsymbol{x}}^s = \dot{\boldsymbol{x}}^t + \boldsymbol{\omega}_{st}^t \times \boldsymbol{x}^t \tag{1-70}$$

这就是科里奥利定理［以 Gaspard G. de Coriolis（1792－1843）命名］。等号左边是在 t 系中的向量，但是时间微分却发生在 s 系中；等号右边是在 t 系中对时间求微分计算获得。这个重要方程清楚地表明需要注意定义时间微分的坐标系。

类似式（1－70），可以推导出四元数元素的微分方程。对 a_ζ^2 求解式（1－48），并且微分

$$2a_\zeta \dot{a}_\zeta = \frac{1}{4}\mathrm{tr}\dot{\boldsymbol{C}}_t^s = \frac{1}{4}\mathrm{tr}(\boldsymbol{C}_t^s \boldsymbol{\Omega}_{st}^t) \tag{1-71}$$

代入式（1－47）和式（1－62）之后，可得

$$\dot{a}_\zeta = \frac{1}{2}(b_\zeta \omega_1 + c_\zeta \omega_2 + d_\zeta \omega_3) \tag{1-72}$$

式中，$\boldsymbol{\omega}_{st}^t = (\omega_1, \omega_2, \omega_3)^{\mathrm{T}}$。

同样，我们从式（1－50）可得

$$\begin{aligned} &4a_\zeta b_\zeta = c_{2,3} - c_{3,2} \\ &\Rightarrow 4(\dot{a}_\zeta b_\zeta + a_\zeta \dot{b}_\zeta) = \dot{c}_{23} - \dot{c}_{32} = c_{21}\omega_2 - c_{22}\omega_1 + c_{31}\omega_3 - c_{33}\omega_1 \\ &\Rightarrow \dot{b}_\zeta = \frac{1}{2}(-a_\zeta \omega_1 - d_\zeta \omega_2 + c_\zeta \omega_3) \end{aligned} \tag{1-73}$$

同理，对于 $\dot{c}_\zeta$ 和 $\dot{d}_\zeta$ 的微分方程容易从式（1－51）和式（1－52）中得到。将所有的项列写在一起，我们有

$$\begin{aligned} \dot{a}_\zeta &= \frac{1}{2}(b_\zeta \omega_1 + c_\zeta \omega_2 + d_\zeta \omega_3) \\ \dot{b}_\zeta &= \frac{1}{2}(-a_\zeta \omega_1 - d_\zeta \omega_2 + c_\zeta \omega_3) \\ \dot{c}_\zeta &= \frac{1}{2}(d_\zeta \omega_1 - a_\zeta \omega_2 - b_\zeta \omega_3) \\ \dot{d}_\zeta &= \frac{1}{2}(-c_\zeta \omega_1 + b_\zeta \omega_2 - a_\zeta \omega_3) \end{aligned} \tag{1-74}$$

或表示为

$$\dot{q}_\zeta = \frac{1}{2}\boldsymbol{A} q_\zeta \tag{1-75}$$

式中，$\boldsymbol{A}$ 是 4×4 的反对称矩阵

$$\boldsymbol{A} = \begin{pmatrix} 0 & \omega_1 & \omega_2 & \omega_3 \\ -\omega_1 & 0 & \omega_3 & -\omega_2 \\ -\omega_2 & -\omega_3 & 0 & \omega_1 \\ -\omega_3 & \omega_2 & -\omega_1 & 0 \end{pmatrix} \tag{1-76}$$

1.5　特定坐标变换

本节详细给出外部坐标系（i 坐标系和 e 坐标系）和载体坐标系之间的变换关系。坐标系内部对于导航系统的变换及第 3 章惯性仪器中相应的变换在此一起给出。

图 1－7 表明了 i 系和 e 系中坐标之间的关系，给出相对于旋转对称椭球体的测地学坐标。假设 e 系和 i 系仅是 x_3 轴旋转不同，这样两极运动、地球自转轴的进动和章动都忽略了。如果 ω_e（基本为匀速的）是地球自转的速率，那么 $\omega_e t$ 是从 e 系到 i 系旋转的角度，其中 t 代表时间；可得［参见式（1－58）］

$$\boldsymbol{\omega}_{ie}^{e}=(0\quad 0\quad \omega_e)^{\mathrm{T}} \tag{1-77}$$

从 i 系到 e 系的变换矩阵是绕 3 轴简单的旋转

$$\boldsymbol{C}_i^e=\begin{pmatrix}\cos\omega_e t & \sin\omega_e t & 0\\ -\sin\omega_e t & \cos\omega_e t & 0\\ 0 & 0 & 1\end{pmatrix} \tag{1-78}$$

由此可得

$$\boldsymbol{\omega}_{ie}^{e}=\boldsymbol{\omega}_{ie}^{i} \tag{1-79}$$

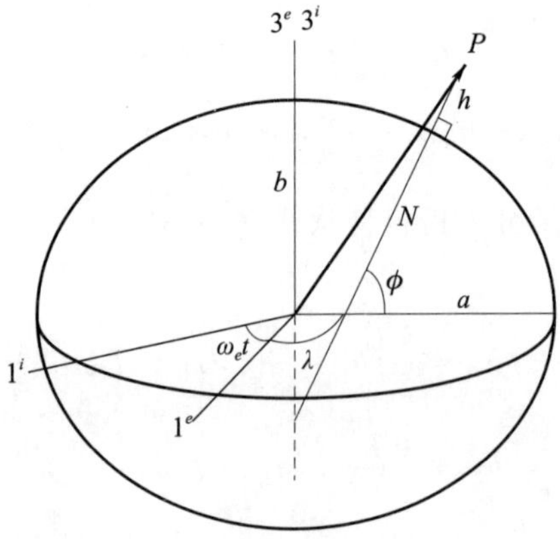

图 1－7　e 系、i 系和测地学坐标

对于旋转对称的椭球体，点 P 的测地学坐标是确定的，已知长半轴 a 和扁率 f，其中 $f=(a-b)/a$，b 为短半轴。P 点的坐标是测地学经度、测地学纬度和椭球体上的高度（参见 1.2.3 节）。$\boldsymbol{x}^e=(x_1^e,\ x_2^e,\ x_3^e)^{\mathrm{T}}$ 和（ϕ，λ，h）坐标之间的关系（更加详细的内容参见 Torge，1991）为

$$\begin{pmatrix}x_1^e\\ x_2^e\\ x_3^e\end{pmatrix}=\begin{pmatrix}(N+h)\cos\phi\cos\lambda\\ (N+h)\cos\phi\sin\lambda\\ [N(1-e^2)+h]\sin\phi\end{pmatrix} \tag{1-80}$$

其中，N 是在主垂线平面（包含过 P 点法线和垂直于子午线的平面）内椭球体的曲率半径

$$N=\frac{a}{\sqrt{1-e^2\sin^2\phi}} \tag{1-81}$$

并且，$e^2=2f-f^2$ 是椭球体第一偏心率的平方。为下一步推导，给出子午线内的曲率半径 M

$$M=\frac{a(1-e^2)}{(1-e^2\sin^2\phi)^{\frac{3}{2}}} \tag{1-82}$$

N 和 M 都是沿着椭球法线通过 P 点的距离，N 是从椭球体到极轴（短轴）的距离。

在测地学的历史上，地球经常近似为椭球体，其中参数（a，f）的值是以观测数据为基础的。我们将使用目前国际上采用的大地测量参考系 1980（Geodetic Reference System 1980，GRS80）（可参见 Moritz，1992）

$$a=6378137$$
$$f=1/298.257222101 \tag{1-83}$$

这些值基本上与美国国防部 1984 年世界大地测量参考系 1984（WGS84；NIMA，1997）建立的 GPS 参考椭球体的参数一致。对于椭球体，给定的测地学坐标，可以使用式（1-80）和式（1-81）直接计算相应的笛卡儿坐标。

尽管从 $\boldsymbol{x}^e=(x_1^e,\ x_2^e,\ x_3^e)^{\mathrm{T}}$ 到 $(\phi,\ \lambda,\ h)$ 坐标的逆变换近似表达式存在（计算不一定更有效），但是通常以迭代的形式给出。很容易证明

$$\begin{pmatrix}\phi\\ \lambda\\ h\end{pmatrix}=\begin{pmatrix}\tan^{-1}\left[\dfrac{x_3^e}{\sqrt{(x_1^e)^2+(x_2^e)^2}}\left(1+\dfrac{e^2N\sin\phi}{x_3^e}\right)\right]\\ \tan^{-1}\left(\dfrac{x_2^e}{x_1^e}\right)\\ \dfrac{\sqrt{(x_1^e)^2+(x_2^e)^2}}{\cos\phi}-N\end{pmatrix} \tag{1-84}$$

从 $h=0$ 的初始假定条件下开始迭代，以 ϕ 为参数的方程迭代到收敛，在这种情况下，从式（1-84）和式（1-80）可得

$$\phi_0\equiv\phi(h=0)=\tan^{-1}\left[\frac{x_3^e}{\sqrt{(x_1^e)^2+(x_2^e)^2}}\left(\frac{1}{1-e^2}\right)\right] \tag{1-85}$$

这种逆变换存在其他迭代方程，并且可能收敛更快或者更加稳定。然而，对于大多数实际情况来说，式（1-84）的鲁棒性非常好，其中的第一个方程经过两步之后，ϕ 可以收敛到优于 10^{-3} 角秒。非迭代解可以由 Borkowski（1989）获得。

由于 n 坐标系（NED）和 e 坐标系不是同心坐标系，因此两个坐标系之间的坐标变换非常复杂。然而，我们可以使用欧拉角（见图 1-3）推导它们的相对方向。首先，围绕当地的东轴旋转角度 $\left(\dfrac{\pi}{2}+\phi\right)$，然后绕第一次旋转后新的 3 轴旋转角度 $-\lambda$ 可得

$$\boldsymbol{C}_n^e=\boldsymbol{R}_3(-\lambda)\boldsymbol{R}_2\left(\frac{\pi}{2}+\phi\right) \tag{1-86}$$

结果是

$$C_n^e = \begin{pmatrix} -\sin\phi\cos\lambda & -\sin\lambda & -\cos\phi\cos\lambda \\ -\sin\phi\sin\lambda & \cos\lambda & -\cos\phi\sin\lambda \\ \cos\phi & 0 & -\sin\phi \end{pmatrix} \tag{1-87}$$

从式（1-68）可以推导出角速率，$\boldsymbol{\Omega}_{en}^n = \boldsymbol{C}_e^n \dot{\boldsymbol{C}}_n^e$，使用式（1-62）可得

$$\boldsymbol{\omega}_{en}^n = (\dot{\lambda}\cos\phi \quad -\dot{\phi} \quad -\dot{\lambda}\sin\phi)^{\mathrm{T}} \tag{1-88}$$

一个运载体沿着椭球体表面平行运动，运载体的角速率 $\dot{\phi}$ 和 $\dot{\lambda}$ 是纬度和经度的时间变化率。使用椭球体当地的曲率半径（参见第 4 章）可以将这些角速率转换成北向速度和东向速度。为后续推导应用，我们给出 n 坐标系相对于 i 坐标系的角速率，根据式（1-88）和简单的几何关系（见图 1-7），可得

$$\boldsymbol{\omega}_{in}^n = [(\dot{\lambda} + \omega_e)\cos\phi \quad -\dot{\phi} \quad -(\dot{\lambda} + \omega_e)\sin\phi)]^{\mathrm{T}} \tag{1-89}$$

在导航中，b 系到 n 系的变换特别重要，其中 b 系中的壳体就是运载体［实际应用中，还需要从仪器（加速度计和陀螺仪）坐标系到 b 坐标系的变换矩阵］。b 系的坐标轴与运载体固联，通过运载体的几何特点可以定义坐标轴分别指向前方、右侧和向下。此外，通过欧拉角定义坐标变换，3 个角分别是滚动角（或者倾斜转弯角）、俯仰角（或者是仰角）和偏航角（或者是航向角），由载体坐标轴相对于 NED 坐标轴的欧拉角分别表示为 η，χ，α，如图 1-8 所示。

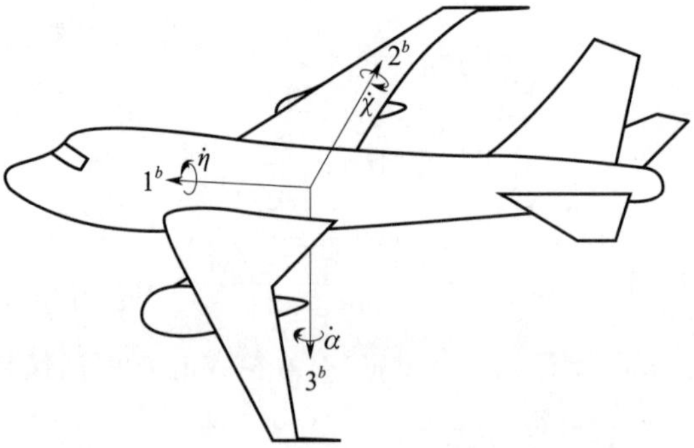

图 1-8 载体坐标系和对于 n 系的角速率

例如，从 b 系到 n 系的变换矩阵由 3 个旋转获得：绕 1 轴旋转负的滚动角 $-\eta$，接着绕 2 轴旋转负的俯仰角 $-\chi$，最后，绕 3 轴旋转负的偏航角 $-\alpha$。注意这个旋转顺序是通过定义来完成的，在实际情况中取决于陀螺仪的机械编排。可得

$$\boldsymbol{C}_b^n = \boldsymbol{R}_3(-\alpha)\boldsymbol{R}_2(-\chi)\boldsymbol{R}_1(-\eta) \tag{1-90}$$

如前所计算，可以使用式（1-68）和式（1-90）的时间导数来获得角速率 $\boldsymbol{\omega}_{nb}^n$ 和姿态速率 $\dot{\eta}$，$\dot{\chi}$，$\dot{\alpha}$ 之间的关系。式（1-90）通常可以写为以下更加简单的形式

$$\boldsymbol{C}_b^n = \boldsymbol{R}_3(-\alpha)\boldsymbol{R}_2(-\chi)\boldsymbol{R}_1(-\eta) = \boldsymbol{C}_{b2}^n \boldsymbol{C}_{b1}^{b2} \boldsymbol{C}_b^{b1} \tag{1-91}$$

其中，坐标系 b_1 和 b_2 是通过 η 和 χ 旋转建立起来的中间坐标系。所有坐标系 b、b_1 和 b_2 同时相互旋转，并且对于 n 坐标系旋转。因此，可以从式（1-61）和式（1-59）得到

$$\begin{aligned}\boldsymbol{\omega}_{nb}^{b} &= \boldsymbol{\omega}_{nb2}^{b} + \boldsymbol{\omega}_{b2b1}^{b} + \boldsymbol{\omega}_{b1b}^{b} \\ &= \boldsymbol{C}_{b1}^{b}\boldsymbol{C}_{b2}^{b1}\omega_{nb2}^{b2} + \boldsymbol{C}_{b1}^{b}\boldsymbol{\omega}_{b2b1}^{b1} + \boldsymbol{\omega}_{b1b}^{b}\end{aligned} \tag{1-92}$$

第二个等式遵守向量的常用变换。引用式（1-58），可得

$$\boldsymbol{\omega}_{b1b}^{b} = \begin{pmatrix}\dot{\eta}\\0\\0\end{pmatrix};\boldsymbol{\omega}_{b2b1}^{b1} = \begin{pmatrix}0\\\dot{\chi}\\0\end{pmatrix};\boldsymbol{\omega}_{nb2}^{b2} = \begin{pmatrix}0\\0\\\dot{\alpha}\end{pmatrix} \tag{1-93}$$

最后，将式（1-91）代入，式（1-92）变为

$$\begin{aligned}\boldsymbol{\omega}_{nb}^{b} &= \boldsymbol{R}_1(\eta)\boldsymbol{R}_2(\chi)\begin{pmatrix}0\\0\\\dot{\alpha}\end{pmatrix} + \boldsymbol{R}_1(\eta)\begin{pmatrix}0\\\dot{\chi}\\0\end{pmatrix} + \begin{pmatrix}\dot{\eta}\\0\\0\end{pmatrix} \\ &= \begin{pmatrix}1 & 0 & -\sin\chi\\0 & \cos\eta & \cos\chi\sin\eta\\0 & -\sin\eta & \cos\chi\cos\eta\end{pmatrix}\begin{pmatrix}\dot{\eta}\\\dot{\chi}\\\dot{\alpha}\end{pmatrix}\end{aligned} \tag{1-94}$$

通过求解姿态速率，可以得到

$$\begin{pmatrix}\dot{\eta}\\\dot{\chi}\\\dot{\alpha}\end{pmatrix} = \begin{pmatrix}1 & \sin\eta\tan\chi & \cos\eta\tan\chi\\0 & \cos\eta & -\sin\eta\\0 & \sin\eta\sec\chi & \cos\eta\sec\chi\end{pmatrix}\boldsymbol{\omega}_{nb}^{b} \tag{1-95}$$

这些微分方程是时间的函数，并给定载体坐标系到导航坐标系的速率 $\boldsymbol{\omega}_{nb}^{b}$ 。注意，陀螺仪并不能直接敏感这个角速率，但是它们能够通过陀螺仪的数据来计算这个角速率（参见第 4 章），通过积分可以获得载体的姿态角。显然，由于 $\tan\chi$ 和 $\sec\chi$ 项存在，当俯仰角为 $\pm 90°$ 时，这些方程变成奇异方程。

式（1-74）或者式（1-75）给出的四元数的微分方程也是一个选择。相比于式（1-95）来说，它们在进行数值求解时相对简单，可以避免积分过程中的所有奇异性。对于惯性导航系统来说，四元数的微分方程是优选方案，将在第 4 章给出式（1-75）的数值积分。

1.6　傅里叶变换

式（1-1）将向量表示为一组坐标，也可以解释为将向量从一种类型的表达（直接的幅值）变换为另外一种类型的表达（一组坐标）。这个变换是通过标量积来完成的

$$x_j = \boldsymbol{e}_j \cdot \boldsymbol{x} \tag{1-96}$$

显然，这种类型的变换不同于先前我们讨论的变换（即旋转）。这就是傅里叶变换暗含的概念，应用于函数而不是向量，在此我们将一个函数分解为由一些基本项组成的方程。这与向量类似，唯一的不同在于向量是有限维的，然而这种函数被认为是无限维的。由于我们仅仅使用傅里叶变换部分功能，现在给出的处理虽然是粗略的计算，但足够用于后续的讨论。对于更加严谨的运算，感兴趣的读者可以参考经典著作 Bracewell（1965）

和 Papoulis (1962)，或傅里叶变化相关的一些特定应用的文献。

假定一个定义在实数上的函数是可积分的，这表明积分将不产生奇点，或函数是分段连续的。这个函数可以是周期函数，也可以是非周期函数。对于这两种情况，傅里叶变换有两种不同的形式。假定 $\tilde{g}(t)$ 是独立变量 t 的函数，并且是以 T 为周期的周期函数。那么，这个函数在单个闭区间 $[0,\ T]$ 内的值就完全确定，并且 $\tilde{g}(t+T)=\tilde{g}(t)$ 。将 $\tilde{g}(t)$ 表示为正弦函数（基本函数）和的形式

$$\tilde{g}(t)=a_0+2\sum_{k=1}^{\infty}a_k\cos\frac{2\pi}{T}kt+2\sum_{k=1}^{\infty}b_k\sin\frac{2\pi}{T}kt \tag{1-97}$$

式中，a_k 和 b_k 是常数。每个正弦曲线的周期为 T 的积分分数，那么，$\tilde{g}(t)$ 就分解为在不同频率振荡波的和。对于确定的正弦曲线，一个相对大的系数表明函数在这个频率上的幅值相对大；就像一个向量有相对大的坐标，表明这个向量在指向的坐标轴方向上的值更大。

对于旋转和计算高效性，使用欧拉方程（1-29）会更好，使用复指数来表示正弦曲线的级数

$$\tilde{g}(t)=\frac{1}{T}\sum_{k=-\infty}^{\infty}G_k\mathrm{e}^{\mathrm{i}\left(\frac{2\pi}{T}\right)kt} \tag{1-98}$$

式中，系数 G_k 通常是一个复数，式（1-97）中的系数集 $\{a_k,\ b_k\}$ 和 $\{G_k\}$ 之间的关系通过下式给出

$$G_k=\begin{cases}(a_k-\mathrm{i}b_k), & k>0\\ a_0, & k=0\\ (a_{-k}+\mathrm{i}b_{-k}), & k<0\end{cases} \tag{1-99}$$

逆变换之间的关系留给读者自行研习。

级数式（1-98）或式（1-97）称为傅里叶级数。正弦函数参数中的 k/T 是函数的谐波频率。实际上，由于假定函数的（分段）连续性——在这个函数中固有无限可能频率的振动。基本频率是 $1/T(k=1)$，频率是波长的倒数——高频（k 非常大时）表示短波长；低频（k 非常小时）表示长波长。通常来说，频率是时间的倒数，尽管也用于指波数（整数 k），即使 t 是任意其他的独立变量，但我们保留频率这个术语。当与时间联系起来，频率的单位就变成周/时间单位，例如周/每秒，或 Hz。通常，频率的单位是每个时间单位 t 内的周期数。

系数集 $\{G_k\}$ 是 $\tilde{g}$ 的傅里叶（级数）变换，或是 $\tilde{g}$ 的（傅里叶）频谱。给定 $\tilde{g}$ ，就可以使用正弦和余弦在区间 $[0,\ T]$ 上的正交性计算傅里叶变换。对于复指数，有以下的正交关系

$$\begin{aligned}\int_0^T \mathrm{e}^{\mathrm{i}(2\pi/T)kt}\mathrm{e}^{-\mathrm{i}(2\pi/T)\ell t}\,\mathrm{d}t &=\int_0^T \mathrm{e}^{\mathrm{i}(2\pi/T)(k-\ell)t}\,\mathrm{d}t\\ &=\int_0^T\cos((2\pi/T)(k-\ell)t)\,\mathrm{d}t+\mathrm{i}\int_0^T\sin((2\pi/T)(k-\ell)t)\,\mathrm{d}t\\ &=\begin{cases}0, & k\neq\ell\\ T, & k=\ell\end{cases}\end{aligned} \tag{1-100}$$

所以，在等式（1－98）两边乘以 $e^{-i(2\pi/T)lt}$ ，然后根据式（1－100）进行积分，可得

$$G_k = \int_0^T \tilde{g}(t) e^{-i\left(\frac{2\pi}{T}\right)kt} dt \tag{1-101}$$

同理，向量的计算也显而易见。基本函数 $e^{-i\left(\frac{2\pi}{T}\right)kt}$ 类似于单位向量，而其系数 G_k 就像坐标值。它们可以通过式（1－101）来获得，完全类似于式（1－96）。

函数及其傅里叶变换是同一信息的两种表示，只要函数是连续的，那么函数等效于其傅里叶变换。函数的变换是在频域表示了同样信息，频域比时域具有更加深刻的内容。式（1－98）和式（1－101）构成了周期函数的一对傅里叶变换。傅里叶级数 $\tilde{g}$ 也可以称为 G_k 的反傅里叶变换。需要注意，经常遇到的快速傅里叶变换仅用于定义独立变量值在有限集上的离散变换。

对于非周期、分段连续的函数，在平方可积的条件下，傅里叶变换也可以采用同样的方法定义。对于在实数域定义的函数 g ，表示为

$$\int_{-\infty}^{\infty} [g(t)]^2 dt < \infty \tag{1-102}$$

通常来说，当 $|t| \to \infty$ 时函数一定趋近于零。那么，其傅里叶变换也是一个平方可积的函数，定义如下

$$\mathscr{F}(g) \equiv G(f) = \int_{-\infty}^{\infty} g(t) e^{-i2\pi ft} dt \tag{1-103}$$

这里不包括非周期函数，因为它们不是平方可积的。此外，反傅里叶变换给出如下

$$\mathscr{F}^{-1}(G) \equiv g(t) = \int_{-\infty}^{\infty} G(f) e^{i2\pi ft} df \tag{1-104}$$

$G(f)$ 是频率 f 的复函数，也就是 g 的频谱（或谱密度）。$G(f)$ 的单位是每个频率单位上 g 的单位，其别名就是谱密度。

假定 g 是连续函数，式（1－103）和式（1－104）的变换是统一的。每一个函数都提供了另外一个函数同样多的信息。如果 $g(t)$ 是一个实数，它等于自己的复共轭值，那么从式（1－103）我们可以发现 $G(f)$ 是厄密共轭（其实部是偶对称，或关于 $f=0$ 对称，并且其虚部是奇对称或反对称）

$$g(t) = g^*(t) \Leftrightarrow G(-f) = G^*(f) \tag{1-105}$$

式中，* 代表复共轭。此外，如果 $g(t)$ 是实偶函数，那么它的频谱也是实偶数

$$\left\{\begin{array}{l} g(t) = g^*(t) \\ g(t) = g(-t) \end{array}\right\} \Leftrightarrow \left\{\begin{array}{l} G(f) = G^*(f) \\ G(f) = G^*(-f) \end{array}\right\} \tag{1-106}$$

这很容易通过式（1－103）来证明。式（1－105）和式（1－106）只是傅里叶分析很多特殊情况下的两种。

第 2 章　常微分方程

2.1　介绍

惯性导航系统通过测量加速度获得位置向量 $\boldsymbol{x}$ 和速度向量 $\dot{\boldsymbol{x}}$ ，本质上是根据式（1－7）来计算。微分方程是描述函数的导数、独立变量和函数本身之间关系的方程。一般 m 阶微分方程可以写为

$$F(t, y, \dot{y}, \ddot{y}, \cdots, y^{(m)}) = 0 \tag{2-1}$$

式（2－1）中，首先需要考虑任意的标量函数 $y(t)$ 是 m 阶可微分的情况；其次需要考虑可微向量和矩阵函数。在不影响惯性导航系统的一般性和相关性的情况下，自变量 t 为时间。导数运算符用函数上面的一个点来表示，或者由圆括号上标来表示。因为这种情况下的函数仅取决于自变量，所以这里的导数是全导数而不是偏导数，式（2－1）更准确地说是一个常微分方程，不同于涉及多元函数的偏微分方程。由于我们的应用主要关注时间的函数，我们将讨论范围限定于前者（即常微分方程）。

给定的微分方程（2－1），需要通过求解来得到函数 $y(t)$ ，这就涉及到对时间 t 进行积分。某些特定类型的微分方程可以通过不同的解法和公式获得解析解，而其他的微分方程没有解析解。在一般情况下，对于任意方程，如果一个解析解存在，一定可以估计出来并且可以通过回代的方法来检验（也就是说，一个估计解一定可以满足微分方程）。随着现代的计算能力的发展，数值方法比过去更加常用，往往也是唯一可行的应用方法。

求解一个微分方程，在本质上涉及积分，因此要注意，在没有积分常数的情况下，解是不完整的。求解一个 m 阶微分方程需要 m 次的积分，意味着必须确定 m 个常数。这些常数也被称为初始条件，表明了函数的值和它们在初始时间 t_0 的 $m-1$ 阶导数。因此，式（2－1）就包括

$$y^{(j-1)}(t_0) = \mu_j,\ j = 1, \cdots, m \tag{2-2}$$

其中，μ_j 为具有给定值的常数。

从传感器的动态方程到导航解的确定及相关误差的分析，微分方程贯穿于惯性导航系统的研究之中。特别是，与坐标变换相关的微分方程在导航求解中起着非常重要的作用，这部分已经在第 1.4 节阐述。然而，这里的目的不是为了全面研究微分方程的理论，这里仅阐述对于惯性导航系统适用的微分方程理论和应用，包括讨论解析解时线性常微分方程概括性的描述和数值解的方法。

2.2　线性微分方程

线性微分方程就是式（2 - 1）中的关系 F 在函数 y 及其所有导数中均是线性的，式（2 - 1）可以写为

$$y^{(m)}(t)+a_1(t)y^{(m-1)}(t)+\cdots+a_{m-1}(t)\dot{y}(t)+a_m(t)y(t)=c(t) \tag{2-3}$$

式中，$a_j(t)$ 和 $c(t)$ 是 t 的函数。

不失一般性，假设 $y^{(m)}(t)$ 的比例前项系数 $a_0(t)=1$，因为任何非零系数都能被除，改变其他项的系数但是不改变方程的形式。不能表示为式（2 - 2）的微分方程是非线性的，当然初始条件（2 - 2）还必须与式（2 - 3）同时成立。

将微分方程自然地推广到向量函数，其中一个 m 阶在向量函数中的线性微分方程 $\mathbf{y}(t)$ 可以写为

$$\mathbf{y}^{(m)}(t)+\mathbf{A}_1(t)\mathbf{y}^{(m-1)}(t)+\cdots+\mathbf{A}_{m-1}(t)\dot{\mathbf{y}}(t)+\mathbf{A}_m(t)\mathbf{y}(t)=\mathbf{c}(t) \tag{2-4}$$

并且初始值为

$$\mathbf{y}^{(j-1)}(t_0)=\boldsymbol{\mu}_j,\ j=1,\cdots,m \tag{2-5}$$

式中，$\mathbf{A}_j(t)$ 为方矩阵，并且矩阵的所有元素均为 t 的函数；$\boldsymbol{\mu}_j$ 为给定值的常数向量。同样，为了不失一般性，$\mathbf{A}_0(t)=\boldsymbol{I}$ 。方程（2 - 4）构成向量 $\mathbf{y}(t)$ 分量函数的 m 阶线性微分方程组。表达式可以写为

$$\mathbf{y}(t)=\begin{pmatrix} y_1(t) \\ \vdots \\ y_n(t) \end{pmatrix} \tag{2-6}$$

由此推导

$$\dot{\mathbf{y}}(t)=\begin{pmatrix} \dot{y}_1(t) \\ \vdots \\ \dot{y}_n(t) \end{pmatrix} \tag{2-7}$$

并且式（2 - 4）能展开为 n 个耦合集的标量线性微分方程，这些函数为 $y_1(t)$，…，$y_n(t)$ 。耦合集的示例就是一个用于四元数的一阶方程（1 - 74）集合，也就是向量等于式（1 - 75）。值得注意的是，对于横滚角、俯仰角和偏航角相应的微分方程是非线性的。

一个任意 m 阶标量线性微分方程，如式（2 - 3），可以写为 m 个一阶线性微分方程组

$$y_j(t)=y^{(j-1)}(t),\ j=1,\cdots,m \tag{2-8}$$

据上述定义，很容易确定式（2 - 3）等于

$$\frac{\mathrm{d}}{\mathrm{d}t}\begin{pmatrix} y_1(t) \\ y_2(t) \\ \vdots \\ y_{m-1}(t) \\ y_m(t) \end{pmatrix}+\begin{pmatrix} 0 & -1 & 0 & \cdots & 0 \\ 0 & 0 & -1 & \cdots & 0 \\ \vdots & \vdots & \vdots & \ddots & \vdots \\ 0 & 0 & 0 & \cdots & -1 \\ a_m(t) & a_{m-1}(t) & a_{m-2}(t) & \cdots & a_1(t) \end{pmatrix}\begin{pmatrix} y_1(t) \\ y_2(t) \\ \vdots \\ y_{m-1}(t) \\ y_m(t) \end{pmatrix}=\begin{pmatrix} 0 \\ 0 \\ \vdots \\ 0 \\ c(t) \end{pmatrix} \tag{2-9}$$

这恰好是 $m=1$ 时，式（2-4）表示的类型。读者可以证明线性微分方程的任何高阶（$m>1$）系统，例如式（2-4），使用如式（2-8）的技巧可以降阶为一阶系统。

可以考虑线性微分方程的进一步推广。取代向量函数，假定微分方程用于一个矩阵函数，如用于旋转变换矩阵的式（1-66）。用于 $n\times p$ 维矩阵函数 $\boldsymbol{Y}(t)$ 一般的方程

$$\boldsymbol{Y}^{(m)}(t)+\boldsymbol{A}_1(t)\boldsymbol{Y}^{(m-1)}(t)+\cdots+\boldsymbol{A}_{m-1}(t)\dot{\boldsymbol{Y}}(t)+\boldsymbol{A}_m(t)\boldsymbol{Y}(t)=\boldsymbol{C}(t) \tag{2-10}$$

式中，$\boldsymbol{C}(t)$ 是一个 $n\times p$ 维矩阵，矩阵所有元素均是 t 的函数，可以认为是一个式（2-4）类型微分方程的一个可分的集，因为我们可以将 $\boldsymbol{Y}(t)$ 写为一个列向量的集

$$\boldsymbol{Y}(t)=[\boldsymbol{y}_1(t),\cdots,\boldsymbol{y}_p(t)] \tag{2-11}$$

单个向量 $\boldsymbol{y}_k(t)$，$k=1$，…，p 的解是相似的，差异是由 $\boldsymbol{C}(t)$ 不同列而造成的。

基于上述讨论，我们可以将任意阶线性微分方程（标量、矢量和矩阵）的一般处理归纳为线性一阶的向量微分方程的研究。因此，线性微分方程系统可以简明地表示如下，其中包括初始值

$$\dot{\boldsymbol{y}}(t)+\boldsymbol{A}(t)\boldsymbol{y}(t)=\boldsymbol{c}(t) \tag{2-12}$$

$$\boldsymbol{y}(t_0)=\boldsymbol{\mu} \tag{2-13}$$

式中，$\boldsymbol{A}(t)$ 是 t 的普通方阵函数。我们假定 $\boldsymbol{A}$ 为 $n\times n$ 的方阵，即在这个系统中有 n 个方程、$\boldsymbol{y}(t)$ 的 n 个分量和包含在向量 $\boldsymbol{\mu}$ 中的 n 个初始值。

2.3 线性微分方程的通解

从理论上来说，一个微分方程的解首先取决于两个重要的定理：存在性定理和唯一性定理。对于任何特定类型微分方程的存在性定理都详细规定了所涉及函数的前提条件，以保证一个解的存在。通常，存在性定理并没有实际说明解是如何构建的，但是要知道它至少存在一个能够求得的解。如果能够证明这类微分方程的唯一性定理能，那么对于一个具有初始条件的微分方程就有一个解，表明没有不同的解存在。

对于一阶线性微分方程组（2-12），实际上具备存在性和唯一性定理（参考 Boyce and DiPrima，1969）。从本质上讲，他们描述了如果矩阵 $\boldsymbol{A}(t)$ 的分量函数和向量 $\boldsymbol{c}(t)$ 的函数在包含初始点 t_0 的区间内连续，那么存在一个唯一解 $\boldsymbol{y}(t)$，在那个区间上满足微分方程式（2-12）和初始条件式（2-13）。

为了求式（2-12）的解，考虑第一个对应的微分方程而排除不依赖于函数 $\boldsymbol{y}(t)$ 的项，即向量 $\boldsymbol{c}(t)$，这被称为齐次微分方程

$$\dot{\boldsymbol{y}}(t)+\boldsymbol{A}(t)\boldsymbol{y}(t)=\boldsymbol{0} \tag{2-14}$$

其中，右侧为零向量。对于式（2-14）的一个解被称为一个齐次解。假定 $\boldsymbol{y}_H(t)$ 表示一个解，如果 $\boldsymbol{y}_p(t)$ 是原始的非齐次微分方程的任意解（通常称为特解），那么 $\boldsymbol{y}_H(t)+\boldsymbol{y}_p(t)$ 也是原始方程的一个解。

$$
\begin{aligned}
&\frac{\mathrm{d}}{\mathrm{d}t}[\boldsymbol{y}_H(t)+\boldsymbol{y}_p(t)]+\boldsymbol{A}(t)[\boldsymbol{y}_H(t)+\boldsymbol{y}_p(t)] \\
&=[\dot{\boldsymbol{y}}_H(t)+\boldsymbol{A}(t)\boldsymbol{y}_H(t)]+[\dot{\boldsymbol{y}}_p(t)+\boldsymbol{A}(t)\boldsymbol{y}_p(t)] \\
&=\boldsymbol{0}+\boldsymbol{c}(t) \\
&=\boldsymbol{c}(t)
\end{aligned}
\tag{2-15}
$$

这表明齐次解和特解之和满足微分方程式（2－12)。此外，在不失一般性的情况下，我们能施加一个满足式（2－13）初始条件的齐次解

$$\boldsymbol{y}_H(t_0)=\boldsymbol{\mu} \tag{2-16}$$

$$\boldsymbol{y}_p(t_0)=\boldsymbol{0} \tag{2-17}$$

这指定了特解的初始条件。求包含初始条件的齐次方程的通解，通常比通用方法中非齐次部分的处理方式更容易。

在开始求解前，我们提到，求解这些微分方程的通用方法可以基于拉普拉斯变换研究得到。也就是说，微分方程首先被变换为相应的代数方程，其代数方程中的独立变量在不同定义域中（类似于与傅里叶变换相关的频率域，可参见 1.6 节）。这种方法的优点是可以更清晰地区分在变换域中，由于 $\boldsymbol{A}(t)$（即系统函数）和 $\boldsymbol{c}(t)$ 及 $\boldsymbol{\mu}$（即激励函数和初始条件）对求解的贡献。然而，这些运算有着相同的约束条件，我们必须在后面的说明中对 $\boldsymbol{A}(t)$ 限定这些条件。此处我们不使用拉普拉斯变换，并且感兴趣的读者可以参考（Thomson，1960)，也可以参考关于微分方程的教科书来了解拉普拉斯变换的一般处理和应用。

2.3.1　齐次解

我们首先考虑齐次微分方程式（2－14)，暂时忽略下标 H 。此外，我们做个基本的假设：系数矩阵 $\boldsymbol{A}(t)$ 是一个常数矩阵。这将允许我们在一般意义上构造一个解。用于变量矩阵标准解析解 $\boldsymbol{A}(t)$ 被限定在特定的情况下，例如周期函数（可参见 Wilson，1971)，或被称为可化简的系统（可参见 Goursat，1945)。因此，假设

$$\dot{\boldsymbol{y}}(t)+\boldsymbol{A}\boldsymbol{y}(t)=\boldsymbol{0} \tag{2-18}$$

其解满足式（2－13）初始条件。已知，式（2－18）的解有以下形式

$$\boldsymbol{y}(t)=\boldsymbol{\rho}\,\mathrm{e}^{-\lambda(t-t_0)} \tag{2-19}$$

式中，$\boldsymbol{\rho}$ 为一个常数向量，λ 为一个数（正数或者负数；实数或者复数)。我们可以认为式（2－19)是一个合理解的假设，那么通过代入法来证明这个猜想。实际可得出

$$\frac{\mathrm{d}}{\mathrm{d}t}(\boldsymbol{\rho}\,\mathrm{e}^{-\lambda(t-t_0)})+\boldsymbol{A}\boldsymbol{\rho}\,\mathrm{e}^{-\lambda(t-t_0)}=(\boldsymbol{A}-\lambda\boldsymbol{I})\boldsymbol{\rho}\,\mathrm{e}^{-\lambda(t-t_0)} \tag{2-20}$$

如果当且仅当式（2－20）为 0 时，函数式（2－19）是式（2－18）的解。那么

$$(\boldsymbol{A}-\lambda\boldsymbol{I})\boldsymbol{\rho}=\boldsymbol{0} \tag{2-21}$$

因为指数函数不能为零。如果我们仅仅要得到非零解，那么就需要令 $\boldsymbol{\rho}\neq\boldsymbol{0}$。为了使这种情况成立，矩阵 $(\boldsymbol{A}-\lambda\boldsymbol{I})$ 一定为不可逆矩阵。因为矩阵 $(\boldsymbol{A}-\lambda\boldsymbol{I})$ 若为可逆矩阵，那么在式（2－21）两侧乘以其可逆矩阵将使得 $\boldsymbol{\rho}=\boldsymbol{0}$，这与获得非零解不符。

矩阵 $(\boldsymbol{A}-\lambda\boldsymbol{I})$ 的奇异性限定了 λ 的值，使得其行列式的值为 0

$$\det(\boldsymbol{A}-\lambda\boldsymbol{I})=0 \tag{2-22}$$

左侧是包含变量 λ 的 n 次多项式

$$\lambda^n+\alpha_1\lambda^{n-1}+\cdots+\alpha_n=0 \tag{2-23}$$

式中，α_j 为常数；λ 值是多项式（2－23）的根，满足方程（2－22）。由于矩阵 $\boldsymbol{A}$ 特征多项式是 n 次多项式，所以方程有 n 个根。这些根称为矩阵 $\boldsymbol{A}$ 的特征值，并且对于每个特征值 λ_j，都有一个特征向量 $\boldsymbol{\rho}_j$，所以由式（2－21）可知

$$\boldsymbol{A}\boldsymbol{\rho}_j=\lambda_j\boldsymbol{\rho}_j \tag{2-24}$$

综上所述，对于式（2－19）的常量 λ 和 $\boldsymbol{\rho}$ 合理解的假设，从而我们在这些常量中导出式（2－24）的条件，因此更具体地给出式（2－18）的解

$$\boldsymbol{y}_j(t)=\boldsymbol{\rho}_j\mathrm{e}^{-\lambda_j(t-t_0)} \tag{2-25}$$

如果所有的特征值均不相同，那么可以证明特征向量全部独立（可参见 Lange，1971）。这些特征向量 $\boldsymbol{\rho}_j$ 可以通过求解式（2－21）的线性方程替换 λ_j 来确定。这样，我们可以假定特征值和特征向量已知，并且由式（2－25）解的线性组合给出式（2－18）的一个通解

$$\boldsymbol{y}(t)=\sum_{j=1}^{n}\eta_j\boldsymbol{y}_j(t)=\sum_{j=1}^{n}\eta_j\boldsymbol{\rho}_j\mathrm{e}^{-\lambda_j(t-t_0)} \tag{2-26}$$

式中，η_j 为任意数。令 $\boldsymbol{\eta}=[\eta_1，\cdots，\eta_n]^{\mathrm{T}}$ 和定义矩阵，$\boldsymbol{T}=[\boldsymbol{\rho}_1，\cdots，\boldsymbol{\rho}_n]$，上式可以写为

$$\boldsymbol{y}(t)=\boldsymbol{T}\mathrm{diag}[\mathrm{e}^{-\lambda_j(t-t_0)}]\boldsymbol{\eta} \tag{2-27}$$

式中，$\mathrm{diag}[\mathrm{e}^{-\lambda_j(t-t_0)}]$ 表示一个含有上述 j 个对角线元素的对角矩阵。

η_j 的数值由初始条件式（2－13）来确定。令 $t=t_0$，将式（2－27）代入式（2－13），可得

$$\boldsymbol{T}\boldsymbol{\eta}=\boldsymbol{\mu} \tag{2-28}$$

那么，常数向量 $\boldsymbol{\eta}$ 可由下式来确定

$$\boldsymbol{\eta}=\boldsymbol{T}^{-1}\boldsymbol{\mu} \tag{2-29}$$

由于特征向量是相互独立的（假定不同的特征变量），因此矩阵 $\boldsymbol{T}$ 就为非奇异矩阵（满秩矩阵）。使用初始条件式（2－29）来替换，最终推导出解（2－27）

$$\boldsymbol{y}(t)=\boldsymbol{T}\mathrm{diag}(\mathrm{e}^{-\lambda_j(t-t_0)})\boldsymbol{T}^{-1}\boldsymbol{\mu} \tag{2-30}$$

这个解的另外一种形式可从指数的幂级数推导出来。将 $p=-\lambda_j(t-t_0)$ 和式（1－30）的第一个方程代入式（2－26），可得

$$\boldsymbol{y}(t)=\sum_{j=1}^{n}\eta_j\boldsymbol{\rho}_j\sum_{k=0}^{\infty}\frac{(-1)^k}{k!}\lambda_j^k(t-t_0)^k \tag{2-31}$$

现在，由式（2－24）容易证明，对于任意 $k\geqslant 0$ 有

$$\lambda_j^k\boldsymbol{\rho}_j=\lambda_j^{k-1}\boldsymbol{A}\boldsymbol{\rho}_j=\lambda_j^{k-2}\boldsymbol{A}^2\boldsymbol{\rho}_j=\cdots=\boldsymbol{A}^k\boldsymbol{\rho}_j \tag{2-32}$$

那么，变换式（2－31）中的求和并将式（2－32）代入可得

$$\boldsymbol{y}(t)=\sum_{k=0}^{\infty}\frac{(-1)^k}{k!}(t-t_0)^k\boldsymbol{A}^k\sum_{j=1}^{n}\eta_j\boldsymbol{\rho}_j \tag{2-33}$$

注意由式（2－28）可知 $\sum\eta_j\boldsymbol{\rho}_j=\boldsymbol{\mu}$ ，那么

$$\boldsymbol{y}(t)=\sum_{k=0}^{\infty}\frac{(-1)^k}{k!}(t-t_0)^k\boldsymbol{A}^k\boldsymbol{\mu} \tag{2-34}$$

现在可以正式地写出矩阵 $\boldsymbol{A}$ 指数形式的幂级数

$$\mathrm{e}^{-\boldsymbol{A}(t-t_0)}=\sum_{k=0}^{\infty}\frac{(-1)^k}{k!}(t-t_0)^k\boldsymbol{A}^k \tag{2-35}$$

在具有式（2－16）的初始条件下，使用这种方便的表示方法，齐次非线性方程（2－18）的解可以写为

$$\boldsymbol{y}(t)=\mathrm{e}^{-\boldsymbol{A}(t-t_0)}\boldsymbol{\mu} \tag{2-36}$$

这种解的形式可以避免确定特征值和特征向量，但是在原则上，必须确定矩阵 $\boldsymbol{A}$ 的所有次幂并且要如式（2－35）所示进行求和。尽管这可能很难理解和更加复杂，但是一个解析形式（的解）通常都是由这种分析得到的，因为式（2－36）与式（2－30）是一致的。

根据在 2.2 节中的讨论，很容易得到矩阵微分方程的解

$$\dot{\boldsymbol{Y}}(t)+\boldsymbol{A}\boldsymbol{Y}(t)=\boldsymbol{0} \tag{2-37}$$

初始条件 $\boldsymbol{Y}(t_0)=\boldsymbol{M}$ 时，给出方程的解为

$$\boldsymbol{Y}(t)=\mathrm{e}^{-\boldsymbol{A}(t-t_0)}\boldsymbol{M} \tag{2-38}$$

如果矩阵 $\boldsymbol{A}$ 的特征值并非完全不同，那么式（2－26）或者式（2－30）的通用形式就不再有效，但是式（2－36）仍然表示方程的解，因为从式（2－35）容易证明

$$\frac{\mathrm{d}}{\mathrm{d}t}\mathrm{e}^{-\boldsymbol{A}(t-t_0)}=-\boldsymbol{A}\,\mathrm{e}^{-\boldsymbol{A}(t-t_0)} \tag{2-39}$$

所以，式（2－36）也满足式（2－18）和初始条件式（2－16）。

现在，我们再回到根据特征值求解，并再次假定特征值均不相同。根据式（2－26）或者式（2－30），解向量 $\boldsymbol{y}(t)$ 的各个部分是指数函数 $\mathrm{e}^{-\lambda_j(t-t_0)}$ 的线性组合；因此，系数矩阵 $\boldsymbol{A}$ 的特征值 λ_j 决定了解的特性。尤其是，如果一个特征值为零，那么 $\boldsymbol{y}(t)$ 的分量就包含一个常数项，这是因为 $\mathrm{e}^0=1$。如果一个特征值是一个正实数，那么相对应的解以指数形式随 t 的增加而变为零；如果特征值为一个负实数，那么解（绝对值）以指数形式增加。

如果一个特征值是一个复数，$\lambda_j=\alpha_j+\mathrm{i}\beta_j$ ，其中 i 为虚数单位（ $\mathrm{i}^2=-1$），α_j，β_j 为实数。那么，根据欧拉方程式（1－29），方程解的相应部分根据下式变化

$$\mathrm{e}^{-\lambda_j(t-t_0)}=\mathrm{e}^{-\alpha_j(t-t_0)}(\cos[\beta_j(t-t_0)]-\mathrm{i}\sin[\beta_j(t-t_0)]) \tag{2-40}$$

也就是说，方程的解以周期 $2\pi/\beta_j$ 和幅值 $\mathrm{e}^{-\alpha_j(t-t_0)}$ 振荡。此外，振荡的幅值将根据 α_j 的符号（正值、零和负值）分别衰减为零、保持常数或发散。

如果矩阵 $\boldsymbol{A}$ 是实数（以我们的经验，通常是这种情况），那么对于每个复数特征值，均有另外一个是它的共轭复数，否则多项式（2－23）将不会为实数。此外，每对共轭特

征值的振荡解组合将产生一个要求的实数解。

2.3.1.1 实例

为了说明线性齐次微分方程的求解过程，可以考虑具有常数系数的二阶微分方程

$$\ddot{y}+\beta y=0;\ y_1(0)=\mu_1;\ y_2(0)=\mu_2 \tag{2-41}$$

其中，β 和为 μ_j 实数，并且 $t_0=0$。首先，我们将这个微分方程改写为一阶微分方程，如式（2－9）的形式

$$\frac{\mathrm{d}}{\mathrm{d}t}\begin{pmatrix}y_1\\y_2\end{pmatrix}+\begin{pmatrix}0&-1\\\beta&0\end{pmatrix}\begin{pmatrix}y_1\\y_2\end{pmatrix}=\begin{pmatrix}0\\0\end{pmatrix};y_1(0)=\mu_1;y_2(0)=\mu_2 \tag{2-42}$$

式中，根据式（2－8），令 $y_1=y$ 和 $y_2=\dot{y}$ 。

使用式（2－22），系数矩阵的特征值为下式的根

$$\lambda^2+\beta=0 \tag{2-43}$$

它们为

$$\lambda_1=+\sqrt{-\beta};\ \lambda_2=-\sqrt{-\beta} \tag{2-44}$$

使用式（2－20）可以证明相应的特征向量为

$$\boldsymbol{\rho}_1=\begin{pmatrix}1\\-\sqrt{-\beta}\end{pmatrix};\ \boldsymbol{\rho}_2=\begin{pmatrix}1\\\sqrt{-\beta}\end{pmatrix} \tag{2-45}$$

根据式（2－30）给出式（2－42）的解

$$\begin{pmatrix}y_1(t)\\y_2(t)\end{pmatrix}=\frac{1}{2\sqrt{-\beta}}\begin{pmatrix}1&1\\-\sqrt{-\beta}&\sqrt{-\beta}\end{pmatrix}\begin{pmatrix}\mathrm{e}^{-\sqrt{-\beta}t}&0\\0&e^{\sqrt{-\beta}t}\end{pmatrix}\begin{pmatrix}\sqrt{-\beta}&-1\\\sqrt{-\beta}&1\end{pmatrix}\begin{pmatrix}\mu_1\\\mu_2\end{pmatrix} \tag{2-46}$$

由此，式（2－41）的解可以求取为

$$y(t)=\frac{1}{2\sqrt{-\beta}}\left[\left(\sqrt{-\beta}\mu_1+\mu_2\right)\mathrm{e}^{\sqrt{-\beta}t}+\left(\sqrt{-\beta}\mu_1-\mu_2\right)\mathrm{e}^{-\sqrt{-\beta}t}\right] \tag{2-47}$$

如果 $\beta<0$，那么特征值就是实数，就有

$$y(t)=\frac{1}{2\sqrt{|\beta|}}\left[\left(\sqrt{|\beta|}\mu_1+\mu_2\right)\mathrm{e}^{\sqrt{|\beta|}t}+\left(\sqrt{|\beta|}\mu_1-\mu_2\right)\mathrm{e}^{-\sqrt{|\beta|}t}\right] \tag{2-48}$$

上式证明方程的解随 $t\to\pm\infty$ 而无限增加。如果 $\beta>0$，那么特征值就为虚数；并且，根据式（1－29），我们将此解以正弦曲线的形式写出，可得

$$y(t)=\mu_1\cos\left(\sqrt{\beta}t\right)+\frac{\mu_2}{\sqrt{\beta}}\sin\left(\sqrt{\beta}t\right) \tag{2-49}$$

这就是对于周期为 $2\pi/\sqrt{\beta}$ 标准正弦振荡器的解。如果 $\beta=0$，那么微分方程的解与式（2－30）的形式不同，因为在这种情况下特征值是不同的，正如研究中假定的产生式（2－26）。然而，我们可得系数矩阵的幂，如下

$$\begin{pmatrix}0&-1\\0&0\end{pmatrix}^k=\begin{pmatrix}0&0\\0&0\end{pmatrix};k\geqslant 2 \tag{2-50}$$

将此式代入式（2－35），我们容易确定式（2－36）形式的解，其中第一部分为我们

期望的结果

$$y(t)=\mu_1+\mu_2(t-t_0) \tag{2-51}$$

这是一个熟悉的解，即一个运载体在没有加速度情况下的位置：$\ddot{y}(t)=0$。

这个例子最后一点表明当一个特征值为重根时将发生的情况，也就是，当有大于一个重根的情况。一般来说，如果系数矩阵 $\boldsymbol{A}$ 对称，那么即使有些特征值重复，解的形式仍然由式（2-26）或者式（2-30）给出，因为可以找到 n 个线性独立的特征向量。对于特征值有 $q>1$ 重根的其他矩阵，可能找不到 q 个相应线性独立的特征向量。感兴趣的读者可以参考 Boyce 和 DiPrima（1969），使用矩阵理论深入研究这种方法。此外，需要注意的是，不管特征值的重根如何，式（2-36）都是成立的。

2.3.1.2 解的基本集

在系数矩阵 $\boldsymbol{A}$ 是常数值的情况下，齐次微分方程一个解的结构已经明确地展开。在系数矩阵是 t 的函数的情况下，仍然可以获得一个解，然而没有适用于所有情况的标准方法。但是，可以证明（可参见 Boyce 和 DiPrima，1969）如果 $n\times n$ 矩阵 $\boldsymbol{A}(t)$ 的元素是连续函数，那么存在 n 个线性独立解的集合；令这些解以 $\boldsymbol{y}_1(t)$，…，$\boldsymbol{y}_n(t)$ 表示。此外，式（2-14)的任意解可以写为 $\boldsymbol{y}_j(t)$ 的线性组合

$$\boldsymbol{y}(t)=\sum_{j=1}^{n}c_j\boldsymbol{y}_j(t) \tag{2-52}$$

线性独立解的集被称为解的基本集。它们可以组合为基本矩阵列的形式，$\boldsymbol{\Psi}(t)=[\boldsymbol{y}_1(t),\cdots,\boldsymbol{y}_n(t)]$；并且，解［式（2-52）］具有以下形式

$$\boldsymbol{y}(t)=\boldsymbol{\Psi}(t)\boldsymbol{c} \tag{2-53}$$

式中，$\boldsymbol{c}$ 为常数 c_j 的向量。

由于其列是线性独立的，基本矩阵 $\boldsymbol{\Psi}(t)$ 是非奇异的（满秩的）。所以，使用初始条件式（2-16），我们有 $\boldsymbol{c}=\boldsymbol{\Psi}^{-1}(t_0)\boldsymbol{\mu}_0$，并且

$$\boldsymbol{y}(t)=\boldsymbol{\Phi}(t,t_0)\boldsymbol{\mu} \tag{2-54}$$

其中

$$\boldsymbol{\Phi}(t,t_0)=\boldsymbol{\Psi}(t)\boldsymbol{\Psi}^{-1}(t_0) \tag{2-55}$$

将式（2-54）代入式（2-14），我们可得

$$\left[\frac{\mathrm{d}}{\mathrm{d}t}\boldsymbol{\Phi}(t,t_0)+\boldsymbol{A}(t)\boldsymbol{\Phi}(t,t_0)\right]\boldsymbol{\mu}=0 \tag{2-56}$$

由于 $\boldsymbol{\mu}$ 的值没有施加限制条件（它是任意的），括号中的项一定为零矩阵。所以，$\boldsymbol{\Phi}(t,t_0)$ 满足下述的微分方程及初始条件

$$\frac{\mathrm{d}}{\mathrm{d}t}\boldsymbol{\Phi}(t,t_0)+\boldsymbol{A}(t)\boldsymbol{\Phi}(t,t_0)=\boldsymbol{0};\quad \boldsymbol{\Phi}(t_0,t_0)=\boldsymbol{I} \tag{2-57}$$

对于系数矩阵为常数的特殊情况，方程的解可以由式（2-38）给出

$$\boldsymbol{\Phi}(t,t_0)=\mathrm{e}^{-\boldsymbol{A}(t-t_0)} \tag{2-58}$$

当代入式（2-54），产生解 $\boldsymbol{y}(t)$，这与式（2-36）一致。

矩阵 $\boldsymbol{\Phi}(t,t_0)$ 又称作“过渡矩阵”，这个矩阵将从初始值求取的解到任意 t 值下的

解。由于其递归性质，因此这种形式的解特别适用于卡尔曼滤波器（第 7 章）。同样，式（2－54）是确定一个特解的起始点。

2.3.2 特解

尽管使用变量系数矩阵 $\boldsymbol{A}(t)$ 求取齐次线性微分方程的解不能使用标准技术来进行确定，如果可以求取这个解，那么特解可以使用参数变分的方法来获得。所以，考虑非齐次的一阶线性微分方程（2－12）和初始条件式（2－13），为方便起见可重复求解

$$\dot{\boldsymbol{y}}(t)+\boldsymbol{A}(t)\boldsymbol{y}(t)=\boldsymbol{c}(t) \tag{2-59}$$

$$\boldsymbol{y}(t_0)=\boldsymbol{\mu} \tag{2-60}$$

假定包含在系数矩阵和向量 $\boldsymbol{c}(t)$ 中的函数连续。同样，我们假定相对应的齐次方程解已知，如式（2－54）所示

$$\boldsymbol{y}_H(t)=\boldsymbol{\Phi}(t,t_0)\boldsymbol{\mu} \tag{2-61}$$

通过参数变分的方法求取一个特解的形式

$$\boldsymbol{y}_P(t)=\boldsymbol{\Phi}(t,t_0)\boldsymbol{v}(t) \tag{2-62}$$

$$\boldsymbol{y}_P(t_0)=\boldsymbol{0} \tag{2-63}$$

其中，$\boldsymbol{v}(t)$ 为需要确定的向量函数，并且初始条件与式（2－17）一致。

我们以顺向的方式进行，首先将式（2－62）给出的 $\boldsymbol{y}_P$ 代入方程（2－59），式（2－62）应该是一个解

$$\frac{\mathrm{d}}{\mathrm{d}t}\boldsymbol{\Phi}(t,t_0)\boldsymbol{v}(t)+\boldsymbol{\Phi}(t,t_0)\frac{\mathrm{d}}{\mathrm{d}t}\boldsymbol{v}(t)+\boldsymbol{A}(t)\boldsymbol{\Phi}(t,t_0)\boldsymbol{v}(t)=\boldsymbol{c}(t) \tag{2-64}$$

然后，使用式（2－57），我们发现

$$\boldsymbol{\Phi}(t,t_0)\frac{\mathrm{d}}{\mathrm{d}t}\boldsymbol{v}(t)=\boldsymbol{c}(t) \tag{2-65}$$

或者

$$\frac{\mathrm{d}}{\mathrm{d}t}\boldsymbol{v}(t)=\boldsymbol{\Phi}^{-1}(t,t_0)\boldsymbol{c}(t) \tag{2-66}$$

由于 $\boldsymbol{\Phi}(t,\ t_0)$，像 $\boldsymbol{\Psi}(t)$ 是可逆的。式（2－66）的积分可得所需的向量函数 $\boldsymbol{v}(t)$

$$\boldsymbol{v}(t)=\int_{t_0}^{t}\boldsymbol{\Phi}^{-1}(\tau,t_0)\boldsymbol{c}(\tau)\mathrm{d}\tau \tag{2-67}$$

其中，选择相应的积分常数等于零以确保条件式（2－63）。

结合式（2－67）与式（2－62）和式（2－61）可以得到全解

$$\boldsymbol{y}(t)=\boldsymbol{\Phi}(t,t_0)\boldsymbol{\mu}+\boldsymbol{\Phi}(t,t_0)\int_{t_0}^{t}\boldsymbol{\Phi}^{-1}(\tau,t_0)\boldsymbol{c}(\tau)\mathrm{d}\tau \tag{2-68}$$

现在，使用式（2－55），可以推导出

$$\boldsymbol{\Phi}(t,t_0)\boldsymbol{\Phi}^{-1}(\tau,t_0)=\boldsymbol{\Psi}(t)\boldsymbol{\Psi}^{-1}(t_0)\boldsymbol{\Psi}(t_0)\boldsymbol{\Psi}^{-1}(\tau)=\boldsymbol{\Phi}(t,\tau) \tag{2-69}$$

使用此式，式（2－68）可以化简得到非齐次方程式（2－59）解的最终形式

$$\boldsymbol{y}(t)=\boldsymbol{\Phi}(t,t_0)\boldsymbol{\mu}+\int_{t_0}^{t}\boldsymbol{\Phi}(t,\tau)\boldsymbol{c}(\tau)\mathrm{d}\tau \tag{2-70}$$

对于一阶矩阵微分方程

$$\dot{\boldsymbol{Y}}(t)+\boldsymbol{A}(t)\boldsymbol{Y}(t)=\boldsymbol{C}(t),\ \boldsymbol{Y}(t_0)=\boldsymbol{M} \tag{2-71}$$

相应的全部解由式（2－70）直接扩展为

$$\boldsymbol{Y}(t)=\boldsymbol{\Phi}(t,t_0)\boldsymbol{M}+\int_{t_0}^{t}\boldsymbol{\Phi}(t,\tau)\boldsymbol{C}(\tau)\mathrm{d}\tau \tag{2-72}$$

在第 7 章，我们将遇到一个形式稍微不同的一阶线性矩阵微分方程

$$\dot{\boldsymbol{Y}}(t)+\boldsymbol{A}(t)\boldsymbol{Y}(t)+\boldsymbol{Y}(t)\boldsymbol{B}(t)=\boldsymbol{C}(t),\ \boldsymbol{Y}(t_0)=\boldsymbol{M} \tag{2-73}$$

它的解给出如下

$$\boldsymbol{Y}(t)=\boldsymbol{\Phi}(t,t_0)\boldsymbol{M}\boldsymbol{\Theta}(t,t_0)+\int_{t_0}^{t}\boldsymbol{\Phi}(t,\tau)\boldsymbol{C}(\tau)\boldsymbol{\Theta}(t,\tau)\mathrm{d}\tau \tag{2-74}$$

其中，与式（2－57）类似

$$\frac{\mathrm{d}}{\mathrm{d}t}\boldsymbol{\Theta}(t,t_0)+\boldsymbol{\Theta}(t,t_0)\boldsymbol{B}(t)=\boldsymbol{0};\ \boldsymbol{\Theta}(t_0,t_0)=I \tag{2-75}$$

我们通过回代来证明式（2－74）。也就是说，我们证明式（2－74）确实满足初始条件以及其导数满足微分方程式（2－73）。

第一项证明很容易完成，因为 $\boldsymbol{\Phi}(t_0,\ t_0)=\boldsymbol{I}$ 和 $\boldsymbol{\Theta}(t_0,\ t_0)=\boldsymbol{I}$ 表明，当 $t=t_0$ 代入式（2－74），我们可得 $\boldsymbol{Y}(t_0)=\boldsymbol{M}$ 。对式（2－74）进行求导可得

$$\begin{aligned}\dot{\boldsymbol{Y}}(t)=\ &\dot{\boldsymbol{\Phi}}(t,t_0)\boldsymbol{M}\boldsymbol{\Theta}(t,t_0)+\boldsymbol{\Phi}(t,t_0)\boldsymbol{M}\dot{\boldsymbol{\Theta}}(t,t_0)+\\&\int_{t_0}^{t}[\dot{\boldsymbol{\Phi}}(t,\tau)\boldsymbol{C}(\tau)\boldsymbol{\Theta}(t,\tau)+\boldsymbol{\Phi}(t,\tau)\boldsymbol{C}(\tau)\dot{\boldsymbol{\Theta}}(t,\tau)]\,\mathrm{d}\tau+\boldsymbol{\Phi}(t,\tau)\boldsymbol{C}(t)\boldsymbol{\Theta}(t,\tau)\frac{\mathrm{d}\tau}{\mathrm{d}t}\end{aligned} \tag{2-76}$$

充分应用莱布尼兹原理对一个积分来求微分。现在，替换式（2－57）和式（2－75）可得

$$\begin{aligned}\dot{\boldsymbol{Y}}(t)=\ &-\boldsymbol{A}(t)\boldsymbol{\Phi}(t,t_0)\boldsymbol{M}\boldsymbol{\Theta}(t,t_0)-\boldsymbol{\Phi}(t,t_0)\boldsymbol{M}\boldsymbol{\Theta}(t,t_0)\boldsymbol{B}(t)\\&-\boldsymbol{A}(t)\int_{t_0}^{t}\boldsymbol{\Phi}(t,\tau)\boldsymbol{C}(\tau)\boldsymbol{\Theta}(t,t_0)\mathrm{d}\tau-\int_{t_0}^{t}\boldsymbol{\Phi}(t,\tau)\boldsymbol{C}(\tau)\boldsymbol{\Theta}(t,\tau)\mathrm{d}\tau\boldsymbol{B}(t)+\boldsymbol{C}(t)\end{aligned} \tag{2-77}$$

上述每个积分项可以用式（2－74）中的 $\boldsymbol{Y}(t)-\boldsymbol{\Phi}(t,\ t_0)\boldsymbol{M}\boldsymbol{\Theta}(t,\ t_0)$ 替换；并且结果就是式（2－73），如上所示。

2.3.2.1　示例（续）

使用方程（2－54）和式（2－58），我们获得了第 2.3.1.1 节中示例微分方程（2－42）相同的齐次解。将式（2－41）中的系数矩阵用 $\boldsymbol{A}$ 表示，很容易证明

$$\boldsymbol{A}^2=\begin{pmatrix}-\beta & 0\\ 0 & -\beta\end{pmatrix},\boldsymbol{A}^3=\begin{pmatrix}0 & \beta\\ -\beta^2 & 0\end{pmatrix},\boldsymbol{A}^4=\begin{pmatrix}\beta^2 & 0\\ 0 & \beta^2\end{pmatrix},\boldsymbol{A}^5=\begin{pmatrix}0 & -\beta^2\\ \beta^3 & 0\end{pmatrix},\cdots \tag{2-78}$$

所以，根据式（2 - 35），并令 $\Delta t = t - t_0$，那么

$$e^{-\boldsymbol{A}\Delta t} = \begin{pmatrix} 1 - \frac{\beta}{2!}\Delta t^2 + \frac{\beta^2}{4!}\Delta t^4 - \frac{\beta^3}{6!}\Delta t^6 + \cdots & \Delta t - \frac{\beta}{3!}\Delta t^3 + \frac{\beta^2}{5!}\Delta t^5 - \frac{\beta^3}{7!}\Delta t^7 + \cdots \\ -\beta\Delta t + \frac{\beta^2}{3!}\Delta t^3 - \frac{\beta^3}{5!}\Delta t^5 + \cdots & 1 - \frac{\beta}{2!}\Delta t^2 + \frac{\beta^2}{4!}\Delta t^4 - \frac{\beta^3}{6!}\Delta t^6 + \cdots \end{pmatrix} \tag{2-79}$$

如果 $\beta > 0$，那么根据式（1 - 30）可以求出过渡矩阵 $\boldsymbol{\Phi}(t, t_0)$

$$\boldsymbol{\Phi}(t, t_0) = \begin{pmatrix} \cos(\sqrt{\beta}\Delta t) & \frac{1}{\sqrt{\beta}}\sin(\sqrt{\beta}\Delta t) \\ -\sqrt{\beta}\sin(\sqrt{\beta}\Delta t) & \cos(\sqrt{\beta}\Delta t) \end{pmatrix} \tag{2-80}$$

这样，通过式（2 - 54），第一部分通用谐振器解 y_1 及其导数 y_2 已在式（2 - 49）中证明。

如果 $\beta < 0$，那么 $-\beta = |\beta| > 0$；式（2 - 79）的级数累积为双曲正弦和双曲余弦

$$\boldsymbol{\Phi}(t, t_0) = \begin{pmatrix} \cosh(\sqrt{|\beta|}\Delta t) & \frac{1}{\sqrt{|\beta|}}\sinh(\sqrt{|\beta|}\Delta t) \\ \sqrt{|\beta|}\sinh(\sqrt{|\beta|}\Delta t) & \cosh(\sqrt{|\beta|}\Delta t) \end{pmatrix} \tag{2-81}$$

根据式（2 - 54），这可得出与式（2 - 48）一致的解。

现在，考虑非齐次微分方程，由式（2 - 41）归纳为

$$\ddot{y} + \beta y = c(t);\ y(0) = \mu_1;\ \dot{y}(0) = \mu_2 \tag{2-82}$$

其中，$c(t)$ 被称为强迫函数，假定为可积分的。$\beta > 0$ 时，这描述了强迫谐振器的动力学。式（2 - 82）可以改写为非齐次一阶微分方程系统

$$\frac{\mathrm{d}}{\mathrm{d}t}\begin{pmatrix} y_1 \\ y_2 \end{pmatrix} + \begin{pmatrix} 0 & -1 \\ \beta & 0 \end{pmatrix}\begin{pmatrix} y_1 \\ y_2 \end{pmatrix} = \begin{pmatrix} 0 \\ c(t) \end{pmatrix};\ y_1(0) = \mu_1;\ y_2(0) = \mu_2 \tag{2-83}$$

它的全部解（齐次解加特解部分）由式（2 - 70）给出。提取第一部分（$y \equiv y_1$），当 $\beta > 0$ 时，我们得到

$$y(t) = \mu_1\cos[\sqrt{\beta}(t - t_0)] + \frac{\mu_2}{\sqrt{\beta}}\sin[\sqrt{\beta}(t - t_0)] + \frac{1}{\sqrt{\beta}}\int_{t_0}^{t}\sin[\sqrt{\beta}(t - \tau)]\,c(\tau)\,\mathrm{d}\tau \tag{2-84}$$

以及当 $\beta < 0$ 时

$$y(t) = \mu_1\cosh(\sqrt{|\beta|}(t - t_0)) + \frac{\mu_2}{\sqrt{|\beta|}}\sinh[\sqrt{|\beta|}(t - t_0)] + \frac{1}{\sqrt{|\beta|}}\int_{t_0}^{t}\sinh[\sqrt{|\beta|}(t - \tau)]\,c(\tau)\,\mathrm{d}\tau \tag{2-85}$$

我们注意到，如果 $c(\tau)$ 是一个具有相同频率 $\sqrt{\beta}$ 的正弦函数，那么式（2 - 84）中的积分导致了 t 中的线性项，并且随着 t 的增加方程的解变得无界，这种情况下，强迫函数以其共振频率激励系统。

2.4　数值方法

当微分方程可以求取解析解时，它们不仅可以给出估计数值的公式，还可以直接认识解的特性。当然，相对于纯数值解来说它们通常是优先考虑的。但是，在很多情况下，例如当式（2-8）中的系数矩阵 $\boldsymbol{A}(t)$ 既不是常量，又不允许求出解析解特殊形式的一类，只能通过数值的方式来求解。也就是计算 t 的离散值和有限集时 $\boldsymbol{y}(t)$ 的近似值。数值方法能用公式表达为一个算法，但是结果通常是计算值的一个集，而且，必须注意相关的算法误差，这个误差通常是根据数量级来确定。

有许多数值方法来求解微分方程，例如式（2-1），我们将在单步执行的范围内进行讨论。也就是说，基于函数关系 $\boldsymbol{F}$ 在特定 t 下的一个估计值和由前一个 t 值获得的 $\boldsymbol{y}(t)$，成功获取一个对应每一个 t 值的解。这个方法尤其适合本章中确定初始值的类型。另一种方法就是大家熟悉的多步或者差分方法，虽然计算较快，但需要在一系列连续 t 下 $\boldsymbol{F}$ 的估计量。如果一个单步执行的方法获得求解所需要的部分值时，那么它们就能用于求解初始值问题。换句话说，它们不是自行开始计算，而是要使用具有足够精度的初始值。

在这种条件下，单步执行的方法假定（方程的）解可以通过简化的泰勒级数来近似。同样，也要假定（方程的）解及导数可微分的一般要求，数值解是足够稳定的。一般来说，这取决于在感兴趣的区间 t 上函数关系 $\boldsymbol{F}$ 的平滑性和正则性。这些稳定性和收敛性的问题就留给其他更加全面关于微分方程和它们数值解的教科书（可参考 Gear，1971）。

需要注意的是，以下的讨论既不限制在线性方程范围内也不限制在一阶方程的范围内。然而，使用定义式（2-8），我们发现式（2-1）类型的任意常微分方程可以化简为一阶微分方程

$$\dot{\boldsymbol{y}}(t)=\boldsymbol{f}\,[t,\boldsymbol{y}(t)] \tag{2-86}$$

及初始条件式（2-13）。同样，高阶微分方程系统可以这样化简。另外，对于向量方程（2-86）将要推导的数值算法中没有本质差别，相应的标量方程为

$$\dot{y}(t)=f\,[t,y(t)] \tag{2-87}$$

因此，为了简化推导中的符号，我们从后者开始推导。

2.4.1　龙格一库塔法

龙格-库塔数值方法的基本概念是基于解的泰勒级数展开式

$$y(t)=y(t_0)+\dot{y}(t_0)(t-t_0)+\frac{1}{2!}\ddot{y}(t_0)(t-t_0)^2+\cdots+\frac{1}{m!}y^{(m)}(t_0)(t-t_0)^m+\cdots \tag{2-88}$$

式中，一阶导数已经由式（2-87）给出，y 随后的导数能够从给定的函数 f 解析得到。到第三阶导数，可以得到

$$
\begin{aligned}
\dot{y}(t_0) &= f \\
\ddot{y}(t_0) &= f_t + f_y f \\
\dddot{y}(t_0) &= f_{tt} + 2f_{ty}f + f_{yy}f^2 + f_t f_y + f_y^2 f
\end{aligned}
\tag{2-89}
$$

式中，函数下标的变量表示偏微分；此外，这种情况下，在 $t=t_0$，$y=y_0$ 时可以求 f 及其导数的值，例如

$$
f_{ty} = \left.\frac{\partial^2 f}{\partial t \partial y}\right|_{t=t_0, y=y_0}
\tag{2-90}
$$

由于 $y(t_0)=y_0$ 是给定的，所以能计算一阶导数 $f(t_0, y_0)$ 和随后所有的导数在 t_0 时的值。将式（2-89）代入式（2-88），如果级数在 t_0 的邻域收敛，那么可以得到 t 在 t_0 邻域时解的近似。

但是，为了避免这些高阶导数确定的困难，龙格-库塔方法寻求通过多项式 $(t-t_0)$ 来近似求解，这个多项式满足一定阶数的泰勒级数，但是可以由一个不同的几何自变量得到。根据泰勒级数，基于在 t_0 邻域多个点斜率或者一阶导数合适权重的平均值的预测，在初始点由多阶导数的值代替预测 t 时解的值。

在一般的列方程求解中，迭代得到 t 一系列离散值的解，其中 t_n 时刻的解是基于已经获得的 t_{n-1} 时刻的解，同时又作为初始值来求取 t_{n+1} 时刻的解。尽管实践中通常要求步长为常数，t 连续步长之间的间隔不需要为常数。因此，令

$$
h = t_{n+1} - t_n
\tag{2-91}
$$

为算法的步长（如果 h 不是常数，在下述的公式中使用一个适当定义的 h_{n+1} 来替换 h）。我们求取解的近似值有以下形式

$$
y_{n+1} = y_n + h(\alpha_1 k_1 + \alpha_2 k_2 + \cdots + \alpha_m k_m)
\tag{2-92}
$$

式中，每个 k_j 是在闭区间 $[t_n, t_{n+1}]$ 内一些点处 y 的一个斜率（也就是一阶导数 f）

$$
\begin{aligned}
k_1 &= f(t_n, y_n) \\
k_2 &= f(t_n + \beta_2 h, y_n + \xi_{2,1} h k_1) \\
k_3 &= f(t_n + \beta_3 h, y_n + \xi_{3,1} h k_1 + \xi_{3,2} h k_2) \\
&\vdots
\end{aligned}
\tag{2-93}
$$

确定常数 α_j，β_j，$\xi_{j,p}$ 的值，一直达到 h 一定的幂时，近似值 y_{n+1} 与真值 $y(t_{n+1})$ 相一致。那么，对于一个 m 阶的龙格一库塔算法，它们的差值为

$$
|y_{n+1} - y(t_{n+1})| = O(h^{m+1})
\tag{2-94}
$$

式中，$O(h^{m+1})$ 代表“h^{m+1} 阶”的项。

使用我们的符号可知，在式（2-92）和式（2-93）中出现带有下标的值 y_n 都是式（2-94）意义上的对真实值 $y(t_n)$ 的近似。显然，算法式（2-92）、式（2-93）也仅需要一个初始值 $y_0 \equiv y(t_0)$。使用先前的斜率 k_p，$p<j$，定义 t_n 和 t_{n+1} 之间每个连续 k_j 为相应 y 值的传播。

一直到第四阶（$m \leqslant 4$）的情况，第 m 阶龙格-库塔法仅仅需要 m 个加权的斜率 k_j。但是，例如，六阶算法通过 8 个斜率的加权和（可参见 Babuska 等，1966）来近似解。阶

数高于 $m=3$ 时，代数就变得非常复杂；我们只推导到三阶的算法，由此更高阶的推导也同理。所以，我们希望找到一个近似解的形式

$$y_{n+1}=y_n+h(\alpha_1 k_1+\alpha_2 k_2+\alpha_3 k_3) \tag{2-95}$$

式中，函数 $k_j(j=1,2,3)$ 由式（2-93）给出，确定常数 α_j，β_j，$\xi_{j,p}$，因此近似值的误差为二阶、三阶和四阶。

假定函数 $f(t,y)$ 在 t_n 的邻域内是连续可微的，它可以展开为一个关于变量 t 和 y 的二元泰勒级数

$$\begin{aligned}f(t,y)=&f(t_n,y_n)+[f_t(t-t_n)+f_y(y-y_n)]+\\&\frac{1}{2!}[f_{tt}(t-t_n)^2+2f_{ty}(t-t_n)(y-y_n)+f_{yy}(y-y_n)^2]+\cdots\end{aligned} \tag{2-96}$$

式中，如前所述，下标函数为 (t_n,y_n) 时的估计值。令 $t-t_n=\beta_2 h$ 和 $y-y_n=\xi_{2,1}hk_1$，代入式（2-93）中的 k_2 后进行二元泰勒级数展开，并记下 $k_1=f$，得出

$$k_2=f+h(\beta_2 f_t+\xi_{2,1}f_y f)+\frac{h^2}{2!}(\beta_2^2 f_{tt}+\xi_{2,1}^2 f_{yy}f^2+2\beta_2\xi_{2,1}f_{ty}f)+O(h^3) \tag{2-97}$$

其中最高仅包括 h 的二阶项。同样，令 $t-t_n=\beta_3 h$，$y-y_n=\xi_{3,1}hk_1+\xi_{3,2}hk_2$，对（2-93）中的 k_3 再次使用式（2-96），很容易证明

$$\begin{aligned}k_3=&f+h[\beta_3 f_t+(\xi_{3,1}+\xi_{3,2})f_y f]\\&+\frac{h^2}{2!}[\beta_3^2 f_{tt}+(\xi_{3,1}+\xi_{3,2})^2 f_{yy}f^2+2\beta_3(\xi_{3,1}+\xi_{3,2})f_{ty}f\\&+2\beta_2\xi_{3,2}f_t f_y+2\xi_{2,1}\xi_{3,2}f_y^2 f\}+O(h^3)\end{aligned} \tag{2-98}$$

将式（2-97）和式（2-98）代入式（2-95），可得

$$\begin{aligned}y_{n+1}=&y_n+h(\alpha_1+\alpha_2+\alpha_3)f\\&+h^2\{\alpha_2(\beta_2 f_t+\xi_{2,1}f_y f)+\alpha_3[\beta_3 f_t+(\xi_{3,1}+\xi_{3,2})f_y f]\}\\&+\frac{h^3}{2}\{\alpha_2(\beta_2^2 f_{tt}+\xi_{2,1}^2 f_{yy}f^2+2\beta_2\xi_{2,1}f_{ty}f)\\&+\alpha_3[\beta_3^2 f_{tt}+(\xi_{3,1}+\xi_{3,2})^2 f_{yy}f^2+2\beta_3(\xi_{3,1}+\xi_{3,2})f_{ty}f\\&+2\beta_2\xi_{3,2}f_t f_y+2\xi_{2,1}\xi_{3,2}f_y^2 f]\}+O(h^4)\end{aligned} \tag{2-99}$$

现在通过式（2-88），t_{n+1} 时给出解的真值如下

$$y(t_{n+1})=y(t_n)+h\dot{y}(t_n)+\frac{h^2}{2!}\ddot{y}(t_n)+\frac{h^3}{3!}\dddot{y}(t_n)+O(h^4) \tag{2-100}$$

使用式（2-89）所示的推导结果，可得

$$\begin{aligned}y(t_{n+1})=&y(t_n)+hf+\frac{h^2}{2}(f_t+f_y f)\\&+\frac{h^3}{6}(f_{tt}+2f_{ty}f+f_{yy}f^2+f_t f_y+f_y^2 f)+O(h^4)\end{aligned} \tag{2-101}$$

比较式（2-99）和式（2-101）中 h 幂的相对应系数，我们发现参数满足以下条件

$$h:\qquad \alpha_1+\alpha_2+\alpha_3=1 \tag{2-102}$$

$$h^2:\quad \begin{aligned} &2(\alpha_2\beta_2+\alpha_3\beta_3)=1 \\ &2[\alpha_2\xi_{2,1}+\alpha_3(\xi_{3,1}+\xi_{3,2})]=1 \end{aligned} \tag{2-103}$$

$$h^3:\quad \begin{aligned} &3(\alpha_2\beta_2^2+\alpha_3\beta_3^2)=1 \\ &3[\alpha_2\xi_{2,1}^2+\alpha_3(\xi_{3,1}+\xi_{3,2})^2]=1 \\ &3[\alpha_2\beta_2\xi_{2,1}+\alpha_3\beta_3(\xi_{3,1}+\xi_{3,2})]=1 \\ &6\alpha_3\beta_2\xi_{3,2}=1 \\ &6\alpha_3\xi_{2,1}\xi_{3,2}=1 \end{aligned} \tag{2-104}$$

这8组条件是不完全独立的，所以它们允许在一定程度上自由选择8个参数的值。

对于一阶方法，我们要求在积分区域 h 内，算法的估计值与真解在一次幂上一致。这样，我们就设定 $\alpha_2=0$ 和 $\alpha_3=0$；因此，从式（2-102）可得 $\alpha_1=1$。其他所有参数是不相关的；并且，算法（2-95）给出如下

$$y_{n+1}=y_n+hf(t_n,y_n) \tag{2-105}$$

这也就是著名的欧拉法。

对于二阶算法，我们考虑条件式（2-102）和式（2-103）并设定 $\alpha_3=0$，则可得 $\beta_2=\xi_{2,1}$。如果选择 $\alpha_1=\frac{1}{2}$，那么 $\beta_2=\xi_{2,1}=1$，此时算法变为

$$\begin{aligned} &y_{n+1}=y_n+\frac{h}{2}(k_1+k_2) \\ &k_1=f(t_n,y_n) \\ &k_2=f(t_n+h,y_n+hk_1) \end{aligned} \tag{2-106}$$

三阶算法必须满足所有三组条件式（2-102）～式（2-104）。从式（2-104）中的后两个等式，我们又发现 $\beta_2=\xi_{2,1}$，从式（2-103）中得到

$$\beta_3=\xi_{3,1}+\xi_{3,2} \tag{2-107}$$

与式（2-104）中的前三个条件是一致的，我们可以选择 $\alpha_1=\frac{1}{6}$，$\alpha_2=\frac{4}{6}$，$\alpha_3=\frac{1}{6}$，满足式（2-102）。那么，式（2-103）和式（2-104）的第一个条件分别得到 $\beta_2=\frac{1}{2}$ 和 $\beta_3=1$。因此，$\xi_{2,1}=\frac{1}{2}$，式（2-104）的最后一个条件可得 $\xi_{3,2}=2$，进一步可以从式（2-107）求得 $\xi_{3,1}=-1$。我们可以构建一种可能的三阶龙格-库塔算法

$$\begin{aligned} &y_{n+1}=y_n+\frac{h}{6}(k_1+4k_2+k_3) \\ &k_1=f(t_n,y_n) \\ &k_2=f\left(t_n+\frac{h}{2},y_n+\frac{h}{2}k_1\right) \\ &k_3=f(t_n+h,y_n-hk_1+2hk_2) \end{aligned} \tag{2-108}$$

同样，也可以推导出其他的可能性（例如，我们选择 $\alpha_1=\frac{1}{4}$，$\alpha_2=\frac{1}{2}$，$\alpha_3=\frac{1}{4}$）；只

要满足条件式（2 - 102）～式（2 - 104），就是三阶算法。

我们不加证明地给出常用的四阶龙格-库塔算法

$$
\begin{aligned}
y_{n+1} &= y_n + \frac{h}{6}(k_1 + 2k_2 + 2k_3 + k_4) \\
k_1 &= f(t_n, y_n) \\
k_2 &= f\left(t_n + \frac{h}{2}, y_n + \frac{h}{2}k_1\right) \\
k_3 &= f\left(t_n + \frac{h}{2}, y_n + \frac{h}{2}k_2\right) \\
k_4 &= f(t_n + h, y_n + hk_3)
\end{aligned}
\qquad (2-109)
$$

Babuska 等人（1966）给出了四阶算法和六阶算法的变体。

最后需要指出，这些数值方法的研究仅限于标量的情况，所有这些（结论）都能复制，如式（2 - 86）中 f 是向量函数的情况。事实上，使用向量 $\boldsymbol{y}_n$，$\boldsymbol{f}$，$\boldsymbol{k}_m$ 替换相对应的标量 y_n，f，k_m，则算法相同。仅有独立变量 t 仍然为一个标量。例如，三阶龙格-库塔算法变为

$$
\begin{aligned}
\boldsymbol{y}_{n+1} &= \boldsymbol{y}_n + \frac{h}{6}(\boldsymbol{k}_1 + 4\boldsymbol{k}_2 + \boldsymbol{k}_3) \\
\boldsymbol{k}_1 &= \boldsymbol{f}(t_n, \boldsymbol{y}_n) \\
\boldsymbol{k}_2 &= \boldsymbol{f}\left(t_n + \frac{h}{2}, \boldsymbol{y}_n + \frac{h}{2}\boldsymbol{k}_1\right) \\
\boldsymbol{k}_3 &= \boldsymbol{f}(t_n + h, \boldsymbol{y}_n - h\boldsymbol{k}_1 + 2h\boldsymbol{k}_2)
\end{aligned}
\qquad (2-110)
$$

显然，$\boldsymbol{y}_n$ 和 $\boldsymbol{f}$ 是同维向量，因此 $\boldsymbol{k}_m$ 也是同维向量。

2.4.2　函数的数值积分

我们已得出（2 - 87）类型的线性一阶微分方程解的单步执行通用算法。直接对下式进行积分

$$\dot{y}(t) = f(t) \qquad (2-111)$$

其中，函数 f 不取决于 $y(t)$。对应于一阶、二阶、三阶和四阶算法式（2 - 105）、式（2 - 106）、式（2 - 108）和式（2 - 109），相应阶数的积分规则可以通过忽略其右侧第二个变量来获得：

一阶（矩形规则）

$$y_{n+1} = y_n + hf(t_n) \qquad (2-112)$$

二阶（梯形规则）

$$y_{n+1} = y_n + \frac{h}{2}[f(t_n) + f(t_n + h)] \qquad (2-113)$$

四阶（辛普森规则）

$$y_{n+1} = y_n + \frac{h}{6}\left[f(t_n) + 4f\left(t_n + \frac{h}{2}\right) + f(t_n + h)\right] \qquad (2-114)$$

在这种情况下，三阶和四阶算法是一致的。在每种情况下，算法误差都在积分步长 h 被忽略幂次的量级上。更明确的误差分析和其他规则在有关数值分析的书籍（例如 Conte 和 Boor，1965）均有介绍。对向量函数的归纳是明显的，遵循示例式（2－110）给出的步骤。

第 3 章　惯性测量单元

3.1　介绍

惯性导航可以定义为使用基于牛顿定律的传感器，对移动载体的位置和速率进行实时显示。如第 1 章所述，牛顿定律成立的坐标系为惯性坐标系（i 坐标系）。一个惯性导航系统仪器通常称为惯性测量单元（IMU）；在 i 坐标系中定义它们的函数不仅合理而且在一定程度上也十分必要。运动主要有两种形式，平移（直线）运动和旋转运动；通常，惯性测量单元包括两种仪表：敏感线性加速度的加速度计和敏感角速率的陀螺仪，当然，也存在角加速度计。然而，对于导航，事实证明陀螺仪的精度更高。从牛顿定律可知，陀螺仪仅仅敏感相对于惯性空间的旋转，不敏感平移运动，例如绕地球卫星轨道运行的自由下落的曲线平移。

陀螺仪或者加速度计，都有与其自身相联系的 3 个轴：输入轴（1 轴），输出轴（2 轴）和某些方面对于特定仪器的第三轴。这 3 个轴相互垂直，它们组成仪器坐标系。输入轴通常是传感轴；例如，加速度计的输入轴与仪器敏感加速度的方向成一条直线。输出轴通常由相对应的数据量确定。

尽管人们在传统上将陀螺仪与测量旋转质量反作用力（工作原理）联系起来，但这个名称已经被用于现代光学仪器，其工作原理与旋转质量单元无关，而是取决于光在一个旋转坐标系中的特性，这就是著名的赛格奈克效应（见第 3.2.2 节）。尽管在光学陀螺仪中不涉及动力学定律，但是 i 坐标系仍然是最重要的。陀螺仪基本技术是非常多样的，在一定程度上仍然在不断发展，例如，微机械仪表主要是基于振动机械单元（Burdess 等，1994）。相反，加速度计的工作原理在很大程度上保持不变，尽管技术的进步已经改变了传感器的配置和测量方法，但加速度计原理本质上是基于惯性检测质量的动力学原理。

事实上，加速度计的设计在过去的几十年中蓬勃发展，这得益于新的制造技术，以及商业和制造系统中振动测定（可参见 Meydan，1997；Walter，1997）、军事和宇航系统的测试和评估（可参见 Walter，1997）、地球物理和大地测量学的重力测量等方面的广泛应用。人们已经设计出单轴或者多轴仪表；发明了一个基于低温学的 6 轴加速度计（可参见 Paik，1996），这个加速度计可以使用检测质量感测 3 个直线加速度和 3 个角加速度。同样，传感器技术的重大发展已经影响了陀螺仪的应用范围。最初，主要用于军事导航、制导和姿态确定，以及商业航空（可参见 Savet，1961；Stieler 和 Winter，1982；Greenspan，1995；Barbour 和 Schmidt，1998），现在它们广泛地应用于商业车辆、多种多样的空间系统和科学实验中，例如广义相对论中的兰斯-蒂林（坐标系拖曳）效应的精确测试（Everitt，1988；Lipa 和 Keiser，1988）。

最重要的是，机械系统中微机械加工的最新进展促进了小型化、低成本惯性传感器的发展和制造，这种惯性传感器广泛应用于任何需要线运动和角运动检测的领域，例如汽车中的安全和稳定装置、电子产品和其他消费产品中的运动传感器、稳定机械装置（如虚拟现实计算机系统和摄像机）、工业和建筑设备（机器人、起重机控制、振动确定等）的控制和涉及放射性检测的生物医学应用。这些基于微机电系统（MEMS）和微光机电系统（MOEMS）的传感器的精度低于惯性导航要求的精度，但是设计和制造过程的持续进展正在生产出与传统的大传感器（macro - sensor）相媲美的仪表。若要更好地回顾这些知识，读者可以直接参考 Yazdi 等（1998）。

惯性传感器具有三大类应用性能，其特性是输出固有偏置稳定性和标度系数稳定性。其中，偏置稳定性的度量：陀螺仪为（°）/h、加速度计为 m/s^2；标度系数稳定性的度量为百万分之一（ppm）。除了上述在科学方面取得的一些最新进展外，研发最高精度的陀螺仪和加速度计，则主要用于涉及军事战略的洲际弹道导弹制导。这些陀螺的偏置稳定性优于0.000 1（°）/h，标度系数的稳定性优于 50 ppm，加速度计的偏置稳定性和标度系数稳定性分别优于 $10^{-6} m/s^2$（≈0.1 μg）和 2 ppm。下一类惯性测量单元主要属于导航级，其偏置稳定性覆盖了 0.001～0.1（°）/h 和（1～1 000）$\times 10^{-6} m/s^2$，在此应用中这两种类型的传感器的标度系数稳定性大约为 1～100 ppm。最后，商业应用级（在军事应用中也称为战术级）包括在节约成本、重量、功耗或者短期精度方面设计的传感器，相对应的偏置稳定性通常在 0.1～1 000（°）/h 和（50～10 000）$\times 10^{-6} m/s^2$，标度系数稳定性通常大于 100 ppm。本章的讨论限定于在导航及大地测量方面应用的现代经典惯性测量单元，并对这些装置进行详细介绍。

惯性导航的本质是对测量加速度进行时间积分获得速度，再对时间积分获得位置。加速度计的数量取决于与载体运动相关的自由度（通常至少两个水平加速度），并且加速度计的输入轴要与运动方向一致。例如，一个载体在水平方向的导航将有两个加速度计，一个指向前方，一个指向侧面。为了获得三维运动（任意维度）载体的位置，实际应用中需要 3 个输入轴相互垂直的加速度计。

对于大多数导航，在载体上简单地安装一组加速度计是不够的，因为加速度计不能与导航坐标系的主要方向（北、东、地）对准。此外，导航坐标系本身通常不是惯性坐标系，必须消除已知的由于地球相对于惯性坐标系旋转导致的向心加速度和科氏加速度。这两个方向变换（导航坐标系和载体坐标系及惯性坐标系之间）通过陀螺仪的测量来实施。在绝大多数情况下，3 个方向（或者积分角速率）完全满足确定加速度计的方向。因此，总共有 6 个惯性测量单元与最通用的惯性导航仪相关：3 个加速度计和 3 个陀螺仪（2 个自由度的陀螺仪也存在，这样需要陀螺的数量将减少到 2 个）。

我们从陀螺仪开始讨论，尤其是机械陀螺，因为其动力学和现在的摆式加速度计相关。

3.2　陀螺仪

“陀螺仪”一词起源于 1850 年，傅科（1819—1868，法国物理学家）使用一个旋转圆盘来演示地球的旋转。他的演示是建立在没有外加力矩（常角动量）的情况下，圆盘旋转轴必须在惯性空间保持固定的基础上进行的，由于地球在它下面旋转，圆盘的方向相对于地球发生了变化。陀螺仪在许多应用中提供了一种确定相对姿态或者方向以及绝对方向的方法，当然包括惯性导航，其中传统上陀螺仪的主要应用是将运载体的运动从装有加速度计的平台上隔离出来。从测量角度或者角速度来看，陀螺仪可以在科学和工程试验中作为辅助设备应用，例如遥感和摄影测绘学（可参见 Schwarz 等，1993）、地球测绘（见第 10 章）和使用合成孔径雷达进行的地形断面绘图（可参见 Madsen 和 Zebker，1993）。陀螺仪在需要旋转稳定性或者高精度角度记录的场合发挥着重要作用，不仅用于导航或者定位，还用于运载体上仪器或者装置的平台（地面车辆、飞机、舰船或者卫星），或者用于军事、民用、商业、消费、科学和工程的便携式系统。

我们将关注陀螺仪在惯性导航系统及在大地测量学中的应用，这些分析可以很容易地用于其他领域。因此，陀螺仪被认为是平台的定向装置，该平台可能包含用于导航、定位、测量、重力测量的几个加速度计（后续章节将重点论述），或者一组用于摄影测量、遥感或地理信息科学的传感器。

尽管在惯性导航中陀螺仪的作用仅次于加速度计，但陀螺仪是相当复杂的传感器。第一类仪器是基于在惯性空间旋转质量的角动量保持不变的机械式仪表。为了便于实施（极小计算量、误差源最优控制和自标定），加速度计被安装在一个万向节平台上，也就是说，平台一般保持在当地水平坐标系内，因此加速度计可以自然确定在导航坐标系（北一东一地）的方向。当地水平面稳定由陀螺仪完成，陀螺仪相对于惯性空间方向可以随地球旋转和载体运动而改变（见第 4 章）。机械陀螺和常平架系统的复杂性使惯性导航系统的成本很高。

使用捷联机械编排系统能够大幅降低成本。顾名思义，捷联惯性导航系统固定在被导航的载体坐标系上。这样，方向必须通过使用陀螺数据计算来完成，该计算将加速度计输出从传感器坐标系变换到导航坐标系。此外，（系统）标定需要载体特殊的操作或者外部参考信息，但是在载体上安装惯性导航系统时要注意避免特定误差源的耦合。随着光学陀螺和更高精度的加速度计以及更快速度的计算机的发明，这些主要的顾虑相对于节省成本就变为次要问题。

3.2.1　机械陀螺仪

机械陀螺仪是以快速旋转质量体为基础进行工作的，其角动量提供了惯性空间确定的方向。这种类型的陀螺仪工作原理的物理定律是物体旋转运动的恒定性，类似于牛顿第二运动定律。它表示为旋转物体角动量的时间变化率等于施加的扭矩

$$\boldsymbol{L}=\frac{\mathrm{d}}{\mathrm{d}t}(\boldsymbol{I}\boldsymbol{\omega}) \tag{3-1}$$

式中，$\boldsymbol{L}$ 为扭矩，$\boldsymbol{\omega}$ 为角速率（根据前面的规定，两个均为轴向量，见第 1 章）；$\boldsymbol{I}$ 为惯性张量。$\boldsymbol{I}$ 和 $\boldsymbol{\omega}$ 的乘积定义为角动量向量 $\boldsymbol{H}$

$$\boldsymbol{H}=\boldsymbol{I}\boldsymbol{\omega} \tag{3-2}$$

方程（3-1）与质点直线运动的式（1-3）完全类似；并且，它仅仅应用于惯性（即非旋转）坐标系。扭矩与力 $\boldsymbol{F}$ 相关，通过“杠杆”公式可得

$$\boldsymbol{L}=\boldsymbol{r}\times\boldsymbol{F} \tag{3-3}$$

式中，$\boldsymbol{r}$ 是表示杠杆的向量。将力施加在杠杆一端产生绕另一端的转矩或者力矩，根据式（3-3），力矩垂直于 $\boldsymbol{r}$ 和 $\boldsymbol{F}$ 。

惯性张量 $\boldsymbol{I}$ 类似于公式（1-3）中的（惯性）质量。它是一个 3×3 的矩阵，元素为 $I_{j,k}$ ，是一个物体相对于坐标轴质量分布的二阶力矩。具体来说，惯性力矩占据了矩阵的对角线，给出如下

$$I_{j,j}=\int_{\text{mass}}(r^2-x_j^2)\mathrm{d}m,\quad j=1,2,3 \tag{3-4}$$

式中，$r^2=x_1^2+x_2^2+x_3^2$ ；惯性积为非对角线元素，表示为

$$I_{j,k}=-\int_{\text{mass}}x_jx_k\mathrm{d}m,\ j\neq k \tag{3-5}$$

对于载体来说，如果坐标轴与惯性主轴一致，惯性积就消失了。当坐标系有一个恰当的旋转时（假定原点在质心），根据式（1-17）使得惯性张量对角线化（译者：使得张量的非对角线元素为零），就会发生这种情况。事实上，张量是向量的推广（在我们需要的情形下，为二阶推广），与向量一样，根据其坐标旋转的转换特性来定义［在这种情况下，它应该根据式（1-17）来转换］。

结合式（3-1）和式（3-2），可以明确地写出在 i 坐标系下的公式，我们可得

$$\boldsymbol{L}^i=\dot{\boldsymbol{H}}^i \tag{3-6}$$

如果 $\boldsymbol{L}=\boldsymbol{0}$（没有施加力矩），那么角动量就是一个常量；也就是说，角动量保持守恒（角动量守恒定律），那么 $\boldsymbol{H}$ 的幅值和方向在 i 系中保持不变。

方程式（3-2）可以更明确地得出

$$\boldsymbol{H}^i=\boldsymbol{I}^i\boldsymbol{\omega}_{ia}^i \tag{3-7}$$

其中，$\boldsymbol{H}^i$ 是载体的角动量，其坐标在 i 系中。载体本身被赋予任意一个载体固联的坐标系，称为 a 系；$\boldsymbol{\omega}_{ia}^i$ 是 a 系（载体）相对于 i 系的角速度在 i 系中的坐标表示［见式（1-58）］。根据式（1-17）变换惯性张量，我们可得

$$\begin{aligned}\boldsymbol{H}^i&=\boldsymbol{C}_a^i\boldsymbol{I}^a\boldsymbol{C}_i^a\boldsymbol{\omega}_{ia}^i=\boldsymbol{C}_a^i\boldsymbol{I}^a\boldsymbol{\omega}_{ia}^a\\&=\boldsymbol{C}_a^i\boldsymbol{H}^a\end{aligned} \tag{3-8}$$

式中，角动量向量在 a 系中的坐标表示通过下式给出

$$\boldsymbol{H}^a=\boldsymbol{I}^a\boldsymbol{\omega}_{ia}^a \tag{3-9}$$

应当注意，向量 $\boldsymbol{H}^a$ 和向量 $\boldsymbol{\omega}_{ia}^a$ 通常是不平行的。

由于它在旋转，a 系就不是惯性坐标系，根据科里奥利定律式（1－70），关于 a 系的旋转运动方程式（3－1）变为

$$\boldsymbol{L}^a = \boldsymbol{C}_i^a \boldsymbol{L}^i = \boldsymbol{C}_i^a \dot{\boldsymbol{H}}^i = \dot{\boldsymbol{H}}^a + \boldsymbol{\omega}_{ia}^a \times \boldsymbol{H}^a \tag{3-10}$$

在 a 系中求式（3－9）的时间微分，我们得到

$$\boldsymbol{L}^a = \boldsymbol{I}^a \dot{\boldsymbol{\omega}}_{ia}^a + \boldsymbol{\omega}_{ia}^a \times (\boldsymbol{I}^a \boldsymbol{\omega}_{ia}^a) \tag{3-11}$$

假定载体是刚性的，因此惯性张量 $\boldsymbol{I}^a$ 在载体固联的坐标系中是常量：$\dot{\boldsymbol{I}}^a = \boldsymbol{0}$。从而进一步假定 a 坐标系中的惯量积为零（坐标轴就是惯性主轴），式（3－11）就是著名的刚体旋转运动欧拉公式。在这种情况下，矩阵 $\boldsymbol{I}^a$ 是对角矩阵，其矩阵元素是相对于每个坐标轴的惯性力矩，如式（3－4）。

3.2.1.1 单自由度陀螺仪

惯性单元（旋转质量）的旋转轴被限定在绕一个轴旋转的陀螺仪称为单自由度（SDF）陀螺仪，如图 3－1 所示。它包含一个通过常平架支撑的旋转检测质量（转子），这样检测质量可以绕外壳的一个轴旋转。假设，与这个仪器（壳体）相关的 3 个垂直坐标轴是输入轴、输出轴和旋转参考轴。第三个坐标轴名称源自它是确定马达的旋转轴的参考；对于其他坐标轴的命名非常容易理解。常平架提供了绕输出轴的旋转自由度，由角 η 表示。理论上，旋转马达和常平架的轴承是无摩擦的，在相应的坐标轴上是零柔量（没有位移）。常平架支撑系统的一端安装了信号产生器，用来敏感旋转的角度，另外一端安装了力矩器用来产生绕输出轴的力矩。信号产生器是一个电子检测装置，用于测量绕输出轴转过相应角度的电压值。力矩器是一台通过电流正比于施加力矩量驱动的马达。这些产生器需要结合性能方程一起讨论。

假定，陀螺仪壳体定义了一个坐标系（c 系），在惯性空间以 ω_{ic}^c 的角速度旋转。同时考虑常平架坐标系（g 系），并且令常平架相对于壳体的角速率在 g 系中表示为 $\boldsymbol{\omega}_{cg}^g$。那么，根据式（1－61）给出常平架系统对于惯性空间角速率在 g 系中的坐标为

$$\boldsymbol{\omega}_{ig}^g = \boldsymbol{\omega}_{ic}^g + \boldsymbol{\omega}_{cg}^g \tag{3-12}$$

对于惯量，我们在常平架坐标系中考虑敏感单元（马达）的动态特性。随后使用式（3－12）将这些旋转和壳体相对于 i 系的旋转关联起来。

使用式（3－9）通过和的形式给出常平架/马达组件总的角动量

$$\begin{aligned}\boldsymbol{H}^g &= \boldsymbol{H}_{\text{gimbal}}^g + \boldsymbol{H}_{\text{rotor}}^g \\ &= \boldsymbol{I}_{\text{gimbal}}^g \boldsymbol{\omega}_{ig}^g + \boldsymbol{I}_{\text{rotor}}^g \boldsymbol{\omega}_{ir}^g\end{aligned} \tag{3-13}$$

其中，$\boldsymbol{\omega}_{ir}^g$ 是马达相对于惯性坐标系的角速率，但是用 g 系中的坐标表示。我们假定常平架和马达质量对称线一致，定义常平架/马达组件惯性主轴。通过定义坐标轴，惯性张量 $\boldsymbol{I}_{\text{gimbal}}^g$ 和 $\boldsymbol{I}_{\text{rotor}}^g$ 都变为对角矩阵。此外，由于马达由常平架刚性地（假定）支撑，所以相对于 i 系，马达和常平架在 1 轴的角速率相同，在 2 轴上的角速率也相同；并且，通过解耦旋转马达的角速率，我们可得

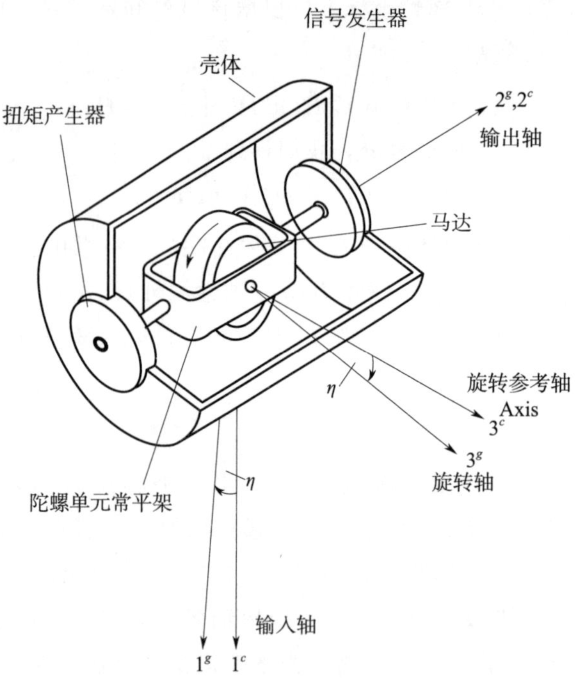

图 3-1　单自由度陀螺仪

$$\boldsymbol{\omega}_{ir}^{g}=\begin{pmatrix}(\omega_{ig}^{g})_1\\(\omega_{ig}^{g})_2\\(\omega_{ig}^{g})_3+(\omega_{gr}^{g})_3\end{pmatrix}\tag{3-14}$$

那么

$$\begin{aligned}\boldsymbol{H}^{g}&=\begin{pmatrix}(I_{\text{gimbal}}^{g})_1&0&0\\0&(I_{\text{gimbal}}^{g})_2&0\\0&0&(I_{\text{gimbal}}^{g})_3\end{pmatrix}\begin{pmatrix}(\omega_{ig}^{g})_1\\(\omega_{ig}^{g})_2\\(\omega_{ig}^{g})_3\end{pmatrix}+\\&\quad\begin{pmatrix}(I_{\text{rotor}}^{g})_1&0&0\\0&(I_{\text{rotor}}^{g})_2&0\\0&0&(I_{\text{rotor}}^{g})_3\end{pmatrix}\begin{pmatrix}(\omega_{ig}^{g})_1\\(\omega_{ig}^{g})_2\\(\omega_{ig}^{g})_3+(\omega_{gr}^{g})_3\end{pmatrix}\\&=\boldsymbol{I}^{g}\boldsymbol{\omega}_{ig}^{g}+\begin{pmatrix}0\\0\\I_s\omega_s\end{pmatrix}\end{aligned}\tag{3-15}$$

式中，$\boldsymbol{I}^{g}$ 是常平架/马达组件的惯性张量

$$\boldsymbol{I}^{g}=\begin{pmatrix}I_1^{g}&0&0\\0&I_2^{g}&0\\0&0&I_3^{g}\end{pmatrix}\tag{3-16}$$

即

$$I_j^g = (I_{\text{gimbal}}^g)_j + (I_{\text{rotor}}^g)_j \tag{3-17}$$

式中，$I_s \equiv (I_{\text{rotor}}^g)_3$ 是马达相对于马达旋转轴的惯性动量，并且马达的旋转角速率为 $\omega_s \equiv (\omega_{gr}^g)_3$ 。

我们在 g 系中使用旋转运动的方程式（3－10）和式（3－15），再次得到类似于欧拉方程的表达式

$$\boldsymbol{L}^g = \boldsymbol{I}^g \dot{\boldsymbol{\omega}}_{ig}^g + \begin{pmatrix} 0 \\ 0 \\ I_s \dot{\omega}_s \end{pmatrix} + \boldsymbol{\omega}_{ig}^g \times \left[\boldsymbol{I}^g \boldsymbol{\omega}_{ig}^g + \begin{pmatrix} 0 \\ 0 \\ I_s \omega_s \end{pmatrix} \right] \tag{3-18}$$

方程式（3－18）是施加力矩 $\boldsymbol{L}^g$ 和常平架在惯性空间的角速率 $\boldsymbol{\omega}_{ig}^g$ 之间的关系。我们注意到 ω_s 的数值很大，典型值为每秒钟数百转，并且假定为常量；这一定比 $\boldsymbol{\omega}_{ig}^g$ 的任何分量大得多。所以，为了分析方便，我们可以近似取

$$\boldsymbol{H}^g \approx \begin{pmatrix} 0 \\ 0 \\ I_s \omega_s \end{pmatrix} \quad \Rightarrow \quad \dot{\boldsymbol{H}}^g \approx \begin{pmatrix} 0 \\ 0 \\ 0 \end{pmatrix} \tag{3-19}$$

可得

$$\boldsymbol{L}^g \approx \boldsymbol{\omega}_{ig}^g \times \boldsymbol{H}^g \tag{3-20}$$

从式（3－19）可知，向量 $\boldsymbol{H}^g$ 大致地指向旋转轴。那么，如果 $\boldsymbol{\omega}_{ig}^g$ 是一个沿着输入轴正方向的向量，根据式（3－20）向量 $\boldsymbol{L}^g$ 指向沿着输出轴的负方向。

根据陀螺壳体的角速率，$\boldsymbol{\omega}_{ig}^g$ 仍然表示常平架的角速率。为此，我们认为绕输出轴常平架的角度 η 为从 c 系到 g 系旋转的角度（图 3－1）。通过施加在常平架上的扭矩（如下所示），这个角度被限制为一个小角度。那么，通过式（1－25）可得

$$\boldsymbol{C}_c^g = \begin{pmatrix} 1 & 0 & -\eta \\ 0 & 1 & 0 \\ \eta & 0 & 1 \end{pmatrix} \tag{3-21}$$

并且，从式（3－12）和式（1－59）可得

$$\boldsymbol{\omega}_{ig}^g = \boldsymbol{C}_c^g \boldsymbol{\omega}_{ic}^c + \boldsymbol{\omega}_{cg}^g = \boldsymbol{C}_c^g \boldsymbol{\omega}_{ic}^c + \begin{pmatrix} 0 \\ \dot{\eta} \\ 0 \end{pmatrix} = \begin{pmatrix} \omega_1^c - \eta\omega_3^c \\ \omega_2^c + \dot{\eta} \\ \omega_3^c + \eta\omega_1^c \end{pmatrix} \tag{3-22}$$

式中，$\boldsymbol{\omega}_{cg}^g = (0 \quad \dot{\eta} \quad 0)^{\mathrm{T}}$ 是常平架对于壳体的角速率，我们已经定义过壳体相对于 i 坐标系的角速率

$$\boldsymbol{\omega}_{ic}^c = \begin{pmatrix} \omega_1^c \\ \omega_2^c \\ \omega_3^c \end{pmatrix} \tag{3-23}$$

那么，式（3－18）和式（3－22）表示壳体以式（3－23）给出的角速度旋转时的动力学（方程）。

我们仅对绕输出轴旋转的常平架动力学方程进行讨论；关于其他轴的动力学方程，对

壳体的常平架支撑轴承或者对常平架的马达进行了约束。这对于理解陀螺仪的测量原理不那么重要，此处不再详细地论述（它们在仪器误差的综合分析时就特别的重要）。所以，不考虑矢量旋转，而仅考虑式（3－18）的第二项，理解其测量原理就比较简单。根据式（3－16）和式（3－22），并使用叉乘可得

$$L_2^g = I_2^g(\dot{\omega}_2^c + \ddot{\eta}) + (\omega_3^c + \eta\omega_1^c)I_1^g(\omega_1^c - \eta\omega_3^c) - (\omega_1^c - \eta\omega_3^c)[I_3^g(\omega_3^c + \eta\omega_1^c) + I_s\omega_s] \tag{3-24}$$

整理式（3－24）中各项，可得

$$I_2^g\ddot{\eta} + \{(I_3^g - I_1^g)[(\omega_3^c)^2 - (\omega_1^c)^2] + I_s\omega_s\omega_3^c\}\eta + (I_3^g - I_1^g)\omega_1^c\omega_3^c\eta^2 = L_2^g + I_s\omega_s\omega_1^c - I_2^g\dot{\omega}_1^c + (I_3^g - I_1^g)\omega_3^c\omega_1^c \tag{3-25}$$

由于 $\omega_3^c \ll \omega_s$，并且常平架的角度 η 是一个小角度，因此其平方值就可以忽略［在式（3－21)中已经忽略了］，式（3－25）可以通过下式来近似

$$I_2^g\ddot{\eta} + H_s\omega_3^c\eta = L_2^g + H_s\omega_1^c - I_2^g\dot{\omega}_2^c + (I_3^g - I_1^g)\omega_3^c\omega_1^c \tag{3-26}$$

其中，马达的角动量为

$$H_s = I_s\omega_s \tag{3-27}$$

式（3－26）称为输出轴方程，是关于常平架角度的二阶线性非齐次微分方程。它指的是一个理想化的陀螺仪，并在普遍意义上描述了角度 η 的动态特性，方程右侧表示强迫函数。然而，常平架角度的动力学（方程）是受约束的，并且通过施加扭矩 L_2^g，角度本身以反馈的方式保持为一个小角度。因此，陀螺仪性能的分析可以限制在稳态的条件下进行，其中 η 的短期变化可以认为被平均消除，也就是，我们假定稳态时，$\ddot{\eta} \approx 0$。

此外，注意角速率 ω_1^c，ω_3^c 相对于旋转速率 ω_s 来说是小量，式（3－26）中的支配项是施加扭矩和输入角速率项 $H_s\omega_1^c$。根据上面的讨论，当 $\eta \approx 0$ 时，我们可以有近似表达式

$$L_2^g \approx -H_s\omega_1^c \tag{3-28}$$

式中，$H_s = I_s\omega_s \geqslant 0$。这个基本方程可以解释为两种不同的方式。第一种情况说明施加在常平架输出轴负方向的力矩 $L_2^g < 0$ 产生一个壳体绕输入轴的正向角速率 ω_1^c

$$\omega_1^c = \frac{-L_2^g}{H_s} \tag{3-29}$$

所以，也就是产生了一个旋转轴（3 轴）的进动。同样，正力矩产生一个壳体的输入轴方向的负旋转。这样，通过施加一个合适的扭矩，旋转轴对于惯性空间的指向就会发生改变。第二种情况，壳体绕输入轴的旋转产生一个绕常平架输出轴的扭矩，也就是说，乘积 $H_s\omega_1^c$ 表示一个由于输入轴角速率引起的扭矩。但是，这个力矩在符号上与施加的扭矩相反，它是一个反作用扭矩

$$L_2^c = H_s\omega_1^c = -L_2^g \tag{3-30}$$

如果 $\omega_1^c > 0$，那么 $L_2^c > 0$ 是一个沿着输出轴正方向产生的反作用扭矩，并且产生了常平架对于壳体的角度 η。这就意味着，将沿输出轴正方向感测输入轴的旋转。

不管通过施加常平架相对于壳体的扭矩，壳体相对于常平架的扭矩，还是二者同时施

加，常平架的角度仍然保持为小角度。首先，从正向输出轴（信号产生器）获得的拾取电压产生电流，驱动力矩电机来施加力矩。这些施加的力矩平衡了壳体绕输入轴旋转导致的反作用力矩。有些陀螺仪在输出轴上有一个约束弹簧，具有相同的所需力矩平衡作用，然而，这通常是一种不精确的平衡方法。有另外一种方式，安装在平台上的壳体通过一组常平架与运载体连接在一起；输出信号就用来驱动常平架上安装的伺服电机，由此来给平台施加力矩。使用这种方式，平台就能够保持由陀螺确定的特定方向。通过反馈方式将常平架的角度调整为零的机理称为再平衡回路，这也属于更加通用的闭环回路类型，在其他惯性仪表（本章中的加速度计和光学陀螺）设计和分析方法（见第7.5.2节中的扩展卡尔曼滤波）中也常常遇到。通过保持由测量装置获得的信号，系统检测的动力学方程尽可能地变换到它的“线性”区域［比照公式（3-21）］，在这个区域通常可以使其灵敏度和稳定性保持最优。

式（3-26）中的施加扭矩 L_2^g ，来自一个或者多个源，取决于陀螺仪的类型及其应用。我们已经提到了通过再平衡回路施加的回复扭矩。通过扭矩电机直接施加到常平架上的扭矩统称为命令扭矩，它们可能包括补偿扭矩，以根据式（3-26）右侧的惯性矩来抵消额外的强迫项。后者在实验室内可以在一定程度上进行标定，这对于捷联的应用来说尤其重要。

施加命令再平衡力矩是典型的速率陀螺仪，这个陀螺仪直接表示绕输入轴的角速率，该速率由再平衡扭矩给出。也就是说，让命令再平衡力矩为 L_{reb} ，包含各种各样可以计算漂移效应的误差补偿力矩表示为 L_c ，任意的残留力矩误差表示为 v_0 。那么，总的施加力矩为

$$L_2^g = L_{\text{reb}} + L_c + v_0 \tag{3-31}$$

在稳定状态下，$\ddot{\eta} \approx 0$ 和 $\eta = 0$，速率陀螺仪绕输入轴的角速率可以通过式（3-26）给出

$$\omega_1^c = -\frac{1}{H_s}(L_{\text{reb}} + v_0) \tag{3-32}$$

施加的命令再平衡力矩 L_{reb} ，通过信号产生器控制常平架角度的负值直接确定

$$L_{\text{reb}} = -K_t \eta \tag{3-33}$$

其中，K_t 是力矩器的标度系数。速率陀螺仪主要应用于捷联机械编排（见第4.2.4节）；并且，由于运载体旋转的动力特性全部施加到陀螺仪上，所以陀螺仪的标度系数必须非常精确。注意式（3-25）中的一些项与式（3-33）中的力矩项相同，与 η 成正比。为了减小这些交叉耦合项对标度系数的影响，需要在再平衡回路上实现高增益。

为了捕获装有速率陀螺的运载体的高频旋转动力特性，这些扭矩通常在一个短时间间隔 δt 内通过数字相加来产生一个角度的变化值

$$\delta\theta = \int_{\delta t} \omega_1^c \, dt \tag{3-34}$$

通过这种采用数字处理方式，采样间隔 δt 的设置相对较长（译者认为此处应为“较短”），这样不会丢失旋转动态特性的高频信息（带宽），这些信息累积为输出角度。

另外一个重要的命令力矩与当地水平面内（见第4.2.4节）稳定平台的机械编排有

关。如上所述，常平架平台上装有陀螺仪，伺服电机根据陀螺仪确定的方向工作，从而确定常平架的方向。我们能够改变陀螺电机的方向，因此只需施加一个力矩给陀螺的常平架，就能改变平台相对于惯性空间的方向，如式（3-29）所示。例如，使用这种方式，平台就可以持续与当地水准面保持对准。速率陀螺仪不适合稳定平台，因为其指示速率首先需要积分成角度来施加给平台常平架的伺服电机。相反，用于惯性导航的平台通常是使用速率积分陀螺仪保持稳定，它们测量角速率的积分或者是常平架的角度。需要注意的是，速率积分陀螺也可用于捷联（系统）的应用（可参见 Savage，1978）。

常用速率积分陀螺仪的再平衡力矩是由一种稠密、粘性流体的阻尼效应产生，这种液体将通过中性浮力（而处于漂浮状态）使常平架在壳体内悬浮。这个浮力减缓了支撑轴承上常平架的重量，因此降低了摩擦力和这些液浮陀螺仪相对应的陀螺漂移。由于流体的粘度，这些施加力矩就与常平架角度的速率成正比，即 $-C\dot{\eta}$，其中 C 为粘性阻尼系数。在有些陀螺仪中，流体仅作为一个常平架角度动态特性的阻尼器，但是不用于悬浮。其他陀螺仪是使用空气阻尼器的“干式”陀螺仪。

在这些情况下，施加力矩为

$$L_2^g = L_{\text{lev}} + L_c - C\dot{\eta} + v_0 \tag{3-35}$$

其中，L_{lev} 是命令扭矩，载体在地固坐标系中运动时这个力矩保持（平台）水平；L_c 是补偿误差项。动力学方程式（3-26）变为

$$I_2^g\ddot{\eta} + C\dot{\eta} = L_{\text{lev}} + H_s\omega_1^c + v_0 \tag{3-36}$$

常平架角度的齐次解（见第 2.3.1 节）可由下式给出

$$\eta_h = \mathrm{e}^{-(C/I_2^g)t} \tag{3-37}$$

可以很容易地通过回代的方法验证（解的有效性）。这表明陀螺仪时间常数（在角度有很大衰减时需要的时间，即到达 1/e 的时间）是 $\dfrac{I_2^g}{C}$；稳态解（$\ddot{\eta} \approx 0$）可以近似为

$$\eta \approx \frac{1}{C}\int (L_{\text{lev}} + H_s\omega_1^c + v_0)\,\mathrm{d}t \tag{3-38}$$

在没有命令扭矩（$L_{\text{lev}}=0$）的情况下，并忽略误差扭矩后，唯一的约束力矩来自于流体的阻尼效应；速率积分陀螺仪产生了平台相对于惯性空间的角度。即常平架角度正比于角速率的积分

$$\eta \approx \frac{H_s}{C}\int \omega_1^c\,\mathrm{d}t \tag{3-39}$$

为了提高再平衡回路的响应（减小时间常数），根据流体的粘性，通过设计使壳体和常平架之间的漂浮间隙变窄（通常为 0.02 mm），从而使阻尼常数 C 增大。增益 $\dfrac{H_s}{C}$ 的值通常为 1。

3.2.1.1.1 主要误差项

现在，我们回到式（3-26）所表示的误差源。$\dot{\omega}_2^c$ 称为输出轴旋转误差，这是由于壳体相对于输出轴的角加速度引起的。涉及 $(I_3^g - I_1^g)$ 的误差项称为各向异性惯性误差，此项是由于常平架/转子组件的转动惯量相对于输入轴和旋转轴的不均衡引起的。最后一项

$H_s\omega_3^c$ 称为交叉耦合误差，它是由于壳体绕旋转轴的旋转耦合到常平架角上所引起。这些系统性误差能通过在实验室确定常平架/转子的惯性力矩或者其他（正交）陀螺仪测量的角速率，在一定程度上进行补偿。

误差项 v_0 包括零位漂移等其他影响；取决于加速度、温度变化和磁的漂移；标度系数误差，非线性，在确定命令力矩 L_{reb}，L_{lev}，L_c 过程中的纯随机噪声。零位漂移是由与壳体相关的扭矩造成的，这些扭矩是由转子和常平架的支撑以及电子拾取装置施加的反作用力矩所导致。另外，运载体的振动也将在输出轴上产生力矩，这将导致振荡（为圆锥振荡的类型）。这有一种通过使用输入信号交叉耦合的校正作用。组合漂移具有常值分量和随机波动的分量。常值分量随陀螺仪逐次开机上电而变化。

取决于加速度的漂移是由于常平架和支撑结构的质量不均衡和不匹配引起的，与液浮陀螺中的浮力不均衡一样。沿着一个轴的质量不均衡和沿着另外一个轴的加速度导致绕第三个轴的扭矩（见第 3.3.2 节的摆式加速度计）。所以，质量不均衡误差与加速度成正比。可以看出，转子或者常平架轴支撑轴承不匹配（各向异性弹力）导致扭矩的差别，这个力矩与沿着相对应轴的加速度乘积（尤其是输入轴和旋转轴之间）成正比。

为了充分认识质量不均衡效应的严重性，我们认为转子质量中心精确地位于输出轴上。转子运动沿着旋转轴有一个微小的位移 Δl，导致其质量中心与输出轴有一个偏移。那么，沿着输入轴的加速度 a 导致沿着输出轴的施加扭矩（由于质量不均衡的惯性所致）为 $m\cdot a\cdot\Delta l$，其中 $m\cdot a$ 是与加速度相关的力，m 为转子的质量。这样，根据式（3-29），得到一个角速率（误差）

$$\delta\omega_1=-\frac{m\cdot\Delta l\cdot a}{H_s}\tag{3-40}$$

如果 $H_s=6\times10^5\,\mathrm{gm\ cm^2/s}$，$m=100\ \mathrm{gm}$，可允许的漂移误差为 $\delta\omega_1\leqslant0.01°/\mathrm{h}$，在 $1g$ 下转子偏移质量中心最大位移 $\Delta l=3\times10^{-7}\,\mathrm{cm}$，其中 1 g 表示重力加速度。类似的输出误差（但是符号相反）却来自于反向的过程：沿着输入轴的质量偏移和沿着旋转轴的加速度。为了减小质量不均衡误差，单自由度陀螺仪的输出轴通常指向垂直方向（方位陀螺仪除外）来避免大重力加速度的影响。

陀螺仪输出的其他误差由两部分所致：由再平衡回路电子系统引起的标度系数误差，见式（3-33）；转子和常平架对于壳体非正交安装引起的误差。与单个陀螺仪有关的误差项可以通过实验室标定功能来确定（可参见 Chatfield，1997）。那么，给定环境条件的近似值，例如加速度、温度、磁场等，就能计算出来适当的补偿，并且可以用于输出数据。这些标定数据随时间有效的程度决定了仪器的长期稳定性。定期重新标定可以实时进行，或者作为后续数据处理的一部分（见第 8 章）。

单个陀螺轴误差常用模型具有以下形式

$$\delta\omega=\delta\omega_d+\kappa_\omega\omega_1^c+v_\omega\tag{3-41}$$

式中，κ_ω 为标度系数误差；v_ω 为白噪声；$\delta\omega_d$ 表示漂移率。

标度系数误差本身包含线性和非线性项，具体取决于角速率的更高次幂。总漂移率的典型模型可通过下式给出

$$\delta\omega_d = \delta\omega_0 + c_1 a_1 + c_2 a_2 + c_3 a_3 + c_4 a_1 a_3 + c_5 a_1 a_2 + c_6 a_2 a_3 + c_7 \delta T + c_8 B_1 + c_9 B_2 + c_{10} B_3 \quad (3-42)$$

其中，$\delta\omega_0$ 是漂移偏置（常数）；a_j 是沿着第 j 个壳体轴的加速度；δT 表示标定值时的温度变化；B_j 表示磁场的分量。Kayton 和 Fried（1997）给出了导航级陀螺标定参数值零位漂移（$\delta\omega_0$）、质量不均衡漂移系数（c_1，c_2，c_3）、各向异性弹性力漂移系数（c_4，c_5，c_6）、温度系数（c_7）、磁场系数（c_8，c_9，c_{10}）

$$\begin{aligned} &\delta\omega_0 = 0.1^\circ/\text{h}（数周稳定度为 0.02^\circ/\text{h}） \\ &c_1, c_2, c_3 = 0.5^\circ/(\text{h}\cdot g)\ [数周稳定度为 0.1^\circ/(\text{h}\cdot g)] \\ &c_4, c_5, c_6 = 0.1^\circ/(\text{h}\cdot g^2) \\ &c_7 = 0.02^\circ/(\text{h}\cdot ℃) \\ &c_8, c_9, c_{10} = 0.005^\circ/(\text{h}\cdot \text{Gs}) \end{aligned} \quad (3-43)$$

标度系数误差的范围一般为 1 ppm～100 ppm。任何未补偿的误差都可以根据特定陀螺仪及其应用环境来建模，如式（3-41）所示，增加不同的误差项。关于机械陀螺仪更加深入和详细的讨论和分析可以在 Stieler and Winter（1982），Kayton and Fried（1969，1997），Britting（1971）和 Lawrence（1998）中查阅。

3.2.1.2 两自由度陀螺仪

单自由度陀螺仪的讨论可以扩展到转子有个两自由度（TDF）的陀螺。两自由度陀螺仪一个可能的设计就是单个常平架仪器的普遍化，如图 3-2 所示，其中第二个常平架支撑转子常平架，并且提供与壳体的连接。垂直于旋转轴的两个轴同时作为一个输入轴和一个输出轴。那么，一个三维参考系统仅需要两个陀螺仪（或者两个两自由度陀螺仪，有一个角度的指向处于冗余状态，或者一个两自由度陀螺仪和一个单自由度陀螺仪）。

另一种设计理念具有更优越的性能特点，这就是干式调谐陀螺仪。由其设计的本质来看，干式调谐陀螺仪是一款两自由度陀螺仪，其转子（惯性单元）通过一个万向接头连接到驱动转子的轴上，因此转子可以自由地围绕与轴相互垂直的两个坐标轴滚动，而提供旋转的转子固定于壳体上（如图 3-3 所示）。因为转子不是悬浮在流体中，所以称为“干式”。万向节由两部分组成：与转子轴两个半轴向连接的常平架和与上述连接垂直且与转子连接的两个半轴向。附加的常平架，以类似的方法连接，为降低校正误差力矩的一部分。转子悬架的关键在于常平架的轴向连接。横梁与扭转弹簧相连接，取代了滚珠轴承（或者类似的悬架）的刚性支撑，扭转弹簧可以设定特定的回弹率。如果壳体在空间有一个微小的旋转，那么由于摩擦导致的常平架支撑连接中的反作用扭矩会使转子回到相对于壳体的初始姿态。这种动态产生的扭转，扭矩（的大小）取决于转子的角速度和惯量，并产生一个负向回弹效应，可以通过适当设定挠性杆的回弹率来抵消。在这种动态调谐下，转子变成一个在空间中对壳体的旋转不敏感的自由旋转单元。

常平架的角度决定了转子相对于轴的方向，就像单自由度陀螺仪速率一样，通过拾取信号产生施加在转子上反作用扭矩的再平衡回路使常平架的角度值接近零。调谐两自由度陀螺仪动力学方程的简单推导是基于与转子一致的坐标系（但不与转子一起旋转），转子

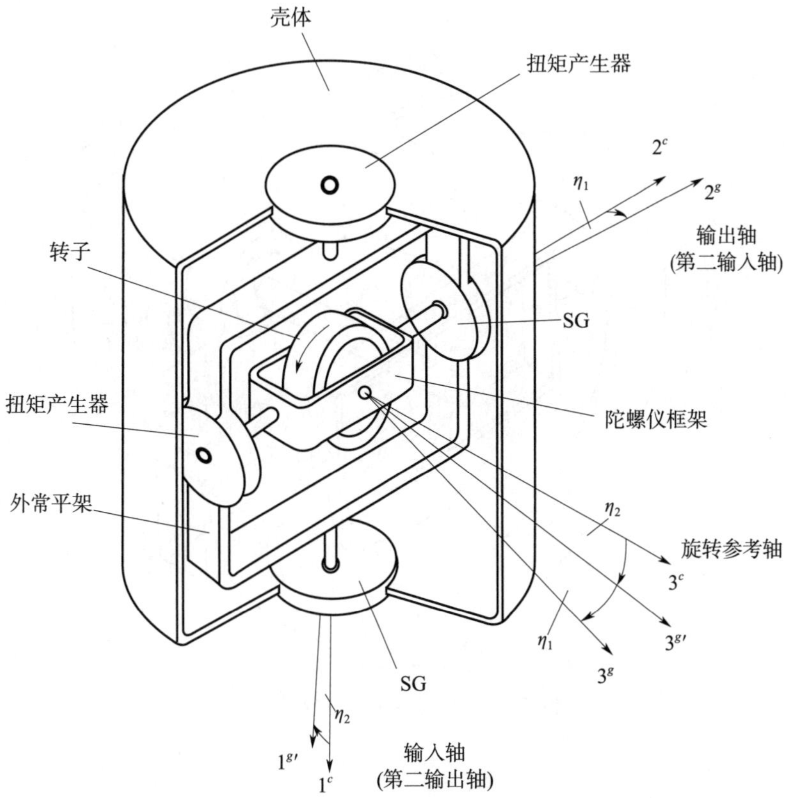

图 3-2　两自由度陀螺仪

对于壳体的方向通过两个小角度 η_1 和 η_2 来确定，如图 3-3 所示。首先考虑坐标系固联于转子，3 轴沿着转子的旋转轴（不是电机轴），称之为 r' 坐标系。在这个坐标系中，根据式（3-9）给出了转子/常平架组件的角动量

$$\boldsymbol{H}^{r'}=\boldsymbol{I}^{r'}\boldsymbol{\omega}_{ir'}^{r'} \tag{3-44}$$

其中，我们假定惯性张量是对角的常量，并且关于 1 轴和 2 轴的惯性矩相等

$$\boldsymbol{I}^{r'}=\begin{pmatrix} I_1^{r'} & 0 & 0 \\ 0 & I_1^{r'} & 0 \\ 0 & 0 & I_3^{r'} \end{pmatrix} \tag{3-45}$$

也就是说，我们忽略常平架相对于转子的微小转动，也忽略挠性杆质量的非圆对称性。将式（3-44）变换到非旋转转子坐标系——r 坐标系，变换涉及绕 3 轴角度 $\omega_s t$ 的旋转变换矩阵 $\boldsymbol{C}_{r'}^{r}$，其中 ω_s 是旋转速率，t 为时间，我们从式（1-17）中可得 $\boldsymbol{I}^r=\boldsymbol{I}^{r'}$。代入 $\boldsymbol{\omega}_{ir'}^{r}=\boldsymbol{\omega}_{ir}^{r}+\boldsymbol{\omega}_{rr'}^{r}$ 和 $\boldsymbol{\omega}_{rr'}^{r}=(0\quad 0\quad \omega_s)^{\mathrm{T}}$，角动量变为

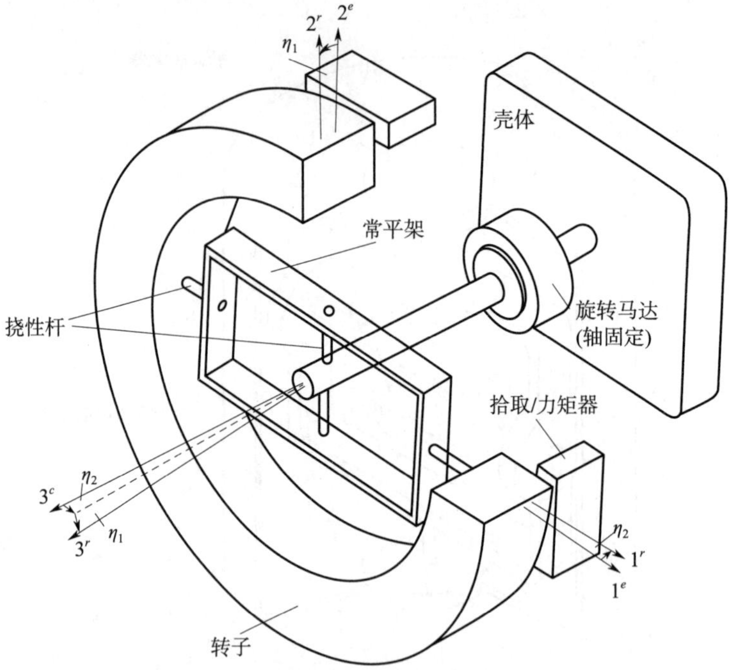

图 3-3　调谐转子陀螺仪示意图

$$
\begin{aligned}
\boldsymbol{H}^r &= \boldsymbol{C}_{r'}^r \boldsymbol{H}^{r'} \\
&= \boldsymbol{C}_{r'}^r \boldsymbol{I}^{r'} \boldsymbol{C}_r^{r'} \boldsymbol{C}_{r'}^r \boldsymbol{\omega}_{ir'}^{r'} \\
&= \boldsymbol{I}^r \boldsymbol{\omega}_{ir'}^r \\
&= \boldsymbol{I}^r \boldsymbol{\omega}_{ir}^r + \begin{pmatrix} 0 \\ 0 \\ I_3^r \omega_s \end{pmatrix}
\end{aligned} \tag{3-46}
$$

角速率 $\boldsymbol{\omega}_{ir}^r$ 和壳体角速率 $\boldsymbol{\omega}_{ic}^c$ 之间的关系是

$$\boldsymbol{\omega}_{ir}^r = \boldsymbol{\omega}_{ic}^r + \boldsymbol{\omega}_{cr}^r = \boldsymbol{C}_c^r \boldsymbol{\omega}_{ic}^c + \boldsymbol{\omega}_{cr}^r \tag{3-47}$$

如图 3-3 和式（1-25）所示，我们发现变换矩阵 $\boldsymbol{C}_c^r$ 对于转子相对于壳体的微小角位移可以写为

$$\boldsymbol{C}_c^r = \boldsymbol{R}_2(\eta_2)\boldsymbol{R}_1(\eta_1) \approx \begin{pmatrix} 1 & 0 & -\eta_2 \\ 0 & 1 & \eta_1 \\ \eta_2 & -\eta_1 & 1 \end{pmatrix} \tag{3-48}$$

式中，忽略了二阶项。那么从式（1-68）我们得到

$$\boldsymbol{\Omega}_{cr}^r = \boldsymbol{C}_c^r \dot{\boldsymbol{C}}_r^c \tag{3-49}$$

根据式（1-62），再次忽略二阶项

$$\boldsymbol{\omega}_{cr}^r = \begin{pmatrix} \dot{\eta}_1 \\ \dot{\eta}_2 \\ 0 \end{pmatrix} \tag{3-50}$$

将式（3－50）和式（3－48）代入式（3－47），则得到详细表达式

$$\boldsymbol{\omega}_{ir}^{r}=\begin{pmatrix}\omega_1^c-\eta_2\omega_3^c+\dot{\eta}_1\\ \omega_2^c+\eta_1\omega_3^c+\dot{\eta}_2\\ \omega_3^c+\eta_2\omega_1^c-\eta_1\omega_2^c\end{pmatrix} \tag{3-51}$$

其中，壳体的旋转通过式（3－23）定义。现在，我们将式（3－46）及其导数代入力矩方程式（3－9），可得

$$\begin{aligned}\begin{pmatrix}L_1^r\\ L_2^r\\ L_3^r\end{pmatrix}=&\begin{pmatrix}I_1^r&0&0\\0&I_1^r&0\\0&0&I_3^r\end{pmatrix}\begin{pmatrix}\dot{\omega}_1^c-\dot{\eta}_2\omega_3^c-\eta_2\dot{\omega}_3^c+\ddot{\eta}_1\\ \dot{\omega}_2^c+\dot{\eta}_1\omega_3^c+\eta_1\dot{\omega}_3^c+\ddot{\eta}_2\\ \dot{\omega}_3^c+\dot{\eta}_2\omega_1^c+\eta_2\dot{\omega}_1^c-\dot{\eta}_1\omega_2^c-\eta_1\dot{\omega}_2^c\end{pmatrix}\\ &+\begin{pmatrix}0\\0\\I_3^r\dot{\omega}_s\end{pmatrix}+\begin{pmatrix}\omega_1^c-\dot{\eta}_2\omega_3^c+\dot{\eta}_1\\ \omega_2^c+\dot{\eta}_1\omega_3^c+\dot{\eta}_2\\ \omega_3^c+\eta_2\omega_1^c-\eta_1\omega_2^c\end{pmatrix}\\ &\times\left[\begin{pmatrix}I_1^r&0&0\\0&I_1^r&0\\0&0&I_3^r\end{pmatrix}\begin{pmatrix}\omega_1^c-\eta_2\omega_3^c+\dot{\eta}_1\\ \omega_2^c+\eta_1\omega_3^c+\dot{\eta}_2\\ \omega_3^c+\eta_2\omega_1^c-\eta_1\omega_2^c\end{pmatrix}+\begin{pmatrix}0\\0\\I_3^r\dot{\omega}_s\end{pmatrix}\right]\end{aligned} \tag{3-52}$$

与常平架的角度分组同理，这个向量微分方程的前两个元素如下

$$\begin{aligned}L_1^r=&I_1^r\ddot{\eta}_1+[I_3^r(\omega_3^c+\omega_s)-2I_1^r\omega_3^c]\dot{\eta}_2+[\omega_1^c(I_3^r-I_1^r)(\omega_2^c+\eta_1\omega_3^c+\dot{\eta}_2)-I_1^r\dot{\omega}_3^c]\eta_2\\ &+\{I_3^r\omega_s\omega_3^c-(I_3^r-I_1^r)[(\omega_2^c)^2-(\omega_3^c)^2+\omega_2^c(\eta_1\omega_3^c+\dot{\eta}_2)]\}\eta_1\\ &+I_1^r\dot{\omega}_1^c+(I_3^r-I_1^r)\omega_2^c\omega_3^c+I_3^r\omega_s\omega_2^c\end{aligned} \tag{3-53}$$

和

$$\begin{aligned}L_2^r=&I_1^r\ddot{\eta}_2+[2I_1^r\omega_3^c-I_3^r(\omega_3^c+\omega_s)]\dot{\eta}_1+[\omega_2^c(I_3^r-I_1^r)(\omega_1^c-\eta_2\omega_3^c+\dot{\eta}_1)+I_1^r\dot{\omega}_3^c]\eta_1\\ &+\{I_3^r\omega_s\omega_3^c-(I_3^r-I_1^r)[(\omega_1^c)^2-(\omega_3^c)^2+\omega_1^c(\eta_2\omega_3^c-\dot{\eta}_1)]\}\eta_2\\ &+I_1^r\dot{\omega}_2^c-(I_3^r-I_1^r)\omega_1^c\omega_3^c-I_3^r\omega_s\omega_1^c\end{aligned} \tag{3-54}$$

现在，$\omega_3^c \ll \omega_s$，常平架小角度 η_1 和 η_2 的系数由转子旋转的角动量 $H_s=I_3^r\omega_s$ 所支配。那么，我们可以近似得到

$$L_1^r=I_1^r\ddot{\eta}_1+H_s\dot{\eta}_2+H_s\omega_3^c\eta_1+I_1^r\dot{\omega}_1^c+(I_3^r-I_1^r)\omega_2^c\omega_3^c+H_s\omega_2^c \tag{3-55}$$

$$L_2^r=I_1^r\ddot{\eta}_2-H_s\dot{\eta}_1+H_s\omega_3^c\eta_2+I_1^r\dot{\omega}_2^c-(I_3^r-I_1^r)\omega_1^c\omega_3^c-H_s\omega_1^c \tag{3-56}$$

这些常平架角度的二阶微分方程与单自由度陀螺仪的方程（3－26）近似，尽管他们通过右边的第二项相互交叉耦合。然而，在稳态时，当作为一个速率陀螺仪使用时，每个轴的指示输出类似于式（3－32）

$$\omega_1^c=-\frac{1}{H_s}(L_{\mathrm{reb},2}+v_{0,2}) \tag{3-57}$$

$$\omega_2^c = \frac{1}{H_s}(L_{\mathrm{reb},1} + v_{0,1}) \tag{3-58}$$

其中，$L_{\mathrm{reb},1}$ 和 $L_{\mathrm{reb},2}$ 是再平衡命令扭矩；$v_{0,1}$ 和 $v_{0,2}$ 是相对应的残留误差扭矩，适当定义的补偿扭矩包含在施加力矩 $L_{1,2}^r$ 中。关于两自由度陀螺仪的每个轴由旋转引起的误差，与单自由度陀螺仪一样，即由于各向异性惯量、交叉耦合和输出轴旋转引起的误差。

关于两自由度陀螺仪更加完整的动力学方程推导可以在 Craig（1972a）中查找，Mansour 和 Lacchini（1993）提供了很好的评论。这种陀螺仪可以用于捷联和稳定平台机械编排的系统中，所以可以作为速率陀螺和姿态、航向的参考装置。尽管两自由度陀螺仪的扭矩器回路更加复杂，并且缺少阻尼流体而需要其他附加的电子装置来稳定性能，但是它通常比液浮陀螺仪的性能更加可靠，并且设计更加简单。由于陀螺仪的动态调谐，绕轴的扭矩不会耦合到转子的 1 轴和 2 轴上，这样输出就不受轴支承轴承质量的影响。由于转子/常平架组件的转子旋转轴受到纵向轴等效影响，具有卓越的质量稳定性。式（3-41）和式（3-42）中给出的误差模型可以明确展示关于两自由度陀螺仪每个轴的误差模型。Stieler 和 Winter（1982）以及 Craig（1972b）论述了完整的误差分析。

静电陀螺仪采用的是另一种旋转质量悬浮方式。在这种情况下，转子是旋转速度非常快的球形，通过静电或者电磁场悬浮在真空腔中。转子和壳体是完全隔离的，没有任何类型的轴承，所以消除了相关的误差扭矩；角度通过电子或者光学拾取装置来感测。这种类型的两自由度陀螺仪因为没有使拾取角度保持在零附近的力矩装置，所以仅用于确定姿态，主要适合于捷联机械编排的系统。

3.2.2 光学陀螺仪

光学陀螺仪是基于完全不同的检测原理，是运动学的而不是动力学的。尽管没有旋转检测质量，按照惯例还是保留了术语“陀螺仪”。在光学陀螺仪中，光为传感器部分，由于它没有质量，所以不受陀螺仪所在环境运动特性的影响。因此，在非稳定机械编排应用上，它是机械式陀螺仪的一个自然替代品，即捷联式机械编排（见第 4.2.3 节）。另一方面，光学陀螺仪不能像机械陀螺仪那样被施加扭矩或者命令，所以它不适合给平台提供当地水平稳定。光学陀螺仪是一个单自由度装置，也就说要测量所有 3 个角速率或者提供一个三维的参考姿态，需要 3 个敏感轴相互垂直的陀螺仪。

光学陀螺基于赛格奈克效应（可参见 Sagnac，1913；Post，1967）敏感旋转，即光束在绕惯性坐标系旋转的框架中的闭合路径传播时产生。假定光束在一个任意迂回的平面光路内传播，如图 3-4 所示，总路径长度为 L 。假定光传播的平面光路绕垂直于平面的轴相对于惯性空间旋转；旋转角速率由 ω 表示。如果这个路径逆时针方向旋转（$\omega > 0$），光传播的起点和终点都在发射器处（在光路中传播），那么一束逆时针传输的光传输的距离为 $L + \Delta L$ ，其中 ΔL 为在光传播过程中传播路径明显延长的部分。也就是说，如果光在时间 t_0 时离开发射器 E ，光束在时间 t' 时回到相同角度的惯性坐标系位置（发射器原来所在的位置），在这段时间中发射器由于旋转而移到 E' 处。到时间 $t_0 + \Delta t$ 时，光束已经赶上了发射器，此时光束在旋转框架中完成了全部传播路径，发射器在 E'' 处。在时间

间隔 Δt 内额外的传播路径为 ΔL 。

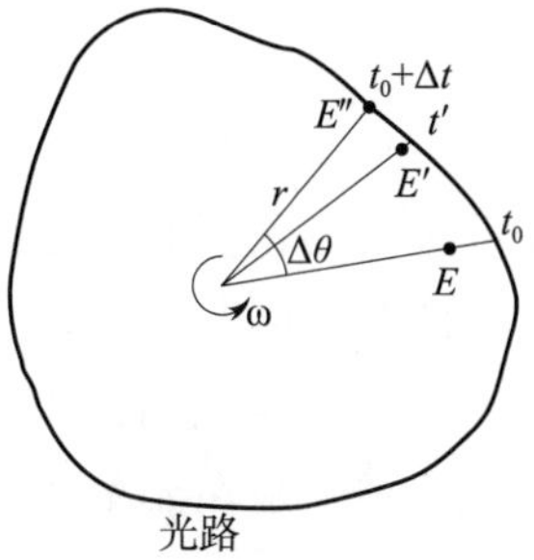

图 3－4　赛格奈克效应

为了确定 ΔL ，考虑微分时间间隔 $\mathrm{d}t$ 内路径长度的微分变化。在这个时间间隔内，光传输的距离为 $r\mathrm{d}\theta$ ，因此

$$\mathrm{d}t = \frac{r\mathrm{d}\theta}{c} \tag{3-59}$$

其中，$\mathrm{d}\theta$ 是角增量的微分；c 为光速；$(r,\ \theta)$ 是极坐标（见图 3－4）。那么光路的旋转表示为

$$\mathrm{d}(\Delta L) = r\omega\,\mathrm{d}t \tag{3-60}$$

尽管光是从旋转坐标源中发射，但是光速 c 是恒定的常数，这是狭义相对论和广义相对论的基本原理。当光穿行的角度为 $2\pi + \Delta\theta$ 弧度时，很明显延长了路径，其中，$\Delta\theta$ 是对应于时间间隔 Δt 的角度。所以，可以将式（3－59）代入式（3－60）求取积分获得

$$\Delta L = \int_{t_0}^{t_0+\Delta t} r\omega\,\mathrm{d}t = \int_0^{2\pi} \frac{r^2\omega}{c}\mathrm{d}\theta + \int_0^{\Delta\theta} \frac{r^2\omega}{c}\mathrm{d}\theta \tag{3-61}$$

左侧的积分描述了由于在时间间隔 Δt 内光路的旋转导致的路径长度在惯性空间的总变化。将时间变量变成角度变量 θ ，得到方程右侧的两个积分。

现在，可以进一步将积分变量角度变为光扫过的面积 A ，假定旋转的速率远远小于光速（ $\omega r \ll c$ ），因此可以忽略狭义相对论效应。根据面积的微元的公式，可以得出变量的改变

$$\mathrm{d}A = \frac{1}{2}r \cdot r\mathrm{d}\theta \tag{3-62}$$

所以，当光束回到 E 点时，由于总面积还没有被全部覆盖，仅在惯性空间内完成了 2π 弧度的角度，所以我们从式（3－61）可得

$$\begin{aligned}\Delta L &= \int_{A-\Delta A} \frac{2\omega}{c}\mathrm{d}A + \int_{\Delta A} \frac{2\omega}{c}\mathrm{d}A \\ &= \frac{2\omega}{c}A\end{aligned} \tag{3-63}$$

因此可以肯定，我们假定在时间间隔 Δt（通常为 10^{-9} s）内，角速率 ω 是一个恒值。面积 A 表示光束的传播路径闭合的面积，直接确定了长度的变化 ΔL 。

同样，可以推导出光束沿着相同光路顺时针方向传播时，光路路径缩短的长度为

$$\Delta l = \int_{t_0}^{t_0+\Delta t} r\omega \, \mathrm{d}t = \int_{0}^{2\pi-\Delta\theta} \frac{r^2\omega}{c}(-\,\mathrm{d}\theta) = -\int_A \frac{2\omega}{c}\mathrm{d}A \\ = -\frac{2\omega}{c}A \tag{3-64}$$

负号表示顺时针（负方向）积分和路径长度的变化为负数。

在这两种情况下，（传播）路径明显的变化是直接与（传播）路径所包围的面积成正比的；并且，光学陀螺仪的灵敏度在一定程度上取决于它的尺寸，而不依赖于路径的形状。此外，旋转中心（或者是坐标系原点）是在前文推导的路径平面内的任意一点，这表明只要垂直于旋转平面，输入轴的位置也是任意的。所以，赛格奈克效应仅敏感相对于惯性空间的固有旋转，而对其他任何变换均不敏感。如在本章开始所述，理想的陀螺仪（机械陀螺仪或者光学陀螺仪）仅感测相对于惯性空间的旋转。例如，绕地轨道卫星上的陀螺仪对轨道运动（自由落体加速度）不敏感，但是对于卫星的任何相对于定义惯性坐标系的固定恒星（类星体）的旋转是很敏感的。

假定光路由半径为 10 cm 旋转的圆，以 2π/s（每秒钟一圈）的速度旋转。光速 $c \approx 3\times10^8$ m/s，从式（3－63）可以计算光路增长为 $\Delta L \approx 1.3\times10^{-9}$ m，大约比可见光的波长（$\lambda_{\mathrm{light}} \approx 3\times10^{-7} \sim 3\times10^{-6}$ m）小 1 000 倍。

3.2.2.1　环形激光陀螺仪

如上所举数值的示例，使用长度测量仪器，通过测量波长增加的部分也就是光在闭合回路中的相位来测量旋转（所用数值的分数）是十分困难的（见第 3.2.2.2 节光纤陀螺仪）。另外，即使在旋转的情况下，可以利用这种情况下回路中波长数保持不变的基本属性，使闭合回路成为激光束的光学谐振腔，如果回路长度有明显变化则光束的频率就一定发生变化。那么，由于频率不同，两路相对传播的光束将产生干涉条纹图案。对干涉条纹进行计数就直接指示了输入角速率。这就是环形激光陀螺仪（RLG）的基本原理，将在下文全面讨论。

闭合回路的典型结构包括 3 个镜面和 4 个镜面环形谐振器，如图 3－5（Honeywell 公司使用的设计）和图 3－6（Litton 导航和控制系统公司使用的设计）所示。气体放电（氦一氖，$\lambda_{\mathrm{light}} \approx 0.66\ \mu$m）的激光效应产生两束反方向传播的同频激光束。气体电离是通过在阳极-阴极电极对上施加一个高压（例如 1 000～1 500 V）来实现的。激光束被镜面反射，因此每束光在闭合回路中的光程相同。除了一个确定的区域外，光束在所有的镜面中反射，在这个区域内部分反射镜面允许每束光的一部分可以通过棱镜组件后到达检测器，棱镜使光组合在一起。在检测过程中，光束相互干涉产生条纹图案。

除了基本的组成部分，环形激光陀螺仪还包含多种用于补偿或者消除主要误差源的光学和机械电子装置。对于一束激光最关键的是长度为 L 的谐振腔内波长为 λ、波数为 N，其中 N 总为整数

$$L = N\lambda \tag{3-65}$$

不管长度为何值，光的激射确保谐振腔内波数是一个常整数。这表明谐振腔长度的变

化，也就是赛格奈克效应（或者光路长度实际变化，例如由于热膨胀引起的变化），只能是由波长变化引起

$$\Delta L = N\Delta\lambda \tag{3-66}$$

使用频率和波长之间的关系，波长的变化转换为频率的变化

$$f = \frac{c}{\lambda} \tag{3-67}$$

根据广义相对论，光速在真空中是一个常数。此处及以下的讨论中，我们忽略气体放电介质中的光速取决于折射率的事实，但是如果介质是均匀且各向同性的（常数折射率），以下的讨论仍然适用。特别地，我们近似（忽略非线性项）可得

$$\Delta f\lambda + f\Delta\lambda = \Delta c = 0 \tag{3-68}$$

这将得出

$$\begin{aligned}\Delta f &= -\frac{f}{\lambda}\Delta\lambda = -\frac{f}{N\lambda}\Delta L \\ &= -\frac{f}{L}\Delta L\end{aligned} \tag{3-69}$$

式（3-69）对于长度变化 ΔL 或正或负均成立。光路长度的变化（由于旋转造成）直接表明传播光的频率变化。为了测量光的频率变化，使用两个反向传播光束，将传播通道设置为一个干涉仪。

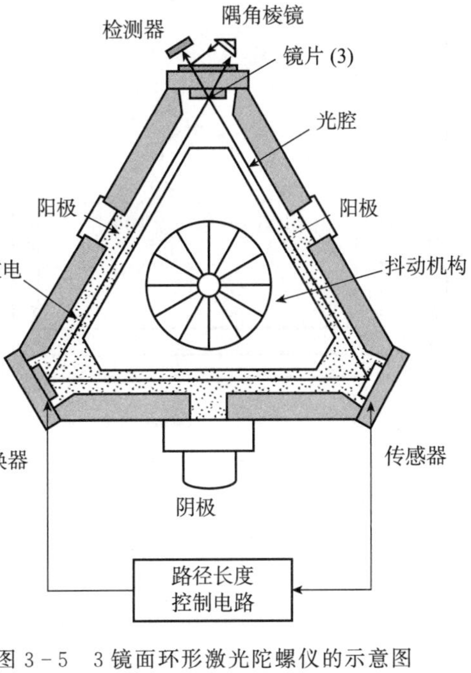

图 3-5　3 镜面环形激光陀螺仪的示意图

令 $f_1 = f_0 + \Delta f_1$ 和 $f_2 = f_0 + \Delta f_2$ 分别表示逆时针和顺时针传播两束光的频率，f_0 表示光路非旋转时光的频率。也就是说，频率变化 Δf_1 和 Δf_2 是由旋转引起的。从式（3-69），式（3-63）和式（3-64），反向传播光束频率的差值为

$$\delta f = f_2 - f_1 = \Delta f_2 - \Delta f_1 = -\frac{f_0}{L}\Delta \ell + \frac{f_0}{L}\Delta L = \frac{4Af_0}{Lc}\omega \tag{3-70}$$

$$= \frac{4A}{\lambda L}\omega$$

式中，λ 是与 f_0 相对应的标称波长。对此式进行时间积分可以获得相位变化（因为相位的时间导数是频率）

$$\delta \phi = \int_{\delta t} \delta f \, \mathrm{d}t = \frac{4A}{\lambda L}\int_{\delta t}\omega \, \mathrm{d}t \tag{3-71}$$

$$= \frac{4A}{\lambda L}\delta \theta$$

式中，$\delta \phi$ 是以圆周为单位；角度的变化 $\delta \theta$（以弧度为单位），由时间间隔 δt 内旋转引起的

$$\delta \theta = \int_{\delta t}\omega \, \mathrm{d}t \tag{3-72}$$

相位的变化直接取决于路径包围的面积，但是反过来也取决于路径的长度，也就是说环形激光陀螺仪的灵敏度与它的外形尺寸呈线性关系。

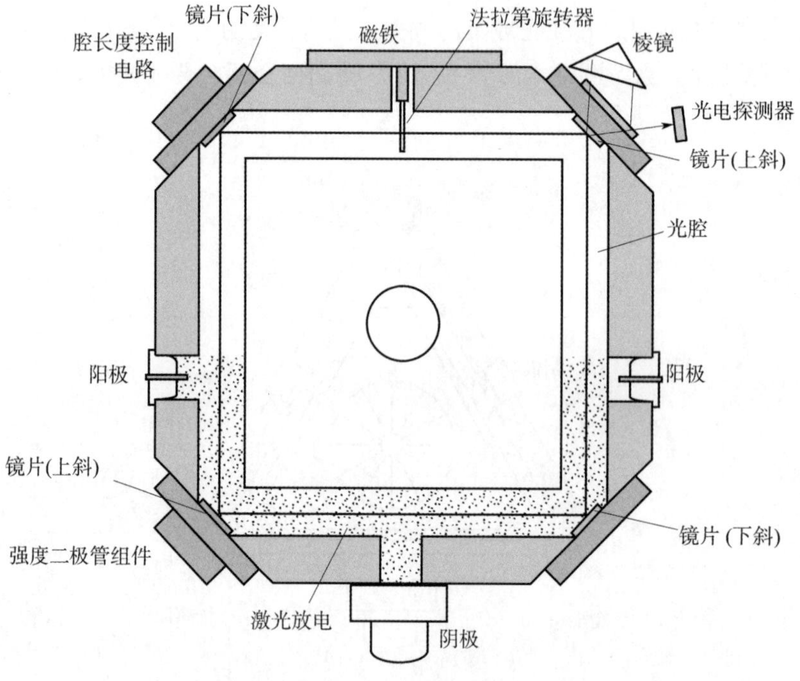

图 3-6 具有平面外光路的多振荡器环形激光陀螺仪的示意图

环形激光陀螺仪拐角处通过结合（不同束的）光产生的干涉条纹图案，在检测器中通过两个光电二极管进行检测。相位变化 $\delta \phi$，是通过检测条纹从亮到暗的变化检测出来的。如果在惯性空间内没有旋转，条纹图案是静止的（$\delta \phi = 0$），但是如果存在旋转时它就发生迁移，这样，对通过检测器的干涉条纹进行计数可提供单位时间内角度变化的数字化测量。

相距 1/4 个圆的两个检测器对通过的干涉条纹进行计数，这样，$\delta\phi$ 就被量化为 1/4 个周期（见图 3－7），这就是仪器的分辨率。在检测器二者均变化、其中一个变化、两个都不变化等情况下，相位变化的 1/4 个周期被检测出来。这种两个检测器的配置提供了确定旋转方向的方法。例如，假定一个三角形的环形激光陀螺仪，边长为 10 cm。那么我们可知 $L=0.3\ \mathrm{m}$，$A=0.004\ 3\ \mathrm{m^2}$；使用波长为 $\lambda=0.6\ \mu\mathrm{m/cy}$ 氦－氖激光，单位时间的角度分辨率是

$$\delta\theta=\frac{\lambda L}{4A}\delta\phi=\frac{(0.6\times10^{-6}\ \mathrm{m/cy})(0.3\ \mathrm{m})}{4\times(0.004\ 3\ \mathrm{m^2})}\left(\frac{1}{4}\mathrm{cy}\right)=2.6\times10^{-6}\ \mathrm{rad}=0.5'' \quad (3-73)$$

环形激光陀螺仪实际输出是特定频率的脉冲数，例如 256 Hz，表明单位时间为 $\delta t=0.003\ 906\ 25\ \mathrm{s}$，这样，输出就表示在这个时间间隔内，仪器相对于惯性空间内旋转的累积 $\delta\theta$。由于每个时间间隔仅能对一组脉冲进行计数，输出就受到量化误差的影响，在时间间隔 δt 内旋转的剩余量没有包含在输出中。剩余量不会丢失，因为它是下一个时间间隔内脉冲计数的组成部分，但是每个时间间隔的输出值都有一个微小的误差，这个误差叠加的噪声将影响测量（的精度）。

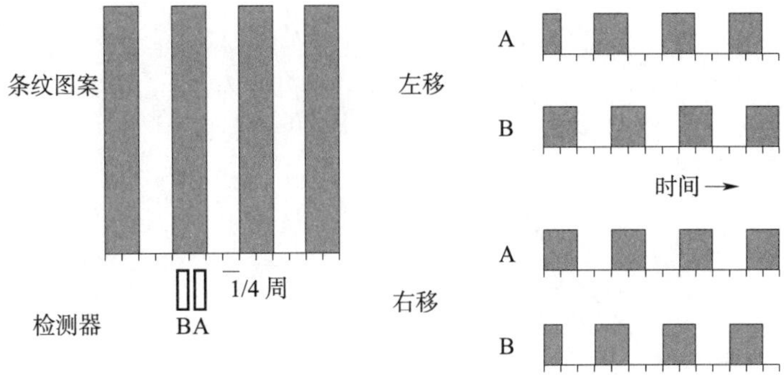

图 3－7　检测器 A 和 B 观测 RLG 的条纹图案

3.2.2.1.1　环形激光陀螺仪的误差源

如前所述，像环形激光陀螺仪这样的光学陀螺仪不受与机械式陀螺仪相关动态误差源的影响。不过，必须研究综合技术，将旋转的敏感与其他多种多样的效应隔离开来，而这些效应使得光路偏离理想的路径或者使得两束反向传播激光的光路长度（不可逆性）不相等。过去，虽然环形激光陀螺仪在成本、可靠性、可维护性方面远优于机械式陀螺仪，但是这些技术难题使得环形激光陀螺仪没有机械式陀螺仪精度高。虽然机械式陀螺仪仍然是精度最高的陀螺仪，但光学陀螺仪现在已经在商业、非战略军事导航和姿态定位中得到广泛应用。

首先，环形激光陀螺仪的精度取决于光路长度稳定性。因此，基本结构组成材料的热膨胀系数必须很低；通常使用玻璃/陶瓷材料。此外，路径稳定性通过光路长度控制回路来获得，通过一个压电传感器来调整其中的一个镜面，如此检测的激光束强度就被最大化（强度随着光路的长度而变化，强度峰值出现在自由光谱范围的频率间隔内，c/L），这就保证了最大的输出能量。

在阳极-阴极对上施加高压建立的电场使得气体在激光腔内流动（朗缪尔流动）。这导致了两束反向传播激光折射率的变化，会有一个频率偏移，这被认为是角度输入速率（因而它是一个误差源）。为了应对这种现象，使用两个阳极和一个阴极（或者使用两个阴极一个阳极）来实现两路气体放电，从而实现两路相关气体流动的平衡。

环形激光陀螺仪一个重要的问题是频率锁死的易感性现象，频率锁死使得环形激光陀螺仪对低角速率输入不敏感。谐振腔各个组成部分的缺陷，包括气体介质，尤其是镜面导致光的散射，两束反向传播光在频率接近时振荡，相互作用，在一定的输入旋转范围内频率相同时锁频，典型值可以达到每小时数百度。因此，即使当实际输入不是零，输出指示的旋转也为0。例如，地球旋转速率为15°/h，此时将检测不到地球旋转。图3-8给出了环形激光陀螺仪对旋转频率的响应，当 $|\omega|<\omega_L$ 时，干涉条纹是静止的。

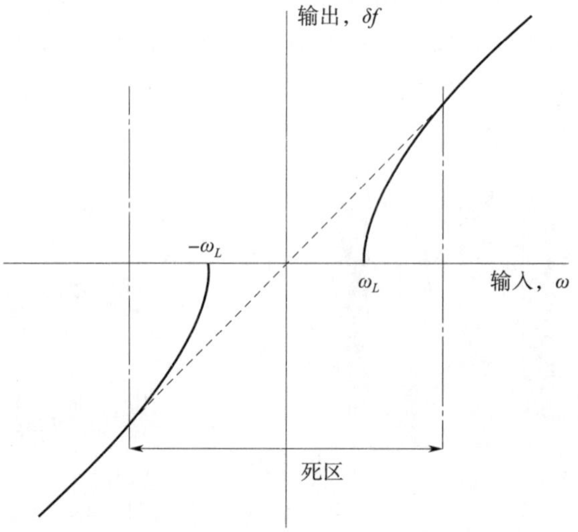

图3-8 环形激光陀螺仪对输入角速率的响应

频率锁死的问题可以通过主动设计仪器的不对称性来解决，这种不对称性使一束光与另外一束光不同（相反）。这产生了在敏感的角速率中包含人为的、但是已知的偏置。为了获得真实的角速率，必须通过设计的不对称效应来校正敏感的角速率。和光学技术一样，引入这些偏置的选项包括机械运动和磁场引起的偏差，这些偏置或者是单调的或者是周期的。施加一个单调的速率，以一个恒定的角速率使环形激光陀螺仪绕它的敏感轴旋转，这样使得敏感的角速率不在频率锁死范围内，此时敏感的角速率包含了这个偏置。偏置角速率必须足够大才能超过惯性速率最大范围，可能为±100°/s。这在技术上变得不可行，因为这个偏置的稳定性不可能控制到很高的精度。

可替代的方法是在交替旋转形式中叠加偏置，即陀螺仪绕敏感轴抖动或者振荡（数十到数百Hz）（见图3-5）。采用这种方式，精确获得偏置的幅度并不是非常重要，因为输出［见式（3-72）］对任何均匀振荡积分的平均值为0。另一方面，当偏置从顺时针变为逆时针或者由逆时针变为顺时针时，陀螺仪将有一小段时间（即两倍的抖动周期）在频率锁死的范围内。在这段时间内，环形激光陀螺仪将不能敏感实际的旋转，这将产生一个被定性为随机游走的误差。现在仪器的精度取决于抖动轴和环形激光陀螺仪敏感轴相互对准的精度。此外，抖动弹簧自身受到加速度时，会导致与敏感轴的偏差。

解决频率锁死问题的其他方法涉及磁场或者光学/磁场组合产生的偏置，这些都消除了陀螺仪的运动部件。这避免在敏感角速率时自身产生的振动、非对准误差和在加速度计上交叉耦合振动有关的效应，并减小了系统的随机噪声。

这些技术使用了法拉第效应，磁力线与光束传播方向平行的磁场使偏振光的偏振平面旋转。由于这种旋转，圆偏振光的相位超前或者滞后取决于磁场磁力线的方向（平行或者非平行），或者取决于在给定场中的传播方向。而且，由于每束光在磁力线的方向上传播，左圆偏振光的相位超前，而右圆偏振光的相位滞后。两个反向传播偏振光束的相位差表明光路长度的差值，只有两束共振光的频率差使光路长度发生变化。所以，在偏振光束传播路径上安置被称为法拉第室或法拉第旋光器，给通过赛格奈克效应产生的信号增加了一个频率偏置，使得敏感旋转的范围不在频率锁死的区域内。使用交替磁场的方向，这个偏置是周期性的，但是相对于磁场的切换时间，在频率锁死范围内的时间则更短。

磁场的另外一个作用就是在其中的一个镜面上施加铁磁薄膜，交替变换的磁场在两束光之间产生相对的相移（科尔效应）。相对于法拉第室，这种技术更不容易受杂散磁场的影响。这两种情况下的切换时间是有限制的，因为需要很大的磁场，这也限制了输出带宽。

已经取得成功的一个商业应用方案是多振荡器环形激光陀螺仪或四频差动激光陀螺仪（DILAG）。四束激光取代了两束激光，在同一个激光腔内谐振，两束左圆偏振光（lcp）按相反的方向传播，两束右圆偏振光（rcp）按相反的方向传播。四束激光使用同一个法拉第旋光器，每组偏振光束均设置了偏置而不在频率锁死区内，这些偏置幅度大小相等，但是因为极化方向相反，偏置的符号相反。如果 δf_{lcp} 和 δf_{rcp} 代表两对激光束的频率差，那么从式（3-69）可得

$$\begin{aligned}\delta f_{\mathrm{lcp}} &= K\omega + f_F \\ \delta f_{\mathrm{rcp}} &= K\omega - f_F\end{aligned} \tag{3-74}$$

式中，f_F 是法拉第偏置，$K = 4A/(\lambda L)$ 是标度系数。二者相加，我们可得

$$\Delta f = \delta f_{\mathrm{lcp}} + \delta f_{\mathrm{rcp}} = 2K\omega \tag{3-75}$$

表明偏置（和相关的误差）抵消了，而输出值（和灵敏度）变成了双倍。

实践中，沿着光路的各向异性、镜面处的差损失、后向散射导致相位旋转，圆偏振光容易受到许多相位旋转的影响，这将产生消除偏置的效应而使得频率差进入频率锁死区域。为了规避这种类型的频率锁死，两个偏振反向传播的光束在频率上分割，即通过一半自由光谱范围加上左圆偏振光和有圆偏振光之间的相位相对旋转 180°：$\delta f_{\mathrm{rcp}} = \delta f_{\mathrm{lcp}} + c/(2L)$。为了避免在光束的传播路径上放置另外一个光学单元（单向偏振旋光器），由于新单元附加的后向散射和热膨胀导致光损，偏振光束相位的相对旋转可以通过适当的倾斜镜面来实现，这样全部的光路就不在一个平面内（但是非常接近）。这种需要超过 3 个镜

面，且不在同一个平面内的配置（如图 3-6 所示），已经在利顿公司的“零锁死陀螺仪”中成功应用。更多的细节及其他偏置的方法可以参考 Chow 等（1985）和 Lawrence（1998）。

除直接取决于检测质量的动力学特性外，环形激光陀螺仪的未补偿误差模型包含与单自由度机械式陀螺仪误差模型类似的项。通用的模型如式（3-41）所表示，主要包括漂移误差、标度系数误差和随机（白）噪声 v_ω ，为了方便起见此处重复一下

$$\delta\omega = \delta\omega_d + \kappa\omega + v_\omega \tag{3-76}$$

标度系数误差 κ 可以包含常量和线性变化的量，它取决于输入角速率的符号。未补偿的漂移偏置可能包含残留温度和磁场敏感项，以及由于介质流向和光学后向散射效应、频率锁死（死区）及该单元热循环产生的滞后导致的常量

$$\delta\omega_d = \delta\omega_0 + c_T\delta T + c_1 B_1 + c_2 B_2 + c_3 B_3 \tag{3-77}$$

与式（3-42）类似。也可以添加其他项来说明未补偿的对准误差（对于机械抖动的环形激光陀螺仪）和时间相关误差。

Kayton 和 Fried（1997）给出以下的值作为未补偿误差的示例

$$
\begin{aligned}
&\text{陀螺仪偏置} = 0.005^\circ/\text{h}\\
&\text{残留死区} = 0.003^\circ/\text{h}\\
&\text{热滞后} = 0.003^\circ/\text{h}\\
&\text{偏置热灵敏度} = 5\times10^{-5}\,{}^\circ/(\text{h}\cdot{}^\circ\text{C})\\
&\text{标度系数误差} = 2\times10^{-6}\\
&\text{对准误差} = 5\times10^{-6}\ \text{rad}\\
&\text{磁灵敏度} = 0.002^\circ/(\text{h}\cdot\text{Gs})
\end{aligned}
\tag{3-78}
$$

3.2.2.2 光纤陀螺

另一类光学陀螺是光纤陀螺，其光波导是光纤。光纤陀螺是固态装置（没有活动部件），功耗低、坚固耐用，非常适合恶劣的动态环境。光纤本身不用保养，成本低、保质期长。此外，光纤陀螺的漂移理论上可以和高精度环形激光陀螺（0.001°/h）一样低。目前，正在开发在商业生产和运营中采用的干涉型新概念光纤陀螺仪。与 GPS 卫星测距（第 9 章）类似，干涉型光纤陀螺测量在光纤中传播两束光的相位差，在理想情况下，根据赛格奈克效应，相位差是由于回路所在平面的旋转引起的。其他类型的光纤陀螺是基于无源环形谐振腔，或者是基于在光纤波导内激光诱导的布里渊散射。Chow 等（1985），Lefvre（1993）和 Hotate（1997）对此进行了更加详细的论述。

我们在干涉型光纤陀螺（见图 3-9）范围内进行讨论，其中从广谱源（超发光二极管）发出的光经过一个耦合器到达一个偏光镜后，被分成在光纤回路中反向传播的两束光。在离开光纤回路后，这两个光波又重新组合在一起，新的光波到达一个光电探测器，产生正比于光功率的电压信号。图 3-10 给出了 Fibersense 技术公司制造的干涉型光纤陀螺外形图。

由于赛格奈克效应，回路绕垂直于回路平面轴旋转使得光束传播的距离多出 ΔL ，由

式（3-63）给出；光路路径缩短长度为 Δl，由式（3-64）给出，对于两个传播的光束，相对距离是其二者差值

$$\Delta L - \Delta l = \frac{4\omega}{c} A \tag{3-79}$$

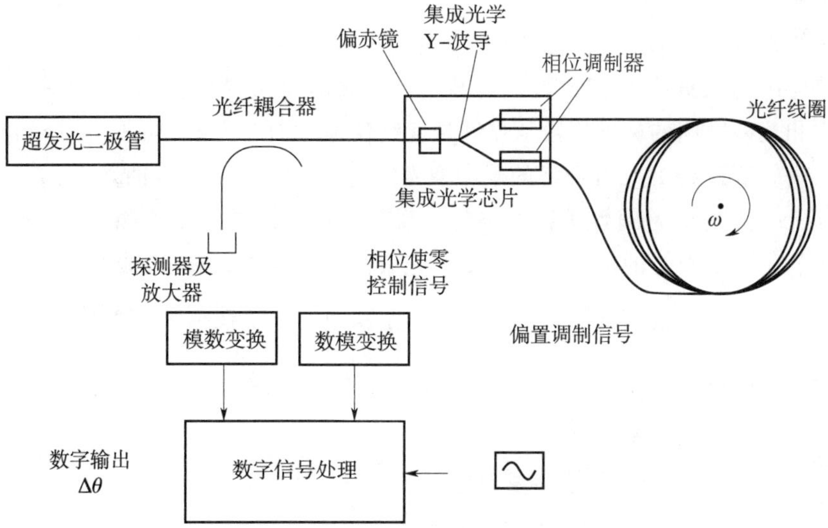

图 3-9　干涉型光纤陀螺的示意图

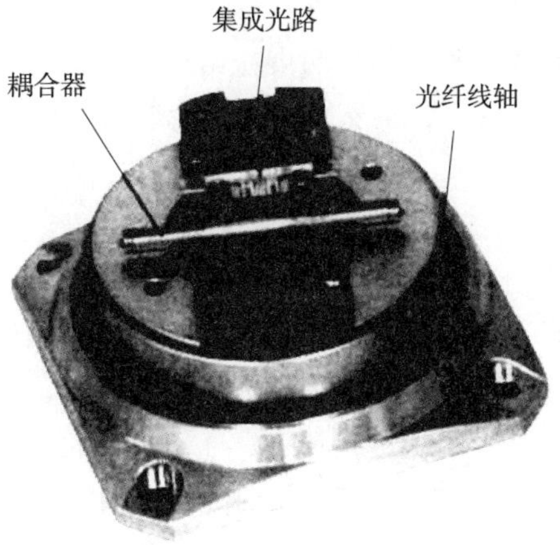

图 3-10　FOG 200/45 的内部结构

（Fibersense 技术公司）

赛格奈克效应独立于光路的形状。所以，将光纤盘绕起来增加回路围绕的实际面积 A，这样对于给定的旋转增加了相位差，并提高了陀螺的灵敏度。令 n 是线圈绕组数，光束覆盖的总有效面积是

$$A = n\pi \frac{d^2}{4} = \frac{1}{4} Ld \tag{3-80}$$

式中，d 是线圈的直径；L 是光纤的总长度。将式（3-80）代入式（3-79），并将其转换

为相位差，我们可以发现由于旋转引起的相位变化（以弧度为单位）

$$\Delta\phi = \frac{\Delta L - \Delta l}{\lambda} = \frac{Ld}{\lambda c}\omega \tag{3-81}$$

式中，$\Delta\phi$ 以圆周为单位。

取较大值，$\omega = 0.01\ \text{rad/s} \approx 2\,000°/\text{h}$，并且 $d = 10\ \text{cm}$，$\lambda = 0.8\ \mu\text{m/cy}$，我们得到光波在一个单绕组（$L = \pi d$）产生的相位差为 1.3×10^{-6} cy，其测量已经成为一项技术挑战。通过将光纤的长度提高到数百米，甚至到 1 km，可以提高（光纤陀螺的）灵敏度，旋转速率和相位差之间的标度系数随光纤长度线性地增加。为了产生与 1.3×10^{-6} cy 相同的相位差，灵敏度达到 1°/h（良好的干涉型光纤陀螺）需要 640 m 的光纤。

虽然 ω 和 $\Delta\phi$ 之间是线性关系，但乍一看，使用电压响应来检测 $\Delta\phi$ 不是线性关系。光束进入理想光纤线圈时的振幅为 b，由于光束被一分为二，顺时针和逆时针传播光束的振幅减半。后来，由于传感器的旋转，它们产生相移；一个移动为 $-\frac{\Delta\phi}{2}$，另一个为 $\frac{\Delta\phi}{2}$。这可以代表振幅在相位空间的“旋转”，在数学上使用复指数来表示，如式（1-37）。那么，可以给出合成光的振幅

$$\tilde{b} = \frac{1}{2}b e^{i\frac{\Delta\phi}{2}} + \frac{1}{2}b e^{-i\frac{\Delta\phi}{2}} \tag{3-82}$$

上式的平方是功率，可以通过光电探测器转化成电压，得到结果为

$$V(\Delta\phi) = V_0 \cos^2 \frac{\Delta\phi}{2} = \frac{V_0}{2}\left[1 + \cos(\Delta\phi)\right] \tag{3-83}$$

式中，V_0 是取决于输入光强的常数。如果两束光结合得非常好，那么 $\Delta\phi = 0$，V 是最大值；如果它们结合得非常不好，$\Delta\phi = \pi$，那么 $V = 0$。由式（3-81）的角速率灵敏度，$\Delta\phi$ 的灵敏度可以通过下式得出

$$\frac{\text{d}V(\Delta\phi)}{\text{d}(\Delta\phi)} = -\frac{V_0}{2}\sin(\Delta\phi) \tag{3-84}$$

相位变化为小量时，式（3-84）是 0，即小角速率很难被检测出来。如图 3-11（a）所示，它表明了在 $\Delta\phi = 0$ 附近，$\Delta\phi$ 与 V 之间为非线性关系。

对于小角速率时，二者之间的线性化和 $\Delta\phi$ 与 V 之间符号的匹配（所以负方向的旋转可以通过负电压来表示）可以通过在光纤末端引入一个相位调制器来完成，如图 3-9 所示。一种调制器就是压电圆柱体绕了几组光纤。通过施加在压电装置上的正弦信号，光纤有小量的拉伸，所以导致其实际长度和相位发生变化。如果随着时间 t 发生变化的正弦信号为 $-\theta\cos(2\pi f_m t)$，幅值为 $-\theta$，频率为 f_m，那么一束光的总相移为 $\Delta\phi/2 - \theta\cos(2\pi f_m t)$。而另外一束光，必须首先通过绕组，在时间 $t + T$ 时到达相位调制器，那么这束光的相移是 $-\Delta\phi/2 - \theta\cos\left[2\pi f_m(t + T)\right]$。类似于式（3-82），合成光束振幅可以由下式给出

$$\tilde{\tilde{b}} = \frac{1}{2}b e^{i\left[\frac{\Delta\phi}{2} - \theta\cos(2\pi f_m t)\right]} + \frac{1}{2}b e^{-i\left[\frac{\Delta\phi}{2} + \theta\cos(2\pi f_m (t+T))\right]} \tag{3-85}$$

为了不失一般性，引入时间参数的偏移，$t' = t + T/2$，我们可得

$$\tilde{\tilde{b}}=\frac{b}{2}\mathrm{e}^{-\mathrm{i}\theta\sqrt{1-\mu^2}\cos(2\pi f_m t')}\left\{\mathrm{e}^{\mathrm{i}\left[\frac{\Delta\phi}{2}-\theta\mu\sin(2\pi f_m t')\right]}+\mathrm{e}^{-\mathrm{i}\left[\frac{\Delta\phi}{2}-\theta\mu\sin(2\pi f_m t')\right]}\right\} \tag{3-86}$$

其中，$\mu=\sin\left(\frac{2\pi f_m T}{2}\right)$ 。此时，从电源产生的电压可以表示为

$$\begin{aligned}\tilde{V}(\Delta\phi)&=\frac{\tilde{V}_0}{2}\{1+\cos[\Delta\phi-2\theta\mu\sin(2\pi f_m t')]\}\\&=\frac{\tilde{V}_0}{2}\{1+\cos\Delta\phi\cos[2\theta\mu\sin(2\pi f_m t')]+\sin\Delta\phi\sin[2\theta\mu\sin(2\pi f_m t')]\}\\&=\frac{\tilde{V}_0}{2}[1+\cos\Delta\phi+2\theta\mu\sin\Delta\phi\sin(2\pi f_m t')+\text{higher powers of }\sin(2\pi)f_m t']\end{aligned} \tag{3-87}$$

从方程（3 - 87）最后一个式子的第三项可知，$\sin\Delta\phi$ 被频率 f_m 调制。也就是说，如果在这个频率上解调这个电压值（即求取对应于 V 一次谐波的傅里叶变换系数，参见第 1.6 节），那么结果与 $\sin\Delta\phi$ 成正比关系

$$\mathscr{F}[\tilde{V}(\Delta\phi)]_1\sim\sin\Delta\phi \tag{3-88}$$

这给出了当 $\Delta\phi$ 为小量时，输出和相位（旋转速率）之间的线性关系。此外，输出的符号也表明了相位变化 $\Delta\phi$ 的符号和旋转速率的符号［见图 3 - 11（b）］。

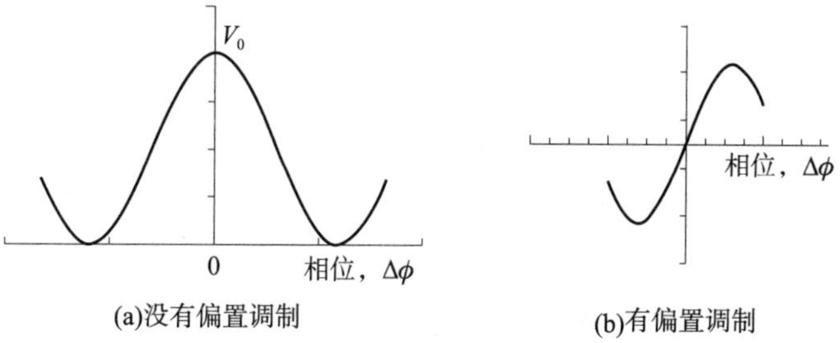

图 3 - 11　I - FOG 输出与输入相位变化的关系

人们还研发了在集成光路上包含相位调制器的其他相位偏置技术（可参考 Hotate，1997）。总之，我们注意到它与在环形激光陀螺仪一样（但是目的不同），光束的相位必须被调制，所以传感器才能够在最大灵敏度的区域工作。

为了在输出中获得较好的线性度，到目前为止传感器配置的动态范围受限于小量 $\Delta\phi$ 。为了增加动态范围，通过反馈回路（闭环回路）从出射光中消除赛格奈克相位差，而不是使用（更高带宽的）相位调制器（见图 3 - 9）。当然，这种使相位为 0 的“消除”量是对输入角速率的测量。这类似于在平衡回路上施加力矩使得机械陀螺仪的常平架角度为 0（的方案），以保持输入和输出之间的线性关系。其他控制回路也用于消除由已知环境因素造成的相移，例如温度变化。闭环回路将使光纤陀螺仪的标度系数稳定性非常好。

开环回路的配置也被研制出来，通过解调信号高阶谐波的电子方法来实现输出的线

性度。然而，尽管涉及的单元较少，但是这些陀螺仪可能无法取得相同的动态范围和质量。

3.2.2.2.1 光纤陀螺仪的误差源

与光纤陀螺仪有关的误差可以从两束光通过光纤传播不一致入手推导，即光路不是互逆的。两束光的不同偏振导致不可逆性，首先要求它们通过一个偏光镜。由于它们在（光纤）绕组中传播，其偏振将发生变化，但是变化一致。即便如此，根据法拉第效应任何磁场将感应不可逆的相位变化。这通常通过使用特殊的（昂贵的）保偏光纤来解决。其他的不可逆因素包括由于光纤折射率波动引起的瑞利散射，以及由波速对其强度依赖性导致的科尔效应。性能的极限最终由光子散粒噪声和光源强度噪声决定。目前已经设计了多种多样对应的措施来降低这些效应，可参见 Kim and Shaw（1986）和 Hotate（1997）。

光纤陀螺仪典型的误差模型可以表示为类似于式（3－76）的形式，包含一个标度系数误差、漂移误差和随机误差。商业级 I－FOG 未补偿典型漂移值（偏置稳定性）范围从 0.5°/h～150°/h，未补偿的标度系数误差为 100 ppm～1 000 ppm。光纤陀螺的发展非常迅速，优于 0.001°/h 的偏置稳定性已经在实验室得到验证，预计大规模的商业应用会马上到来，这将是环形激光陀螺的竞争对手。然而，在标度系数稳定性方面仍然是环形激光陀螺仪占优势，可参见 Barbour and Schmidt（1998）。

3.3 加速度计

在某种意义上来说，第一只加速度计实际上就是一个重力摆（实际上，所有类型的重力仪都是加速度计），它可以追溯到十七世纪的克里斯蒂安·惠更斯。当然，它只能测量一种类型的加速度，并且无法在移动的载体上使用。知道摆的臂长和摆动周期，我们就可以推出总的重力加速度值。正是通过比较摆的周期与精确时钟这种方法，第一次表明了地球表面的重力加速度与纬度有关（如牛顿所预测）。

今天，重力仪几乎都是基于弹簧上的检测质量的概念，它的机械原理对应于质量的旋转自由度，这个质量通过弹簧连接在杆的一端，杆的另一端通过铰链连接在壳体上，可参见 Torge（1989）。常见加速度计的设计基于相似的原理，只是机械弹簧被电磁产生的力矩代替。这两种类型的仪器都使用了归零方法（闭环操作类似于机械陀螺再平衡回路，见第 3.2.1.1 节），因此保持检测质量在平衡状态所需要的力就是（变化）加速度的度量。另外一种常见的加速度计是基于振动单元的谐振频率，检测质量（受到的）加速度变化将使振动单元外加张力发生变化，从而使得谐振频率发生变化。在这两种类型中，对加速度的响应都受惯性质量影响，牛顿运动定律最终决定了传感机制的动力学方程。

线性加速度计和角加速度计之间是有差别的，目前处理的重点是线性变化（用于惯性导航系统），然而至少在低频运动的情况下，低频陀螺仪比角加速度计的性能更好。此外，需要注意加速度计研制涵盖了检测和确定冲击、振动相关的非常大的商业应用领域，本书对此不予讨论；可参见 Walter（1997）和 Meydan（1997）。

为了便于说明结果适用于任何类型的线性加速度计，我们首先假定在理想弹簧上简单质量的情况。尽管对于旋转（摆式类型）检测机制的情况仅仅是平移类似，但它直观给出了加速度计检测方法的概念。加速度计通过等效原理敏感加速度是有误差的。有时一些大地测量学的文献会对此效应进行描述，加速度计既能敏感运动加速度也能感知引力加速度。或者应当用“加速度计仅仅敏感比力”来描述。

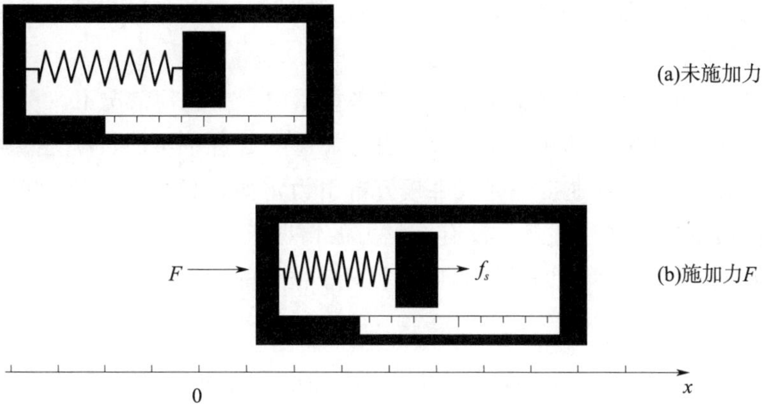

图3-12　惯性坐标系中加速度计

如图3-12所示，理想的加速度计由连接于弹簧上的检测质量组成，而弹簧连接在框架上。只需检测质量在弹簧确定的方向上（无摩擦的）移动，框架就可以确定检测质量的相对位移。假定弹簧的刚度，$k>0$，为一个常数。在第一种情况下，参考坐标系是第1章中讨论的纯惯性坐标系，即没有引力场。如图3-12（a）所示，加速度计静止（或者是匀速直线运动），因为没有力施加在检测质量上，所以弹簧没有应力（检测质量保持在$x=0$）。

如图3-12（b）所示，力F（即接触力或者物理力）施加在框架上，使框以恒定的加速度a在参考坐标系（沿着x轴）内加速。这个力将通过弹簧传递到检测质量上，弹簧压缩（初始）并将力f_s施加在检测质量上。令X表示检测质量相对于框的位移，x_b表示框架在外部参考坐标系的位移，那么检测质量在外部坐标系的位移是

$$x=x_b+X \tag{3-89}$$

施加在检测质量上（仅有）的力是由于弹簧压缩产生，这个力由胡克定律给出：$f_s=-kX$；所以，根据牛顿第二运动定律（见第1.3节）（在惯性坐标系的）运动方程是

$$m\ddot{x}=f_s=-kX \tag{3-90}$$

其中，m是检测质量的质量。将式（3-89）代入式（3-90）的左侧，并注意到$\ddot{x}_b=a$，那么可得

$$\ddot{X}+\frac{k}{m}X=-a \tag{3-91}$$

这就是强迫谐振振荡器的微分方程，其解由式（2-84）给出

$$X(t)=-\frac{ma}{k}\left[1-\cos\left(t\sqrt{\frac{k}{m}}\right)\right] \tag{3-92}$$

假定以下的初始值

$$X(t=0)=0,\quad \dot{X}(t=0)=0 \tag{3-93}$$

显然，检测质量相对于框架的平均位移直接与施加的加速度成正比，比例常数为 m/k ；所以，这个装置就是一个加速度计。要成为实际可用的加速度计，需要引入某种形式的阻尼来衰减振荡。

现在，假定引力场存在于（非惯性）参考坐标系中。在这种情况下，引力作用使得框架和检测质量（包括弹簧）都在加速。如果引力加速度 g 在框架的长度上为常量，框架和检测质量（受到的）引力加速度一样（牛顿万有引力定律，见第 1.6 节）。现在，式（1-7）定义了检测质量的运动；并且，没有施加力的情况下，$\ddot{x}=g$ 。同样，对于框架来说，$\ddot{x}_b=g$ 。因此，通过式（3-89)，检测质量相对于框架的运动可以通过以下方程来表示

$$\ddot{X}=0 \quad \Rightarrow \quad X(t)=0 \tag{3-94}$$

其中条件式（3-93）适用。加速度计在重力场中加速（自由落体），但是它指示没有加速度。这种简单的推导，与前述的研究一致，从原理上表明加速度计不能直接感测重力场的存在。最后一个例子是绕地球轨道上的加速度计，尽管总是存在朝向地球的加速度（自由落体），它仅能感测大气阻力和太阳（其他星体）辐射压力，但是它感测不到引力加速度。

总之，加速度计只能感测比力［也就是式（1-7）中的“$\boldsymbol{a}$”］，也就是真实的力（即施加的或者接触的力），这符合 IEEE 标准（IEEE，1984）对加速度计的定义，“感测质量惯性作用的装置，其目的用于测量……加速度”。它既不感测引力加速度，也不感测其他类型的运动加速度（由于旋转，参见第 1 章中的讨论）。它能感知这些物体的反作用力，因为这些反作用力（飞机机翼提供的升力，地球表面施加在静止物体上的反作用力）都是真实的力。依据等效原理，测量（本身）不能分辨这个反作用力是万有引力、旋转的结果还是外力。

3.3.1 非惯性坐标系的加速度

敏感加速度向量从惯性坐标系到任意坐标系（称为 a 系）的变换通过下式简单地得出

$$\boldsymbol{a}^a=\boldsymbol{C}_i^a\boldsymbol{a}^i \tag{3-95}$$

其中，变换矩阵 $\boldsymbol{C}_i^a$ 是绕传感器中心旋转的矩阵，沿着 a 系确定的方向重新确定向量 $\boldsymbol{a}^i$ 的各个分量。a 系可以旋转（为非惯性坐标系)，但是只要加速度计的敏感中心位于坐标系的原点，那么没有附加项，例如离心或者科里奥利加速度进入变换中。

另外，假定包含一组加速度计的壳体绕惯性坐标系 i 系旋转。令壳体坐标系为 c 系，假定加速度计坐标系（a 系）与 c 系刚性连接并平行。对于特殊的加速度计，a 系和 c 系之间的变换通过向量给出（见图 3-13）

$$\boldsymbol{b}^i=\boldsymbol{x}^i_{\text{accel}}-\boldsymbol{x}^i_{\text{case}} \tag{3-96}$$

其中，所有的坐标均在 i 系中。我们希望将 a 系中的敏感加速度在 c 系中进行表达。通过

科里奥利原理式（1－70）和 $\boldsymbol{b}^c=\boldsymbol{0}$，我们可得

$$\dot{\boldsymbol{x}}^i_{\text{accel}}=\dot{\boldsymbol{x}}^i_{\text{case}}+\dot{\boldsymbol{b}}^i=\dot{\boldsymbol{x}}^i_{\text{case}}+\boldsymbol{C}^i_c\boldsymbol{\omega}^c_{ic}\times\boldsymbol{b}^c \tag{3-97}$$

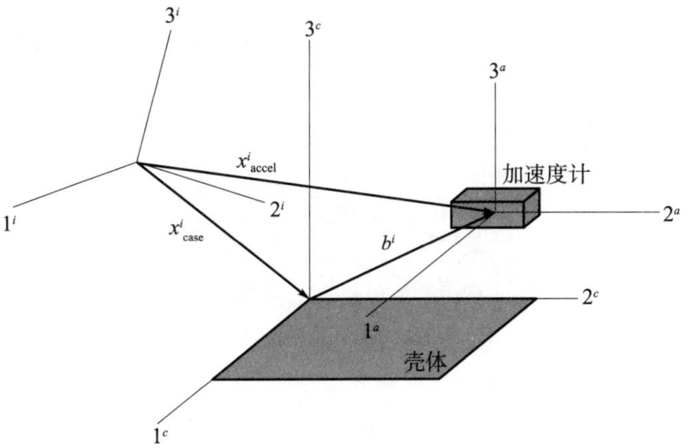

图 3－13　相对于 i 系的加速度计坐标系和壳体坐标系

使用式（1－68）和式（1－62）再次对上式求微分

$$\begin{aligned}\ddot{\boldsymbol{x}}^i_{\text{accel}}&=\ddot{\boldsymbol{x}}^i_{\text{case}}+(\dot{\boldsymbol{C}}^i_c\boldsymbol{\omega}^c_{ic}+\boldsymbol{C}^i_c\dot{\boldsymbol{\omega}}^c_{ic})\times\boldsymbol{b}^c\\&=\ddot{\boldsymbol{x}}^i_{\text{case}}+\boldsymbol{C}^i_c\dot{\boldsymbol{\omega}}^c_{ic}\times\boldsymbol{b}^c+\boldsymbol{C}^i_c\boldsymbol{\omega}^c_{ic}\times(\boldsymbol{\omega}^c_{ic}\times\boldsymbol{b}^c)\end{aligned} \tag{3-98}$$

假定存在引力场，那么从式（1－7）可得

$$\boldsymbol{a}^i_{\text{accel}}=\ddot{\boldsymbol{x}}^i_{\text{accel}}-\boldsymbol{g}^i_{\text{accel}},\quad \boldsymbol{a}^i_{\text{case}}=\ddot{\boldsymbol{x}}^i_{\text{case}}-\boldsymbol{g}^i_{\text{case}} \tag{3-99}$$

令 $\boldsymbol{C}^c_i$ 表示从 i 系到 c 系的旋转。那么，使用式（3－99）和式（3－98），我们得到

$$\begin{aligned}\boldsymbol{a}^c_{\text{accel}}&=\boldsymbol{C}^c_i(\ddot{\boldsymbol{x}}^i_{\text{accel}}-\boldsymbol{g}^i_{\text{accel}})\\&=\boldsymbol{C}^c_i[\ddot{\boldsymbol{x}}^i_{\text{case}}+\boldsymbol{C}^i_c\dot{\boldsymbol{\omega}}^c_{ic}\times\boldsymbol{b}^c+\boldsymbol{C}^i_c\boldsymbol{\omega}^c_{ic}\times(\boldsymbol{\omega}^c_{ic}\times\boldsymbol{b}^c)-\boldsymbol{g}^i_{\text{accet}}]\\&=\boldsymbol{a}^c_{\text{case}}+\boldsymbol{g}^c_{\text{case}}-\boldsymbol{g}^c_{\text{accel}}+\dot{\boldsymbol{\omega}}^c_{ic}\times\boldsymbol{b}^c+\boldsymbol{\omega}^c_{ic}\times(\boldsymbol{\omega}^c_{ic}\times\boldsymbol{b}^c)\end{aligned} \tag{3-100}$$

这说明在 a 系中感测的加速度，以（与 a 系）平行且与壳体刚性固联的 c 系为坐标，等于壳体加速度加上 a 系和 c 系刚性支撑引起的各种反作用力。这些作用力第一是由于加速度计位置与壳体坐标系原点之间万有引力差引起的，其他项与壳体在惯性坐标系中的旋转有关。它们构成杆臂效应，只要加速度传感器不在运载体运动中心时均会导致杆臂效应。

当我们考虑加速度计在其自身坐标系（a 系）感测惯性加速度时，将使用方程（3－100），感测加速度被转换为相对于加速度计壳体的定义参考点（c 系）的加速度。这个变换误差可以由式（3－100）右侧除引力加速度项外的其他项给出（因为 $\boldsymbol{b}^c$ 在几厘米或者更小量级上，万有引力差可以忽略不计）。

3.3.2　力-再平衡动力学方程

现代高性能、导航级加速度计检测质量的运动是摆式的，而不是如图 3－12 所示的检测质量在线性弹簧上的严格平移。也就是说，检测质量是摆的臂，而摆被铰接在加速度计

的壳体上响应施加（在摆上的）加速度，加速度使得摆绕铰接点旋转。然而，使用一个合适的反馈回路（闭环回路操作），通常检测质量被施加的力拉回到它的零位置（平衡位置），这样保持仪器灵敏度与施加加速度的线性关系。为了得到力-再平衡加速度计（force - rebalance accelerometer）动力学方程，我们间接地引用机械式单自由度陀螺（的动力学方程），如图 3 - 14 所示。

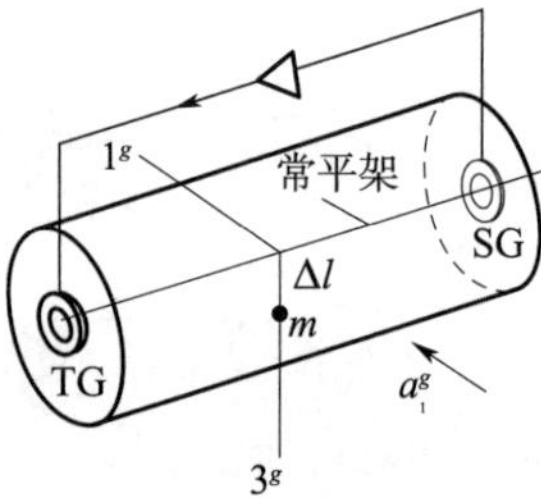

图 3 - 14　力（力矩）-再平衡摆式加速度计

这个壳体中的检测质量是非对称的，质量为 m ，其中心沿着 3 轴位移了一段距离 $\Delta\ell$ 。为了敏感沿着 1 轴的加速度，允许检测质量绕 2 轴转动，而 2 轴表示加速度计摆的“铰链”。这与在讨论机械陀螺时质量不平衡的情况类似，此处是因为仪器要敏感加速度。1 轴是输入轴，2 轴是输出轴，包含检测质量的 3 轴被称为摆轴。

假设一个比力向量 $\boldsymbol{a}$ 施加在加速度计的壳体上，导致常平架旋转，并假定壳体本身以角速率 $\boldsymbol{\omega}_{ic}^{c}$ 相对于惯性空间旋转（ i 系），其向量分量由式（3 - 23）给出。由于沿着 1^g 轴的比力分量 a_1^g ，检测质量的摆轴将偏离参考轴，偏离角度为 η（见图 3 - 15）。令这个摆参考轴为 c 系的 3 轴。我们还定义 2^c 轴与 2^g 轴平行，显而易见，将 c 系的原点定义在距离 g 系原点为 ℓ 的地方。

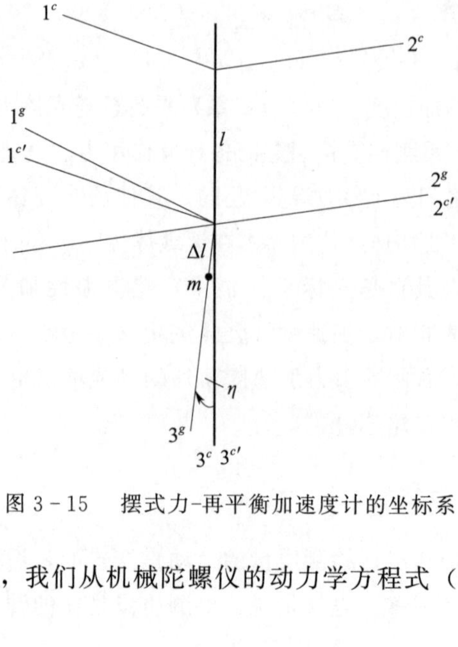

图 3 - 15　摆式力-再平衡加速度计的坐标系

为了推导动力学方程，我们从机械陀螺仪的动力学方程式（3 - 24）开始，并且 $H_s =$

$I_s\omega_s=0$（没有旋转的转子），重新整理各项可得

$$I_2^g\ddot{\eta}=L_2^g-I_2^g\dot{\omega}_2^c+(\omega_3^c+\eta\omega_1^c)(I_3^g-I_1^g)(\omega_1^c-\eta\omega_3^c) \tag{3-101}$$

式中，绕输出轴施加的总力矩，是由于命令再平衡力扭矩 L_{reb} 和输出轴悬挂，对加速度反作用施加的扭矩 $a_1^g m\Delta l$［见式（3－40）］。这里也包含弹簧扭矩 $-K\eta$，也就是由概念上的摆式加速度计铰链施加的扭矩，以及衰减力矩 $-C\dot{\eta}$，所以，总的施加扭矩就是

$$L_2^g=L_{\text{reb}}+a_1^g m\Delta l-C\dot{\eta}-K\eta \tag{3-102}$$

注意，式（3－99）中参考轴的惯性矩如图 3－14 中所示，与单自由度陀螺仪不一样，没有定义质量对称轴；然而，惯性积仍然为零。需要注意，式（3－102）中输入加速度 a_1^g 是指沿着 1^g 轴的加速度，参考点在 g 系原点。最终，我们需要测量沿着参考输入轴（1^c 轴）的加速度。

此外，我们需要以 c 系原点来参考敏感的加速度。令 c' 系（各坐标轴的方向）平行于 c 系，与 g 系的原点相同。对 $\boldsymbol{C}_c^g$ 使用式（3－21），可以得出在 g 系中沿 1^g 轴的加速度

$$a_1^g=a_1^{c'}-\eta a_3^{c'} \tag{3-103}$$

根据式（3－100），忽略引力效应并且 $\boldsymbol{b}^c=(0,\ 0,\ l)^{\mathrm{T}}$，根据位移后 c 系中相对应的分量给出分量 a_1^c，如下

$$a_1^{c'}=a_1^c+\dot{\omega}_2^c l+\omega_1^c\omega_3^c l \tag{3-104}$$

将式（3－104）代入式（3－103），结果代入式（3－102）产生在 g 系的施加力矩，将（施加力矩）代入式（3－101），产生以下以 η 为变量的微分方程

$$\begin{aligned}L_{\text{reb}}=&I_2^\theta(\ddot{\eta}+\dot{\omega}_2^c)+(I_1^\theta-I_3^\theta)\omega_1^c\omega_3^c\\&-(a_1^c+\dot{\omega}_2^c l+\omega_1^c\omega_3^c l-\eta a_3^{c'})m\Delta l+C\dot{\eta}+K\eta\end{aligned} \tag{3-105}$$

其中，取决于小角度 η 的各向异性惯性已被忽略。乘积 $m\Delta l$ 称为摆性 p，是仪器的已知量。除以 p，式（3－105）变成

$$\frac{L_{\text{red}}}{p}=-a_1^c+\frac{I_2^g\ddot{\eta}}{p}+\dot{\omega}_2^c\left(\frac{I_2^g}{p}-l\right)+\left(\frac{I_1^g-I_3^g}{p}-l\right)\omega_1^c\omega_3^c+\frac{C}{p}\dot{\eta}+\frac{K}{p}\eta+a_3^{c'}\eta \tag{3-106}$$

现在，我们可以选择 c 系的原点，因此

$$l=\frac{I_2^g}{p} \tag{3-107}$$

这样，消除由于输出轴旋转 $\dot{\omega}_2^c$ 引起的误差项。那么式（3－106）变为

$$\frac{L_{\text{reb}}}{p}=-a_1^c+\frac{I_2^g\ddot{\eta}}{p}+\left(\frac{I_1^g-I_2^g-I_3^g}{p}\right)\omega_1^c\omega_3^c+\frac{C}{p}\dot{\eta}+\left(\frac{K}{p}+a_3^{c'}\right)\eta \tag{3-108}$$

这是摆式力-再平衡加速度计动力学方程的最终形式。最后一项是已知的摆振动误差，它将摆轴加速度 $a_3^{c'}$ 交叉耦合了到输入中，如果 $a_3^{c'}$ 和 η 共振，那么这一项就是偏置的重要误差源。

扭矩 L_{reb} 施加在输出轴上，因此偏离角 η 被调整为 0（$\eta=0$）。通过测量施加回复力矩所需要的电流就可以给出所表示的比力。稳态时（$\ddot{\eta}=0$），并忽略各向异性惯性误差

（可以标定），$\eta \approx 0$，可得出

$$a_1^c = -\frac{1}{p} L_{\text{reb}} \tag{3-109}$$

式中，通过定义可知，L_{reb} 是沿着输出轴施加力矩的分量（注意，对于陀螺仪，$L_{\text{reb}} < 0$ 表示 $a_1^c > 0$）。摆式加速度计的旋转动力学方程（3－108）与弹簧式加速度计动力学方程（3－91）可以平移。然而，在力-再平衡加速度计的常用设计中，通常直接将力施加在检测质量上，而不是在铰链上施加扭矩的形式。

3.3.3 摆式加速度计实例

再平衡摆基本原理的设计在现代挠性摆式加速度计中得到体现；动力学方程与上述的旋转系统是一致的。挠性摆式加速度计示意见图 3－16 所示，通过 Litton 陀螺仪惯性导航系统的 A－4 加速度计为例来说明。当检测质量响应沿输入轴的加速度时，光学拾取器中产生电流。通过电子模块获取这个（电流）信号的扭矩脉冲，用来抑制检测质量使其处于零位置，并且提供一组脉冲串，脉冲串速率是速度变化（加速度）的直接测量值。

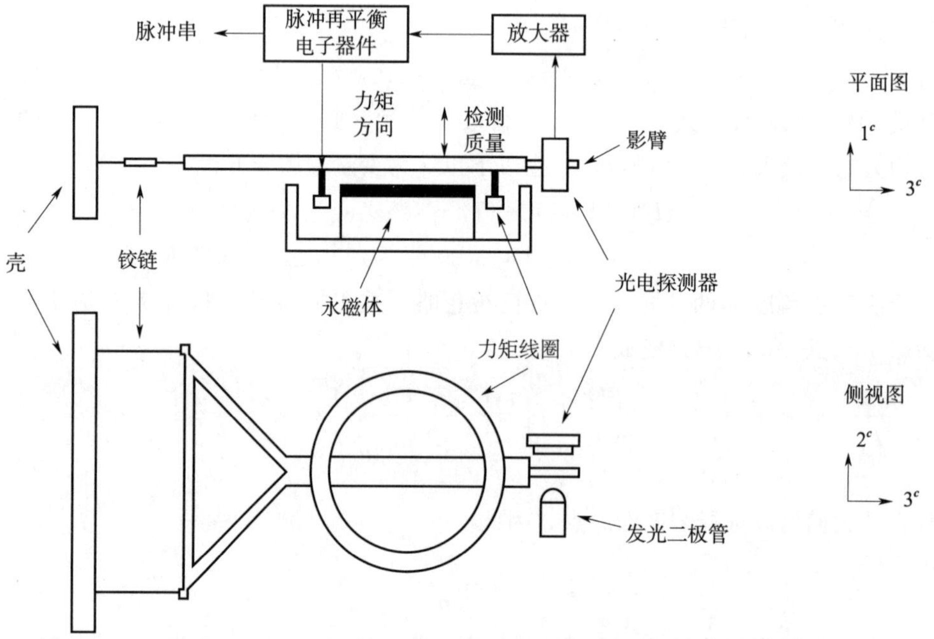

图 3－16　挠性摆式力再平衡加速度计示意图

类似的结构也用于贝尔宇航公司的 Model Ⅶ 加速度计，如图 3－17 所示，联合信号公司的 QA2000（QA3000 也一样），如图 3－18 和图 3－19 所示，用于霍尼韦尔公司的陀螺仪惯性导航系统。摆的设计现在可以用在硅片上微机械固态加速度计的生产。使用集成电路生产厂家使用的方法，包括检测质量、铰链和支撑结构的全部组件刻蚀在单晶硅片上。这些方法适合批量生产，数百只加速度计可以刻蚀在一片单晶硅上。微机械加速度计没有体积较大的常规加速度计的精度高，但是它们成本低，尤其是在获得具有匹配性能特点的

传感器组方面。

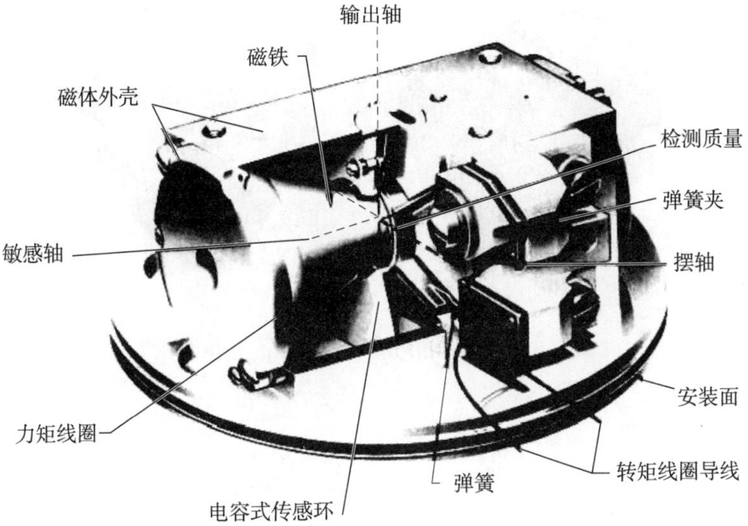

图 3-17　贝尔宇航 model Ⅶ力-再平衡加速度计

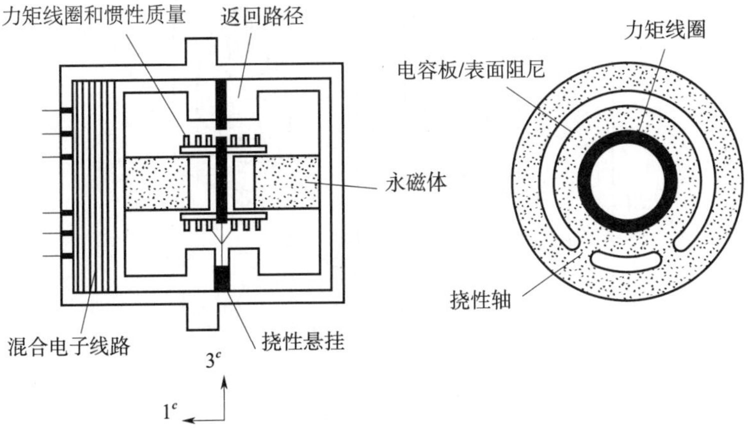

图 3-18　基于石英挠性支撑的摆式力再平衡加速度计

另外一种类型的摆加速度计是摆式积分陀螺仪加速度计（PIGA），包含一个陀螺仪单元，其旋转轴沿着质量不平衡的轴（见图 3-20）。传感器组件相对壳体的支撑现在由沿着输入轴的耳轴来提供。沿输入轴的加速度可以产生旋转轴 3^g 的偏差，将在 2 轴（输出轴）上施加了一个扭矩；通过式（3-28）可知，这与绕输入轴的旋转速率等效

$$L_2^g = -H_s\omega_1^c \tag{3-110}$$

式中，$H_s = I_s\omega_s$。在这种情况下，施加的扭矩和比力之间的关系由式（3-109）给出。所以

$$pa_1^c = H_s\omega_1^c \tag{3-111}$$

其中，角速率 ω_1^c 是耳轴相对于壳体的角速率，记为 $\dot{\eta}$，加上壳体相对于惯性坐标系的角

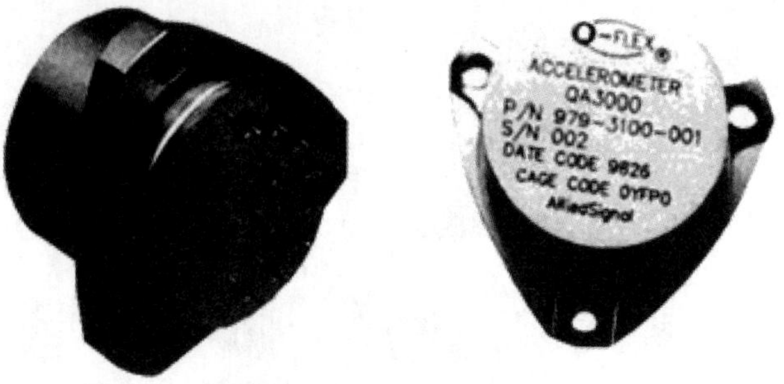

图 3-19　联合信号公司 QA3000 加速度计

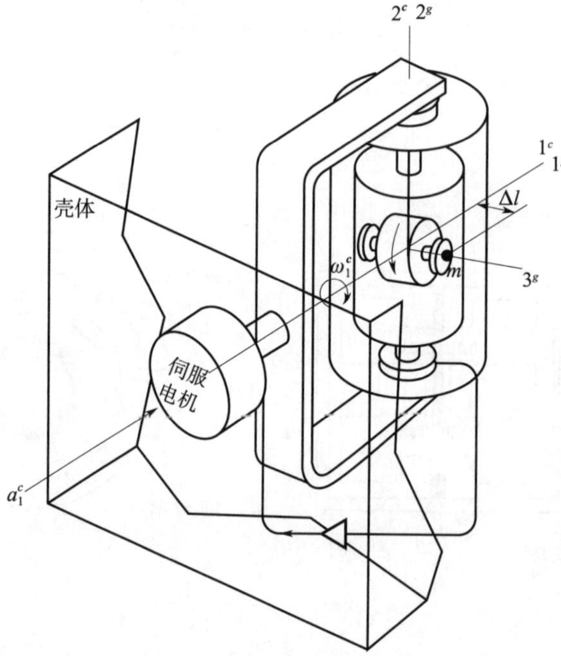

图 3-20　摆式积分陀螺仪加速度计的示意图

速率。如果壳体在稳定平台上，后一项通常是 0，此时 $\omega_1^c \approx \dot{\eta}$，对式（3-111）做积分可得

$$\Delta\eta = \frac{p}{H_s}\int a_1^c \mathrm{d}t = \frac{p}{H_s}\Delta v \tag{3-112}$$

式中，Δv 为比力的积分，即速度。伺服电机使常平架旋转在陀螺仪单元上产生一个扭矩，这样平衡了摆的扭矩。陀螺仪加速度计不太适合捷联（系统）应用，在捷联系统中壳体角速率须用于加速度的计算。

3.3.4　振动元件的动力学方程

谐振加速度计（或者振梁加速度计）的测量原理是基于对振动元件谐振频率的依赖性，例如有拉力施加在金属丝或带子、棒上。用一束弦来说明这个问题（类似小提琴的弦；见图 3 - 20），以下关系对于小振幅波成立

$$v=\sqrt{\frac{F}{\mu}} \tag{3-113}$$

这是用另外一种方法阐述了在振动弦上的径向力或者张力 F 等于波在丝上传播速度 v 的平方与单位长度上弦的质量之积。通过运用牛顿定律推导出弦的运动，由波的经典微分方程来描述［参见任何基本物理书，例如 Shrotley and Williams（1971）］。波的速度和频率 f 之间的关系可以容易地从以下事实获知：单位时间内波的一个周期对应于其速度除以波长 λ，这样

$$f=\frac{v}{\lambda} \tag{3-114}$$

使用式（1 - 4）的 $F=ma$，并将式（3 - 113）和式（3 - 114）组合在一起，其中，a 为在 F 方向上施加的加速度，m 为检测质量，我们可得

$$f=\frac{1}{2l}\sqrt{\frac{ma}{\mu}} \tag{3-115}$$

其中，对于如图 3 - 21 所示的驻波，我们有 $l=\frac{\lambda}{2}$。弦上张力变化或者等效施加加速度的变化，将产生频率的变化（类似小提琴的调弦）。

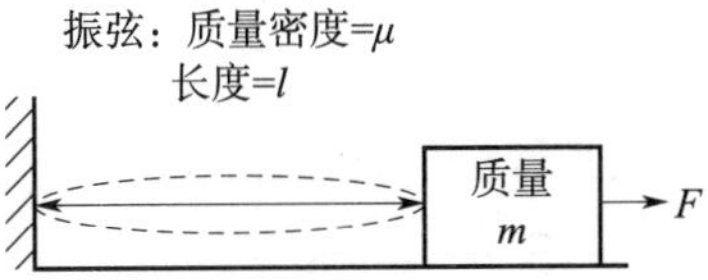

图 3 - 21　振弦

为了测量频率变化，人们设计了一款如图 3 - 22 所示的差分装置。采用两根弦的优点包括消除了许多机械误差和由于温度引起的误差（因为这些误差项对于配置的两半是一样的），并且令标度系数是单根弦的两倍。当施加加速度时，检测质量拉伸左侧的弦，将其张力改变为 $F_1=F_0+ma$；使得右侧的弦放松，其张力变为 $F_1=F_0-ma$，其中，F_0 为两根弦上最初的张力值。相对应的频率变化为 f_1 和 f_2；并且，假定两根弦的质量密度相同，长度不发生明显的变化，将式（3 - 115）用于每根弦，可得

$$\begin{aligned}\mu(2lf_1)^2&=F_0+ma,\\ \mu(2lf_2)^2&=F_0-ma\end{aligned} \tag{3-116}$$

通过消除 F_0，求解加速度可得

$$a\approx\frac{4m_s lf_0}{m}\Delta f \tag{3-117}$$

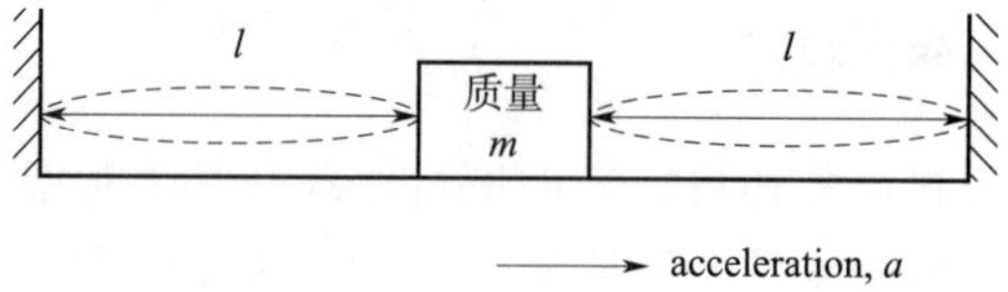

图 3-22　振弦加速度计

其中，f_0 是标称频率；$m_s=\mu l$ 是每根弦的总质量。测量输出值本质上是数字式的，类似于陀螺仪（见第 3.2.2.1 节），这样不需要额外的 A/D 转换的电子模块。与力-再平衡加速度计不一样，振弦加速度计是以开环模式工作的。这表明式（3-117）中所示的标度系数 $\frac{4m_s l f_0}{m}$ 一定非常稳定；并且主要误差源自于结构件机械特性的变化。

实际谐振加速度计中，使用石英晶体代替振弦，因为石英晶体的热稳定性和机械稳定性更好；滑动检测质量被铰链摆代替，如图 3-23 所示。石英谐振器连接到仪器的框架和摆上，反过来，摆对响应加速度的振动晶体施加张力或者压力。全部的传感器（谐振器，摆和支撑结构）也可以在单片石英晶体上组成一个微机械装置，具有很高的热稳定性和可靠性，并且成本低。

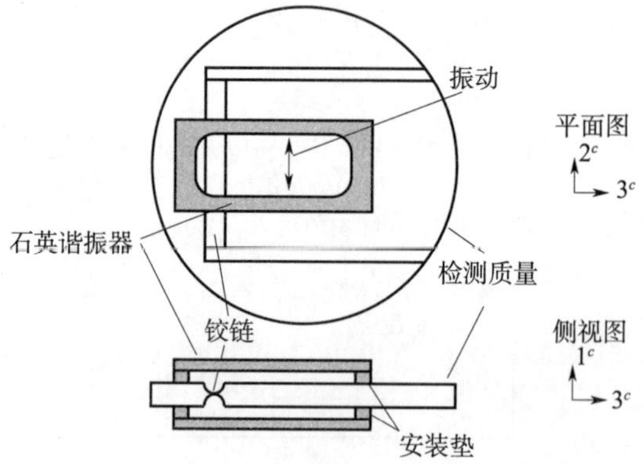

图 3-23　石英谐振振弦加速度计的示意图

（Accelerex 设计，联合信号公司；Lawrence，1998）

3.3.5　误差源

影响加速度计测量的误差与机械陀螺仪的误差类似。通用的模型包括一个偏置项，该偏置项取决于温度变化、热感应迟滞以及由摆轴的不均衡、沿加速度计输入轴和摆轴的加速度及其他交叉耦合项（例如摆振动误差）引起的各向异性弹性效应；还包括标度系数误差，由常数项、线性项和依赖于输入加速度的二次项组成。这个标度系数误差常在扭矩再平衡电路中出现。此外，摆组件的参考轴与壳体轴不一致，这就引入了将沿三个轴的加速度耦合到输入轴中的非对准误差。特别是非对准误差和其他误差项可以包含在式（3-108）所示的动力学方程中，并可以用于实验室的标定（可参见 Chatfield，1997）。保留未

补偿误差项的模型具有以下形式

$$\delta a = \delta a_b + \kappa a_1 + v_a \tag{3-118}$$

式中，δa_b 为偏置；κ 为标度系数误差（在良性的动态环境中高阶项可以忽略）；v_a 为加速度计的随机（白）噪声。偏置可以被分解为类似（3-42）的下式

$$\delta a_b = \delta a_0 + c_2 a_2 + c_3 a_3 + c_T \delta T \tag{3-119}$$

更高阶项取决于加速度计的值，根据需要可以加上。例如，Kayton 和 Fried（1997）给出了以下未补偿误差的值

$$\begin{aligned} \delta a_0 &= 25 \times 10^{-5}\ \mathrm{m/s^2} \\ c_T &= 0.5 \times 10^{-5} [(\mathrm{m/s^2})/℃] \\ c_2, c_3 &= 25 \times 10^{-6} (\mathrm{rad}) \\ \kappa &= 50 \times 10^{-6} \end{aligned} \tag{3-120}$$

第 4 章　惯性导航系统

4.1　介绍

安装在平台上单独的惯性测量单元（IMU）可以提供关于平台的有用信息（加速度、旋转速率或方向），但是只有通过适当编排，收集协调一致的信号，惯性测量单元才可以给平台惯性导航提供有效的数据。通常，惯性导航系统包含一组惯性测量单元的陀螺仪和加速度计，以及安装其上的平台和稳定机制；计算机（模块）用于完成将敏感加速度和角度或者角速率（在有些编排中）转换成导航信息（即位置、速度和姿态）的计算。图 4－1 给出了捷联编排惯性导航系统组成的示意图。霍尼韦尔 H－423 捷联惯性导航系统的惯性传感器组件如图 4－2 所示，3 个陀螺仪和 3 个加速度计，它们占据了直角棱镜的 6 个面；惯性导航系统自身组成如图 4－3 所示。最后，对于平台的机械编排，硬件变得更加复杂，如图 4－4 所示（见第 4.2 节）。

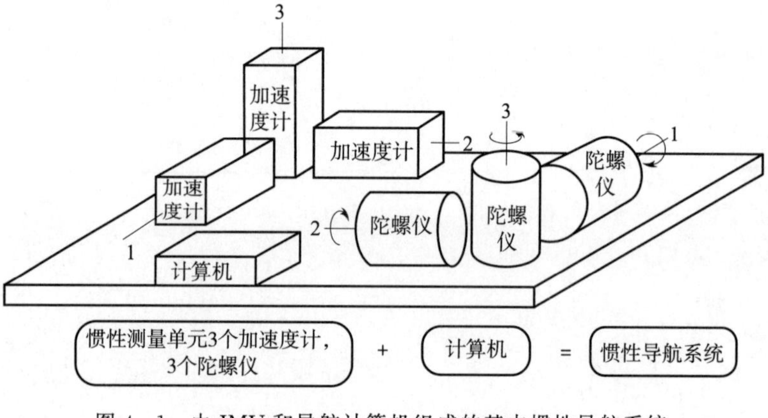

图 4－1　由 IMU 和导航计算机组成的基本惯性导航系统

惯性导航系统的发展源于二十世纪初，此时德国发明了基于陀螺仪的罗经并将其用于舰船导航。惯性导航系统最初的概念很早就有了，在第二次世界大战期间主要由 J. Gievers 提出了惯性导航在海洋和陆地上的应用（可参见 Stieler 和 Winter，1982）。特别是麻省理工学院的查尔斯·德雷珀设计了用于高速运载体的系统之后，飞机导航才在战后受益于惯性导航系统。二十世纪六、七十年代，由于陀螺仪的精度得到稳步提高和数字电子计算机的出现，惯性导航系统的应用快速扩展到商业和军事航空领域，包括导弹制导、空间导航和著名的载人登月飞行。舰船导航也继续使用这些系统，尤其是潜艇导航，直至今日依然非常依赖惯性导航。除了飞机惯性导航系统外，航空有很长一段时间使用无线电

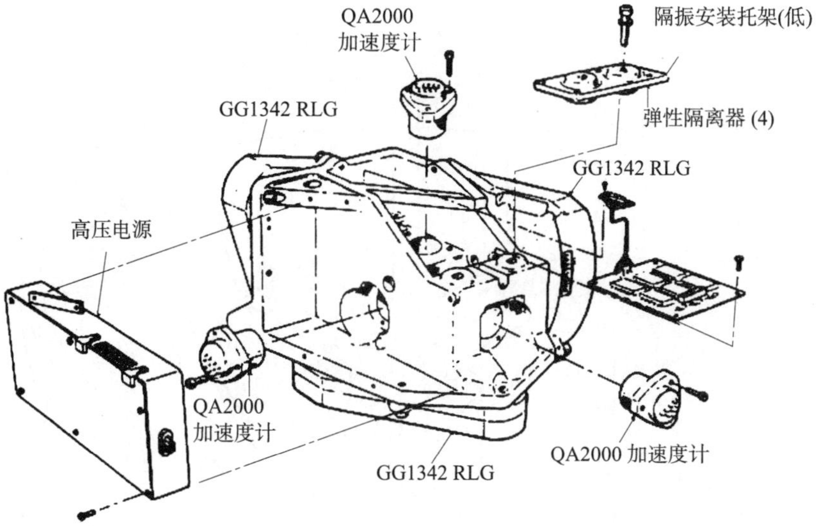

图 4-2　霍尼韦尔 H-423 INS 的惯性传感器组件

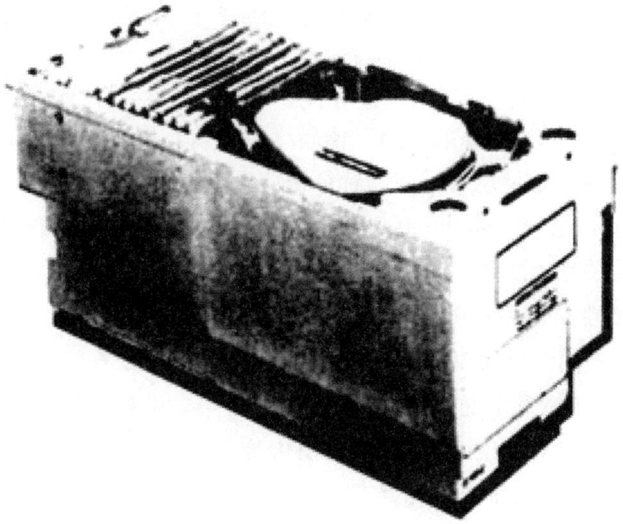

图 4-3　H-423 的惯性传感器组件和辅助传感器及导航电子处理器

导航辅助［罗兰、欧米茄、多普勒系统，甚高频全向信标（VOR）等系统；参见 Beck（1971；Kayton 和 Fried（1969－1997）］。今天，全球卫星导航系统已经令惯性导航系统和地面无线电导航黯然失色。然而，惯性导航系统在潜艇导航、辅助卫星和无线电导航、高精度飞机着陆系统、自主军事导航和制导等方面仍然起着重要作用。

在第 3 章中，我们可以看到陀螺仪误差是主要的漂移误差（它们不能通过时间平均来消除）。所以，惯性导航系统误差通常是积累的，第 5 章进行了大量的讨论。惯性导航系统的精度可以根据单位时间误差（指示位置减去实际位置）分为低精度、中等精度和高精

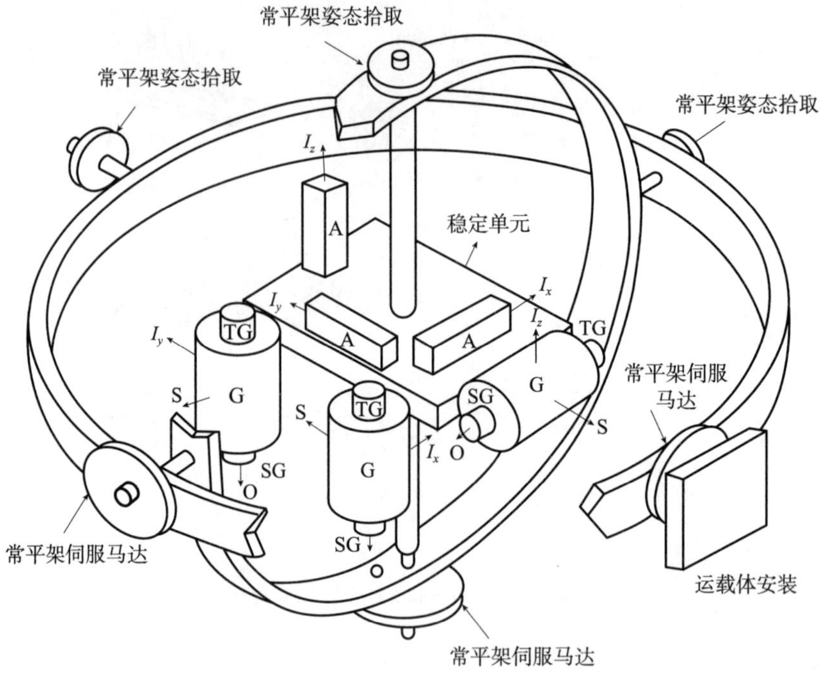

图 4-4　三个常平架的稳定平台示意图

（G—单自由度陀螺仪；A—加速度计）

度 3 种类型。因此，一个低精度系统每小时偏离（大多数）超过 1～2 nmi（＞2～4 km/h）；一个中等精度系统，或者是导航级系统的特征是实现 0.5～2 nmi/h（1～4km/h）；而一个高精度系统通常为 0.1～0.2 nmi/h（0.2～0.4 km/h）或者更好。这些规范只是一般的性能指标，不是线性的关系，也不能用于统计分析。

我们需要区分惯性导航系统和姿态与航向参考系统（Attitude and heading reference system，AHRS）的不同。后者仅用于为飞行控制提供垂直参考（姿态）和北向参考（方位），为主要用于飞行测试和其他军事应用的平台定向，例如辅助多普勒雷达导航系统。姿态与航向参考系统通常在低一级的平台上使用低于导航级的陀螺仪。同样，三维定向（姿态和航向）由惯性导航系统提供，只是价格更高，通常精度也更高。姿态和航向参考系统为一大类，此处将不再进一步讨论（可参见 Kayton 和 Fried，1997）。

惯性导航系统和惯性制导系统也存在概念上的区别，尽管惯性导航系统也可以用于完成这些功能。导航是实时确定目前载体的位置和速度；而制导是指确定和实现将运载体从目前的状态到预定状态的步骤，其中状态包括位置和速度。制导系统的讨论也留给其他的参考资料（例如 Lenodes，1963）。

4.2　机械编排

惯性导航系统的机械编排描述了惯性传感器相对于运载体、惯性坐标系、导航坐标系和载体坐标系的物理配置。机械编排的选择不仅仅是为了方便设计，而是与传感器的误差传播以及如何影响预期应用密切相关。不同的机械编排提供了隔离运载体运动的多种隔离系统，对于特定的导航坐标系也有最优的选择。隔离系统在惯性导航系统中占了很大一部分成本。正如第 3 章中所提到的，机械系统传感器的误差特性在一定程度上取决于仪器所处的加速度环境，因此除了运载体更大的线加速度和角加速度方向之外，还取决于它们相对于更主要的加速度之一——重力矢量的方向。

惯性导航系统的机械编排也可以指导航解算的坐标系，不管系统的物理组成如何。在这种意义上，特定的机械编排反映了求解这些方程的复杂性，也反映了坐标系对于求解的适用性。

有两种常用的机械编排类型：稳定平台和捷联系统。稳定平台能提供与运载体的角运动隔离；而捷联系统就如其名的含义：系统将惯性测量单元固联在运载体上。在稳定系统中，平台包括一个通过一组常平架与运载体连接的稳定单元，允许每个常平架绕特定的轴旋转（见图 4 - 4）。在很大程度上，隔离可以通过常平架本身和稳定单元的惯性来获得(就像在轻轻波动水面的船上的吊床一样)，但是轴承不是绝对无摩擦的，通过使用伺服电机施加适当绕常平架轴的旋转将使稳定性控制得更好。

运载体隔离平台需要的旋转量从安装在稳定单元上陀螺仪的输出获得。通常，陀螺仪是速率积分的类型，其输出包含小角度。也就是说，当运载体旋转时，陀螺仪壳体就旋转，产生一个以常平架角度形式的输出，例如式（3 - 36）所示。通过电子读取装置，这个角度值以电压形式被测量出来，由此产生一个电流驱动平台常平架的伺服电机，使陀螺仪的常平架角度归零。通过这种反馈的方法，安装在平台稳定单元上的陀螺仪和加速度计与运载体旋转的动态环境隔离开来。这不但保护了像机械陀螺仪这样复杂的仪表，而且性能比捷联系统更好。此外，通过在常平架上监测运载体旋转的动态特性，稳定平台很容易得到在飞行控制中需要的姿态和航向值。

在捷联模式中，加速度计和陀螺仪以物理的形式固定在运载体上（可能有一些冲击/振动隔离装置)，所有的仪表都在一个箱体内。因此，这些仪表就受到运载体整个动态范围的影响，降低了它们的性能。例如，机械式陀螺仪误差部分依赖于角加速度和与角速率有关的交叉耦合项产生的力矩，参见公式（3 - 26)。同样，由于运载体的旋转，加速度计受到杆臂效应的影响，其表达方式如第 3.3 节的类似。这些动态环境产生的误差可以基于实验室标定得到部分补偿。

另外，通过数字积分加速度和旋转运载体坐标系中的角速率来计算导航解时，会导致特定的建模误差。数字积分每个离散的步骤中，假定坐标系没有旋转，事实上它在旋转，这导致了陀螺仪的圆锥误差和加速度计的划船误差。这将在第 4.2.3.1 书中进行更加详细的处理。

使用捷联式机械编排，惯性导航系统物理安装的特定姿态从某种程度上来说是任意的，这与稳定平台的机械编排相反，陀螺仪和加速度计从载体坐标系到导航坐标系的数据变换是通过计算完成的。在较好的环境中，我们会竭尽全力对这个箱子（捷联系统）定位定向，以此来减小传感器误差。捷联系统的主要优点是体积小，重量轻，耗电量低，成本低（没有平台系统中复杂的机械式常平架）。捷联系统的最高精度比最好的平台系统精度要差一些，但是光学陀螺仪最新的技术发展使捷联系统的精度已经非常接近平台系统。光学陀螺仪的捷联系统几乎没有移动部件，因此在维护和平均无故障时间上具有很大的优势。由于成本低很多，光学捷联系统在未来的大地测量中具有很大的潜力，所以以下章节将重点讲述数据处理。

4.2.1 空间稳定的机械编排

通过绕运载体旋转稳定平台使得陀螺常平架角度保持为零，所以陀螺仪马达的旋转轴和平台本身在惯性空间上保持确定的方向。因此，这种类型的稳定称为空间稳定，或者称为惯性稳定；该系统是空间稳定的。

理想情况下，在空间稳定平台上的陀螺仪和加速度计与系统旋转的动态特性完全隔离，所以它往往比捷联系统具有更高的性能，它从本质上消除了由旋转引起的机械陀螺仪误差和加速度计的杆臂效应。另一方面，由于运载体的运动和地球旋转，传感器相对于重力矢量的方向随时间发生变化，这导致加速度标度系数误差变化和方向角的漂移误差。这个问题将在下一节讨论的当地水平稳定（类型的系统）中解决。

4.2.2 当地水平的机械编排

对于主要在地球表面水平方向的运载体（陆地车辆、舰船、飞机）导航，最普遍的稳定就是保持平台与当地地平线相切，并且需要确定水平面（或者垂直方向）位置，这称为当地水平稳定。当地水平的机械编排目的是保持加速度计坐标系，使得加速度计输出积分后可以直接得到（经过科里奥利和重力效应校正之后）当地坐标系下的位置和速度。也就是说，两个加速度计输入轴正交且位于水平面内，并且可选择地，第三个加速度计的输入轴与当地铅垂线对齐。正如在第 5 章我们将讨论这种系统的误差动态模型，当地水平的机械编排对于导航非常有利，因为它将导航问题集中在两个方向（水平方向）上，在这两个方向上进行长时间无辅助惯性导航是完全可能的。由于系统误差并且没有外部辅助定位，垂直方向上的惯性导航误差很快会发散。

为了仅感测水平加速度（来积分成水平速度和位置），平台上装载的加速度计应当一直与当地水平面保持平行。由于在没有扰动的情况下，陀螺仪将会在惯性空间内保持的特定方向，将不能为加速度计提供需要的参考坐标系。然而，如果以载体相对于地球运动和地球相对惯性空间旋转的适当速率扭转，通过施加命令，稳定平台上的陀螺将一直保持当地水平面相关的参考（坐标系）。

而且，也可以直接将水平加速度计放置在 n 系上，这样一个加速度计的输入轴总是指向北，另外一个加速度计指向东。当运载体静止（与地球固联）时，通过平台调平（所以水平加速度计敏感不到加速度）和平台绕铅垂线回转（直到东指向陀螺仪输入轴敏感不到旋转为止），在惯性导航的对准阶段建立起北向。这称为陀螺定向，将在第 8 章中进行详细的讨论。理想情况下，平台基于计算运载体运动和地球已知旋转给陀螺仪施加命令后，与 n 系保持一致。在这种情况下，我们称之为指北当地水平机械编排，区别于游动方位（$wander-azimuth$）当地水平的机械编排，其水平加速度在方位上指向不确定。

4.2.2.1　舒勒调谐

当地水平稳定概念如图 4－5 所示的理想化描述，这就是著名的舒勒调谐，即调整平台使其保持水平。这是基于舒勒的结论（1923），如果一个装置（例如摆轴）具有约为 84 分钟的自然周期，那么这个装置在地球表面（球体）的加速度将不会导致其振荡。这就是（水平）惯性导航中累积误差有界的原理。为了简化讨论，仅考虑一个水平方向（北向），并且假定加速度计安装在稳定平台上，其敏感轴与平台所处的平面平行。运载体在地球表面运动，水平加速度（北向）为 $\ddot{x}$ 。由于它的运动，如果初始位置是水平的，平台将离开水平面，并且试图保持在惯性空间的特定方向，这由驱动平台常平架上伺服马达的陀螺仪信号确定。运载体在 i 系内相对应的角加速度为

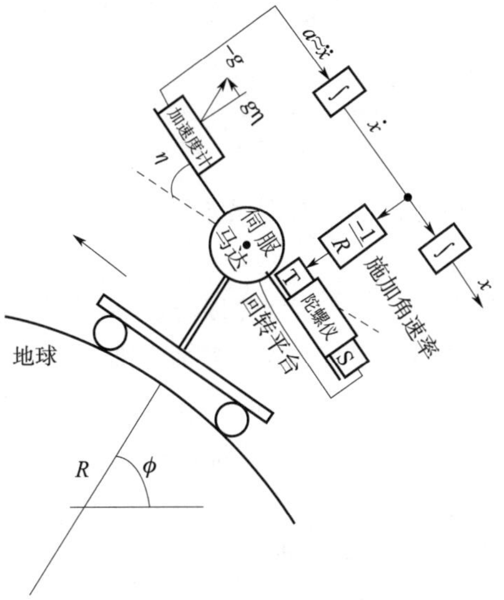

图 4－5　舒勒调谐的概念

$$\ddot{\eta} = \frac{\ddot{x}}{R} \tag{4-1}$$

式中，η 是平台偏离水平面的倾斜角；R 是地球的平均半径。所以，为了使平台回到与水平面一致的位置上，平台必须回转角度 $-\eta$ 。这是通过陀螺在参考方向上施加适当的力矩来实现的。力矩与角速率成正比

$$-\dot{\eta} = \frac{\dot{x}}{R} \tag{4-2}$$

式中，$\dot{x}$ 是通过在平台加速度在水平方向上积分获得的速度。

在时间增量 Δt 内，由于自身驱动的运动（通常，也由于地球的旋转），运载体在惯性空间内运动的距离为 $\Delta x = \eta R$ 。如果最初是与水平面一致的，那么经过时间 Δt 后，加速

度计敏感到 $\ddot{x}$ 和由于失准角 η 引起重力向量的效应（在图 4－5 中为正值），这是由于在球体表面运动的结果［见式（1－7）和图 4－3］

$$a=\ddot{x}+g\eta \tag{4-3}$$

其中，a 是加速计敏感的加速度；g 是重力加速度的幅值。将式（4－1）中的 $\ddot{x}$ 代入式（4－3），我们得到描述平台倾斜角动态特性的微分方程

$$\ddot{\eta}+\frac{g}{R}\eta=\frac{a}{R} \tag{4-4}$$

在假定 η 为小角度的情况下，式（4－3）基本成立，也就是说 $\ddot{x}$ 基本上是载体的水平运动加速度。

在第 2.3.1.1 节的例子中，我们可得方程（4－4）表示式（2－49）的谐振荡器，其谐振频率给出如下

$$\omega_S=\sqrt{\frac{g}{R}} \tag{4-5}$$

式中，ω_s 就是著名的舒勒频率。通过陀螺施加力矩使平台跟踪水平坐标系赋予了系统一个自然振荡，其幅值 η_0 是平台的初始倾斜（误差），周期等于舒勒周期

$$\frac{2\pi}{\omega_s}\approx 84.4\text{min} \tag{4-6}$$

在理想情况下，$\eta_0=0$，但是由于非对准误差（参见第 8 章）和命令力矩误差而始终存在初始误差。

如果 η 表示平台的倾斜误差，那么这就可以通过 ηR 解释成为相对应的位置误差，由于 R 本质上是一个常量，我们发现水平位置误差通常满足同样的谐振荡方程。第 5 章中将从独立于机械编排的原则重新推导位置误差的微分方程。与此处简单的讨论一致，由于不断施加的误差项，例如加速度计的偏置，误差将在舒勒频率上振荡，并且它是有界的。这与不满足这个边界特性的垂向位置误差形成了对比。

值得注意的是，如果地球是平的，长时间水平惯性导航是不可能的。如果水平面在惯性空间没有曲率，仪器的偏置将很快以不可接受的误差超过导航解（速度、位置、姿态等）。例如，加速度计偏置会很快以时间的平方积分为位置误差。同样，由于陀螺仪的主要作用是确保加速度沿着适当的坐标轴对准，所以指示加速度中包含由于陀螺仪误差导致平台不对准产生的误差。因此，漂移误差的陀螺指示速率表明了加速度误差的速率。反过来，这些通过积分成为位置误差，随着时间的三次方增长（参见第 5 章）。地球的球形形状限制或至少降低了误差的增长率，这使得长时间的水平惯性导航是可行的。

当地水平稳定平台的命令角速率应当相对于导航坐标系的角速率（通常 3 个方向相同）为 0：$\boldsymbol{\omega}_{np}^{p}=\mathbf{0}$；下标 p 是指平台坐标系。（我们默认忽略平台坐标系和第 1 章中定义的仪器坐标系之间所有的差别）。

对于任何当地水平稳定平台，我们将平台相对于 i 系的角速率写为

$$\boldsymbol{\omega}_{ip}^{p}=\boldsymbol{\omega}_{in}^{p}+\boldsymbol{\omega}_{np}^{p} \tag{4-7}$$

是 n 系和 i 系之间的相对角速率与 p 系和 n 系之间相对角速率的和。也可以通过下式得出

$$\boldsymbol{\omega}_{ip}^{p} = \boldsymbol{\omega}_{\text{com}} + \delta\boldsymbol{\omega}_{d} \tag{4-8}$$

其中，$\boldsymbol{\omega}_{\text{com}}$ 是通过平台常平架伺服马达的命令速率，它是通过陀螺力矩产生器影响参考方向变化的结果，也是施加在陀螺仪上的力矩对应的速率。$\delta\boldsymbol{\omega}_{d}$ 包含陀螺漂移误差，同样也传递给伺服马达。没有命令陀螺力矩和陀螺误差，平台将保持空间稳定，即 $\boldsymbol{\omega}_{ip}^{p}=\mathbf{0}$。由于漂移能够通过陀螺仪的动态模型部分补偿［例如式（3－26）］，在空间稳定平台上的机械陀螺仪（可以被施加力矩）甚至通过命令使得 $\boldsymbol{\omega}_{\text{com}}=-\delta\boldsymbol{\omega}_{d}$ 来平衡已知的系统误差。

如果平台是当地水平稳定的指北（命令 1 轴指北）系统，那么平台坐标系总是与 n 系平行，此时，$\boldsymbol{\omega}_{in}^{p}=\boldsymbol{\omega}_{in}^{n}$ 和 $\boldsymbol{\omega}_{np}^{p}=\mathbf{0}$。将这些（等式）放在式（4－7）的右边，并且与式（4－8）相等，命令角速率可由下式得出

$$\boldsymbol{\omega}_{\text{com}} = \boldsymbol{\omega}_{in}^{n} - \delta\boldsymbol{\omega}_{d} \tag{4-9}$$

使用式（1－89），命令角速率也可以根据大地测量学角速率表示为

$$\boldsymbol{\omega}_{\text{com}} = [(\dot{\boldsymbol{\lambda}} + \boldsymbol{\omega}_{e})\cos\boldsymbol{\phi} \quad -\dot{\boldsymbol{\phi}} \quad -(\dot{\boldsymbol{\lambda}} + \boldsymbol{\omega}_{e})\sin\boldsymbol{\phi}]^{\mathrm{T}} - \delta\boldsymbol{\omega}_{d} \tag{4-10}$$

其中，$\dot{\phi}$ 和 $\dot{\lambda}$ 式平台的纬度速率和经度速率，与北向和东向速度有关，速度通过积分加速度计信号来获得（见第 4.3 节）；ω_{e} 为地球自转速率。

4.2.2.2　游动方位的机械编排

在对加速度积分时，有些情况 n 系不是最合适的当地水平坐标系。考虑在极区导航的情况（高纬度地区，例如北极和南极地区），由于子午线收敛，经度速率近似地通过 $\dot{\lambda}=v_{E}/(R\cos\phi)$ 给出，其中，v_{E} 为东向速度［见式（4－103）］。将其代入（4－10），命令角速率的第三项包含 $v_{E}\tan\phi/R$ 。对 $\tan\phi$ 的依赖导致命令角速率在极点地区变得无穷大。解决这个问题的办法是使平台绕铅垂线方向以一个不同于运载体经度速率的速率回转。这就使得平台具有“在方位上游动”的效果，从而不会保持指北的方向。

我们定义一个新的坐标系，游动方位坐标系，也称为 w 系，通过在方位上旋转与 n 系关联起来（见图 4－6）

$$\boldsymbol{C}_{n}^{w} = \begin{pmatrix} \cos\alpha & \sin\alpha & 0 \\ -\sin\alpha & \cos\alpha & 0 \\ 0 & 0 & 1 \end{pmatrix} \tag{4-11}$$

游动角 α ，是从 n 系的 1 轴向 w 系的 1 轴转过（正向的）角。在这种情况下，α 是 w 系 1 轴的方位角。（在非 NED 坐标系的导航坐标系惯例中，例如，如果 n 系是北-西-天坐标系，游动角就定义为从北向西）。相对应的角速率向量还可以得出

$$\boldsymbol{\omega}_{nw}^{n} = \boldsymbol{\omega}_{nw}^{w} = (0 \quad 0 \quad \dot{\alpha})^{\mathrm{T}} \tag{4-12}$$

现在，命令角速率应当确保平台与游动方位坐标系一致：$\boldsymbol{\omega}_{wp}^{p}=\mathbf{0}$。并且，类似于式（4－8），可得 $\boldsymbol{\omega}_{iw}^{w}=\boldsymbol{\omega}_{\text{com}}+\delta\boldsymbol{\omega}_{d}$ 。所以，通过 $\boldsymbol{\omega}_{iw}^{w}=\boldsymbol{\omega}_{in}^{w}+\boldsymbol{\omega}_{nw}^{w}$ 和式（4－12），命令角速率为

$$\boldsymbol{\omega}_{\mathrm{com}}=\boldsymbol{C}_n^w\boldsymbol{\omega}_{in}^w+\boldsymbol{\omega}_{nw}^w-\delta\boldsymbol{\omega}_d$$

$$=\begin{pmatrix}(\dot{\lambda}+\omega_e)\cos\phi\cos\alpha-\dot{\phi}\sin\alpha\\-(\dot{\lambda}+\omega_e)\cos\phi\sin\alpha-\dot{\phi}\cos\alpha\\-(\dot{\lambda}+\omega_e)\sin\phi+\dot{\alpha}\end{pmatrix}-\delta\boldsymbol{\omega}_d \tag{4-13}$$

为了避免在极点地区出现奇点，一个选择是给平台施加并不是绕铅垂线的命令

$$\boldsymbol{\omega}_{\mathrm{com}}=\begin{pmatrix}(\dot{\lambda}+\omega_e)\cos\phi\cos\alpha-\dot{\phi}\sin\alpha\\-(\dot{\lambda}+\omega_e)\cos\phi\sin\alpha-\dot{\phi}\cos\alpha\\0\end{pmatrix}-\delta\boldsymbol{\omega}_d \tag{4-14}$$

不考虑漂移校正，从式（4-13）表明

$$\dot{\alpha}=(\dot{\lambda}+\omega_e)\sin\phi \tag{4-15}$$

这可以通过积分来获得平台相对于 n 系的游动方位，也就是说需要命令速率的前两个分量。

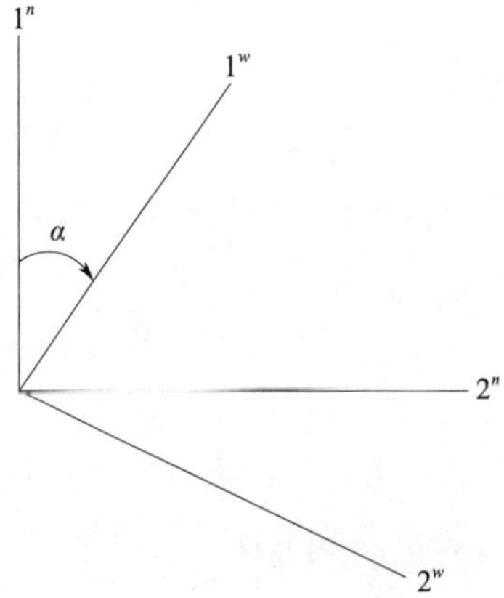

图 4-6 游动方位坐标系

4.2.3 捷联机械编排

在捷联配置中，加速度计输出以运载体坐标系（载体坐标系）为坐标，表明了运载体的惯性加速度。我们忽略式（3-100）给出的杆臂效应以及每个加速度计的参考坐标系与平台或者仪器坐标系之间的变换，尽管这些在实际应用中非常重要。为了理解捷联机械编排，在载体坐标系（b 系）中敏感加速度和角速率是很方便的。在稳定系统（机械编排）的情况下，加速度计直接被机械地定义为导航坐标系，加速度计敏感的加速度 $\boldsymbol{a}^b$，能直接积分获得速度和位置，而在捷联机械编排中，它不能直接积分为速度和位置。相反，对于一个特定坐标系的惯性加速度必须对加速度数据施加坐标变换来计算

$$\boldsymbol{a}^a=\boldsymbol{C}_b^a\boldsymbol{a}^b \tag{4-16}$$

其中，$\boldsymbol{C}_b^a$ 是从 b 系到任意 a 系（可以作为导航坐标系）的正交变换矩阵。a 系可以是 i 系，

类似于空间稳定的机械编排；也可以是 n 系（或者是 w 系），类似于当地水平稳定的机械编排。

为了说明所需要的计算，需考虑导航坐标系实际上就是 n 系（$\boldsymbol{C}_b^a \equiv \boldsymbol{C}_b^n$）的情况。变换矩阵 $\boldsymbol{C}_b^n$ 的角度定义为滚动角（η）、俯仰角（χ）和偏航角（α）；并且，变换本身可以根据式（1－90）给出的角度旋转特定顺序来定义，为了方便起见此处再次给出

$$\boldsymbol{C}_b^n = \boldsymbol{R}_3(-\alpha)\boldsymbol{R}_2(-\chi)\boldsymbol{R}_1(-\eta) \tag{4-17}$$

角度 η，χ，α 能够通过对它们的微分方程（1－95）积分来获得。它仍然根据陀螺仪的指示速率 $\boldsymbol{\omega}_{ib}^b$ 表示角速率 $\boldsymbol{\omega}_{nb}^b$［在式（1－95）中出现的］。使用式（1－61），我们有

$$\begin{aligned}\boldsymbol{\omega}_{nb}^b &= \boldsymbol{\omega}_{ni}^b + \boldsymbol{\omega}_{ib}^b \\ &= \boldsymbol{\omega}_{ib}^b - \boldsymbol{C}_n^b \boldsymbol{\omega}_{in}^n\end{aligned} \tag{4-18}$$

其中，$\boldsymbol{\omega}_{in}^n$ 由式（1－89）给出。

将式（4－18）和式（1－90）代入式（1－95）可得

$$\begin{pmatrix}\dot{\eta}\\ \dot{\chi}\\ \dot{\alpha}\end{pmatrix} = \begin{pmatrix}1 & \sin\eta\tan\chi & \cos\eta\tan\chi\\ 0 & \cos\eta & -\sin\eta\\ 0 & \sin\eta\sec\chi & \sec\chi\end{pmatrix}[\boldsymbol{\omega}_{ib}^b - \boldsymbol{R}_1(\eta)\boldsymbol{R}_2(\chi)\boldsymbol{R}_3(\alpha)\boldsymbol{\omega}_{in}^n] \tag{4-19}$$

为微分方程确定初始条件涉及惯性导航系统的初始对准，这将在第 8 章中讨论。

捷联机械编排和稳定平台机械编排的本质区别是从加速度计坐标系到导航坐标系的（坐标）变换。对于稳定平台机械编排，对平台常平架伺服系统和陀螺仪［由式（4－10）指定当地水平稳定；由式（4－14）指定游动方位机械编排］的力矩命令机械的完成这个变换。这些力矩产生的旋转稳定平台了，使其总是与所需坐标系平行。那么，对于空间稳定的机械编排 $\boldsymbol{a}^i = \boldsymbol{a}^p$；对于当地水平稳定的机械编排，$\boldsymbol{a}^n = \boldsymbol{a}^p$（或者 $\boldsymbol{a}^w = \boldsymbol{a}^p$）。

在捷联机械编排模式中，（坐标）变换是通过计算完成的，其中陀螺仪敏感的速率与 a 系的计算速率 $\boldsymbol{\omega}_{ia}^a$（例如 $\boldsymbol{\omega}_{in}^n$）相结合，得到变换矩阵 $\boldsymbol{C}_b^a$，将敏感的加速度转换到所需的导航坐标系：$\boldsymbol{a}^a = \boldsymbol{C}_b^a \boldsymbol{a}^b$（可以指定任何类型的 a 系）。相关计算的详细内容见第 4.2.3.1 节。显然，通过简单计算必要的变换，捷联机械编排很容易（至少在理论上）适于任何坐标系中的导航。相应的导航方程（见第 4.3 节）将使用这些加速度，并且以这个坐标系中的坐标表示加速度。

尽管物理机械编排和计算机械编排不同，但是对于给定的一组导航方程，最终结果是一致的。在这两种情况下，舒勒反馈回路是相同的，并且都描述了系统谐振的特性。所以，通常来讲，与陀螺仪和加速度计相关的误差对导航解的影响与机械编排无关，因为在这两种情况中，这些传感器最终确定导航方程（使用的）坐标系中的位置和速度。

但是，在特定的传感器水平上，特定的机械编排能导致起主要作用的特定误差。例如，需要慎重地选择机械陀螺的指向和相对于运载体典型加速度环境的加速度计，（其目的）使得依赖加速度的系统误差最小化。这使得当地水平稳定平台（的机械编排）非常具有吸引力，因为水平加速度计依赖加速度的误差主要来源于水平轴的传感器，沿水平轴比力的值比垂直方向（在垂直方向为 g）的值小很多。

此外，稳定平台系统的传感器偏置很容易标定。当运载体静态时，传感器（陀螺仪和加速度计）都可以通过常平架的旋转在相对于重力向量和地球旋转轴的不同方向上回转，这样不受这些方向变化影响的偏置就暴露出来了（第 8 章）。显然，捷联系统的类似标定步骤需要运载体改变方向，通常来讲这非常不实用。在指北当地水平机械编排中加速度计偏置可以通过相对应的倾斜误差来消除，在捷联机械编排中就无法实现，相关内容将在第 5 章论述。

捷联惯性导航系统一个显著的优点是传感器测量直接有效，尤其通过陀螺仪测量的姿态角速率。在稳定平台系统中，运载体的滚动角、俯仰角和偏航角通过平台常平架上的伺服系统获得，使平台回转到当地水平和北向。但是，与陀螺仪相比，这些装置在精度、分辨率和数据率上都要差得多。在捷联系统中，运载体角速率的质量受陀螺仪本身的限制。

需要指出的是，随着现代高性能计算机技术的应用，捷联系统曾经存在的计算限制正在减弱。此外，捷联系统非常适于使用光学陀螺仪，因为它们的误差不受加速度环境影响，并且由于不能施加力矩，光学陀螺仪无法应用于当地水平系统。

4.2.3.1 变换矩阵的数值测定

确定变换矩阵如式（4－17）所示是通过求解微分方程获得相关欧拉角的过程。在 $\boldsymbol{C}_b^n$ 的情况下，我们能求解横滚角、俯仰角和偏航角（η，χ，α），然后将它们代入式（4－17）。这个方程可以使用积分器（例如第 2 章的龙格-库塔算法）进行数值求解。然而，第 1 章中也曾指出：当俯仰角接近$\pm 90°$时，将导致求解过程非常困难，因为此时微分方程将变得奇异。绝大多数惯性导航算法实际使用四元数来求解方程，不仅可以避免这种奇异性(大地测量学家都非常担心的问题)，也可以消除更耗时的三角函数积分。使用四元数鲁棒方法来计算任何情况下的变换矩阵，本节讨论其相关的算法。基于式（4－19）合适的积分算法，感兴趣的读者可另做研究。

当确定从载体坐标系到任意坐标系 a 系（还可以是 i 系，e 系，n 系，w 系和依赖于特定应用的其他坐标系）的变换矩阵 $\boldsymbol{C}_b^a$ 时，我们需要进行数值测定。同前，认为仪器坐标系和载体坐标系之间没有任何区别。微分方程的解通过式（1－68）给出

$$\dot{\boldsymbol{C}}_b^a = \boldsymbol{C}_b^a \boldsymbol{\Omega}_{ab}^b \tag{4-20}$$

式中，$\boldsymbol{\Omega}_{ab}^b$ 的非对角元素是依据式（1－62）角速率 ω_{ab}^b 的分量。

用四元数表示的等效微分方程由式（1－75）给出

$$\dot{\boldsymbol{q}} = \frac{1}{2}\boldsymbol{A}\boldsymbol{q} \tag{4-21}$$

式中，$\boldsymbol{q} = (a, b, c, d)^{\mathrm{T}}$ 是随时间变化的四向量，a，b，c，d 满足式（1－47）

$$\boldsymbol{C}_b^a = \begin{pmatrix} a^2+b^2-c^2-d^2 & 2(bc+ad) & 2(bd-ac) \\ 2(bc-ad) & a^2-b^2+c^2-d^2 & 2(cd+ab) \\ 2(bd+ac) & 2(cd-ab) & a^2-b^2-c^2+d^2 \end{pmatrix} \tag{4-22}$$

矩阵 $\boldsymbol{A}$ 是一个 4×4 随时间变化角速率的反对称矩阵，见式（1－76）

$$\boldsymbol{A}=\begin{pmatrix} 0 & \omega_1 & \omega_2 & \omega_3 \\ -\omega_1 & 0 & \omega_3 & -\omega_2 \\ -\omega_2 & -\omega_3 & 0 & \omega_1 \\ -\omega_3 & \omega_2 & -\omega_1 & 0 \end{pmatrix} \tag{4-23}$$

式中，$\boldsymbol{\omega}_{ab}^{b}=(\omega_1,\ \omega_2,\ \omega_3)^{\mathrm{T}}$ 。根据式（4－21）对 $\boldsymbol{q}$ 的积分是在一个时间间隔 δt 上，增量累积完成的，并且给出每一步中 $\boldsymbol{C}_b^a$ 元素的增量。

这个过程中的难点就是角速率 $\boldsymbol{\omega}_{ab}^{b}$ 不是直接从陀螺仪获得的。陀螺仪仅提供相对于惯性空间的角速率 $\boldsymbol{\omega}_{ib}^{b}$ ，我们必须使用式（1－61）和式（1－59）进行计算

$$\boldsymbol{\omega}_{ab}^{b}=\boldsymbol{\omega}_{ib}^{b}-\boldsymbol{C}_a^b\boldsymbol{\omega}_{ia}^{a} \tag{4-24}$$

上式清楚地确定了涉及的变换。此外，我们需注意陀螺仪的数字读数由表示单位时间角速率增量的脉冲组成［例如式（3－72）］。将 3 个陀螺输出的脉冲组合成一个向量，我们定义 $\delta\boldsymbol{\theta}_\iota$ 为载体坐标系中时间增量 ι^{th} 上的角度增量，$\iota=1,\ 2,\ \cdots$ 。使用相对应的时间增量，$\delta t=t_\iota-t_{\iota-1}$ ，假定它为常数，可以通过下式精确得出陀螺仪的数据

$$\delta\boldsymbol{\theta}_\iota=\int_{\delta t}\boldsymbol{\omega}_{ib}^{b}(t)\mathrm{d}t \tag{4-25}$$

根据式（4－24）我们定义增量角度

$$\delta\boldsymbol{\beta}_\iota=\int_{\delta t}\boldsymbol{\omega}_{ab}^{b}(t)\mathrm{d}t=\int_{\delta t}[\boldsymbol{\omega}_{ib}^{b}(t)-\boldsymbol{C}_a^b(t)\boldsymbol{\omega}_{ia}^{a}]\mathrm{d}t \tag{4-26}$$

需要注意的是，式（4－25）和式（4－26）都是精确的方程，在 b 系中进行积分，是相对于惯性坐标系的旋转。

4.2.3.1.1　二阶算法

因为惯性测量单元的时间增量（或者采样间隔）通常都非常短（例如，数据速率通常为 256 Hz，因此在这个速率下 $\delta t=0.003\ 906\ 25$ s），在这个时间间隔内（陀螺仪角速率）$\boldsymbol{\omega}_{ib}^{b}$ 近似为常量。所以没有必要考虑其近似值；如果要更为精确的值将明显增加积分公式的复杂性，参见下一节中所述。然而，在 a 系中，$\boldsymbol{\omega}_{ia}^{b}$ 比 $\boldsymbol{\omega}_{ib}^{b}$ 要小得多，所以 $\boldsymbol{C}_a^b\boldsymbol{\omega}_{ia}^{a}$ 在采样时间间隔上可以作为常量。

假定在时间间隔 δt 内角速率为常量，从式（4－25）中我们可得在 ι^{th} 采样间隔上的近似观测量

$$\delta\hat{\boldsymbol{\theta}}_\iota=\boldsymbol{\omega}_{ib}^{b}(t_\iota)\delta t \tag{4-27}$$

对于前面的时间间隔，我们从求解后的（姿态）角矩阵 $\boldsymbol{C}_a^b(t_{\iota-1})$ 和导航解来获得角速度率 $\boldsymbol{\omega}_{ib}^{b}(t_{\iota-1})$ 。所以，我们可以计算

$$\delta\hat{\boldsymbol{\beta}}_\iota=\boldsymbol{\omega}_{ab}^{b}(t_\iota)\delta t\approx\delta\hat{\boldsymbol{\theta}}_\iota-\boldsymbol{C}_a^b(t_{\iota-1})\boldsymbol{\omega}_{ia}^{a}(t_{\iota-1})\delta t \tag{4-28}$$

此外，也可以假定式（4－23）的矩阵 $\boldsymbol{A}$ ，以及 $\boldsymbol{\omega}_{ab}^{b}(t_\iota)$ 中的元素在时间间隔 δt 内也为常量。因为是式（2－18）类型的微分方程，我们容易找到式（4－21）的解析解，用 $\hat{\boldsymbol{A}}_\iota$ 来表示，使用式（2－36）和式（2－13），我们得出

$$\hat{\boldsymbol{q}}(t_\iota)=\mathrm{e}^{\frac{1}{2}\hat{\boldsymbol{A}}_\iota(t-t_{\iota-1})}\hat{\boldsymbol{q}}(t_{\iota-1}),0\leqslant t-t_{\iota-1}\leqslant\delta t \tag{4-29}$$

使用式（2-35）形式的级数，可以产生以下的迭代求解

$$\hat{\boldsymbol{q}}(t_l)=\left(\boldsymbol{I}+\frac{1}{2}\hat{\mathbf{A}}_l\delta t+\frac{1}{8}\hat{\mathbf{A}}_l{}^2\delta t^2+\frac{1}{48}\hat{\mathbf{A}}_l{}^3\delta t^3+\cdots\right)\hat{\boldsymbol{q}}(t_{l-1})\ ,l=1,2,\cdots \tag{4-30}$$

其中，必须确定初始条件 $\hat{\boldsymbol{q}}(t_0)$。通过观察矩阵 $\hat{\mathbf{A}}_l$ 的幂是与单位矩阵 $\boldsymbol{I}$ 成正比（偶次幂）或者与矩阵 $\hat{\mathbf{A}}_l$ 本身成正比（奇次幂），从而可以得出矩阵 $\mathbf{A}$ 相对应的闭合式

$$\hat{\mathbf{A}}_l{}^{2n}=[-\omega_1^2(t_l)-\omega_2^2(t_l)-\omega_3^2(t_l)]^n\boldsymbol{I}$$

$$\hat{\mathbf{A}}_l{}^{2n+1}=[-\omega_1^2(t_l)-\omega_2^2(t_l)-\omega_3^2(t_l)]^n\hat{\mathbf{A}}_l \tag{4-31}$$

将这些代入式（4-30），并且使用正弦和余弦的级数展开表达式（1-30），那么可以得出

$$\hat{\boldsymbol{q}}(t_l)=\left[\cos\left(\frac{1}{2}|\delta\hat{\boldsymbol{\beta}}_l|\right)\boldsymbol{I}+\frac{1}{|\delta\hat{\boldsymbol{\beta}}_l|}\sin\left(\frac{1}{2}|\delta\hat{\boldsymbol{\beta}}_l|\right)\hat{\boldsymbol{B}}_l\right]\hat{\boldsymbol{q}}(t_{l-1}) \tag{4-32}$$

式中，$|\delta\hat{\boldsymbol{\beta}}_l|=\sqrt{\delta\hat{\boldsymbol{\beta}}_l^{\mathrm{T}}\delta\hat{\boldsymbol{\beta}}_l}$，并且

$$\hat{\boldsymbol{B}}_l=\hat{\mathbf{A}}_l\delta t \tag{4-33}$$

原则上，解式（4-29）或者等效式（4-32）包含两种类型的误差，这是因为在时间间隔 δt 内假定角速率为常量。第一种是数据误差，其中使用式（4-27）代替式（4-25）；另外一种是算法误差，因为解式（4-29）仅对于常值矩阵 $\mathbf{A}$ 成立。然而需注意，$\hat{\boldsymbol{B}}_l$ 是不需要 $\hat{\mathbf{A}}_l$ 积分的近似值，因此可以消除数据误差。即在式（4-30）和式（4-32）中实际并不需要角速率，而是如式（4-25）中所定义的积分。这样，应当使用矩阵

$$\boldsymbol{B}_l=\int_{t_{l-1}}^{t_l}\mathbf{A}(t)\,\mathrm{d}t \tag{4-34}$$

来代替 $\hat{\boldsymbol{B}}_l$。其中，根据式（4-23），$\boldsymbol{B}_l$ 的元素是以下向量的组成部分

$$\delta\boldsymbol{\beta}_l=\delta\boldsymbol{\theta}_l-\boldsymbol{C}_a^b(t_{l-1})\boldsymbol{\omega}_{ia}^a(t_{l-1})\delta t \tag{4-35}$$

仍假定忽略第二项的积分误差。根据式（4-23），得出更加明确的表达

$$\boldsymbol{B}_l=\begin{pmatrix}0&(\delta\beta_1)_l&(\delta\beta_2)_l&(\delta\beta_3)_l\\-(\delta\beta_1)_l&0&(\delta\beta_3)_l&-(\delta\beta_2)_l\\-(\delta\beta_2)_l&-(\delta\beta_3)_l&0&(\delta\beta_1)_l\\-(\delta\beta_3)_l&(\delta\beta_2)_l&-(\delta\beta_1)_l&0\end{pmatrix} \tag{4-36}$$

将 $\boldsymbol{B}_l$ 替换式（4-30）中的 $\hat{\mathbf{A}}_l\delta t$ 或者式（4-32）中的 $\hat{\boldsymbol{B}}_l$，最终的算法变为

$$\hat{\boldsymbol{q}}(t_l)=\left(\boldsymbol{I}+\frac{1}{2}\boldsymbol{B}_l+\frac{1}{8}\boldsymbol{B}_l{}^2+\frac{1}{48}\boldsymbol{B}_l{}^3+\cdots\right)\hat{\boldsymbol{q}}(t_{l-1})\ ,l=1,2,\cdots \tag{4-37}$$

或者，使用 $|\delta\boldsymbol{\beta}_l|=\sqrt{\delta\boldsymbol{\beta}_l{}^{\mathrm{T}}\delta\boldsymbol{\beta}_l}$，那么

$$\hat{\boldsymbol{q}}(t_l)=\left[\cos\left(\frac{1}{2}|\delta\boldsymbol{\beta}_l|\right)I+\frac{1}{|\delta\boldsymbol{\beta}_l|}\sin\left(\frac{1}{2}|\delta\boldsymbol{\beta}_l|\right)\boldsymbol{\beta}_l\right]\hat{\boldsymbol{q}}(t_{l-1}) \tag{4-38}$$

然而，式（4-37）或者式（4-38）仍然包含算法误差。

算法误差（大小）为 δt^3 量级。在积分时间间隔上的真四元数通过以下级数表示

$$\boldsymbol{q}(t_l)=\boldsymbol{q}(t_{l-1})+\dot{\boldsymbol{q}}(t_{l-1})\delta t+\frac{1}{2!}\ddot{\boldsymbol{q}}(t_{l-1})\delta t^2+\frac{1}{3!}\dddot{\boldsymbol{q}}(t_{l-1})\delta t^3+\cdots \tag{4-39}$$

代入（4－21）可得

$$\begin{aligned}\boldsymbol{q}_l=&\left[\boldsymbol{I}+\frac{1}{2}\boldsymbol{A}_{l-1}\delta t+\frac{1}{4}\left(\dot{\boldsymbol{A}}_{l-1}+\frac{1}{2}\boldsymbol{A}_{l-1}^2\right)\delta t^2\right.\\&\left.+\frac{1}{12}\left(\ddot{\boldsymbol{A}}_{l-1}+\dot{\boldsymbol{A}}_{l-1}\boldsymbol{A}_{l-1}+\frac{1}{2}\boldsymbol{A}_{l-1}\dot{\boldsymbol{A}}_{l-1}+\frac{1}{4}\boldsymbol{A}_{l-1}^3\right)\delta t^3+\cdots\right]\boldsymbol{q}_{l-1}\end{aligned} \tag{4-40}$$

其中，所有的量都是真值，没有近似值，并且下标表示定义对应值的时间同期。同样，从式（4－34）我们也可以根据真值写出以下形式［同样忽略与式（4－35）相关的积分误差］

$$\boldsymbol{B}_l=\boldsymbol{A}_{l-1}\delta t+\frac{1}{2}\dot{\boldsymbol{A}}_{l-1}\delta t^2+\frac{1}{6}\ddot{\boldsymbol{A}}_{l-1}\delta t^3+\cdots \tag{4-41}$$

将式（4－31）代入式（4－37），并且与式（4－40）进行比较可得出算法误差。根据前述时间间隔相同的三个数量级误差 $\hat{\boldsymbol{q}}_{l-1}-\boldsymbol{q}_{l-1}$ ，很容易确定

$$\hat{\boldsymbol{q}}_l-\boldsymbol{q}_l=\left[\frac{1}{48}(\boldsymbol{A}_{l-1}\dot{\boldsymbol{A}}_{l-1}-\dot{\boldsymbol{A}}_{l-1}\boldsymbol{A}_{l-1})\delta t^3+\cdots\right]\boldsymbol{q}_{l-1} \tag{4-42}$$

矩阵积 $\boldsymbol{A}_l\dot{\boldsymbol{A}}_l$ 的非对角线元素是向量 $\boldsymbol{\omega}_{ab}^b\times\dot{\boldsymbol{\omega}}_{ab}^b$ 的组成部分。如果旋转速率向量 $\boldsymbol{\omega}_{ab}^b$ 随时间仅在幅值上发生变化，而方向不发生变化，那么它将与其时间的导数保持平行，并且 $\boldsymbol{A}_l\dot{\boldsymbol{A}}_l$ 和 $\dot{\boldsymbol{A}}_l\boldsymbol{A}_l$ 的非对角线元素将消失（变为零）。在那种情况下，矩阵 $\boldsymbol{A}$ 和它的时间倒数可以交换，这样就消除了式（4－42）中的三阶误差项。这就是算法式（4－37）具有交换性误差或者圆锥误差的原因。也就是，如果角速率向量不改变方向，系统就是“圆锥的”并且在这个算法中将产生三阶误差项。圆锥误差是与线性一阶微分方程式（4－21）数值积分相关的算法误差。坐标系实际上是旋转的，而圆锥误差是在非旋转坐标系中进行积分运算导致的误差。如果对于保持平台方向控制伺服电机，运载体受到的横滚（角）和俯仰（角）振动频率太高，机械稳定系统中就会产生类似的误差。偏航轴上导致的圆锥运动意味着在方位速率的稳态变化，并由此导致方位角产生漂移（Broxmeyer，1964）。

4.2.3.1.2　三阶算法

在捷联系统中，降低圆锥误差的一种方法就是减小式（4－21）数值积分的步长，这样在时间增量 δt 内更加近似为线性运动。这显然增加了系统的计算负荷，而在实时导航中圆锥误差通常是一个非常重要的参数。目前，已经研究出多种多样的数值计算和算法技巧，以最大程度地捕获旋转运动和用于提高陀螺仪数据的积分（可参见 Bortz，1971；Ignagni，1990；Jiang 和 Lin，1992），并且同时使计算量达到最小。本节将对上述算法进行自然改进，包含了式（4－21）中四元数数值积分的高阶项，在计算变换矩阵时需要这些数值积分。暂不考虑计算负荷。

采用矩形积分规则进行简单地近似计算式（4－27），求取微分方程（4－21）的精确解，其算法误差在采样时间间隔三次方的量级上。然而，更好的数值积分需要对被积分函

数进行更多的估计，即积分区间将包含更多的采样间隔。另外一方面，陀螺仪数据不是被积函数真正的估计值，在这种情况下是角速率。相反，它们已经是这些角速率的积分。所以，有必要根据（陀螺仪的）数据建立速率的模型。

这里使用的数值积分（方法）是龙格-库塔算法（见第 2.4.1 节）。这种算法对于我们的问题非常稳定并且相对容易实现。使用角速率线性模型的三阶龙格-库塔算法将产生一个具有四阶算法误差的四元数算法。三阶龙格-库塔方法要求在积分间隔末尾和在积分间隔的 1/2 处估计被积分函数［参考式（2－108）］。所以，在这种情况下，积分间隔就是数据采样间隔的 2 倍

$$\Delta t = 2\delta t \tag{4-43}$$

为了简化符号，我们省略坐标系的标注符号，只是为了确定变换矩阵 $\boldsymbol{C}_b^a$ 的四元数。所以，令

$$\boldsymbol{\omega}_{ab}^{b}(t) \equiv \boldsymbol{\omega}(t) \tag{4-44}$$

并且假定在积分间隔 Δt 上，可以得出

$$\boldsymbol{\omega}(t) = \boldsymbol{\omega}_{\ell-2} + \dot{\boldsymbol{\omega}}_{\ell-2}(t - t_{\ell-2}) + O(\Delta t^2), \left| t - t_{\ell-2} \right| \leqslant \Delta t \tag{4-45}$$

式中，下标 ℓ 仍表示估计真值时相对应采样间隔的时间跨度 δt ，而不是积分间隔 Δt 。符号 $O(\Delta t^2)$ 代表 Δt 的二阶项和更高阶项。将式（4－45）代入式（4－26）的第一部分得到两个连续采样周期的值

$$\delta\boldsymbol{\beta}_{\ell-1} = \int_{t_{\ell-2}}^{t_{\ell-1}} \boldsymbol{\omega}(t')\,\mathrm{d}t' = \boldsymbol{\omega}_{\ell-2}\delta t + \frac{1}{2}\dot{\boldsymbol{\omega}}_{\ell-2}\delta t^2 + O(\Delta t^3) \tag{4-46}$$

$$\delta\boldsymbol{\beta}_{\ell} = \int_{t_{\ell-1}}^{t_{\ell}} \boldsymbol{\omega}(t')\,\mathrm{d}t' = \boldsymbol{\omega}_{\ell-2}\delta t + \frac{3}{2}\dot{\boldsymbol{\omega}}_{\ell-2}\delta t^2 + O(\Delta t^3) \tag{4-47}$$

对于每一个采样周期，式（4－26）严格给出了角增量 $\delta\boldsymbol{\beta}_\ell$ ，可以通过下式给出其近似表达，类似于式（4－35）

$$\delta\boldsymbol{\beta}_{\ell-1} = \delta\boldsymbol{\theta}_{\ell-1} - \boldsymbol{C}_a^b(t_{\ell-1})\,\boldsymbol{\omega}_{ia}^a(t_{\ell-1})\,\frac{\Delta t}{2} \tag{4-48}$$

$$\delta\boldsymbol{\beta}_{\ell} = \delta\boldsymbol{\theta}_{\ell} - \boldsymbol{C}_a^b(t_{\ell-1})\,\boldsymbol{\omega}_{ia}^a(t_{\ell-1})\,\frac{\Delta t}{2} \tag{4-49}$$

式中，$\delta\boldsymbol{\theta}_\ell$ 是陀螺仪指示输出值的向量。同样，每个公式中的第二项是忽略了误差的近似值，因为角速率 $\boldsymbol{\omega}_{ia}^a$ 相对来说比较小。然而，在这两种情况中这一项的估计值是在积分区间的中间，这要求在采样间隔相关的每个周期 t_ℓ 上求解四元数。（需注意，采样间隔长度 δt 能够等于陀螺仪的多个采样间隔。那么，$\delta\boldsymbol{\theta}_\ell$ 就是相对应陀螺仪多个输出值的和）。

解方程式(4－46) 和式(4－47) 求取 $\boldsymbol{\omega}_{\ell-2}$ 和 $\dot{\boldsymbol{\omega}}_{\ell-2}$，很容易确定

$$\begin{aligned} \boldsymbol{\omega}_{\ell-2} &= \frac{1}{2\delta t}(3\delta\boldsymbol{\beta}_{\ell-1} - \delta\boldsymbol{\beta}_\ell) + O(\Delta t^2) \\ \dot{\boldsymbol{\omega}}_{\ell-2} &= \frac{1}{\delta t^2}(\delta\boldsymbol{\beta}_\ell - \delta\boldsymbol{\beta}_{\ell-1}) + O(\Delta t) \end{aligned} \tag{4-50}$$

在式(4－45) 中对 3 个连续采样周期使用这些表达式可得

$$
\begin{aligned}
\boldsymbol{\omega}_{l-2}\Delta t &= 3\delta\boldsymbol{\beta}_{l-1} - \delta\boldsymbol{\beta}_{l} + O(\Delta t^3) \\
\boldsymbol{\omega}_{l-1}\Delta t &= \delta\boldsymbol{\beta}_{l-1} + \delta\boldsymbol{\beta}_{l} + O(\Delta t^3) \\
\boldsymbol{\omega}_{l}\Delta t &= 3\delta\boldsymbol{\beta}_{l} - \delta\boldsymbol{\beta}_{l-1} + O(\Delta t^3)
\end{aligned}
\tag{4-51}
$$

所以，在模型中角速率两个数量级的精度上，我们有以下的观测量[即，忽略式(4-51)中的 O（Δt^3）项]

$$
\begin{aligned}
\hat{\boldsymbol{\omega}}_{l-2}\Delta t &= 3\delta\boldsymbol{\beta}_{l-1} - \delta\boldsymbol{\beta}_{l} \\
\hat{\boldsymbol{\omega}}_{l-1}\Delta t &= \delta\boldsymbol{\beta}_{l-1} + \delta\boldsymbol{\beta}_{l} \\
\hat{\boldsymbol{\omega}}_{l}\Delta t &= 3\delta\boldsymbol{\beta}_{l} - \delta\boldsymbol{\beta}_{l-1}
\end{aligned}
\tag{4-52}
$$

将泰勒展开式（4-46）和式（4-47）代入方程的右侧，我们也可以得到

$$
\begin{aligned}
\hat{\boldsymbol{\omega}}_{l-2}\Delta t &= \boldsymbol{\omega}_{l-2}\Delta t + O(\Delta t^3) \\
\hat{\boldsymbol{\omega}}_{l-1}\Delta t &= \boldsymbol{\omega}_{l-2}\Delta t + \frac{1}{2}\dot{\boldsymbol{\omega}}_{l-2}\Delta t^2 + O(\Delta t^3) \\
\hat{\boldsymbol{\omega}}_{l}\Delta t &= \boldsymbol{\omega}_{l-2}\Delta t + \dot{\boldsymbol{\omega}}_{l-2}\Delta t^2 + O(\Delta t^3)
\end{aligned}
\tag{4-53}
$$

因此，式（2-108）给出的三阶龙格-库塔算法可以改写成微分方程，即式（4-21），其中

$$
\dot{\boldsymbol{q}} = f(t, \boldsymbol{q}) \tag{4-54}
$$

和

$$
f(t, \boldsymbol{q}) = \frac{1}{2}\boldsymbol{A}(t)\boldsymbol{q} \tag{4-55}
$$

我们可以进行下面的四元数的迭代算法

$$
\hat{\boldsymbol{q}}_{l} = \hat{\boldsymbol{q}}_{l-2} + \frac{\Delta t}{6}(\Delta\boldsymbol{q}_0 + 4\Delta\boldsymbol{q}_1 + \Delta\boldsymbol{q}_2) \tag{4-56}
$$

其中

$$
\begin{aligned}
\Delta\boldsymbol{q}_0 &= f(t_{l-2}, \hat{\boldsymbol{q}}_{l-2}) \\
\Delta\boldsymbol{q}_1 &= f\left(t_{l-1}, \hat{\boldsymbol{q}}_{l-2} + \frac{\Delta t}{2}\Delta\boldsymbol{q}_0\right) \\
\Delta\boldsymbol{q}_2 &= f(t_{l}, \hat{\boldsymbol{q}}_{l-2} - \Delta t\Delta\boldsymbol{q}_0 + 2\Delta t\Delta\boldsymbol{q}_1)
\end{aligned}
\tag{4-57}
$$

迭代积分算法给出了在时间间隔 Δt 上的近似解；但是可以使用相同的数据在两点之间进行第二次迭代，仅取决于初始值：$\hat{\boldsymbol{q}}_0$ 和 $\hat{\boldsymbol{q}}_1$。需注意，对于四元数每次迭代只需要一个初始值，因为龙格-库塔算法是一种单步方法。

实现式(4-56)和式(4-57)的算法需要函数式(4-55)的估计值。这可以使用前边四元数的估计值近似完成，式(4-52)的“观测”值近似为 $\boldsymbol{A}(t_{l-2})$ 、$\boldsymbol{A}(t_{l-1})$ 和 $\boldsymbol{A}(t_l)$ 。表示这些 $\hat{\boldsymbol{A}}(t_{l-2})$ ，并令

$$
\hat{\boldsymbol{B}}_{l-2} = \hat{\boldsymbol{A}}(t_{l-2})\Delta t \tag{4-58}
$$

其中，现在 $\hat{\boldsymbol{B}}_{l-2}$、$\hat{\boldsymbol{B}}_{l-1}$、$\hat{\boldsymbol{B}}_{l}$的元素分别是由方程(4-52)定义向量的元素。例如，类似于式(4-36)

$$\hat{\boldsymbol{B}}_l=\begin{pmatrix} 0 & 3(\delta\beta_1)_l-(\delta\beta_1)_{l-1} & 3(\delta\beta_2)_l-(\delta\beta_2)_{l-1} & 3(\delta\beta_3)_l-(\delta\beta_3)_{l-1} \\ -3(\delta\beta_1)_l+(\delta\beta_1)_{l-1} & 0 & 3(\delta\beta_3)_l-(\delta\beta_3)_{l-1} & -3(\delta\beta_2)_l+(\delta\beta_2)_{l-1} \\ -3(\delta\beta_2)_l+(\delta\beta_2)_{l-1} & -3(\delta\beta_3)_l+(\delta\beta_3)_{l-1} & 0 & 3(\delta\beta_1)_l-(\delta\beta_1)_{l-1} \\ -3(\delta\beta_3)_l+(\delta\beta_3)_{l-1} & 3(\delta\beta_2)_l-(\delta\beta_2)_{l-1} & -3(\delta\beta_1)_l+(\delta\beta_1)_{l-1} & 0 \end{pmatrix} \tag{4-59}$$

很容易证明，将式(4-58)代入式(4-55)，并随后进行递归替换，式(4-57)变为

$$\begin{aligned} \Delta\boldsymbol{q}_0&=\frac{1}{2}\hat{\boldsymbol{B}}_{l-2}\hat{\boldsymbol{q}}_{l-2} \\ \Delta\boldsymbol{q}_1&=\frac{1}{2}\hat{\boldsymbol{B}}_{l-1}\left(\boldsymbol{I}+\frac{1}{4}\hat{\boldsymbol{B}}_{l-2}\right)\hat{\boldsymbol{q}}_{l-2} \\ \Delta\boldsymbol{q}_2&=\frac{1}{2}\hat{\boldsymbol{B}}_l\left[\boldsymbol{I}+\hat{\boldsymbol{B}}_{l-1}\left(\boldsymbol{I}+\frac{1}{4}\hat{\boldsymbol{B}}_{l-2}\right)-\frac{1}{2}\hat{\boldsymbol{B}}_{l-2}\right]\hat{\boldsymbol{q}}_{l-2} \end{aligned} \tag{4-60}$$

最后，将这些公式代入式(4-56)，对结果进行简化后可得

$$\begin{aligned} \hat{\boldsymbol{q}}_l=\Big[&\boldsymbol{I}+\frac{1}{12}(\hat{\boldsymbol{B}}_l+4\hat{\boldsymbol{B}}_{l-1}+\hat{\boldsymbol{B}}_{l-2}) \\ &+\frac{1}{12}\left(\boldsymbol{I}+\frac{1}{4}\hat{\boldsymbol{B}}_l\right)\hat{\boldsymbol{B}}_{l-1}\hat{\boldsymbol{B}}_{l-2}+\frac{1}{12}\hat{\boldsymbol{B}}_l\left(\hat{\boldsymbol{B}}_{l-1}-\frac{1}{2}\hat{\boldsymbol{B}}_{l-2}\right)\Big]\hat{\boldsymbol{q}}_{l-2} \end{aligned} \tag{4-61}$$

迭代的初始值 $\hat{\boldsymbol{q}}_0$（或者 $\hat{\boldsymbol{q}}_1$）通过惯性测量单元的初始对准获得，通常由导航计算机提供。或者，可以如第 8 章所描述的步骤，通过卡尔曼滤波器中速度或位置更新值来确定外部的初始姿态，如果结果是初始旋转矩阵 $\boldsymbol{C}_b^a$，则可以使用式(1-49)～式(1-52)得到初始四元数

$$\begin{aligned} a&=\frac{1}{2}[1+(C_b^a)_{1,1}+(C_b^a)_{2,2}+(C_b^a)_{3,3}]^{1/2} \\ b&=\frac{1}{4a}[(C_b^a)_{2,3}-(C_b^a)_{3,2}] \\ c&=\frac{1}{4a}[(C_b^a)_{3,1}-(C_b^a)_{1,3}] \\ d&=\frac{1}{4a}[(C_b^a)_{1,2}-(C_b^a)_{2,1}] \end{aligned} \tag{4-62}$$

其中，注意不要混淆 a 坐标系和 b 坐标系与表示四元数的元素 a 、 b 。

与式(4-61)相关的算法误差是由式(4-53)代入式(4-58)，再代入式(4-61)确定的。将结果与式(4-40)比较，很容易证明

$$\hat{\boldsymbol{q}}_l-\boldsymbol{q}_l=O(\delta t^4)\hat{\boldsymbol{q}}_{l-1} \tag{4-63}$$

因此，式(4-61)是三阶算法，其算法误差是四阶的。

可以推导出高阶算法，但是它们在每步积分中需要更大的积分间隔(如果基本数据间隔 δt 保持不变)。

4.2.3.2 技术条件

上节中描述的数值积分算法产生了与旋转矩阵 $\boldsymbol{C}_b^a$ 相关的四元数，它可以将加速度计

的数据从载体坐标系变换到任意坐标系 a 系。数值积分算法需要确定的四元数数据是由式（4-26）给出的增量角 $\delta\boldsymbol{\beta}_l$；通常它们是陀螺仪观测量（$\delta\boldsymbol{\theta}_l$）和导航解算中 a 系相对于 i 系旋转速率 $\boldsymbol{\omega}_{ia}^a$ 的组合。如前所述，在实际应用中确定 $\delta\boldsymbol{\beta}_l$ 的值［例如通过式（4-49）］，是陀螺仪输出的精确值（不考虑陀螺仪误差），但是对于导航解是近似值。

显然，如果 a 系就是 i 系，那么 $\boldsymbol{\omega}_{ii}^i=\boldsymbol{0}$，并且就有

$$\delta\boldsymbol{\beta}_l=\delta\boldsymbol{\theta}_l \tag{4-64}$$

如果 a 系是 e 系，那么角度式（4-48）和式（4-49）是近似相等的，因为计算变换矩阵 $\hat{\boldsymbol{C}}_e^b$ 产生了不精确的积分。然而，式（1-77）给出的 $\boldsymbol{\omega}_{ie}^e$ 不取决于速度和位置导航方程的解。另外一方面，如果 a 系是 n 系或者 w 系，那么四元数的算法必须与导航方程积分的算法结合起来，因为式（1-89）给出的 $\boldsymbol{\omega}_{in}^n$ 取决于纬度和运载体的速度。这在将下一节中详细研究。

最后，我们要注意数值积分算法阶数的选择应当取决于陀螺仪数据的精度。由于计算成本相对来说比较便宜，数值积分引入的模型误差应当比仪器的算法误差小很多。为了根据角度误差水平获得算法误差近似的幅值，重复使用式（4-20），并且为了方便起见，忽略参考坐标系，我们将变换矩阵按照泰勒级数展开

$$\begin{aligned}\boldsymbol{C}(t)=\boldsymbol{C}_0\Big(I+\boldsymbol{\Omega}_0\Delta t+\frac{1}{2!}(\boldsymbol{\Omega}_0^2+\dot{\boldsymbol{\Omega}}_0)\Delta t^2\\+\frac{1}{3!}(\boldsymbol{\Omega}_0^3+2\boldsymbol{\Omega}_0\dot{\boldsymbol{\Omega}}_0+\dot{\boldsymbol{\Omega}}_0\boldsymbol{\Omega}_0+\ddot{\boldsymbol{\Omega}}_0)\Delta t^3+\cdots\Big)\end{aligned} \tag{4-65}$$

式中，下标 0 指 $t=t_0$ 时的估计值。m^{th} 阶算法忽略 Δt^{m+1} 阶项。如果角加速度和运载体角速率的高阶导数是小量，那么主要的误差项是

$$\delta\boldsymbol{C}\approx\boldsymbol{C}(t_0)=\frac{1}{(m+1)!}\boldsymbol{\Omega}^{m+1}\Delta t^{m+1} \tag{4-66}$$

或者，粗略地使用式（1-65）和式（1-62），一个积分步骤的误差是 $\delta\psi\approx\dfrac{\omega^{m+1}\Delta t^{m+1}}{(m+1)!}$。那么，单位时间的角度误差即角误差率由下式得出

$$\delta\omega\approx\frac{\omega^{m+1}\Delta t^m}{(m+1)!} \tag{4-67}$$

为了说明问题，假定积分步长是 $\Delta t=\dfrac{1}{128}$ s，运载体的旋转速率不大于 $|\omega|<10°/\text{s}=0.17\ \text{rad/s}$。那么，二阶算法的精度精确到 $|\delta\omega|\approx0.01°/\text{h}$。如果陀螺仪的漂移速率为 $0.003°/\text{h}$（中等精度的环形激光陀螺仪），那么要求三阶算法的算法误差要小于（陀螺仪的）数据误差。

最后，需要注意任何算法中的计算四元数 $\hat{\boldsymbol{q}}$ 不能满足式（1-40）的约束条件，即它们元素平方的和为 1。这是由于数值舍入误差同模型误差一样，将造成计算的变换矩阵变为非正交矩阵。这可以通过在每次迭代时“再次正交”计算四元数来避免，如下

$$\hat{\boldsymbol{q}}\leftarrow\frac{1}{\sqrt{\hat{\boldsymbol{q}}^{\text{T}}\hat{\boldsymbol{q}}}}\hat{\boldsymbol{q}} \tag{4-68}$$

这将保证 $\hat{\boldsymbol{q}}^{\mathrm{T}}\hat{\boldsymbol{q}}=1$，并且 $\hat{\boldsymbol{C}}_b^a$ 为正交矩阵。

4.3 导航方程

使用惯性导航系统来进行导航或者定位是基于惯性感测的加速度对时间的积分（来实现的）。这个微分方程与敏感加速度和位置对时间的二阶导数相关，涉及数学中的微分方程的求解。例如，在惯性坐标系（即没有旋转）中，由式（1－7）给出的方程，此处进一步详细得出

$$\ddot{\boldsymbol{x}}^i=\boldsymbol{g}^i(\boldsymbol{x}^i)+\boldsymbol{a}^i \tag{4-69}$$

式中，$\boldsymbol{x}^i$ 是在 i 系中的位置向量；$\boldsymbol{g}^i$ 是在坐标系中由于引力场导致的加速度，取决于位置向量；$\boldsymbol{a}^i$ 是比力，是由加速度计感测到的量。假定引力场是已知的，通过方程求解（积分）获得位置 $\boldsymbol{x}^i$ 。在其他坐标系中可以写出相似的微分方程表达式；在每种情况下，它们都组成导航方程。通过积分这些微分方程获得位置和速度就是已知的纯惯性导航。除了初始条件外，惯性导航不需要任何外部信息。

一旦我们考虑坐标系绕惯性空间旋转，那么情况就变得非常复杂，式（1－70）的科里奥利定理已经证明了这一点。比如在当地水平坐标系中或者在 n 系中，微分方程由于这个定理变成非线性方程，因为从 i 系到 n 系的变换是根据需要求解的位置来表达的。那么，很明显，导航方程构建和随后的求解方法具体取决于我们希望确定位置的坐标系。

当确定了一个特定的坐标系之后，我们就称这个坐标系为导航坐标系（尽管一般导航坐标系是指北当地水平坐标系或者 n 系）。选择坐标系能通过系统的物理机械编排来确定，如果是捷联系统的话，导航坐标系可以根据计算的方便性来选择。另外一方面，特定的机械编排，不管是稳定平台式还是捷联式，导航方程的构建并不重要，因为这些机械编排仅在如何将仪器坐标系变换到导航坐标系时有效。此外，不管在哪个坐标系中，如果没有数值误差和模型误差，导航方程的解本质上是相同的，只是从一个坐标系到另外一个坐标系的变换不同。例如，在 n 系中求解导航方程并将解变换到 i 系中，与直接在 i 系中对导航方程求解是一致的。导航解是基于运动定律例如牛顿定律的动力学方程普遍成立的。

在任意坐标系（a 系）中以统一方式构建导航方程是可能的也是我们所期望的。这种通用导航方程的出发点就是式（4－69），所得到的形式可专门用于任意特定的坐标系上，例如 i 系、e 系、n 系或者 w 系。n 系（或者 w 系）的坐标方向是通过当地水平和运载体上中心的垂线定义的。所以，严格来说，导航方程不是以 n 系本身为坐标的，因为在这个坐标系中没有发生水平运动。我们将导航方程在 n 系的坐标表示称为地球参考的方程，在地球参考的构建中速度分量被变换到沿着 n 系（或 w 系）的坐标方向上。

4.3.1 统一方法

为了推导如式（4－69）的导航方程（位置 $\boldsymbol{x}^a$ 在 a 系中），令 a 系是任意坐标系，相对于 i 系的旋转角速率为 $\boldsymbol{\omega}_{ia}^a$ 。假定 a 系和 i 系是同心的，这对于导航应用不失一般性，

但是对于特定的 n 系却是一个巧妙的细节。

a 系中的向量在 i 系中的坐标表示如下

$$\boldsymbol{x}^i=\boldsymbol{C}_a^i\boldsymbol{x}^a \tag{4-70}$$

式中，$\boldsymbol{C}_a^i$ 是从 a 系到 i 系的坐标变换矩阵。从式（1－68）可得这个矩阵的时间导数

$$\dot{\boldsymbol{C}}_a^i=\boldsymbol{C}_a^i\boldsymbol{\Omega}_{ia}^a \tag{4-71}$$

其中，$\boldsymbol{\Omega}_{ia}^a$ 表示反对称矩阵，其元素来自于 $\boldsymbol{\omega}_{ia}^a$，可以通过式（1－62）给出

$$[\boldsymbol{\omega}_{ia}^a\times]=\boldsymbol{\Omega}_{ia}^a \tag{4-72}$$

我们还需要式（4－71）进行时间的二次导数，下式为采用链式法则的微分方法

$$\ddot{\boldsymbol{C}}_a^i=\boldsymbol{C}_a^i\dot{\boldsymbol{\Omega}}_{ia}^a+\boldsymbol{C}_a^i\boldsymbol{\Omega}_{ia}^a\boldsymbol{\Omega}_{ia}^a \tag{4-73}$$

现在，对式（4－70）进行两次时间微分可得

$$\begin{aligned}\ddot{\boldsymbol{x}}^i&=\ddot{\boldsymbol{C}}_a^i\boldsymbol{x}^a+2\dot{\boldsymbol{C}}_a^i\dot{\boldsymbol{x}}^a+\boldsymbol{C}_a^i\ddot{\boldsymbol{x}}^a\\&=\boldsymbol{C}_a^i\ddot{\boldsymbol{x}}^a+2\boldsymbol{C}_a^i\boldsymbol{\Omega}_{ia}^a\dot{\boldsymbol{x}}^a+\boldsymbol{C}_a^i(\dot{\boldsymbol{\Omega}}_{ia}^a+\boldsymbol{\Omega}_{ia}^a\boldsymbol{\Omega}_{ia}^a)\boldsymbol{x}^a\end{aligned} \tag{4-74}$$

求解 $\ddot{\boldsymbol{x}}^a$，并将此式与式（4－69）结合起来，可得出在系统 a 系中位置的动力学方程

$$\ddot{\boldsymbol{x}}^a=-2\boldsymbol{\Omega}_{ia}^a\dot{\boldsymbol{x}}^a-(\dot{\boldsymbol{\Omega}}_{ia}^a+\boldsymbol{\Omega}_{ia}^a\boldsymbol{\Omega}_{ia}^a)\boldsymbol{x}^a+\boldsymbol{a}^a+\boldsymbol{g}^a \tag{4-75}$$

使用 $\boldsymbol{C}_a^i$ 的正交性，其中

$$\boldsymbol{a}^a=\boldsymbol{C}_i^a\boldsymbol{a}^i,\boldsymbol{g}^a=\boldsymbol{C}_i^a\boldsymbol{g}^i \tag{4-76}$$

通过引入 3 个新的变量，即速度 $\dot{\boldsymbol{x}}^a$，3 个二阶微分方程的系统（4－75）可以转换为 6 个一阶微分方程［见式（2－8）］的系统

$$\begin{aligned}&\frac{\mathrm{d}}{\mathrm{d}t}\dot{\boldsymbol{x}}^a=-2\boldsymbol{\Omega}_{ia}^a\dot{\boldsymbol{x}}^a-(\dot{\boldsymbol{\Omega}}_{ia}^a+\boldsymbol{\Omega}_{ia}^a\boldsymbol{\Omega}_{ia}^a)\boldsymbol{x}^a+\boldsymbol{a}^a+\boldsymbol{g}^a\\&\frac{\mathrm{d}}{\mathrm{d}t}\boldsymbol{x}^a=\dot{\boldsymbol{x}}^a\end{aligned} \tag{4-77}$$

我们将式（4－77）称为在（任意坐标系）a 系中的导航方程。导航方程中的强迫项是加速度计敏感的加速度和引力加速度。

如果系统是稳定机械编排，加速计平台则平行于 a 系，那么敏感的加速度就是 $\boldsymbol{a}^a$。在捷联机械编排中，加速度是由加速度计在 b 系（或者是传感器坐标系）中敏感的加速度数据计算获得

$$\boldsymbol{a}^a=\boldsymbol{C}_b^a\boldsymbol{a}^b \tag{4-78}$$

其中，变换矩阵 $\boldsymbol{C}_b^a$ 由积分陀螺仪获得的数据 $\boldsymbol{\omega}_{ab}^a$ 确定（见第 4.2.3.1 节），根据方程（4－24）

$$\boldsymbol{\omega}_{ab}^b=\boldsymbol{\omega}_{ib}^b-\boldsymbol{C}_a^b\boldsymbol{\omega}_{ia}^a \tag{4-79}$$

式（4－79）中的角速率 $\boldsymbol{\omega}_{ia}^a$ 和式（4－77）中的 $\boldsymbol{\Omega}_{ia}^a$ 描述了 a 系相对于 i 系的旋转，在 n 系和 w 系的情况下，这也取决于导航解 $\boldsymbol{x}^a$。

4.3.2　i 系中的导航方程

现在，如果 a 系就是 i 系，则显然 $\boldsymbol{\Omega}_{ii}^i=\boldsymbol{0}$。那么，导航方程式（4－77）就等效于式

(4－69) 的简单形式

$$\frac{\mathrm{d}}{\mathrm{d}t}\dot{\boldsymbol{x}}^i=\boldsymbol{a}^i+\boldsymbol{g}^i$$
$$\frac{\mathrm{d}}{\mathrm{d}t}\boldsymbol{x}^i=\dot{\boldsymbol{x}}^i \tag{4-80}$$

在捷联机械编排的情况下，变换矩阵 $\boldsymbol{C}_b^i$ 直接由敏感的角速度率 $\boldsymbol{\omega}_{ib}^b$ 获得，通过积分式 (4－20) 的特殊情况 $a\equiv i$ (参见第 4.2.3.2 节)

$$\dot{\boldsymbol{C}}_b^i=\boldsymbol{C}_b^i\boldsymbol{\Omega}_{ib}^b \tag{4-81}$$

根据 i 系中的一组微分方程，方程式 (4－80) 和式 (4－81) 表示 (捷联) 系统全部的动力学方程。

4.3.3 e 系中的导航方程

如果 a 系定义为 e 系，那么 $\dot{\boldsymbol{\Omega}}_{ie}^e=\boldsymbol{0}$，从式 (4－77) 中获得在 e 系中的导航方程

$$\frac{\mathrm{d}}{\mathrm{d}t}\dot{\boldsymbol{x}}^e=-2\boldsymbol{\Omega}_{ie}^e\dot{\boldsymbol{x}}^e-\boldsymbol{\Omega}_{ie}^e\boldsymbol{\Omega}_{ie}^e\boldsymbol{x}^e+\boldsymbol{a}^e+\boldsymbol{g}^e$$
$$\frac{\mathrm{d}}{\mathrm{d}t}\boldsymbol{x}^e=\dot{\boldsymbol{x}}^e \tag{4-82}$$

式中，$\boldsymbol{\Omega}_{ie}^e$ 由式 (1－77) 已知。其次，与在 i 系中的坐标相同，在捷联机械编排的情况下，变换矩阵 $\boldsymbol{C}_b^e$ 是完全在导航方程中解耦确定的，通过积分式 (4－20) 的特殊情况 $a\equiv e$ (参见第 4.2.3.2 节)

$$\dot{\boldsymbol{C}}_b^e=\boldsymbol{C}_b^e\boldsymbol{\Omega}_{eb}^b \tag{4-83}$$

其中，根据敏感的角速率 $\boldsymbol{\omega}_{ib}^b$，我们可得

$$\boldsymbol{\omega}_{eb}^b=\boldsymbol{\omega}_{ib}^b-\boldsymbol{C}_e^b\boldsymbol{\omega}_{ie}^e \tag{4-84}$$

与在 i 系中的方程一样，在 e 系中的导航方程是常系数的线性微分方程。

4.3.4 n 系中的导航方程

为了获得 n 系中的导航方程，我们应当将方程 (4－77) 中的“a”简单地替换为“n”。但是，因为在一个固定的坐标系内积分，而期望的速度应当一直在 (旋转的) 当地水平坐标系中，所以这种替换方法得不出预期的结果。运载体不在 n 系坐标系内 (水平的) 运动。n 系用于定义一个运载体在其中运动的坐标系 (例如 e 系) 确定速度矢量的当地方向。

因此，期望的速度矢量就是 e 系 (地球参考的) 速度矢量在一个平行于 n 系的坐标系中的表示，记为 $\boldsymbol{v}^n$，可以通过下式给出

$$\boldsymbol{v}^n=\boldsymbol{C}_e^n\dot{\boldsymbol{x}}^e \tag{4-85}$$

需特别注意 $\boldsymbol{v}^n\neq\dot{\boldsymbol{x}}^n$。$\boldsymbol{v}^n$ 是表示向量的符号，此时为速度分量的向量；$\dot{\boldsymbol{x}}^n$ 是向量的时间导数。同样，$\boldsymbol{a}^n$ 是向量，而 $\ddot{x}^n$ 是向量的二阶时间导数。根据科里奥利定理式 (1－70)，

这些导数不能像普通向量那样进行变换。

通过式（4－77）中“a”替换为“n”，并且将 n 系的坐标原点改在地球中心（e 系的原点），我们能获得 n 系中的导航方程。必须通过下面的关系式来替换 $\dot{\boldsymbol{x}}^n$

$$\dot{\boldsymbol{x}}^n = \boldsymbol{v}^n - \boldsymbol{\Omega}_{en}^n \boldsymbol{x}^n \tag{4-86}$$

由对 $\boldsymbol{x}^n = \boldsymbol{C}_e^n \boldsymbol{x}^e$（科里奥利定理）的微分和式（4－85）共同得出。经过推导和简化，结果与式（4－88）一致。

有一种简单的方法，即以地球参考坐标系为重点，在地球参考坐标系中完成导航方程的积分。也就是仅将 e 系中给出的导航方程（4－82）通过式（4－85）$\dot{\boldsymbol{x}}^e = \boldsymbol{C}_n^e \boldsymbol{v}^n$ 的直接替换变换到 n 系中。使用式（1－68）中的 $\dot{\boldsymbol{C}}_n^e = \boldsymbol{C}_n^e \boldsymbol{\Omega}_{en}^n$，对于式（4－82）第一个方程等号左侧的项，我们可得

$$\frac{\mathrm{d}}{\mathrm{d}t}\boldsymbol{C}_n^e \boldsymbol{v}^n = \boldsymbol{C}_n^e \left(\frac{\mathrm{d}}{\mathrm{d}t}\boldsymbol{v}^n + \boldsymbol{\Omega}_{en}^n \boldsymbol{v}^n \right) \tag{4-87}$$

在式（4－82）等号右边的项，我们使用式（4－85）和式（1－17）中的 $\boldsymbol{\Omega}_{ie}^n = \boldsymbol{C}_e^n \boldsymbol{\Omega}_{ie}^e \boldsymbol{C}_n^e$，得出结果

$$\frac{\mathrm{d}}{\mathrm{d}t}\boldsymbol{v}^n = \boldsymbol{a}^n - (2\boldsymbol{\Omega}_{ie}^n + \boldsymbol{\Omega}_{en}^n)\boldsymbol{v}^n + \boldsymbol{g}^n - \boldsymbol{C}_e^n \boldsymbol{\Omega}_{ie}^e \boldsymbol{\Omega}_{ie}^e \boldsymbol{x}^e \tag{4-88}$$

式中最后两项分别是引力向量和由地球旋转引起的离心加速度，这是它们在 n 系中的坐标表示，由此推导重力向量

$$\bar{\boldsymbol{g}}^n = \boldsymbol{g}^n - \boldsymbol{C}_e^n \boldsymbol{\Omega}_{ie}^e \boldsymbol{\Omega}_{ie}^e \boldsymbol{x}^e \tag{4-89}$$

引力项和重力项之间的区别，通常在大地测量学中进行区分，是指仅由质量吸引产生的加速度和总加速度（引力加速度和离心加速度之和）的差值，总加速度是在旋转地球上一个固定点的测量值。通过适当的下标变换，并使用式（1－61），也可以得到

$$2\boldsymbol{\Omega}_{ie}^n + \boldsymbol{\Omega}_{en}^n = \boldsymbol{\Omega}_{in}^n + \boldsymbol{\Omega}_{ie}^n \tag{4-90}$$

将式（4－89）和式（4－90）代入式（4－88），那么得到 n 系中导航方程

$$\frac{\mathrm{d}}{\mathrm{d}t}\boldsymbol{v}^n = \boldsymbol{a}^n - (\boldsymbol{\Omega}_{in}^n + \boldsymbol{\Omega}_{ie}^n)\boldsymbol{v}^n + \bar{\boldsymbol{g}}^n \tag{4-91}$$

其中，方程（4－85）可以用于位置向量的微分方程，记为

$$\frac{\mathrm{d}}{\mathrm{d}t}\boldsymbol{x}^e = \boldsymbol{C}_n^e \boldsymbol{v}^n \tag{4-92}$$

然而，通常式（4－92）根据测地学纬度 ϕ、经度 λ 和高度 h 来代替 e 系中的笛卡儿坐标。为了根据测地学坐标的速率来表示速度分量，为方便理解，从式（1－80）开始，公式重新写为

$$\boldsymbol{x}^e = \begin{pmatrix} (N+h)\cos\phi\cos\lambda \\ (N+h)\cos\phi\sin\lambda \\ [N(1-e^2)+h]\sin\phi \end{pmatrix} \tag{4-93}$$

式中，e^2 是与测量学坐标相关的椭球偏心率的平方；N 是在主垂线平面（东西圈）内椭球体的曲率半径，见式（1－81）。那么，容易得出

$$\frac{\mathrm{d}}{\mathrm{d}\phi}((N+h)\cos\phi)=-(M+h)\sin\phi \tag{4-94}$$

$$\frac{\mathrm{d}}{\mathrm{d}\phi}((N(1-e^2)+h)\sin\phi)=(M+h)\cos\phi \tag{4-95}$$

式中，M 是（1－82）子午线的曲率半径。所以使用 $\frac{\mathrm{d}}{\mathrm{d}t}=\left(\frac{\mathrm{d}}{\mathrm{d}\phi}\right)\dot{\phi}$ 等，由式（4－93）可得

$$\dot{\boldsymbol{x}}^e=\begin{pmatrix}-\dot{\phi}(M+h)\sin\phi\cos\lambda-\dot{\lambda}(N+h)\cos\phi\sin\lambda+\dot{h}\cos\phi\cos\lambda\\-\dot{\phi}(M+h)\sin\phi\sin\lambda+\dot{\lambda}(N+h)\cos\phi\cos\lambda+\dot{h}\cos\phi\sin\lambda\\\dot{\phi}(M+h)\cos\phi+\dot{h}\sin\phi\end{pmatrix} \tag{4-96}$$

并且，通过式（1－87）中的变换矩阵 $\boldsymbol{C}_e^n$，则式（4－85）可变为

$$\boldsymbol{v}^n=\begin{pmatrix}\dot{\phi}(M+h)\\\dot{\lambda}(N+h)\cos\phi\\-\dot{h}\end{pmatrix} \tag{4-97}$$

再次证明 $\boldsymbol{v}^n$ 的速度分量是指地球固联的向量 $\dot{\boldsymbol{x}}^e$，指向沿着 n 系定义的方向。例如，其中第一个分量是北向速度，是沿着与子午线相切且指向北的当地位置变化率。

最后，根据纬度和经度变化率，式（4－91）中的角速率也可容易得出。由式（1－89）和式（1－62），可得

$$\boldsymbol{\Omega}_{in}^n=\begin{pmatrix}0&(\dot{\lambda}+\omega_e)\sin\phi&-\dot{\phi}\\-(\dot{\lambda}+\omega_e)\sin\phi&0&-(\dot{\lambda}+\omega_e)\cos\phi\\\dot{\phi}&(\dot{\lambda}+\omega_e)\cos\phi&0\end{pmatrix} \tag{4-98}$$

此外，使用式（1－77）和式（1－87），并且参考式（1－17），可得

$$\boldsymbol{\Omega}_{ie}^n=\boldsymbol{C}_e^n\boldsymbol{\Omega}_{ie}^e\boldsymbol{C}_n^e=\begin{pmatrix}0&\omega_e\sin\phi&0\\-\omega_e\sin\phi&0&-\omega_e\cos\phi\\0&\omega_e\cos\phi&0\end{pmatrix} \tag{4-99}$$

所以，式（4－91）中 $\boldsymbol{v}^n$ 的角速率系数矩阵的详细形式为

$$\boldsymbol{\Omega}_{in}^n+\boldsymbol{\Omega}_{ie}^n=\begin{pmatrix}0&(\dot{\lambda}+2\omega_e)\sin\phi&-\dot{\phi}\\-(\dot{\lambda}+2\omega_e)\sin\phi&0&-(\dot{\lambda}+2\omega_e)\cos\phi\\\dot{\phi}&(\dot{\lambda}+2\omega_e)\cos\phi&0\end{pmatrix} \tag{4-100}$$

此时令地球参考速度分量为 $\boldsymbol{v}^n$，敏感的加速度为 $\boldsymbol{a}^n$，重力向量为 $\bar{\boldsymbol{g}}^n$，关于北向、东向和地向分量更详细的表达式为

$$\boldsymbol{v}^n=\begin{pmatrix}v_N\\v_E\\v_D\end{pmatrix};\boldsymbol{a}^n=\begin{pmatrix}a_N\\a_E\\a_D\end{pmatrix};\bar{\boldsymbol{g}}^n=\begin{pmatrix}\bar{g}_N\\\bar{g}_E\\\bar{g}_D\end{pmatrix} \tag{4-101}$$

然后，将式（4－100）代入式（4－91）得到

$$\frac{\mathrm{d}}{\mathrm{d}t}\begin{pmatrix} v_N \\ v_E \\ v_D \end{pmatrix} = \begin{pmatrix} a_N + \bar{g}_N - 2\omega_e \sin\phi v_E + \dot{\phi} v_D - \dot{\lambda}\sin\phi v_E \\ a_E + \bar{g}_E + 2\omega_e \sin\phi v_N + 2\omega_e \cos\phi v_D + \dot{\lambda}\sin\phi v_N + \dot{\lambda}\cos\phi v_D \\ a_D + \bar{g}_D - 2\omega_e \cos\phi v_E - \dot{\lambda}\cos\phi v_E - \dot{\phi} v_N \end{pmatrix} \tag{4-102}$$

式（4－102）与从式（4－97）获得的式（4－103）共同组成一组 6 个非线性微分方程，其变量为（v_N，v_E，v_D，ϕ，λ，h），它们可以通过积分获得以地球为参考的位置和速度，其中速度是以 n 系为坐标。

$$\begin{pmatrix} \dot{\phi} \\ \dot{\lambda} \\ \dot{h} \end{pmatrix} = \begin{pmatrix} \dfrac{v_N}{M+h} \\ \dfrac{v_E}{(N+h)\cos\phi} \\ -v_D \end{pmatrix} \tag{4-103}$$

式（4－102）和式（4－103）的积分在垂向通道（h，v_D）是不稳定的（见第 5 章），由于初始高度和垂直加速度误差的存在，导致误差随时间呈几何级数增加。所以，在更长的时间上，垂直方向分量方程在没有使误差有界的外部信息情况下无法积分。这些信息可以通过一个高度测量的方法来提供。它也表明尽管垂向速度和高度耦合到水平分量中去，如式（4－102）和式（4－103）所示，即使是相当粗略的近似，它们也不会在水平分量上导致误差过度增长。此外，北向和东向导航方程需要水平重力分量，它们的值很小，在各种导航应用中可以忽略不计。

如果装有加速度计的稳定平台是通过式（4－9）给出的命令速率实现稳定的，平行于 n 系，那么 $\boldsymbol{a}^p = \boldsymbol{a}^n$。也就是敏感的加速度可以直接作为 a_N，a_E，a_D 使用。在 n 系中使平台保持稳定需要的扭矩通过平台的地球参考速度式（4－10）获得，速度通过对式（4－102）加速度积分获得。这个反馈步骤就是著名的舒勒反馈回路，在平台的舒勒调谐中实现，如第 4.2.2.1 节所示。

同理，在捷联系统机械编排中，从载体坐标系到 n 系的变换矩阵 $\boldsymbol{C}_b^n$ 是通过如下的积分计算得到

$$\dot{\boldsymbol{C}}_b^n = \boldsymbol{C}_b^n \boldsymbol{\Omega}_{nb}^n \tag{4-104}$$

根据式（4－79），使用从敏感角速率 $\boldsymbol{\omega}_{ib}^b$ 获得的角速率 $\boldsymbol{\omega}_{nb}^b$

$$\boldsymbol{\omega}_{nb}^b = \boldsymbol{\omega}_{ib}^b - \boldsymbol{C}_n^b \boldsymbol{\omega}_{in}^n \tag{4-105}$$

根据式（4－78），对载体坐标系变换的加速度进行积分产生速度和位置，因此可以根据式（1－89）计算 $\boldsymbol{\omega}_{in}^n$ 的分量。反过来，使用式（4－19）计算方向角 η，χ，α 或者相关的四元数（见第 4.2.3.1 节）也需要角速率，方向角或者四元数产生了变换矩阵 $\boldsymbol{C}_b^n$，而在 b 系中使用式（4－78）从敏感加速度中计算 $\boldsymbol{a}^n$ 也需要变换矩阵 $\boldsymbol{C}_b^n$。尽管这是在计算（平台）中而不是机械平台上依然是舒勒调谐回路在起作用。显然，不管是机械上的稳定平台还是计算的实现形式，导航方程式（4－102）和式（4－103）独立于当地水平机械编排。

由于陀螺仪输出（影响 $\delta\boldsymbol{\omega}_d$ ）和导航解（影响 $\boldsymbol{\omega}_{in}^n$ ）中的未知误差，在 n 系中机械偏排将可能产生错误的惯性加速度，进而会致使导航解错误。因为起主要作用的惯性测量单元误差是陀螺仪未知的漂移误差，所以导航误差随时间增加。这种现象和利用外部信息限制或估计这些误差的方法将在第 5 章和第 8 章着重论述。

4.3.5 w 系中的导航方程

速度在 w 系中的导航方程类似于 n 系中的导航方程式（4－91），将 n 替换为 w 。即获得方程式（4－91）同样的推导可以在 w 系中适用，我们定义游动速度向量为 $\boldsymbol{v}^w$ ，则

$$\boldsymbol{v}^w = \boldsymbol{C}_e^w \dot{\boldsymbol{x}}^e \tag{4-106}$$

式中，$\boldsymbol{C}_e^w = \boldsymbol{C}_n^w \boldsymbol{C}_e^n$ ，并且 $\boldsymbol{C}_n^w$ 由式（4－11）给出。所以，$\boldsymbol{v}^w$ 的导航方程为

$$\frac{\mathrm{d}}{\mathrm{d}t}\boldsymbol{v}^w = \boldsymbol{a}^w - (\boldsymbol{\Omega}_{iw}^w + \boldsymbol{\Omega}_{ie}^w)\boldsymbol{v}^w + \bar{\boldsymbol{g}}^w \tag{4-107}$$

w 系机械编排的主要目的是当在极点附近导航时，消除积分算法的奇异性，如式（4－103）中遇到的情况。因此，在式（4－107）中，角速率系数矩阵一定要用游动坐标系速度而不是纬度和经度速率来表示。因此，我们注意到，向量 $\boldsymbol{\Omega}_{iw}^w + \boldsymbol{\Omega}_{ie}^w$ 等效于

$$\begin{aligned}\boldsymbol{\omega}_{iw}^w + \boldsymbol{\omega}_{ie}^w &= \boldsymbol{\omega}_{ie}^w + \boldsymbol{\omega}_{ew}^w + \boldsymbol{\omega}_{ie}^w \\ &= \boldsymbol{\omega}_{ew}^w + 2\boldsymbol{C}_e^w \boldsymbol{\omega}_{ie}^e\end{aligned} \tag{4-108}$$

速率向量 $\boldsymbol{\omega}_{ie}^e$ 仅取决于地球的旋转速率，变换矩阵 $\boldsymbol{C}_e^w$ 可以根据角速率 $\boldsymbol{\omega}_{ew}^w$ 通过如下积分得出

$$\dot{\boldsymbol{C}}_w^e = \boldsymbol{C}_w^e \boldsymbol{\Omega}_{ew}^w \tag{4-109}$$

所以，为了找到这些项中的角速度率系数矩阵，仅需根据游动坐标系的速度表示这些速率。

从式（1－88）和式（4－12），我们有

$$\boldsymbol{\omega}_{ew}^n = \boldsymbol{\omega}_{en}^n + \boldsymbol{\omega}_{nw}^n = \begin{pmatrix} \dot{\lambda}\cos\phi \\ -\dot{\phi} \\ -\dot{\lambda}\sin\phi + \dot{\alpha} \end{pmatrix} \tag{4-110}$$

$$\boldsymbol{\omega}_{ew}^w = \boldsymbol{C}_n^w \boldsymbol{\omega}_{ew}^n \tag{4-111}$$

这一点需要游动方位坐标系更加详细地定义。尤其是，假定已经规定了机械编排（例如军用飞机的惯性导航系统），因此 w 系就不能使它的第 3 轴绕 e 系旋转。这个条件在物理机械编排的稳定平台上是通过在陀螺仪上施加适当的命令速率来实现；在捷联机械编排的系统上通过计算来实现。在任何情况下，需要式（4－111）中角速度率 $\boldsymbol{\omega}_{ew}^w$ 的第三个分量为 0，或者其方位速率由下式得出

$$\dot{\alpha} = \dot{\lambda}\sin\phi \tag{4-112}$$

在物理机械编排的稳定平台游动坐标系中根据式（4－13）获得命令角速率

$$\boldsymbol{\omega}_{\mathrm{com}} = \boldsymbol{\omega}_{iw}^w = \boldsymbol{\omega}_{ew}^w + \boldsymbol{C}_e^w \boldsymbol{\omega}_{ie}^e \tag{4-113}$$

角速率 $\boldsymbol{\omega}_{ew}^{w}$ 和通过式（4－109）积分获得的变换矩阵 $\boldsymbol{C}_e^w$ 仅由游动速度向量 $\boldsymbol{v}^w$ 确定。为了证明这一点，首先将式（4－103）的角速率代入式（4－110）；那么式（4－111）变为

$$\boldsymbol{\omega}_{ew}^{w}=\begin{pmatrix}\dfrac{v_E}{N+h}\cos\alpha-\dfrac{v_N}{M+h}\sin\alpha\\-\dfrac{v_E}{N+h}\sin\alpha-\dfrac{v_N}{M+h}\cos\alpha\\0\end{pmatrix}\tag{4-114}$$

由于

$$\boldsymbol{v}^n=C_w^n\boldsymbol{v}^w\tag{4-115}$$

可得到

$$\boldsymbol{\omega}_{ew}^{w}=\begin{pmatrix}v_1^w\sin\alpha\cos\alpha\left(\dfrac{1}{N+h}-\dfrac{1}{M+h}\right)+v_2^w\left(\dfrac{\cos^2\alpha}{N+h}+\dfrac{\sin^2\alpha}{M+h}\right)\\-v_1^w\left(\dfrac{\sin^2\alpha}{N+h}+\dfrac{\cos^2\alpha}{M+h}\right)-v_2^w\sin\alpha\cos\alpha\left(\dfrac{1}{N+h}-\dfrac{1}{M+h}\right)\\0\end{pmatrix}\tag{4-116}$$

从曲率半径的定义式（1－81）和式（1－82），即 N 和 M，则很容易验证

$$\frac{1}{N+h}-\frac{1}{M+h}=-\frac{e'^2\cos^2\phi M}{(N+h)(M+h)}\tag{4-117}$$

$$\frac{\cos^2\alpha}{N+h}+\frac{\sin^2\alpha}{M+h}=\frac{M(1+e'^2\cos^2\phi\sin^2\alpha)+h}{(N+h)(M+h)}\tag{4-118}$$

$$\frac{\sin^2\alpha}{N+h}+\frac{\cos^2\alpha}{M+h}=\frac{M(1+e'^2\cos^2\phi\cos^2\alpha)+h}{(N+h)(M+h)}\tag{4-119}$$

式中，$e'^2=\dfrac{1}{(1-e^2)}$ 是椭球第二偏心率的平方。将式（4－117）～式（4－119）代入式（4－116）中，我们有

$$\boldsymbol{\omega}_{ew}^{w}=\frac{1}{(N+h)(M+h)}\times\begin{pmatrix}v_2^w[M(1+e'^2\cos^2\phi\sin^2\alpha)+h]-e'^2Mv_1^w\sin\alpha\cos\alpha\cos^2\phi\\-v_1^w[M(1+e'^2\cos^2\phi\cos^2\alpha)+h]-e'^2Mv_2^w\sin\alpha\cos\alpha\cos^2\phi\\0\end{pmatrix}\tag{4-120}$$

这是在式（4－112）的条件下，根据水平游动速度来表示 $\boldsymbol{\omega}_{ew}^{w}$。

$\boldsymbol{\omega}_{ew}^{w}$ 中取决于纬度 ϕ 和方位角 α 的项可以被 $\boldsymbol{C}_e^w$ 中的元素替换，由式（4－11）和式（1－87）得出

$$\boldsymbol{C}_e^w = \boldsymbol{C}_n^w \boldsymbol{C}_e^n$$

$$= \begin{pmatrix} -\cos\alpha\sin\phi\cos\lambda - \sin\alpha\sin\lambda & -\cos\alpha\sin\phi\sin\lambda + \sin\alpha\cos\lambda & \cos\alpha\cos\phi \\ \sin\alpha\sin\phi\cos\lambda - \cos\alpha\sin\lambda & \sin\alpha\sin\phi\sin\lambda + \cos\alpha\cos\lambda & -\sin\alpha\cos\phi \\ -\cos\phi\cos\lambda & -\cos\phi\sin\lambda & -\sin\phi \end{pmatrix} \tag{4-121}$$

用 c_{jk} 表示 $\boldsymbol{C}_e^w$ 中的元素，可以得到

$$\boldsymbol{\omega}_{ew}^w = \frac{1}{(N+h)(M+h)} \begin{pmatrix} v_2^w[M(1+e'^2c_{23}^2)+h] + e'^2 M v_1^w c_{12} c_{23} \\ -v_1^w[M(1+e'^2c_{13}^2)+h] - e'^2 M v_2^w c_{12} c_{23} \\ 0 \end{pmatrix} \tag{4-122}$$

此外

$$N = \frac{a}{\sqrt{1-e^2c_{3,3}^2}},\quad M = \frac{a(1-e^2)}{(1-e^2c_{3,3}^2)^{3/2}} \tag{4-123}$$

由于 $\boldsymbol{C}_e^w$ 是通过积分式（4－109）从角速率 $\boldsymbol{\omega}_{ew}^w$ 中获得，仅取决于游动坐标系的速度。因为角速率 $\boldsymbol{\omega}_{ew}^w$ 值非常小，积分式（4－109）仅需要低阶算法（如第 4.2.3.1 节所描述）。在近似为球时（$e'=0$），可得

$$\boldsymbol{\omega}_{ew}^w \approx \frac{1}{a+h} \begin{pmatrix} v_2^w \\ -v_1^w \\ 0 \end{pmatrix} \tag{4-124}$$

这也是我们期望得到的角速率。

对于游动坐标系速度，尽管大地坐标所有的参考和相关奇异性已经从积分算法中消除，但最终我们还是需要得到当地水平 n 系的速度、纬度和经度。其中，速度从式（4－111）和式（4－11）中得到；方位角和大地坐标如下

$$\begin{aligned} \phi &= \sin^{-1}(-c_{33}) \\ \lambda &= \tan^{-1}\left(\frac{c_{32}}{c_{31}}\right) \\ \alpha &= \tan^{-1}\left(\frac{-c_{23}}{c_{13}}\right) \end{aligned} \tag{4-125}$$

式中，c_{13}，c_{23}，c_{31}，c_{32} 和 c_{33} 是 $\boldsymbol{C}_e^w$ 的元素。由此可见，在极点处的奇异性将影响 λ 和 α 的质量。这是在积分算法之外的表达式，所以积分算法不受影响。

如其他的捷联机械编排一样，从载体坐标系到 w 系的变换矩阵 $\boldsymbol{C}_b^w$ 是通过积分实现的

$$\dot{\boldsymbol{C}}_b^w = \boldsymbol{C}_b^w \boldsymbol{\Omega}_{wb}^b \tag{4-126}$$

其中，根据敏感的角速率 $\boldsymbol{\omega}_{ib}^b$，角速率 $\boldsymbol{\omega}_{wb}^b$ 通过式（4－79）得出

$$\boldsymbol{\omega}_{wb}^b = \boldsymbol{\omega}_{ib}^b - \boldsymbol{C}_w^b \boldsymbol{\omega}_{iw}^w \tag{4-127}$$

根据式（4－113），这个积分中需要的角速率 $\boldsymbol{\omega}_{iw}^w$ 直接从先前的积分中获得。

为了减小惯性测量单元的系统误差，使用一个或者两个常平架，已经可以实现平台多种形式的旋转（调制）。其目的类似于初始标定（见第 8 章），但是这种情况在整个任务过

程中是实时进行的。绕垂直轴典型的旋转速率，例如 $\dot{\alpha}=2\pi\ \mathrm{rad/min}$ 。当传感器输入轴与加速度和角速率环境的方向不同时，可以求解得出其长波长的系统误差。这种类型的机械编排是游动方位原理的拓展，并且按照同样的思路求解导航方程。

4.3.6　导航方程的数值积分

在任意坐标系中的导航方程由式（4－77）给出，速度方程有如下式

$$\frac{\mathrm{d}}{\mathrm{d}t}\boldsymbol{v}^{a}=\boldsymbol{C}_{b}^{a}\boldsymbol{a}^{b}+\boldsymbol{f}(\boldsymbol{x}^{a},\boldsymbol{v}^{a},\boldsymbol{\Omega}_{ia}^{a},\dot{\boldsymbol{\Omega}}_{ia}^{a},\boldsymbol{g}^{a})\tag{4-128}$$

对于惯性坐标系、地球固联坐标系、当地水平坐标系和游动方位坐标系，分别推导并给出了比力方程式（4－80）、式（4－82）、式（4－102）和式（4－107）。注意，在 i 系和 e 系的方程中，$\dot{\boldsymbol{x}}^{a}$ 取代了 $\boldsymbol{v}^{a}$ 。使用加速度计的数据 $\boldsymbol{a}^{b}$ ，通过微分方程便能够求解出速度 $\boldsymbol{v}^{a}$ ，最终求解出位置。通常，由向量函数 $\boldsymbol{f}(\cdot)$ 获得的项比第一项给出的测量加速度值要小，并且变化量也小。这是因为 a 系相对于 i 系的旋转速率相对较小，例如对于大多数的运载体，$\boldsymbol{\Omega}_{ia}^{a}$ 所示的项中地球旋转速率起支配作用，可参见式（4－98）。这允许向量函数 $\boldsymbol{f}(\cdot)$ 使用一阶积分算法［矩形规则，式（2－103）］，并且仅需要在积分区间内一个点上（初始点或者中间点）的函数值。另外，式（4－128）中第一项的积分需要更高阶的算法。因此，使用这种方法，导航方程的数值积分从求解微分方程变成了积分简单的函数。

所以，我们将式（4－128）的积分近似为

$$\Delta\boldsymbol{v}^{a}=\int_{\Delta t}\boldsymbol{C}_{b}^{a}(t')\boldsymbol{a}^{b}(t')\mathrm{d}t'+\boldsymbol{f}(\boldsymbol{x}^{a},\boldsymbol{v}^{a},\boldsymbol{\Omega}_{ia}^{a},\dot{\boldsymbol{\Omega}}_{ia}^{a},\boldsymbol{g}^{a})\Delta t\tag{4-129}$$

式中，Δt 是积分区间。假定使用足够阶数值积分方法求解的速度确定变换矩阵 $\boldsymbol{C}_{b}^{a}$ ，能够估计式（4－129）第一项。如在第 4.2.3.1 节中所述，采样间隔 $\delta t=t_{\ell}-t_{\ell-1}$，$\ell=1, 2, \cdots$ 定义为对应于惯性测量单元初始数据速率或者初始数据率的几倍。加速度计的输出数据以速度增量或者是脉冲的形式给出，在采样区间上捕获加速度时程。这样，根据载体坐标系加速度，速度增量精确的表示为

$$\delta\boldsymbol{v}_{\ell}^{b}=\int_{t_{\ell-1}}^{t_{\ell}}\boldsymbol{a}^{b}(t')\mathrm{d}t'\tag{4-130}$$

采用数值积分算法阶数决定了数据点的需求量。对于二阶算法［误差 约为 $O(\Delta t^{3})$］，积分区间可以设定为等于采样区间；对于三阶算法，$\Delta t=2\delta t$ ，如式（2－43）中所示。我们仅考虑经典辛普森规则（2－105）的三阶算法。

在积分区间 $[t_{\ell-2}, t_{\ell}]$ ，观测值为

$$\delta\boldsymbol{v}_{\ell-1}^{b}=\int_{t_{\ell-2}}^{t_{\ell-1}}\boldsymbol{a}^{b}(t')\mathrm{d}t'\tag{4-131}$$

$$\delta\boldsymbol{v}_{\ell}^{b}=\int_{t_{\ell-1}}^{t_{\ell}}\boldsymbol{a}^{b}(t')\mathrm{d}t'\tag{4-132}$$

根据这些观测值，并严格遵守第 4.2.3.1.2 节［式（4－45）～式（4－53）］中与角度观测值相同的步骤，我们得到在积分区间合适周期上加速度类似于式（4－52）的近似值

$$\hat{\boldsymbol{a}}_{\ell-2}^{b}\Delta t = 3\delta\boldsymbol{v}_{\ell-1}^{b} - \delta\boldsymbol{v}_{\ell}^{b}$$
$$\hat{\boldsymbol{a}}_{\ell-1}^{b}\Delta t = \delta\boldsymbol{v}_{\ell-1}^{b} + \delta\boldsymbol{v}_{\ell}^{b} \tag{4-133}$$
$$\hat{\boldsymbol{a}}_{\ell}^{b}\Delta t = 3\delta\boldsymbol{v}_{\ell}^{b} - \delta\boldsymbol{v}_{\ell-1}^{b}$$

根据对四元数的这些数值积分，例如式（4－61），在周期 $t_{\ell-2}$，$t_{\ell-1}$，t_{ℓ} 假定已经估计出足够精确的变换矩阵 $\boldsymbol{C}_b^a$ 。假定与估计量 $\hat{\boldsymbol{C}}_b^a$ 相关的模型误差与仪器误差可忽略不计，以便后续的误差分析。那么，根据辛普森规则式（2－105）给出了式（4－129）第一项的数值积分算法

$$\int_{t_{\ell-2}}^{t_\ell}\boldsymbol{C}_b^a(t')\boldsymbol{a}^b(t')\mathrm{d}t' \approx \frac{\Delta t}{6}\left[\hat{\boldsymbol{C}}_b^a(\ell-2)\hat{\boldsymbol{a}}_{\ell-2}^b + 4\hat{\boldsymbol{C}}_b^a(\ell-1)\hat{\boldsymbol{a}}_{\ell-1}^b + \hat{\boldsymbol{C}}_b^a(\ell)\hat{\boldsymbol{a}}_{\ell}^b\right] \tag{4-134}$$

式中，$\hat{\boldsymbol{C}}_b^a(\ell)$ 是 $\boldsymbol{C}_b^a$ 基于估计量 $\hat{\boldsymbol{q}}_\ell$ 的估计值。所以，使用式（4－133）加速度估计值，在时刻 t_ℓ 估计速度的算法为

$$\begin{aligned}\hat{\boldsymbol{v}}_\ell^a = \hat{\boldsymbol{v}}_{\ell-2}^a + \frac{1}{6}(&\hat{\boldsymbol{C}}_b^a(\ell-2)(3\delta\boldsymbol{v}_{\ell-1}^b - \delta\boldsymbol{v}_\ell^b) + 4\hat{\boldsymbol{C}}_b^a(\ell-1)(\delta\boldsymbol{v}_{\ell-1}^b + \delta\boldsymbol{v}_\ell^b)\\ &+ \hat{\boldsymbol{C}}_b^a(\ell)(3\delta\boldsymbol{v}_\ell^b - \delta\boldsymbol{v}_{\ell-1}^b)) + \hat{\boldsymbol{f}}(\boldsymbol{x}^a,\boldsymbol{v}^a,\boldsymbol{\Omega}_{ia}^a,\dot{\boldsymbol{\Omega}}_{ia}^a,\boldsymbol{g}^a)_{t=t_{\ell-2}}\Delta t\end{aligned} \tag{4-135}$$

注意为了获得 δt 倍数的估计值，需要两个分离的迭代（两组初始值）。对估计值进行交叉，式（4－135）中的 $\hat{\boldsymbol{f}}(\boldsymbol{x}^a,\ \boldsymbol{v}^a,\ \boldsymbol{\Omega}_{ia}^a,\ \dot{\boldsymbol{\Omega}}_{ia}^a,\ \boldsymbol{g}^a)$ 也可以在 $t=t_{\ell-1}$ 时估计，并且能够提高积分精度。

假定由三阶算法获得变换矩阵，则方程（4－135）表示计算速度的四阶算法。为了证明这一点，我们首先将真正敏感加速度表示为泰勒级数的形式（忽略坐标系的表示符号，并设定 $\ell=2$）

$$\boldsymbol{a}(t) = \boldsymbol{a}_0 + \dot{\boldsymbol{a}}_0(t-t_0) + \frac{1}{2!}\ddot{\boldsymbol{a}}_0(t-t_0)^2 + \frac{1}{3!}\dddot{\boldsymbol{a}}_0(t-t_0)^3 + \cdots \tag{4-136}$$

将方程式（4－136）与坐标变换矩阵式（4－65）结合，式（4－134）左侧的积分可以通过下式给出

$$\begin{aligned}&\int_{t_0}^{t_2}\boldsymbol{C}_b^a(t')\boldsymbol{a}^b(t')\mathrm{d}t'\\ &= \boldsymbol{C}_0\Big\{\boldsymbol{a}_0\Delta t + \frac{1}{2}(\boldsymbol{\Omega}_0\boldsymbol{a}_0 + \dot{\boldsymbol{a}}_0)\Delta t^2 + \frac{1}{6}[(\boldsymbol{\Omega}_0^2 + \dot{\boldsymbol{\Omega}}_0)\boldsymbol{a}_0 + 2\boldsymbol{\Omega}_0\dot{\boldsymbol{a}}_0 + \ddot{\boldsymbol{a}}_0]\Delta t^3\\ &\quad + \frac{1}{8}\left[\frac{1}{3}(\boldsymbol{\Omega}_0^3 + 2\boldsymbol{\Omega}_0\dot{\boldsymbol{\Omega}}_0 + \dot{\boldsymbol{\Omega}}_0\boldsymbol{\Omega}_0 + \ddot{\boldsymbol{\Omega}}_0)\boldsymbol{a}_0 + (\boldsymbol{\Omega}_0^2 + \dot{\boldsymbol{\Omega}}_0)\dot{\boldsymbol{a}}_0 + \boldsymbol{\Omega}_0\ddot{\boldsymbol{a}}_0 + \frac{1}{3}\dddot{\boldsymbol{a}}_0\right]\Delta t^4 + \cdots\Big\}\end{aligned} \tag{4-137}$$

将式（4－136）代入下式

$$\delta\boldsymbol{v}_1 = \int_{t_0}^{t_1}\boldsymbol{a}(t')\mathrm{d}t',\delta\boldsymbol{v}_2 = \int_{t_1}^{t_2}\boldsymbol{a}(t')\mathrm{d}t' \tag{4-138}$$

并且，对 t' 进行积分。将积分结果代入式（4－133）可得

$$\hat{\boldsymbol{a}}_0\Delta t=\boldsymbol{a}_0\Delta t-\frac{1}{12}\ddot{\boldsymbol{a}}_0\Delta t^3-\frac{1}{32}\dddot{\boldsymbol{a}}_0\Delta t^4+\cdots,$$

$$\hat{\boldsymbol{a}}_1\Delta t=\boldsymbol{a}_0\Delta t+\frac{1}{2}\dot{\boldsymbol{a}}_0\Delta t^2+\frac{1}{6}\ddot{\boldsymbol{a}}_0\Delta t^3+\frac{1}{24}\dddot{\boldsymbol{a}}_0\Delta t^4+\cdots, \tag{4-139}$$

$$\hat{\boldsymbol{a}}_2\Delta t=\boldsymbol{a}_0\Delta t+\dot{\boldsymbol{a}}_0\Delta t^2+\frac{5}{12}\ddot{\boldsymbol{a}}_0\Delta t^3+\frac{11}{96}\dddot{\boldsymbol{a}}_0\Delta t^4+\cdots$$

之后将这些表达式和 t_0，t_1，t_2 时分别由式（4－65）（三阶算法）获得 $\hat{\boldsymbol{C}}_0$，$\hat{\boldsymbol{C}}_1$ 和 $\hat{\boldsymbol{C}}_2$，并将插入式（4－134）的右侧。结果表达式为

$$\int_{t_0}^{t_2}\boldsymbol{C}(t')\boldsymbol{a}(t')\mathrm{d}t'-\frac{\Delta t}{6}(\hat{\boldsymbol{C}}_0\hat{\boldsymbol{a}}_0+4\hat{\boldsymbol{C}}_1\hat{\boldsymbol{a}}_1+\hat{\boldsymbol{C}}_2\hat{\boldsymbol{a}}_2)=O(\Delta t^5) \tag{4-140}$$

因此，式（4－134）是计算速度的四阶算法。

式（4－129）第一项数值积分的误差称为划船误差，线加速度和旋转的组合运动即划船。与圆锥误差类似（见第 4.2.3.1.1 节），划船误差可以通过降低数值积分的时间增量或者通过更高阶的算法来减小（可参见 Ignagni，1998）。

假定运载体的动态环境较好，算法阶数的选取最终取决于（惯性）仪器的精度。从式（4－137）可知，对于角速率和线加速度导数较小，忽略主要项后，m 阶算法为

$$\delta\boldsymbol{v}\approx\boldsymbol{C}_0\frac{1}{(m+1)!}\boldsymbol{\Omega}_0^m\boldsymbol{a}_0\Delta t^{m+1} \tag{4-141}$$

相对应的速度误差率（单位时间的误差）通过下式得出

$$|\delta\boldsymbol{a}|\approx\frac{1}{(m+1)!}\omega^m a\Delta t^m \tag{4-142}$$

对于二阶算法，当 $|\omega|<10°/\mathrm{s}=0.17\ \mathrm{rad/s}$，$\Delta t=\frac{1}{128}\ \mathrm{s}$，$a<2g$ 时，算法的误差率为 $\delta a\approx6\times10^{-7}\ \mathrm{m/s^2}$，稍微小于加速度计的噪声水平，但足可保证实现三阶模型。

需要注意在 i 系和 e 系的情况下，位置可以通过再次直接积分式（4－80）和式（4－82）获得

$$\hat{\boldsymbol{x}}_{\iota}^i=\hat{\boldsymbol{x}}_{\iota-2}^i+\hat{\dot{\boldsymbol{x}}}_{\iota-1}^i\Delta t,\ \hat{\boldsymbol{x}}_{\iota}^e=\hat{\boldsymbol{x}}_{\iota-2}^e+\hat{\dot{\boldsymbol{x}}}_{\iota-1}^e\Delta t \tag{4-143}$$

或者在 n 系中使用式（4－103）

$$\hat{\phi}_{\iota}=\hat{\phi}_{\iota-2}+\frac{(\hat{v}_N)_{\iota-1}\Delta t}{\hat{M}_{\iota-1}+\hat{h}_{\iota-1}}$$

$$\hat{\lambda}_{\iota}=\hat{\lambda}_{\iota-2}+\frac{(\hat{v}_E)_{\iota-1}\Delta t}{(\hat{N}_{\iota-1}+\hat{h}_{\iota-1})\cos\hat{\phi}_{\iota-1}} \tag{4-144}$$

$$\hat{h}_{\iota}=\hat{h}_{\iota-2}-(\hat{v}_D)_{\iota-1}\Delta t$$

对于 w 系，通过积分 $\dot{\boldsymbol{C}}_e^w$ 从式（4－125）确定位置。

第5章　系统误差动态方程

5.1　介绍

惯性导航系统是由六个机械和（或者）光学传感器组成的复杂组合体，每一部分与实际需要的导航功能无关的物理效应和系统效应，以及各种特征及其导致的内部随机误差相对应。因此，重要的是研究系统误差合适的动力学特性和随机模型，以了解其对导航解和使用外部测量估计这些误差的影响。本章主要阐述通常使用的仪表误差和导航解误差之间的物理关系和数学关系，其结果是一个确定性动态误差数学模型。该模型严格符合一阶近似并且基于给定的物理模型，描述了传感器误差通过系统传播为导航误差的原理。对特定形式误差随机过程本质的讨论见第6章，在随机设置中，动态误差模型将描绘从传感器到导航解误差传播。

在第4章中，研究了通用坐标系下的导航方程，并且给出了在一些常用坐标系下导航方程的表达式。这些导航方程是速度和位置的微分方程，其中强迫函数是敏感的加速度，加速度的方向信息由陀螺仪提供。误差动态方程描述了传感器误差影响位置（和速度）的原因。通过对导航方程使用差分运算推导了误差动态方程。也就是说，导航方程解的变量作为扰动量被差分，其差分值为小的差值或者误差。更严格地说，应当考虑使用泰勒级数关于速度、位置和其他变量的近似值展开［参考式（2-96）］，如通过导航方程（4-77）给出的变量

$$\begin{aligned}\mathbf{0} = f(\boldsymbol{x}^a, \dot{\boldsymbol{x}}^a, \boldsymbol{\Omega}_{ia}^a, \dot{\boldsymbol{\Omega}}_{ia}^a, \boldsymbol{a}^a, \boldsymbol{g}^a) &= f(\tilde{\boldsymbol{x}}^a, \tilde{\dot{\boldsymbol{x}}}^a, \tilde{\boldsymbol{\Omega}}_{ia}^a, \tilde{\dot{\boldsymbol{\Omega}}}_{ia}^a, \tilde{\boldsymbol{a}}^a, \tilde{\boldsymbol{g}}^a) \\ &+ \frac{\partial f}{\partial \boldsymbol{x}^a}(\boldsymbol{x}^a - \tilde{\boldsymbol{x}}^a) + \frac{\partial f}{\partial \dot{\boldsymbol{x}}^a}(\dot{\boldsymbol{x}}^a - \tilde{\dot{\boldsymbol{x}}}^a) \\ &+ \frac{\partial f}{\partial \boldsymbol{\Omega}_{ia}^a}(\boldsymbol{\Omega}_{ia}^a - \tilde{\boldsymbol{\Omega}}_{ia}^a) + \frac{\partial f}{\partial \dot{\boldsymbol{\Omega}}_{ia}^a}(\dot{\boldsymbol{\Omega}}_{ia}^a - \tilde{\dot{\boldsymbol{\Omega}}}_{ia}^a) \\ &+ \frac{\partial f}{\partial \boldsymbol{a}^a}(\boldsymbol{a}^a - \tilde{\boldsymbol{a}}^a) + \frac{\partial f}{\partial \boldsymbol{g}^a}(\boldsymbol{g}^a - \tilde{\boldsymbol{g}}^a) + \cdots\end{aligned} \tag{5-1}$$

“泰勒展开点”的差值 $(\tilde{\boldsymbol{x}}^a, \tilde{\dot{\boldsymbol{x}}}^a, \tilde{\boldsymbol{\Omega}}_{ia}^a, \tilde{\dot{\boldsymbol{\Omega}}}_{ia}^a, \tilde{\boldsymbol{a}}^a, \tilde{\boldsymbol{g}}^a)$，表示负误差，并且估计出在这个泰勒点的偏导数（由许可的符号表示）。因此假设 $f(\tilde{\boldsymbol{x}}^a, \tilde{\dot{\boldsymbol{x}}}^a, \tilde{\boldsymbol{\Omega}}_{ia}^a, \tilde{\dot{\boldsymbol{\Omega}}}_{ia}^a, \tilde{\boldsymbol{a}}^a, \tilde{\boldsymbol{g}}^a) = \mathbf{0}$，即估计值并非全部独立确定。

在任一情况下，使用差分或者泰勒展开式，我们忽略比一阶项更高阶的项；因此，误差动态方程就成为误差的线性模型。因此，基本假设是误差非常小，“小量”是一个影响

模型有效性或者精度的关键。误差如果不够小，模型需要增加二阶项，此时需注意，模型可能是非线性的时间函数。关于时间的线性化处理将在第 7 章中讨论。

误差动态方程构建是在任意坐标系中以统一的方式推导的，那么在特定的坐标系中允许使用特定的条件来完成具体坐标系误差动态方程的构建。特别是在考虑惯性坐标系（i 系）、ECEF（e 系）和当地水平坐标系（n 系）中动态误差方程的构建时，n 系实际上是在 e 系中构建的方程沿着 n 系方向重新定向。也就是说，在 n 系中没有发生水平运动，根据定义，坐标系和导航系统在地球表面或附近运动。

误差动态模型全面深入的研究往往混淆了导航误差动力学的特征。所以，我们从简化的近似误差分析开始，实际上，在短期应用上近似误差分析还是很准确的。接下来，将整个误差模型，通过适当近似简化为含有关键项的模型来证明上述观点。

5.2　简化分析

在不随地球旋转的当地水平坐标系中考虑误差动力学方程是非常有指导意义的，在这个坐标系中惯性测量单元也不旋转，因此仪器坐标系和当地坐标系平行。此外，通过将运动限制在当地区域（没有旋转），我们可以假定当地坐标系就是惯性坐标系。令坐标为直角坐标（x_i），其中 3 轴与当地垂直方向一致（见图 5 - 1）。对于引力场，地心坐标系是最方便的坐标系。因此，当坐标系是水平方向上的当地坐标系，垂向坐标是以地心为起点，即坐标原点。向上（径向）为正向，对于右手（坐标系）系统，假定水平坐标值在北、西两个方向为正。

在这个坐标系中，位置的导航方程通过式（4 - 69）给出，为了方便，此处再次给出没有坐标系符号的公式

$$\ddot{\boldsymbol{x}} = \boldsymbol{g}(\boldsymbol{x}) + \boldsymbol{a} \tag{5-2}$$

式中，$\boldsymbol{x}$ 是位置向量；$\boldsymbol{g}$ 是在这个坐标系中由引力场产生的加速度，它取决于位置向量；$\boldsymbol{a}$ 是比力，即由加速度计敏感的加速度。

通过对式（5 - 2）使用扰动法，也就是通过使用差分算子 δ，可以得到系统误差引起的一阶位置误差。此时算子 δ 和 $\mathrm{d}/\mathrm{d}t$ 理应具有互换性；假设差分算子遵守微分的通用规则。因此

$$\delta\ddot{\boldsymbol{x}} = \frac{\partial \boldsymbol{g}}{\partial \boldsymbol{x}}\delta\boldsymbol{x} + \delta\boldsymbol{g} + \delta\boldsymbol{a} \tag{5-3}$$

其中，“导数”符号 $\frac{\partial \boldsymbol{g}}{\partial \boldsymbol{x}}$ 表示引力向量分量相对于坐标偏导数的二阶张量：

$$\frac{\partial \boldsymbol{g}}{\partial \boldsymbol{x}} = \begin{pmatrix} \frac{\partial g_1}{\partial x_1} & \frac{\partial g_1}{\partial x_2} & \frac{\partial g_1}{\partial x_3} \\ \frac{\partial g_2}{\partial x_1} & \frac{\partial g_2}{\partial x_2} & \frac{\partial g_2}{\partial x_3} \\ \frac{\partial g_3}{\partial x_1} & \frac{\partial g_3}{\partial x_2} & \frac{\partial g_3}{\partial x_3} \end{pmatrix} \tag{5-4}$$

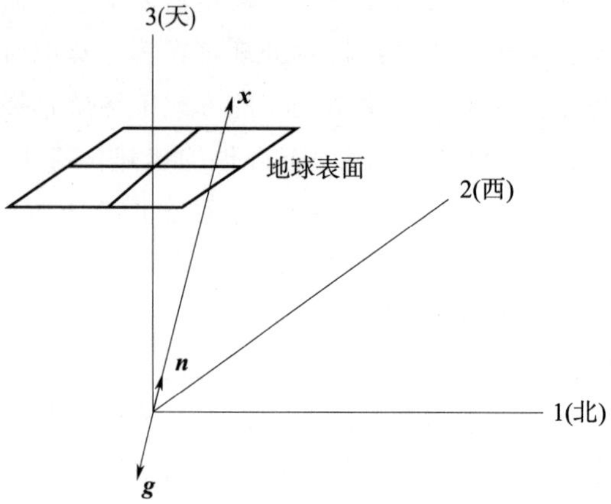

图 5－1　近似的当地惯性坐标系

式（5－3）是位置误差 $\delta\boldsymbol{x}$ 的微分方程（按时间），描述了其动态特性。特别是，它的二次时间导数等于加速度计输出误差之和 $\delta\boldsymbol{a}$ ，加上引力加速度误差 $\delta\boldsymbol{g}$ ，加上由于位置变化不确定性 $\delta\boldsymbol{x}$ 引起的引力值的变化。

因此，地球引力加速度可以近似为均匀致密球体产生的引力加速度，根据牛顿万有引力定律式（1－6）可以得出

$$\boldsymbol{g} \approx \left(\frac{-kM}{r^2}\right)\boldsymbol{n} \tag{5-5}$$

其中，$r^2 = {x_1}^2 + {x_2}^2 + {x_3}^2$ 是到地球中心距离（对于地球表面的点，$r \approx 6\ 370\ 000$ m）的平方；$\boldsymbol{n} - \boldsymbol{x}/r$ 是沿着径向方向朝外的单位向量；kM 是引力常数乘以地球的质量（ $kM \approx 3.986 \times 10^{14}\,\mathrm{m}^3/\mathrm{s}^2$ ）。那么，式（5－4）的张量 $\partial\boldsymbol{g}/\partial\boldsymbol{x}$ 可以通过下式给出

$$\frac{\partial\boldsymbol{g}}{\partial\boldsymbol{x}} = kM\begin{pmatrix} \dfrac{-1}{r^3}+3\dfrac{x_1^2}{r^5} & -3\dfrac{x_1x_2}{r^5} & -3\dfrac{x_1x_3}{r^5} \\ -3\dfrac{x_2x_1}{r^5} & \dfrac{-1}{r^3}+3\dfrac{x_2^2}{r^5} & -3\dfrac{x_2x_3}{r^5} \\ -3\dfrac{x_3x_1}{r^5} & -3\dfrac{x_2x_3}{r^5} & \dfrac{2}{r^3}-3\dfrac{x_1^2+x_2^2}{r^5} \end{pmatrix} \tag{5-6}$$

对于惯性测量单元的当地运动，x_1 和 x_2 是小量，因此包含 r^{-5} 的项可以忽略不计，得出下式

$$\frac{\partial\boldsymbol{g}}{\partial\boldsymbol{x}} \approx \frac{kM}{r^3}\begin{pmatrix} -1 & 0 & 0 \\ 0 & -1 & 0 \\ 0 & 0 & 2 \end{pmatrix} \tag{5-7}$$

近似式（5－5）和式（5－7）是非常合理的，这是由于在相对平缓的地形，式（5－7）中近似的引力梯度偏离地球引力场真实梯度值小于 50 E（1E＝1Eötvös，单位为 $10^{-9}\ \mathrm{s}^{-2}$）（在变化剧烈的山区地形，异常梯度值可达到 1 000E），而式（5－7）中包含水平梯度的主要项大约是 1 500 E。对于较小的 $\delta\boldsymbol{x}$ ，在较短时间上的位置误差累积，式（5－

3）中的引力梯度项可以完全忽略［例如，如果 $\delta x_1=1\ \mathrm{m}$，那么 $(\partial g_1/\partial x_1)\delta x_1\approx -1.5\times 10^{-6}\ \mathrm{m/s^2}$，比典型的中高精度加速度计噪声水平的幅值小一个数量级］。显然，近似式（5-7）足够满足目前的应用。实际上，如果考虑当地坐标系和系统的运动细节，对于长期应用，式（5-7）是一个非常理想的近似。这一点可使用完整模型研究更加严格地证实。

将式（5-7）代入式（5-3），我们可以获得位置误差每个分量的微分方程

$$\delta\ddot{x}_1+\frac{kM}{r^3}\delta x_1=\delta g_1+\delta a_1 \tag{5-8}$$

$$\delta\ddot{x}_2+\frac{kM}{r^3}\delta x_2=\delta g_2+\delta a_2 \tag{5-9}$$

$$\delta\ddot{x}_3-2\frac{kM}{r^3}\delta x_3=\delta g_3+\delta a_3 \tag{5-10}$$

每个水平分量［式（5-8）或式（5-9）］的微分方程表示一个强迫谐振荡器［式（2-82）］，其谐振频率为

$$\omega_S=\sqrt{\frac{kM}{r^3}} \tag{5-11}$$

这就是舒勒频率（相对应的周期为 84.4 min），见第 4 章式（4-5）。实际上，式（4-4）表示当地水平稳定平台失准角的动态特性，与式（5-8）一致，因为地球表面位置变化 $\delta\boldsymbol{x}$ 对应于平台失准角的修正 $-R\eta$。

根据式（2-49）给出上式的齐次解［式（5-8）和式（5-9）等号的右侧设定为 0］

$$\delta x_{1H}(t)=A_1\cos(\omega_S t)+B_1\sin(\omega_S t) \tag{5-12}$$

$$\delta x_{2H}(t)=A_2\cos(\omega_S t)+B_2\sin(\omega_S t) \tag{5-13}$$

其中，正弦的常值系数由初始条件（$t=t_0=0$）确定。

$$A_1=\delta x_1(0),\quad A_2=\delta x_2(0)$$
$$B_1=\frac{\delta\dot{x}_1(0)}{\omega_S},\quad B_2=\frac{\delta\dot{x}_2(0)}{\omega_S} \tag{5-14}$$

注意，水平方向上位置和速度的初始误差导致系统在水平方向上存在舒勒频率上有界的振荡误差。

垂向分量方程［式（5-10）］的齐次解与时间呈指数关系，可以通过式（2-48）给出：

$$\begin{aligned}\delta z_H(t)&=C\mathrm{e}^{\sqrt{2}\omega_S t}+D\mathrm{e}^{-\sqrt{2}\omega_S t}\\&=A_3\cosh(\sqrt{2}\omega_S t)+B_3\sinh(\sqrt{2}\omega_S t)\end{aligned} \tag{5-15}$$

其中，C、D 或者 A_3、B_3 是常量

$$A_3=\delta x_3(0),\quad B_3=\frac{\delta\dot{x}_3(0)}{\sqrt{2}\omega_S} \tag{5-16}$$

因为误差以指数的形式无界增长，在垂直方向的位置初始误差导致对应的导航解快速失效。垂向误差的时间常数为 $\dfrac{1}{\sqrt{2}\omega_S}=9.5\ \mathrm{min}$。相对应于从初始时间的时间间隔，在这个

时间段内垂向导航误差仍然小于初始误差的 3 倍，在可以承受的范围内。

尤其应注意，因为取决于施加在系统上扰动函数或者强迫函数的类型，式（5－8）、式（5－9）和式（5－10）的特解（三个方程式等号右侧）为非零项。任何一个普遍的谐振器，任何具有谐振频率或者舒勒频率的水平强迫项将放大导航误差，通常在其他频率上的强迫项将被 ω_S 调制。令强迫函数表示为 $\boldsymbol{f}(t)$，为了简化分析给出如下公式

$$\boldsymbol{f}(t)=\delta\boldsymbol{a}+\delta\boldsymbol{g} \tag{5-17}$$

这里应当注意，因为运载体运动，引力误差（我们缺少引力加速度的全部信息）取决于时间，更加具体说，取决于载体的位置，而位置是时间的函数。所以引力加速度误差可写为 $\delta\boldsymbol{g}\equiv\delta\boldsymbol{g}\,[\boldsymbol{x}(t)]$ 。加速度计误差也是时间的函数，式（5－17）中强迫函数的构建是合适的。

式（5－8）～式（5－10）的特解可以通过式（2－84）和式（2－85）获得，通过下列公式给出

$$\delta x_{1P}(t)=\frac{1}{\omega_S}\int_0^t \sin(\omega_S\tau)f_1(t-\tau)\mathrm{d}\tau \tag{5-18}$$

$$\delta x_{2P}(t)=\frac{1}{\omega_S}\int_0^t \sin(\omega_S\tau)f_2(t-\tau)\mathrm{d}\tau \tag{5-19}$$

$$\delta x_{3P}(t)=\frac{1}{\sqrt{2}\,\omega_S}\int_0^t \sinh(\sqrt{2}\,\omega_S\tau)f_3(t-\tau)\mathrm{d}\tau \tag{5-20}$$

其中，为了方便记积分变量 $t-\tau\rightarrow\tau$（注意 $t_0=0$）。总水平位置误差有振荡的特点，它们是否有界取决于强迫函数 $\boldsymbol{f}$；如果强迫函数 $\boldsymbol{f}$ 是有界的，误差就是有界的。与齐次解同理，垂向位置误差是无界的，除非 f_3 以足够快的速度降到 0。

强迫函数有几种特殊情况。对于实际的导航系统，适当的模型可以通过特殊形式的线性组合来构成。

例 1，假设 $\boldsymbol{f}$ 的分量为常数 c：$f_j(t)=c$（例如加速度计的偏置）。那么，水平位置误差的特解就是

$$\delta x_{1P}(t)=\frac{c}{\omega_S^2}[1-\cos\omega_S t]\approx\frac{1}{2}ct^2 \tag{5-21}$$

其中，为了不失一般性，仅说明水平分量中的一个［对于式（5－19）相同的结论仍然成立］。对于垂向通道，我们有

$$\delta_{x3P}(t)=\frac{c}{2\omega_S^2}[\cosh(\sqrt{2}\,\omega_S t)-1]\approx\frac{1}{2}ct^2 \tag{5-22}$$

式（5－21）和式（5－22）中的近似表示仅在 t 为小量时成立；可以使用 $\cos(p)$［见式（1－30）］和 $\cosh(p)$ 的级数展开式推导出来。特别是位置误差，不管是水平方向还是垂直方向，几乎随着时间的平方值增长，如伽利略的自由落体定律（距离 x，在加速度 a 的作用下运动，与时间的平方成正比：$x=at^2/2$）所述。随着时间的推移，水平位置误差以 $2c/\omega_S^2$ 为边界，而垂向位置误差随着时间无界地增加。当 $t>20$ min 时，后一项可以近似为

$$\delta x_{3p}(t)\approx\frac{c}{4\omega_S^2}\mathrm{e}^{\sqrt{2}\omega_S t} \tag{5-23}$$

加速度的偏置为 $c = 2 \times 10^{-4}\ \mathrm{m/s^2}$ 时，图 5－2 列出了对应的位置误差。

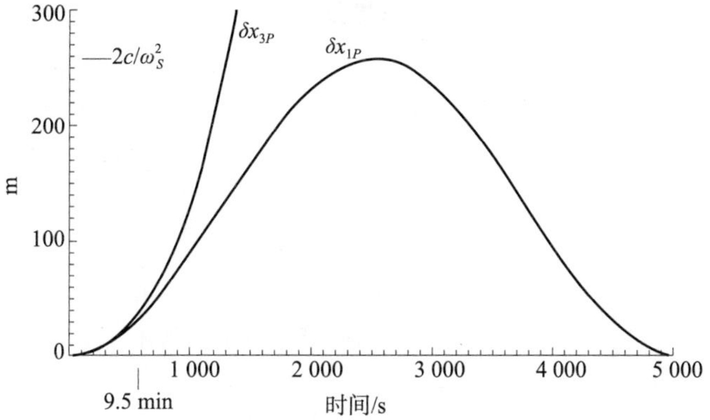

图 5－2　由未知加速度计偏置导致的位置误差

即使存在加速度偏置，水平位置误差的有界性仍然是在具有中心引力场的球表面导航的结果。这更加证明了第 4 章中的几何观点。因为垂线位置误差的无界性，惯性导航系统不用于垂直方向的导航。对于短时间间隔（例如几分钟），它和水平通道的精度类似；但是，如果长时间运行，可以通过气压计、高度计或者全球定位系统（GPS）引入外部高度信息而使得垂直方向位置误差有界，称为垂直通道阻尼。

例 2，强迫项为线性漂移：$f_j(t) = ct$ 。那么，特解为

$$\delta x_{1P}(t) = \frac{c}{\omega_S^2}\left[1 - \frac{1}{\omega_S}\sin\omega_S t\right] \approx \frac{1}{6}ct^3 \tag{5-24}$$

$$\delta x_{3P}(t) = \frac{c}{2\omega_S^2}\left[\frac{1}{\sqrt{2}\,\omega_S}\sinh(\sqrt{2}\,\omega_S t) - t\right] \approx \frac{1}{6}ct^3 \tag{5-25}$$

其中，近似值仅在 t 为小量时成立。在这种情况下，水平位置误差通常随着时间增长，最初是时间的三次方。对于长时间运行，漂移对于位置误差的影响比偏置更大。

假定水平平台方向的漂移误差由角速率 $\delta\omega_d$ 表示，当重力向量耦合到水平加速度中时，导致加速度误差。从图 5－3 中，可以给出这个误差为 $g\delta\omega_d t$ ，其中 $g \approx 9.8\ \mathrm{m/s^2}$ 是重力加速度的幅值。因此，当 $c = g\delta\omega_d$ 时，长时间运行（仅考虑非周期部分）的平均速度误差由式（5－24）中第一项的导数确定为

$$\frac{c}{\omega_S^2} \approx \frac{g\delta\omega_d}{g/R} = R\delta\omega_d \tag{5-26}$$

其中，使用了式（4－5），并且 R 是地球的平均半径。由于地球上的 1°对应于 $R \cdot 1° \cdot (\pi/180°) \approx 111\ \mathrm{km}$ ，那么根据经验，每个陀螺漂移为 0.01°/h，速度误差近似为1 km/h。例如，我们可以粗略地估计，陀螺仪漂移为 0.1°/h 的惯性导航系统，经过 1 h 运行后将导致（水平）位置误差增长到 10 km。图 5－4 更加详细地表明了由于陀螺漂移导致的位置误差特性，也表明在垂向通道的级数误差。

例 3，考虑强迫函数为正弦函数，其幅值 c 、频率 ω 和相位 ϕ 为常数：$f_j(t) = c\cos(\omega t + \phi)$ 。那么，通过对式（5－18）和式（5－20）进行积分后表明

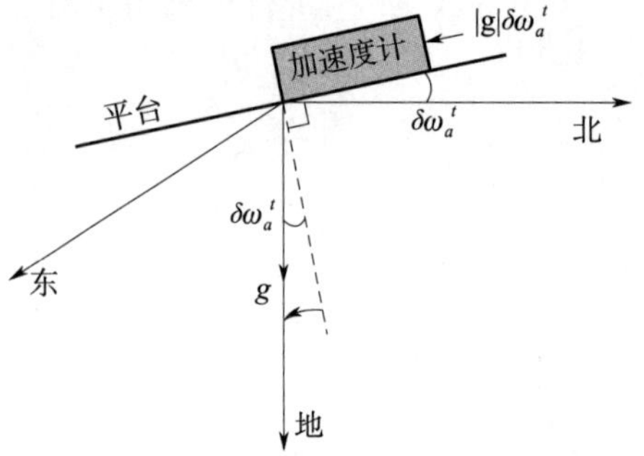

图 5-3　平台倾斜误差导致加速度误差

$$\delta x_{1P}(t)=\begin{cases}\dfrac{c}{\omega^2-\omega_S^2}\left[(\cos\omega_S t-\cos\omega t)\cos\phi-\left(\dfrac{\omega}{\omega_S}\sin\omega_S t-\sin\omega t\right)\sin\phi\right],\omega\neq\omega_S\\ \dfrac{c}{2\omega_S^2}[\omega_S t\sin\omega_S t\cos\phi+(\omega_S t\cos\omega_S t-\sin\omega_S t)\sin\phi],\omega=\omega_S\end{cases}$$

(5-27)

和

$$\delta x_{3P}(t)=\frac{c}{2\omega_S^2+\omega^2}\left[(\cosh(\sqrt{2}\omega_S t)-\cos\omega t)\cos\phi-\left(\frac{\omega}{\sqrt{2}\omega_S}\sinh(\sqrt{2}\omega_S t)-\sin\omega t\right)\sin\phi\right]$$

(5-28)

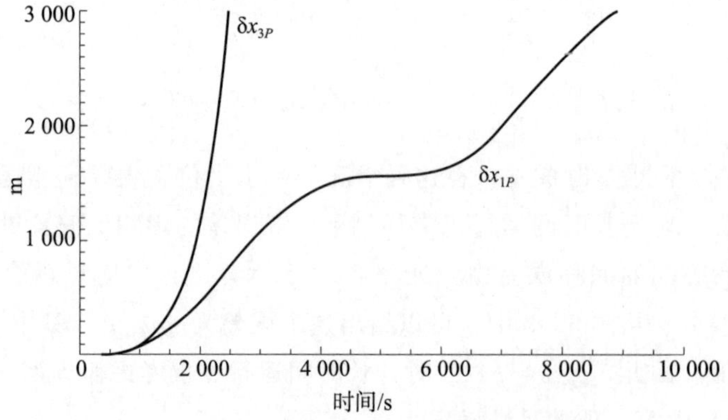

图 5-4　由未知常值陀螺漂移导致的位置误差

在这种情况下，式（5-27）中当 $\omega=\omega_S$ 时发生共振，这时解将无界地增长。也就是说，如果强迫函数包含舒勒频率上的能量，那么将产生误差随幅值线性增长的振荡。如前所述，垂向位置误差在所有的频率上都是无界的增长。图 5-5 显示了式（5-18）如何将一个东向的水平重力分量（$f_2=g_E$）变换成东向的位置误差。该重力曲线图来自于加拿大落基山脉 5 000 m 飞行高度上的区域，其振荡特性在一定程度上反映了位置误差，如式（5-27）第 1 项。

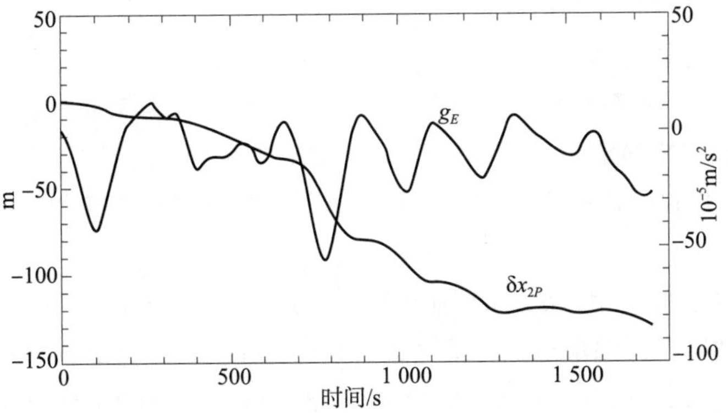

图 5-5　由水平重力分量导致的位置误差

5.3　线性误差方程

我们从 a 系的导航方程（4-77）开始，进行误差动态方程的归一化研究。同前述简化处理方法，我们对这些方程进行扰动法差分变换，依然默认差分符号 δ 和时间微分运算符 d/dt 的可交换性，那么将扰动量作为误差（产生一个线性模型）。式（4-77）的差分扰动变换可以通过下式给出

$$\frac{\mathrm{d}}{\mathrm{d}}\delta\dot{\boldsymbol{x}}^a = -2\delta\boldsymbol{\Omega}_{ia}^a\dot{\boldsymbol{x}}^a - 2\boldsymbol{\Omega}_{ia}^a\delta\dot{\boldsymbol{x}}^a - (\delta\dot{\boldsymbol{\Omega}}_{ia}^a + \delta\boldsymbol{\Omega}_{ia}^a\boldsymbol{\Omega}_{ia}^a + \boldsymbol{\Omega}_{ia}^a\delta\boldsymbol{\Omega}_{ia}^a)\boldsymbol{x}^a$$
$$- (\dot{\boldsymbol{\Omega}}_{ia}^a + \boldsymbol{\Omega}_{ia}^a\boldsymbol{\Omega}_{ia}^a - \boldsymbol{\Gamma}^a)\delta\boldsymbol{x}^a + \delta\boldsymbol{a}^a + \delta\boldsymbol{g} \tag{5-29}$$
$$\frac{\mathrm{d}}{\mathrm{d}t}\delta\boldsymbol{x}^a = \delta\dot{\boldsymbol{x}}^a$$

其中，$\boldsymbol{\Gamma}^a = \partial\boldsymbol{g}^a/\partial\boldsymbol{x}^a$ 为 a 系中引力梯度的张量。扰动量 $\delta\boldsymbol{g}^a$ 称为引力扰动向量。在导航解中，差分 $\delta\boldsymbol{\Omega}_{ia}^a$ 、$\delta\dot{\boldsymbol{\Omega}}_{ia}^a$ 和 $\delta\boldsymbol{a}^a$ 的每一个元素是可能包含速度、位置和方向变量的差分量，类似于敏感加速度和角速率的差分量。

尤其是扰动量 $\delta\boldsymbol{a}$ ，称为敏感加速度在 a 系中表示的误差，不仅表示加速度计的误差，也表示当敏感加速度从传感器坐标系（s 系）变换到 a 系时导致的方向误差。根据第 1.2.3 节讨论的内容，我们在传感器坐标系中分析传感器误差如何影响惯性导航。因此，该推导独立于系统的机械编排，可以同时用于具有明确含义的传感器坐标系的平台式和捷联式系统。传感器坐标系加速度误差 $\delta\boldsymbol{a}^s$ 和角速率误差 $\delta\boldsymbol{\omega}_{is}^s$ 的组成部分可能取决于特定的仪器以及它们的配置方式，见第 3 章。

对关系式 $\boldsymbol{a}^a = \boldsymbol{C}_s^a\boldsymbol{a}^s$ 进行差分变换可得

$$\delta\boldsymbol{a}^a = \delta\boldsymbol{C}_s^a\boldsymbol{a}^s + \boldsymbol{C}_s^a\delta\boldsymbol{a}^s \tag{5-30}$$

此外，从传感器坐标系到 a 系的坐标变换 $\boldsymbol{C}_s^a$ 可以分解为

$$\boldsymbol{C}_s^a = \boldsymbol{C}_i^a\boldsymbol{C}_s^i \tag{5-31}$$

从 i 系到 a 系无误差的坐标变换是否已知取决于 a 系的选择。例如，如果它是 n 系，

那么变换就通过惯性导航系统的位置（纬度和经度）来确定；因为位置坐标是通过惯性导航系统确定的，在这种情况，就不能精确得到坐标变换的值。如果 a 系是指 e 系或者 i 系，变换矩阵 $\boldsymbol{C}_i^a$ 在任何时候都没有误差。在式（5－31）中，从 s 系到 i 系的坐标变换矩阵通过系统陀螺仪的输出来确定，而陀螺仪总是包含传感器误差。所以，除了传感器误差外，$\delta\boldsymbol{a}^a$ 必须包含因陀螺仪输出的角度误差而导致的从 s 系不完全变换的影响，以及在实现 a 系过程中产生的误差的影响。

如前所述捷联系统中计算设置的方向误差，同样适用于稳定平台机械编排。稳定平台的机械编排如果忽略了伺服电机误差，坐标变换矩阵 $\boldsymbol{C}_s^a$ 就完全受机械影响和与捷联系统相同误差的影响。如果 a 系是 n 系，$\boldsymbol{C}_i^n$ 对应于舒勒调谐，舒勒调谐取决于系统已知的位置，$\boldsymbol{C}_s^i$ 本质上对应于使用陀螺仪的稳定性。

在任何一种情况下，差值 $\delta\boldsymbol{C}_s^a$ 均是由 s 系相对于 a 系的方向误差引起的，并且该差值具有动态特点。建立差值动态方程则根据小误差角来表示 $\delta\boldsymbol{C}_s^a$ ，每个坐标轴的小角度向量写为：$\boldsymbol{\psi}^a=(\psi_1^a,\ \psi_2^a,\ \psi_3^a)^{\mathrm{T}}$ 。我们可以将这个向量表示为反对称矩阵的等效形式

$$\boldsymbol{\Psi}^a=\begin{pmatrix}0 & -\psi_3^a & \psi_2^a\\ \psi_3^a & 0 & -\psi_1^a\\ -\psi_2^a & \psi_1^a & 0\end{pmatrix} \tag{5-32}$$

为了与式（1－25）一致，矩阵 $\boldsymbol{I}-\boldsymbol{\Psi}^a$ 描述了从真实的 a 系到有误差计算（或者其他实现方式）的 a 系的小角旋转矩阵。也就是说，计算的（或者机械方式获得的）变换矩阵可以表示为两个变换矩阵的序列，包含一个真实的变换矩阵和一个误差变换矩阵

$$\hat{\boldsymbol{C}}_s^a=(I-\boldsymbol{\Psi}^a)\boldsymbol{C}_s^a \tag{5-33}$$

计算的变换矩阵由带有帽子的符号（“^”）表示，根据定义，尽管包含了误差，但也是正交的。也就是说，计算的变换矩阵是在假定为正交的前提下进行计算（或使用）的。那么，差值矩阵可以写为

$$\begin{aligned}\delta\boldsymbol{C}_s^a&=\hat{\boldsymbol{C}}_s^a-\boldsymbol{C}_s^a\\&=-\boldsymbol{\Psi}^a\boldsymbol{C}_s^a\end{aligned} \tag{5-34}$$

将式（5－34）代入式（5－30），我们可得

$$\begin{aligned}\delta\boldsymbol{a}^a&=\boldsymbol{C}_s^a\delta\boldsymbol{a}^s-\boldsymbol{\Psi}^a\boldsymbol{C}_s^a\boldsymbol{a}^s\\&=\boldsymbol{C}_s^a\delta\boldsymbol{a}^s+\boldsymbol{a}^a\times\boldsymbol{\psi}^a\end{aligned} \tag{5-35}$$

其中，第 2 行遵守反对称矩阵相乘和向量叉乘积的等效原理［见式（1－55）］。需注意，与式（5－35）应用科里奥利原理式（1－70）类似，可以根据原理直接推导出来。

为了建立误差角 $\boldsymbol{\psi}^a$ 类似于式（5－29）微分方程形式的动态特性方程，我们对式(1－68)给出的 $\dot{\boldsymbol{C}}_s^a$ 进行差分变换

$$\begin{aligned}\delta\dot{\boldsymbol{C}}_s^a&=\delta(\boldsymbol{C}_s^a\boldsymbol{\Omega}_{as}^s)\\&=\delta\boldsymbol{C}_s^a\boldsymbol{\Omega}_{as}^s+\boldsymbol{C}_s^a\delta\boldsymbol{\Omega}_{as}^s\end{aligned} \tag{5-36}$$

其中，角速率扰动量 $\delta\boldsymbol{\Omega}_{as}^s$ ，为相应计算值 $\hat{\boldsymbol{\Omega}}_{as}^s$ 的误差

$$\delta\boldsymbol{\Omega}_{as}^{a}=\hat{\boldsymbol{\Omega}}_{as}^{s}-\boldsymbol{\Omega}_{as}^{s} \tag{5-37}$$

对式（5－34）第 2 行进行时间微分，并且使求导结果等于式（5－36）右侧的表达式，得到

$$-\dot{\boldsymbol{\Psi}}^{a}\boldsymbol{C}_{s}^{a}-\boldsymbol{\Psi}^{a}\boldsymbol{C}_{s}^{a}\boldsymbol{\Omega}_{as}^{s}=\delta\boldsymbol{C}_{s}^{a}\boldsymbol{\Omega}_{as}^{a}+\boldsymbol{C}_{s}^{a}\delta\boldsymbol{\Omega}_{as}^{s} \tag{5-38}$$

将式（5－34）中的 $\boldsymbol{\Psi}^{a}\boldsymbol{C}_{s}^{a}$ 代入式（5－38），并且求解 $\boldsymbol{\Psi}^{a}$ ，可得

$$\dot{\boldsymbol{\Psi}}^{a}=-\boldsymbol{C}_{s}^{a}\delta\boldsymbol{\Omega}_{as}^{s}\boldsymbol{C}_{a}^{s} \tag{5-39}$$

根据向量运算，很容易验证上式等效于

$$\dot{\boldsymbol{\psi}}^{a}=-\boldsymbol{C}_{s}^{a}\delta\boldsymbol{\omega}_{as}^{s} \tag{5-40}$$

其中，$\delta\boldsymbol{\omega}_{as}^{s}$ 是 s 系相对于 a 系（以 s 系坐标表示）旋转速率的误差。现在，这很明确地被分为陀螺仪误差和可能的 a 系误差，如下所述。

根据式（1－61），陀螺仪敏感 s 系的惯性速率 $\boldsymbol{\omega}_{is}^{s}$ ，等于 s 系相对于 a 系的旋转速率加上 a 系相对于 i 系旋转速率之和

$$\boldsymbol{\omega}_{is}^{s}=\boldsymbol{\omega}_{ia}^{s}+\boldsymbol{\omega}_{as}^{s} \tag{5-41}$$

对这个公式使用扰动法，将 $\boldsymbol{\omega}_{ia}^{s}=\boldsymbol{C}_{a}^{s}\boldsymbol{\omega}_{ia}^{a}$ 替换可得

$$\begin{aligned}\delta\boldsymbol{\omega}_{is}^{s}&=\delta\boldsymbol{C}_{a}^{s}\boldsymbol{\omega}_{ia}^{a}+\boldsymbol{C}_{a}^{s}\delta\boldsymbol{\omega}_{ia}^{a}+\delta\boldsymbol{\omega}_{as}^{s}\\&=\boldsymbol{C}_{a}^{s}\boldsymbol{\Psi}^{a}\boldsymbol{\omega}_{ia}^{a}+\boldsymbol{C}_{a}^{s}\delta\boldsymbol{\omega}_{ia}^{a}+\delta\boldsymbol{\omega}_{as}^{s}\end{aligned} \tag{5-42}$$

式中第 2 行遵循了式（5－34）的转置，即 $\delta\boldsymbol{C}_{a}^{s}=\hat{\boldsymbol{C}}_{a}^{s}-\boldsymbol{C}_{a}^{s}=(\delta\boldsymbol{C}_{s}^{a})^{\mathrm{T}}$ ，因此

$$\delta\boldsymbol{C}_{a}^{s}=\boldsymbol{C}_{a}^{s}\boldsymbol{\Psi}^{a} \tag{5-43}$$

式中 $\boldsymbol{\Psi}^{a}$ 是反对称矩阵。求解式（5－42）中的 $\delta\boldsymbol{\omega}_{as}^{s}$ ，并将其代入式（5－40）得到从 s 系到 a 系坐标变换角度的误差动态方程

$$\dot{\boldsymbol{\psi}}^{a}=-\boldsymbol{\omega}_{ia}^{a}\times\boldsymbol{\psi}^{a}-\boldsymbol{C}_{s}^{a}\boldsymbol{\delta\omega}_{is}^{s}+\boldsymbol{\delta\omega}_{ia}^{a} \tag{5-44}$$

式中叉乘项与 $\boldsymbol{\Psi}^{a}\boldsymbol{\omega}_{ia}^{a}$ 相同。$\boldsymbol{\psi}^{a}$ 的动态特性取决于指示角速率（译者：陀螺仪输出表示的角速率）中的传感器误差 $\delta\boldsymbol{\omega}_{is}^{s}$ 和表示 a 系相对于 i 系方向误差 $\delta\boldsymbol{\omega}_{ia}^{a}$ ，都是关于 $\boldsymbol{\psi}^{a}$ 线性微分方程中的强迫项。

5.3.1　i 系中的误差动态方程

对于 i 系中的误差动态方程推导如下：将式（5－29）的“ a ”替换为“ i ”，那么

$$\frac{\mathrm{d}}{\mathrm{d}t}\delta\dot{\boldsymbol{x}}^{i}=\boldsymbol{\Gamma}^{i}\delta\boldsymbol{x}^{i}+\delta\boldsymbol{a}^{i}+\delta\boldsymbol{g}^{i} \tag{5-45}$$

式中，由于 $\boldsymbol{\Omega}_{ii}^{i}=\boldsymbol{0}$，因此 $\delta\boldsymbol{\Omega}_{ii}^{i}=\boldsymbol{0}$；$\boldsymbol{\Gamma}^{i}=\partial\boldsymbol{g}^{i}/\partial\boldsymbol{x}^{i}$ 。令 $a\equiv i$ ，将式（5－35）给出的加速度计误差，代入式（5－45）并结合式（5－44），可得

$$\begin{aligned}&\dot{\boldsymbol{\psi}}^{i}=-\boldsymbol{C}_{s}^{i}\delta\boldsymbol{\omega}_{is}^{s}\\&\frac{\mathrm{d}}{\mathrm{d}t}\delta\dot{\boldsymbol{x}}^{i}=\boldsymbol{\Gamma}^{i}\,\delta\boldsymbol{x}^{i}+\boldsymbol{a}^{i}\times\boldsymbol{\psi}^{i}+\boldsymbol{C}_{s}^{i}\delta\boldsymbol{a}^{s}+\delta\boldsymbol{g}^{i}\\&\frac{\mathrm{d}}{\mathrm{d}t}\delta\boldsymbol{x}^{i}=\delta\dot{\boldsymbol{x}}^{i}\end{aligned} \tag{5-46}$$

式（5－46）是在 i 系中的一组误差动态方程，可以矩阵的形式来表述

$$\frac{\mathrm{d}}{\mathrm{d}t}\begin{pmatrix}\boldsymbol{\psi}^i\\ \delta\dot{\boldsymbol{x}}^i\\ \delta\boldsymbol{x}^i\end{pmatrix}=\begin{pmatrix}\mathbf{0} & \mathbf{0} & \mathbf{0}\\ [\boldsymbol{a}^i\times] & \mathbf{0} & \boldsymbol{\Gamma}^i\\ \mathbf{0} & \boldsymbol{I} & 0\end{pmatrix}\begin{pmatrix}\boldsymbol{\psi}^i\\ \delta\dot{\boldsymbol{x}}^1\\ \delta\boldsymbol{x}^i\end{pmatrix}+\begin{pmatrix}-\boldsymbol{C}_s^i & \mathbf{0} & \mathbf{0}\\ \mathbf{0} & \boldsymbol{C}_s^i & \boldsymbol{I}\\ \mathbf{0} & \mathbf{0} & \mathbf{0}\end{pmatrix}\begin{pmatrix}\delta\boldsymbol{\omega}_{is}^s\\ \delta\boldsymbol{a}^s\\ \delta\boldsymbol{g}^i\end{pmatrix} \tag{5－47}$$

式中，$\boldsymbol{I}$ 是 3×3 的单位矩阵；$\mathbf{0}$ 是 3×3 的零矩阵。$[\boldsymbol{a}^i\times]$ 是 3×3 的反对称矩阵，其元素来自于向量 $\boldsymbol{a}^i$ ：

$$[\boldsymbol{a}^i\times]=\begin{pmatrix}0 & -a_3^i & a_2^i\\ a_3^i & 0 & -a_1^i\\ -a_2^i & a_1^i & 0\end{pmatrix} \tag{5－48}$$

式（5－47）是一组在 i 系的方向误差、速度误差和位置误差的齐次线性微分方程。

5.3.2　e 系中的误差动态方程

在 e 系中的误差动态方程，同理，令 $\delta\boldsymbol{\omega}_{ie}^e=\mathbf{0}$（并且 $\dot{\boldsymbol{\omega}}_{ie}^e=\mathbf{0}$），式（5－29）中的速度扰动量在当 $a\equiv e$ 时变为

$$\frac{\mathrm{d}}{\mathrm{d}t}\delta\dot{\boldsymbol{x}}^e=-2\boldsymbol{\Omega}_{ie}^e\delta\dot{\boldsymbol{x}}^e-(\boldsymbol{\Omega}_{ie}^e\boldsymbol{\Omega}_{ie}^e-\boldsymbol{\Gamma}^e)\delta\boldsymbol{x}^e+\delta\boldsymbol{a}^e+\delta\boldsymbol{g}^e \tag{5－49}$$

式中，$\boldsymbol{\Gamma}^e=\partial\boldsymbol{g}^e/\partial\boldsymbol{x}^e$ 。将式（5－35）代入式（5－45）并结合式（5－44），我们可以获得在 e 系中完整的误差动态方程

$$\begin{aligned}&\dot{\boldsymbol{\psi}}^e=-\boldsymbol{\Omega}_{ie}^e\boldsymbol{\psi}^e-\boldsymbol{C}_s^e\delta\boldsymbol{\omega}_{is}^s\\ &\frac{\mathrm{d}}{\mathrm{d}t}\delta\dot{\boldsymbol{x}}^e=-2\boldsymbol{\Omega}_{ie}^e\delta\dot{\boldsymbol{x}}^e-(\boldsymbol{\Omega}_{ie}^e\boldsymbol{\Omega}_{ie}^e-\boldsymbol{\Gamma}^e)\delta\boldsymbol{x}^e+\boldsymbol{a}^e\times\boldsymbol{\psi}^e+\boldsymbol{C}_s^e\delta\boldsymbol{a}^s+\delta\boldsymbol{g}^e\\ &\frac{\mathrm{d}}{\mathrm{d}t}\delta\boldsymbol{x}^e=\delta\dot{\boldsymbol{x}}^e\end{aligned} \tag{5－50}$$

以矩阵的形式表达，式（5－50）变为

$$\frac{\mathrm{d}}{\mathrm{d}t}\begin{pmatrix}\boldsymbol{\psi}^e\\ \delta\dot{\boldsymbol{x}}^e\\ \delta\boldsymbol{x}^e\end{pmatrix}=\begin{pmatrix}-\boldsymbol{\Omega}_{ie}^e & 0 & 0\\ [\boldsymbol{a}^e\times] & -2\boldsymbol{\Omega}_{ie}^e & -(\boldsymbol{\Omega}_{ie}^e\boldsymbol{\Omega}_{ie}^e-\boldsymbol{\Gamma}^e)\\ 0 & \boldsymbol{I} & 0\end{pmatrix}\begin{pmatrix}\boldsymbol{\psi}^e\\ \delta\dot{\boldsymbol{x}}^e\\ \delta\boldsymbol{x}^e\end{pmatrix}+\begin{pmatrix}-\boldsymbol{C}_s^e & 0 & 0\\ 0 & \boldsymbol{C}_s^e & \boldsymbol{I}\\ 0 & 0 & 0\end{pmatrix}\begin{pmatrix}\delta\boldsymbol{\omega}_{is}^s\\ \delta\boldsymbol{a}^s\\ \delta\boldsymbol{g}^e\end{pmatrix} \tag{5－51}$$

在 i 系、e 系或者后面介绍的 n 系的每一种情况，如果仪表误差和引力扰动量是已知的，误差的时间历程都可以在给定的初始条件下通过积分相对应的微分方程来确定。式（5－47）和式（5－51）等号右边系数矩阵所需要的量来自惯性导航系统的输出，即敏感的加速度 $\boldsymbol{a}^s$ ，当为捷联机械编排时，系数矩阵所需的量从变换矩阵 $\boldsymbol{C}_s^a$ 形式的积分角速率（参见第 4.2.3.1 节）中获得。如果仪表误差和重力扰动量是未知的，仅能得到齐次解，可以提供一些有效的信息；参见第 5.4 节。对这些误差更为系统的最优估计研究是第 7 章的主要目的。

需要注意，在不同坐标系下的误差动态方程是相互一致的，即在每一个坐标系中从动

态方程获得的误差向量可以通过适当的变换矩阵（例如 $\boldsymbol{\psi}^e = \boldsymbol{C}_i^e \boldsymbol{\psi}^i$ ）转换到另外的任意坐标系中。研究动态方程的坐标系选择取决于导航坐标系的选择，导航坐标系确定了系统的（数字的）机械编排，或者处理惯性测量单元数据提供导航信息的方式。但是，误差向量幅值不会因坐标不同而发生变化。

为了说明可能考虑的替换方案，我们注意到在 e 系中误差动态方程坐标比 n 系中的误差动态方程（见第 5.3.3 节）简单不少。实际上，对于短期的导航和定位，可能需要 GPS 全球定位系统定位的辅助，完全适用于 e 系中的方程。然而，对于长时间的导航，n 系坐标可以通过机械方式或者计算方式很快将不稳定的垂向通道与更加稳定的水平通道区分开来，见第 5.2 节所述。所以，尽管表达式很复杂，却代表了分析惯性导航系统误差更加直观的方案。

5.3.3　n 系中的误差动态方程

在 n 系中主要是构建相对于测地学坐标（ϕ，λ，h）误差动态方程，对应于导航方程（4-102）和式（4-103）。由于式（4-85）$\boldsymbol{v}^n$ 的特殊定义，我们不必采用式（5-29），而直接对导航方程式（4-91）进行扰动法求出速度误差方程

$$\frac{\mathrm{d}}{\mathrm{d}t}\delta \boldsymbol{v}^n = -\delta(\boldsymbol{\Omega}_{in}^n + \boldsymbol{\Omega}_{ie}^n)\boldsymbol{v}^n - (\boldsymbol{\Omega}_{in}^n + \boldsymbol{\Omega}_{ie}^n)\delta \boldsymbol{v}^n + \delta \boldsymbol{a}^n + \bar{\boldsymbol{\Gamma}}^n \delta \boldsymbol{p}^n + \delta \bar{\boldsymbol{g}}^n \tag{5-52}$$

其中，引力加速度和离心力加速度（由于地球速率导致）组合在一起，如式（4-89）中所示，来形成重力变化量 $\delta\bar{\boldsymbol{g}}^n$（由于离心加速度部分已知，只考虑误差项，$\delta\bar{\boldsymbol{g}}^n = \delta \boldsymbol{g}^n$ ）。确定重力梯度矩阵为 $\bar{\boldsymbol{\Gamma}}^n = \partial \bar{\boldsymbol{g}}^n / \partial \boldsymbol{p}^n$ 。这里使用另外的特殊符号 $\delta \boldsymbol{p}^n$ ，来表示沿着 n 系坐标轴的位置向量的差分［比照式（4-97）］

$$\delta \boldsymbol{p}^n = \begin{pmatrix} (M+h)\delta\phi \\ (N+h)\cos\phi\delta\lambda \\ -\delta h \end{pmatrix} \tag{5-53}$$

差分 $\delta\bar{\boldsymbol{g}}^n$ ，在给定的重力模型中作为误差量，是已知的重力扰动向量（参见第 6.6 节）。重力梯度 $\bar{\boldsymbol{\Gamma}}^n$ 的解释需要非常慎重，因为根据定义，n 系近似地绕重力向量旋转；将在推导的最后一部分进行阐述。

根据测地学坐标，$\boldsymbol{v}^n$ 的差分可以通过式（4-97）获得

$$\delta \boldsymbol{v}^n = \begin{pmatrix} (\delta M + \delta h)\dot{\phi} + (M+h)\delta\dot{\phi} \\ (\delta N + \delta h)\cos\phi\dot{\lambda} + (N+h)(\cos\phi\delta\dot{\lambda} - \sin\phi\dot{\lambda}\delta\phi) \\ -\delta\dot{h} \end{pmatrix} \tag{5-54}$$

其时间导数是

$$\frac{\mathrm{d}}{\mathrm{d}t}\delta\boldsymbol{v}^n=\begin{pmatrix}(\delta\dot{M}+\delta\dot{h})\dot{\phi}+(\dot{M}+\dot{h})\delta\dot{\phi}+(\delta M+\delta h)\ddot{\phi}+(M+h)\delta\ddot{\phi}\\(\delta\dot{N}+\delta\dot{h})\dot{\lambda}\cos\phi+(\dot{N}+\dot{h})(\delta\dot{\lambda}\cos\phi-\dot{\lambda}\delta\phi\sin\phi)\\+(\delta N+\delta h)(\ddot{\lambda}\cos\phi-\dot{\lambda}\dot{\phi}\sin\phi)\\+(N+h)((\delta\ddot{\lambda}-\dot{\lambda}\dot{\phi}\delta\phi)\cos\phi-(\ddot{\lambda}\delta\phi+\delta\dot{\lambda}\dot{\phi}+\dot{\lambda}\delta\dot{\phi})\sin\phi)\\-\delta\ddot{h}\end{pmatrix}\tag{5-55}$$

通过式（1－81）、式（1－82）、式（4－94）和式（4－95）得出

$$\begin{aligned}&\delta N=e'^2M\sin\phi\cos\phi\delta\phi\\&\delta M=3e'^2\frac{M^2}{N}\sin\phi\cos\phi\delta\phi\\&\dot{N}=e'^2M\sin\phi\cos\phi\dot{\phi}\\&\dot{M}=3e'^2\frac{M^2}{N}\sin\phi\cos\phi\dot{\phi}\\&\delta\dot{N}=e'^2N\left\{\left[1+\left(1-\frac{3M}{2N}\right)\sin^2\phi\right]\dot{\phi}\delta\phi+\cos\phi\sin\phi\delta\dot{\phi}\right\}\\&\delta\dot{M}=3e'^2\frac{M^2}{N}\left\{\left[1+\left(4-\frac{M}{N}(6+e'^2\cos^2\phi)\right)\sin^2\phi\right]\dot{\phi}\delta\phi+\cos\phi\sin\phi\delta\dot{\phi}\right\}\end{aligned}\tag{5-56}$$

式中，e' 是椭球的第二偏心率，同式（4－117）中的 e'。对于地球，$e'^2\approx 0.007$，因此差分量 δN、δM、$\delta\dot{N}$、$\delta\dot{M}$ 以及 $\dot{N}\delta\dot{\lambda}$、$\dot{M}\delta\dot{\phi}$ 都是二阶（或更高阶）量。在系统动态方程的线性扰动量中可以忽略不计。同理近似，曲率的主要半径 N 和 M，可以由高斯平均半径代替，高斯平均半径定义为在特定纬度 ϕ 上椭球曲率半径的地平经度平均值

$$\begin{aligned}R_\phi&=\frac{1}{2\pi}\int_0^{2\pi}\frac{NM}{N\cos^2\alpha+M\sin^2\alpha}\mathrm{d}\alpha\\&=\sqrt{NM}\\&=M(1+e'^2\cos^2\phi)^{1/2}=N(1+e'^2\cos^2\phi)^{-1/2}\end{aligned}\tag{5-57}$$

使用这些近似，式（5－54）和式（5－55）的差分变为

$$\delta\boldsymbol{v}^n=\begin{pmatrix}\delta h\dot{\phi}+(R_\phi+h)\delta\dot{\phi}\\\delta h\cos\phi\dot{\lambda}+(R_\phi+h)(\cos\phi\delta\dot{\lambda}-\sin\phi\dot{\lambda}\delta\phi)\\-\delta\dot{h}\end{pmatrix}\tag{5-58}$$

和

$$\frac{\mathrm{d}}{\mathrm{d}t}\delta\boldsymbol{v}^n=\begin{pmatrix}\delta\dot{h}\dot{\phi}+\dot{h}\delta\dot{\phi}+\delta h\ddot{\phi}+(R_\phi+h)\delta\ddot{\phi}\\\delta\dot{h}\dot{\lambda}\cos\phi+\dot{h}(\delta\dot{\lambda}\cos\phi-\dot{\lambda}\delta\phi\sin\phi)+\delta h(\ddot{\lambda}\cos\phi-\dot{\lambda}\dot{\phi}\sin\phi)\\+(R_\phi+h)[(\delta\ddot{\lambda}-\dot{\lambda}\dot{\phi}\delta\phi)\cos\phi-(\ddot{\lambda}\delta\phi+\delta\dot{\lambda}\dot{\phi}+\dot{\lambda}\delta\dot{\phi})\sin\phi]\\-\delta\ddot{h}\end{pmatrix}\tag{5-59}$$

以测地学坐标差分和它们的时间导数来表述式（5－52）中速度扰动量的完整表达式。对于角速率，我们从式（4－100）中可得

$$\delta(\boldsymbol{\Omega}_{in}^{n}+\boldsymbol{\Omega}_{ie}^{n})=\begin{pmatrix}0 & \delta\dot{\lambda}\sin\phi+(\dot{\lambda}+2\omega_{e})\cos\phi\delta\phi & -\delta\dot{\phi}\\ -\delta\dot{\lambda}\sin\phi-(\dot{\lambda}+2\omega_{e})\cos\phi\delta\phi & 0 & -\delta\dot{\lambda}\cos\phi+(\dot{\lambda}+2\omega_{e})\sin\phi\delta\phi\\ \delta\dot{\phi} & \delta\dot{\lambda}\cos\phi-(\dot{\lambda}+2\omega_{e})\sin\phi\delta\phi & 0\end{pmatrix} \tag{5-60}$$

如前所述，扰动量 $\delta\boldsymbol{a}^{n}$ 包括方向误差。如果 $\boldsymbol{\psi}^{n}$ 表示真实的 n 系和包含误差大地坐标确定的坐标系之间小角度向量，那么从式（5－35）可得

$$\delta\boldsymbol{a}^{n}=\boldsymbol{C}_{s}^{n}\delta\boldsymbol{a}^{s}+\boldsymbol{a}^{n}\times\boldsymbol{\psi}^{n} \tag{5-61}$$

同样，这些方向误差的动态方程可以通过微分方程式（5－44）来表示

$$\dot{\boldsymbol{\psi}}^{n}=-\boldsymbol{\omega}_{in}^{n}\times\boldsymbol{\psi}^{n}-\boldsymbol{C}_{s}^{n}\delta\boldsymbol{\omega}_{is}^{s}+\delta\boldsymbol{\omega}_{in}^{n} \tag{5-62}$$

其中，从式（1－89）可得

$$\delta\boldsymbol{\omega}_{in}^{n}=\begin{pmatrix}\delta\dot{\lambda}\cos\phi-(\dot{\lambda}+\omega_{e})\delta\phi\sin\phi\\ -\delta\dot{\phi}\\ -\delta\dot{\lambda}\sin\phi-(\dot{\lambda}+\omega_{e})\delta\phi\cos\phi\end{pmatrix} \tag{5-63}$$

我们将所有的位置误差、速度误差和方向误差组合为一个包含 9 个分量的向量

$$\boldsymbol{\varepsilon}^{n}=\begin{pmatrix}\psi_{1}^{n} & \psi_{2}^{n} & \psi_{3}^{n} & \delta\dot{\phi} & \delta\dot{\lambda} & \delta\dot{h} & \delta\phi & \delta\lambda & \delta h\end{pmatrix}^{\mathrm{T}} \tag{5-64}$$

同样，系统误差和其他强迫项（在这种情况下是重力扰动向量）被集合成一个向量

$$\boldsymbol{u}=\begin{pmatrix}\delta\boldsymbol{\omega}_{is}^{s}\\ \delta\boldsymbol{a}_{s}\\ \delta\bar{\boldsymbol{g}}^{n}\end{pmatrix} \tag{5-65}$$

为了以矩阵的形式表达整个误差动力学方程，我们将式（4－97）、式（4－100）、式（5－58）、式（5－59）、式（5－60）代入式（5－52）中。同理，代入式（5－63）和式（1－89）后重新整理式（5－62）。经过几步整理，与式（5－51）类似并且包括式（5－52）和式（5－62）的结果，得出如下

$$\frac{\mathrm{d}}{\mathrm{d}t}\boldsymbol{\varepsilon}^{n}=\boldsymbol{F}^{n}\boldsymbol{\varepsilon}^{n}+\boldsymbol{G}^{n}\boldsymbol{u} \tag{5-66}$$

其中，根据 $r=R_{\phi}+h$，$\dot{l}_{1}=\dot{\lambda}+\omega_{e}$ 和 $\dot{l}_{2}=\dot{\lambda}+2\omega_{e}$，我们可得

$$
\boldsymbol{F}^n = \begin{bmatrix}
0 & -\dot{l}_1\sin\phi & \dot{\phi} & 0 & \cos\phi & 0 & -\dot{l}_1\sin\phi & 0 & 0 \\
\dot{l}_1\sin\phi & 0 & \dot{l}_1\cos\phi & -1 & 0 & 0 & 0 & 0 & 0 \\
-\dot{\phi} & -\dot{l}_1\cos\phi & 0 & 0 & -\sin\phi & 0 & -\dot{l}_1\cos\phi & 0 & 0 \\
0 & \dfrac{-a_3^n}{r} & \dfrac{a_2^n}{r} & \dfrac{-2\dot{h}}{r} & -\dot{l}_1\sin 2\phi & \dfrac{-2\dot{\phi}}{r} & \bar{\Gamma}_{11}^n - \dot{\lambda}\dot{l}_2\cos 2\phi & \bar{\Gamma}_{12}^n\cos\phi & \dfrac{\ddot{\phi} + \dfrac{1}{2}\dot{\lambda}\dot{l}_2\sin 2\phi + \bar{\Gamma}_{13}^n}{-r} \\
\dfrac{a_3^n}{r\cos\phi} & 0 & \dfrac{-a_1^n}{r\cos\phi} & -2l_1\tan\phi & 2\left(\dot{\phi}\tan\phi - \dfrac{\dot{h}}{r}\right) & \dfrac{-2\dot{l}_1}{r} & \begin{matrix} 2\dot{l}_1\left(\dot{\phi} + \dfrac{\dot{h}\tan\phi}{r}\right) \\ +\ddot{\lambda}\tan\phi + \bar{\Gamma}_{21}^n\sec\phi \end{matrix} & \bar{\Gamma}_{22}^n & \dfrac{2\dot{\phi}\dot{l}_1\tan\phi - \ddot{\lambda} - \dfrac{\bar{\Gamma}_{23}^n}{\cos\phi}}{r} \\
a_2^n & -a_1^n & 0 & 2r\dot{\phi} & 2r\dot{l}_1\cos^2\phi & 0 & -r\dot{\lambda}\dot{l}_2\sin 2\phi - r\bar{\Gamma}_{31}^n & -r\cos\phi\bar{\Gamma}_{32}^n & \dot{\phi}^2 + \dot{\lambda}\dot{l}_2\cos^2\phi + \bar{\Gamma}_{33}^n \\
0 & 0 & 0 & 1 & 0 & 0 & 0 & 0 & 0 \\
0 & 0 & 0 & 0 & 1 & 0 & 0 & 0 & 0 \\
0 & 0 & 0 & 0 & 0 & 1 & 0 & 0 & 0
\end{bmatrix}
\tag{5-67}
$$

和

$$\boldsymbol{G}^n=\begin{pmatrix}-\boldsymbol{C}_s^n & \boldsymbol{0} & \boldsymbol{0}\\ \boldsymbol{0} & \boldsymbol{D}^{-1}\boldsymbol{C}_3^n & \boldsymbol{D}^{-1}\\ \boldsymbol{0} & \boldsymbol{0} & \boldsymbol{0}\end{pmatrix}\tag{5-68}$$

矩阵 $\boldsymbol{D}$ 将角度变化的位置误差和速度误差转换为线性测量，并且反转垂直轴（方向）

$$\boldsymbol{D}=\begin{pmatrix}M+h & 0 & 0\\ 0 & (N+h)\cos\phi & 0\\ 0 & 0 & -1\end{pmatrix}\approx\begin{pmatrix}r & 0 & 0\\ 0 & r\cos\phi & 0\\ 0 & 0 & -1\end{pmatrix}\tag{5-69}$$

在式（5－67）给定的矩阵 $\boldsymbol{F}^n$ 和式（5－69）给定的 $\boldsymbol{D}$ 中，“0”是标量的数字零；在式（5－68）中，“**0**”表示一个 3×3 的零矩阵。注意，包含在测量学坐标位置误差的微分方程可以简化为

$$\frac{\mathrm{d}}{\mathrm{d}t}\begin{pmatrix}\delta\phi\\ \delta\lambda\\ \delta h\end{pmatrix}=\begin{pmatrix}\delta\dot{\phi}\\ \delta\dot{\lambda}\\ \delta\dot{h}\end{pmatrix}\tag{5-70}$$

但是，在 e 系中速度和位置误差，$\delta\boldsymbol{v}^n$ 与 $\mathrm{d}(\delta\boldsymbol{p}^n)/\mathrm{d}t$ 是密切相关的。

$\boldsymbol{F}^n$ 和 $\boldsymbol{G}^n$ 是 9×9 的矩阵。$\boldsymbol{F}^n$ 称为系统的纯惯性动态矩阵。通常，除 $\bar{\Gamma}_{33}{}^n$ 外的重力梯度向量，因为是小量，或者相较于对应矩阵元素中的速度乘积，对结果的影响很小，都可以忽略不计。所以，如果 n 系坐标轴总是很好的与当地铅垂线和水平面的切线重合，那么在这个移动的坐标系中将不存在重力向量的水平分量，并且其水平梯度也将消失。

实际的 n 系是相对于椭球法线（也随着运载体运动）来定义的。椭球法线和铅垂线间的方向差异称为垂线偏差；通常幅度为几个角秒的量级，在崎岖的地形上一般有数十个角秒，最大可达到 1 arcmin。因此重力的水平分量的幅度是几个 10^{-4} m/s^2 的量级，在山区的地形，这个值会更大。所以，假设标称重力向量是沿着椭球的法线方向，水平重力梯度是重力扰动分量的梯度，范围一般可达数十 Eötvös，在崎岖地形下可达1 000 E(10^{-6} s^{-2})或者更大。大梯度值具有局部性和随机性的特点，通常不会明显影响导航误差的动力学特性。动态矩阵中，具有长周期系统影响的梯度是 $\bar{\Gamma}_{33}{}^n$（～3.1×10^{-6} s^{-2}）。$\bar{\Gamma}_{33}{}^n$ 是垂直方向总重力的垂向梯度分量，在方程中对垂直方向的速度误差起作用，主要造成惯性导航系统垂向通道中误差的快速增长。

5.4　近似分析

使用近似分析研究当地水平坐标误差动态方程具有指导意义。如果没有其他形式衰减，不考虑导航时间长于 10 min 情况，因为垂直通道的不稳定，我们将研究限制在水平分量上。根据 n 系坐标的速度，根据等效的方程式（5－52），以及式（5－60），对于速度不是很大（≤200 m/s）的情况，$\delta(\boldsymbol{\Omega}_{in}^n+\boldsymbol{\Omega}_{ie}^n)\boldsymbol{v}^n$ 为 10^{-5} m/s^2 的量级，通常被加速度计误

差和平台倾斜（或者陀螺漂移）导致的加速度误差 $\delta \boldsymbol{a}^n$ 掩盖［见式（5－61）］。对于较小的速度，运载体的角速率 $\boldsymbol{\Omega}_{en}^n$ 通常小于地球自转的角速率 $\boldsymbol{\Omega}_{ie}^n$ ，所以式（5－52）等号右边的第 2 项可以忽略。因此，初步分析，如果运载体相对于地球的速度很小（≤200 m/s），我们可以设定地球参考速度为 0 的情况表示误差动态特性。

使用 $\boldsymbol{v}^n=\boldsymbol{0}$（因此 $\dot{\phi}=0,\dot{\lambda}=0$），忽略重力梯度项，那么式（5－52）中水平分量的等式就变为

$$
\begin{aligned}
\frac{\mathrm{d}}{\mathrm{d}t}\delta v_N &= -2\omega_e \sin\phi \delta v_E + \bar{g}\psi_E + \delta a_{AN} + \delta \bar{g}_N \\
\frac{\mathrm{d}}{\mathrm{d}t}\delta v_E &= 2\omega_e \sin\phi \delta v_N + 2\omega_e \cos\phi \delta v_D - \bar{g}\psi_N + \delta a_{AE} + \delta \bar{g}_E
\end{aligned}
\tag{5-71}
$$

其中式（5－61）也使用 $\boldsymbol{a}^n \approx (0 \quad 0 \quad -\bar{g})^{\mathrm{T}}$ 替换。变量的下标 N，E，D 指 n 系的方向。此外，我们使用了特殊的符号

$$
\delta \boldsymbol{a}_A = \boldsymbol{C}_s^n \delta \boldsymbol{a}^s \tag{5-72}
$$

来识别在传感器坐标系中产生的加速度计误差向量，但是在 n 系中，$\delta \boldsymbol{a}_A = (\delta a_{AN} \quad \delta a_{AE} \quad \delta a_{AD})^{\mathrm{T}}$ 。

从式（5－58）中（使用 $\dot{\phi}=0,\dot{\lambda}=0$）也可得

$$
\delta \dot{\phi} = \frac{\delta v_N}{R+h},\quad \delta \dot{\lambda} = \frac{\delta v_E}{(R+h)\cos\phi} \tag{5-73}
$$

不考虑已经取的近似值，式（5－73）中的曲率半径 R 为是常量。

方程（5－71）通过式（5－62）耦合为方向误差，专门用于零速度情况

$$
\begin{aligned}
\dot{\psi}_N &= -\omega_e \sin\phi \psi_E + \frac{\delta v_E}{R+h} - \omega_e \sin\phi \delta\phi - \delta\omega_{GN} \\
\dot{\psi}_E &= \omega_e \sin\phi \psi_N - \frac{\delta v_N}{R+h} + \omega_e \cos\phi \psi_D - \delta\omega_{GE} \\
\dot{\psi}_D &= -\omega_e \cos\phi \psi_E - \frac{\tan\phi \delta v_E}{R+h} - \omega_e \cos\phi \delta\phi - \delta\omega_{GD}
\end{aligned}
\tag{5-74}
$$

其中式（5－63）和式（5－73）用于表示 $\delta \boldsymbol{\omega}_{in}^n$ 。在传感器坐标系中产生的陀螺误差向量在 n 系的坐标可另表示为

$$
\delta \boldsymbol{\omega}_G = \boldsymbol{C}_s^n \delta \boldsymbol{\omega}_{is}^s \tag{5-75}
$$

式中，$\delta \boldsymbol{\omega}_G = (\delta\omega_{GN} \quad \delta\omega_{GE} \quad \delta\omega_{GD})^{\mathrm{T}}$ 。

式（5－71）、式（5－73）和式（5－74）的描述示意，如图 5－6 所示，包含 g 和 $1/r$ 的舒勒回路解释了惯性导航误差中的反馈机制。显然，速度的交叉耦合导致了在频率 $\omega_e \sin\phi$［参见式（5－84）］上的傅科振荡。

或者，假设零速度，通过式（5－59）（仍令 $\dot{\phi}=0,\dot{\lambda}=0$），我们可以将式（5－71）中水平速度差分的导数写为（角度）位置坐标二阶导数的差分

$$
\delta \ddot{\phi} = \frac{\frac{\mathrm{d}}{\mathrm{d}t}\delta v_N}{R_\phi + h},\delta \ddot{\lambda} = \frac{\frac{\mathrm{d}}{\mathrm{d}t}\delta v_E}{(R_\phi + h)\cos\phi} \tag{5-76}
$$

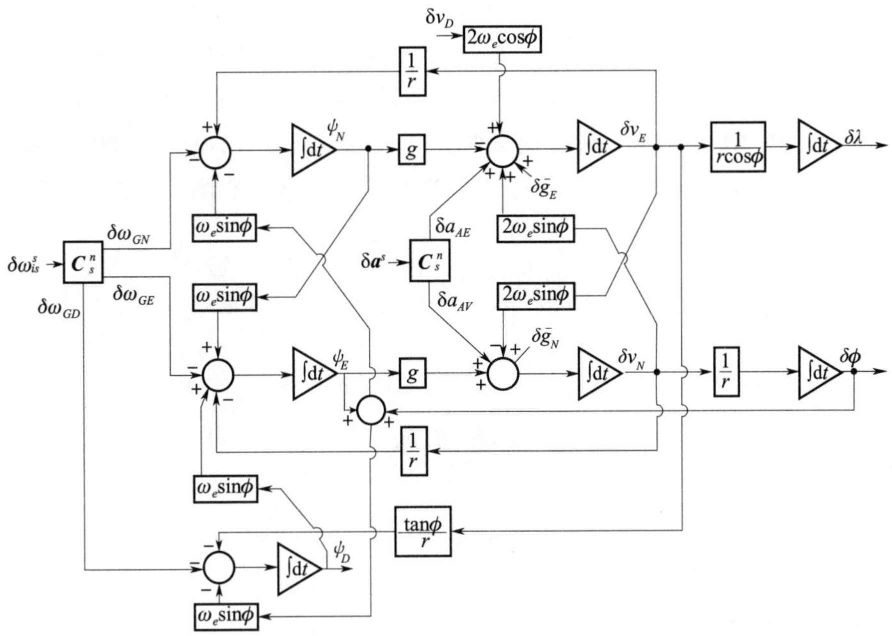

图 5-6　在零速度的近似情况下 n 系中的误差动态特性示意图

将式（5-71）代入式（5-76），并且使用式（5-73）来消除北向和东向速度变量来获得位置的二阶差分方程

$$r\delta\ddot{\phi}+r\omega_e\sin2\phi\delta\dot{\lambda}-\bar{g}\psi_E=\delta a_{AN}+\delta\bar{g}_N$$

$$r\cos\phi\delta\ddot{\lambda}-2r\omega_e\sin\phi\delta\dot{\phi}+\bar{g}\psi_N=\delta a_{AE}+\delta\bar{g}_E+2\omega_e\cos\phi\delta v_D \tag{5-77}$$

式中，$r=R_\phi+h$。将位置误差微分方程式（5-74）加入方程中，重新整理并根据经度和纬度的速率将方程写为

$$\begin{aligned}&\dot{\psi}_N+\omega_e\sin\phi\psi_E-\cos\phi\delta\dot{\lambda}+\omega_e\sin\phi\delta\phi=-\delta\omega_{GN}\\&\dot{\psi}_E-\omega_e\sin\phi\psi_N-\omega_e\cos\phi\psi_D+\delta\dot{\phi}=-\delta\omega_{GE}\\&\dot{\psi}_D+\omega_e\cos\phi\psi_E+\sin\phi\delta\dot{\lambda}+\omega_e\cos\phi\delta\phi=-\delta\omega_{GD}\end{aligned} \tag{5-78}$$

基于速度误差的式（5-71）、式（5-74）和基于位置误差的式（5-77）、式（5-78），这两组方程都能非常好地解释误差动力学特性。

在式（5-77）[或者式（5-71）]中，倾斜（水平）误差 ψ_N 和 ψ_E 直接积分成位置（分别为纬度和经度）误差或者相对应的速度误差。此外，倾斜误差和相应的加速度计误差 δa_{AE}、δa_{AN} 作为强迫项加到线性组合中效果相同。从估计的角度，两种类型的误差通常无法分开。

5.4.1　加速度计和陀螺仪误差的影响

当运载体静止时，稳定平台通过加速度计的输出完成初始调平（即通过确保每个输入轴与平台平行的加速度输出是 0 而使平台达到“水平”，参见第 8 章“初始化和标定”）。

从图 5－7，根据加速度计敏感重力反应的事实，可知正的加速度计偏置误差导致平台向下倾斜偏离水平方向，因此加速度计拾取该反应而拉起重力以消除加速度计的偏置。也就是说，理论上稳定平台是根据加速度计的输出完成调平，但实际是因为加速度计包含误差。北向加速度计，最终是 1 轴向 3 轴方向倾斜，并且绕东向轴（2 轴）的倾斜误差是负值；东向加速度计，2 轴向 3 轴倾斜，表示绕北向轴的倾斜误差是正值。因此，我们可得

$$\delta a_{AN_{\text{bias}}} = -\bar{g}\psi_{E_{\text{accel. bias}}}$$
$$\delta a_{AE_{\text{bias}}} = \bar{g}\psi_{N_{\text{accel. bias}}} \tag{5-79}$$

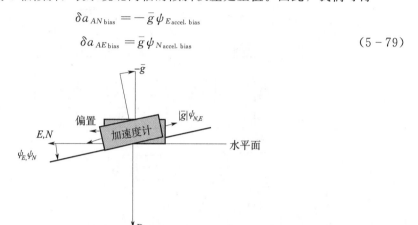

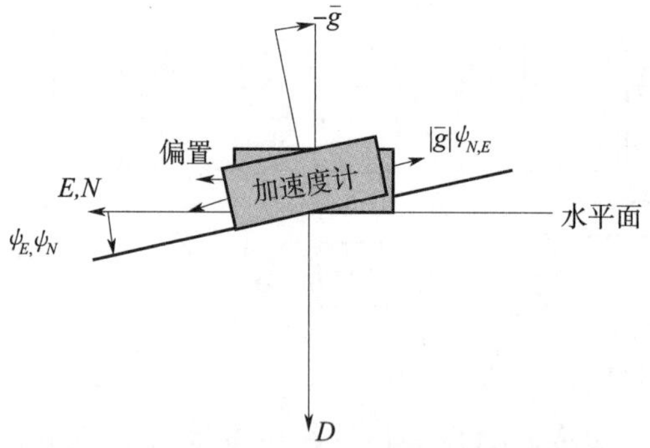

图 5－7　加速度计输出偏置导致的平台偏离

需要强调的是，符号 $\psi_{E_{\text{accel. bias}}}$ 和 $\psi_{N_{\text{accel. bias}}}$ 是仅由加速度计偏置误差引起的独立倾斜。总的倾斜误差包含了其他误差项，例如来自于陀螺仪的误差。式（5－77）或者式（5－71）中的两个方程表明，一个加速度计初始偏置误差对位置的影响可以通过后面的平台倾斜误差来抵消。只要加速度计的偏置误差保持恒定，并且平台是指北的当地水平稳定平台，也就是说只要加速度计的偏置在 n 系中保持恒定，式（5－79）便成立。当地水平指北机械编排的另外一个优点是，其能够持续消除由于加速度计恒定的偏置误差对位置和速度的影响。

在捷联机械编排中，平台的"调平"是通过计算来完成的，但是最初产生的效果是一样的。但是，当运载体开始运动并且改变航向，加速度计就改变相对于 n 系的方向（所以在 n 系中，偏置误差不再是常值）；最终的"倾斜误差"不再抵消加速度计偏置。另外，倾斜和加速度计误差在一定程度上可以分离。所以，运载体特定的机动给捷联系统陀螺仪和加速度计偏置估计提供了条件，因为随着时间的变化，系统在 n 系中要经历不同的误差线性组合（参见第 8.3.3 节）。

另外一个特点是，误差动态方程式（5－78）中的方位误差 ψ_D 本质上不能从东向陀螺漂移误差 $\delta\omega_{GE}$ 中分离出来（在很短的时间间隔内）。所以，标定东向陀螺误差需要参考精确的方位。此外，因为方位误差仅影响东向的调平误差，参考式（5－71）和式（5－74），向下（指向地）的陀螺误差 $\delta\omega_{GD}$ 通过方位误差 ψ_D 仅弱耦合到速度误差，$\delta\omega_{GD}$ 不容易标定（例如使用速度信息）。只有北向陀螺误差 $\delta\omega_{GN}$ 通过北向倾斜误差直接进入东向速度。所以，精确标定陀螺仪至少要允许每只陀螺仪依次在指北的位置（详见第 8 章）。

5.4.2　垂向速度和位置误差的影响

如前述，长期纯惯性导航是不可能的（见第 5.2 节）。此外，垂向位置和垂向速度中的未知误差耦合到水平位置和速度误差中，如纯惯性误差动态矩阵式（5－67）所示。特别是在北向和东向加速度计误差上，垂向速度误差的敏感度通过矩阵 $\boldsymbol{F}^n$ 的（4，6）和（5，6）元素给出

$$\frac{r\partial\ddot{\phi}}{\partial\dot{h}}=-2\dot{\phi},\quad \frac{r\cos\phi\partial\ddot{\lambda}}{\partial\dot{h}}=-2\cos\phi(\dot{\lambda}+\omega_e) \tag{5-80}$$

垂向位置误差相对应的敏感度（忽略重力梯度项）为

$$\begin{aligned}\frac{r\partial\ddot{\phi}}{\partial h}&=-\ddot{\phi}+\dot{\lambda}(\dot{\lambda}+2\omega_e)\sin\phi\cos\phi\\ \frac{r\cos\phi\partial\ddot{\lambda}}{\partial h}&=2\dot{\phi}\sin\phi(\dot{\lambda}+\omega_e)-\ddot{\lambda}\cos\phi\end{aligned} \tag{5-81}$$

如果地球表面运载体的北向速度约为 200 m/s，那么 $\dot{\phi}\approx 3.1\times10^{-5}$ rad/s 。垂向速度误差 $\delta\dot{h}\approx 3.2$ m/s 可以在微分方程中产生一个北向位置误差的强迫项，约为 2×10^{-4} m/s^2 。如果是一个偏置误差，从图 5－2 中可得半个舒勒周期内对位置的最大影响约为 260 m。因为地球的旋转角速率，某些更大的敏感度出现在东向分量上，见式（5－80）。通常，从气压高度计获得的一些形式的阻尼（例如使用卡尔曼滤波器，详见第 7 章）适用于防止速度误差被位置误差严重影响；在低动态的导航中，它不是主要的误差源。

通过数值计算很容易证明，在纬度为 45°并且假定没有持续的角加速度（ $\ddot{\phi}\approx0$，$\ddot{\lambda}\approx0$），仅当高度位置误差为 40～50 km 时，产生常值强迫项的幅值为 2×10^{-4} m/s^2 ，垂向位置误差敏感度实际上是不存在的。然而，这个分析是基于线性位置误差测量的基础上，不包括角度未知坐标转换的影响。式（4－144）就是对后一部分最好的说明，例如高度误差 δh 对经度的影响是 $v_N\delta h\Delta t/r^2$ 。500 m 高度误差产生 2″/h 的纬度误差，不过在很多情况下，这不是一个重要的误差源。

5.4.3　重要的误差模式

我们将式（5－77）和式（5－78）的五个微分方程组合为一组线性、一阶的微分方程，向量变量为 $(\psi_N\quad\psi_E\quad\psi_D\quad\delta\dot{\phi}\quad\delta\dot{\lambda}\quad\delta\phi\quad\delta\lambda)^{\mathrm{T}}$，不包括强迫项

$$\frac{\mathrm{d}}{\mathrm{d}t}\begin{pmatrix}\psi_N\\ \psi_E\\ \psi_D\\ \delta\dot{\phi}\\ \delta\dot{\lambda}\\ \delta\phi\\ \delta\lambda\end{pmatrix}=\begin{pmatrix}0 & -\omega_e\sin\phi & 0 & 0 & \cos\phi & -\omega_e\sin\phi & 0\\ \omega_e\sin\phi & 0 & \omega_e\cos\phi & -1 & 0 & 0 & 0\\ 0 & -\omega_e\cos\phi & 0 & 0 & -\sin\phi & -\omega_e\cos\phi & 0\\ 0 & \dfrac{\bar{g}}{r} & 0 & 0 & -\omega_e\sin2\phi & 0 & 0\\ \dfrac{-\bar{g}}{r\cos\phi} & 0 & 0 & 2\omega_e\tan\phi & 0 & 0 & 0\\ 0 & 0 & 0 & 1 & 0 & 0 & 0\\ 0 & 0 & 0 & 0 & 1 & 0 & 0\end{pmatrix}\begin{pmatrix}\psi_N\\ \psi_E\\ \psi_D\\ \delta\dot{\phi}\\ \delta\dot{\lambda}\\ \delta\phi\\ \delta\lambda\end{pmatrix}$$

(5-82)

在零速假设下和不包含高度变量的情况下，方程式（5-82）与式（5-66）相对应的齐次微分方程一致。如第2.3.1节中所述，右边系数矩阵的特征值确定了系统随时间变化的特性。根据式（2-40），通过特征值幅度的平方根给出了这些自然模式的频率。如果 $\boldsymbol{F}_0$ 表示式（5-82）中的系数矩阵，其特征值是辅助矩阵（$\boldsymbol{F}_0-\mu\boldsymbol{I}$）的行列式的根，见式(2-22)

$$\det[\boldsymbol{F}_0-\mu\boldsymbol{I}]=\begin{vmatrix}-\mu & -\omega_e\sin\phi & 0 & 0 & \cos\phi & -\omega_e\sin\phi & 0\\ \omega_e\sin\phi & -\mu & \omega_e\cos\phi & -1 & 0 & 0 & 0\\ 0 & -\omega_e\cos\phi & -\mu & 0 & -\sin\phi & -\omega_e\cos\phi & 0\\ 0 & \dfrac{\bar{g}}{r} & 0 & -\mu & -\omega_e\sin2\phi & 0 & 0\\ \dfrac{-\bar{g}}{r\cos\phi} & 0 & 0 & 2\omega_e\tan\phi & -\mu & 0 & 0\\ 0 & 0 & 0 & 1 & 0 & -\mu & 0\\ 0 & 0 & 0 & 0 & 1 & 0 & -\mu\end{vmatrix}$$

$$=-\mu r^2\cos\phi(\mu^2+\omega_e^2)[\mu^4+2(\omega_S^2+2\omega_e^2\sin^2\phi)\mu^2+\omega_S^4]$$

(5-83)

式中，ω_S 是式（5-11）的舒勒频率，并且 $\bar{g}\approx kM/r^2$。除了0以外，多项式（5-83）中以 μ 为变量的其他的根全部是纯虚数。为0的根对应恒值模式，而虚数根对应振荡模式，其频率为

$$\omega_e,\ \omega_S\pm\omega_e\sin\phi \tag{5-84}$$

式（5-84）中的后一部分的频率是近似值，量级为 $(\omega_e\sin\phi)^2/\omega_S$，并且忽略高阶项。频率 $\omega_e\sin\phi$ 是已知的傅科频率，在45°的纬度上，相应的周期为34 h。所以，系统具有地球旋转和被傅科频率调制的舒勒频率下的自然模式。傅科振荡可以追溯到速度误差的交叉耦合，在式（5-71）（也可见图5-6）中明显可知，最终是由科里奥利效应引起的。

对于时间间隔小于24 h，或者只有几个小时，那么可以忽略地球旋转速率调制的误差。当 $\omega_e=0$ 时，式（5-82）的微分方程简化为

$$\frac{\mathrm{d}}{\mathrm{d}t}\begin{pmatrix}\psi_N\\ \psi_E\\ \psi_D\\ \delta\dot{\phi}\\ \delta\dot{\lambda}\\ \delta\phi\\ \delta\lambda\end{pmatrix}=\begin{pmatrix}0&0&0&0&\cos\phi&0&0\\ 0&0&0&-1&0&0&0\\ 0&0&0&0&-\sin\phi&0&0\\ 0&\dfrac{\bar{g}}{r}&0&0&0&0&0\\ \dfrac{-\bar{g}}{r\cos\phi}&0&0&0&0&0&0\\ 0&0&0&1&0&0&0\\ 0&0&0&0&1&0&0\end{pmatrix}\begin{pmatrix}\psi_N\\ \psi_E\\ \psi_D\\ \delta\dot{\phi}\\ \delta\dot{\lambda}\\ \delta\phi\\ \delta\lambda\end{pmatrix} \tag{5-85}$$

令式（5－83）中的 $\omega_e=0$，则相对应辅助矩阵的行列式如下

$$\det[\boldsymbol{F}_0-\mu\boldsymbol{I}]=-\mu^3r^2\cos\phi(\mu^2+\omega_S^2)^2 \tag{5-86}$$

其中，系统本质上由舒勒振荡模式控制（适于周期为 2～3 h，并且速度小于 200 m/s）。在这两种情况下，式（5－82）和式（5－85）的解表明：式（5－84）给出的振荡模式只有齐次部分。特解通过式（5－77）和式（5－78）右侧的强迫项来确定。

假设 $\omega_e\approx0$ 且 $\dot{\phi}\approx0$，对式（5－78）进行积分得到水平倾斜误差

$$\begin{aligned}\psi_N&=\cos\phi\delta\lambda-\int\delta\omega_{GN}\,\mathrm{d}t,\\ \psi_E&=-\delta\phi-\int\delta\omega_{GE}\,\mathrm{d}t\end{aligned} \tag{5-87}$$

将式（5－87）代入式（5－77），推导出了短时间间隔内位置误差微分方程的误差动态特性，仅为

$$\begin{aligned}r\delta\ddot{\phi}+\bar{g}\delta\phi&=\delta a_{AN}+\delta\bar{g}_N-\bar{g}\int\delta\omega_{GE}\,\mathrm{d}t\\ r\cos\phi\delta\ddot{\lambda}+\bar{g}\cos\phi\delta\lambda&=\delta a_{AE}+\delta\bar{g}_E+\bar{g}\int\delta\omega_{GN}\,\mathrm{d}t\end{aligned} \tag{5-88}$$

如果后一项的加速度扰动量包括加速计误差和倾斜误差，这些（公式）与以前推导出的式（5－8）和式（5－9）一致。注意，尽管垂向的方向误差是北向位置误差强迫项的主要来源，但是在这里不会起明显的作用。在这个程度上来说，式（5－9）或者式（5－88）给出的误差分析就特别简化了。

最后，与周期为 84 min 的舒勒振荡相比，我们考虑更短时间的误差特性，比如 8 min。这种情况忽略舒勒反馈回路，也就是说，忽略式（5－85）前 3 个方程中方向误差与速度误差的耦合。可简单写为

$$\begin{aligned}r\delta\ddot{\phi}&=\delta a_{AN}+\delta\bar{g}_N-\bar{g}\int\delta\omega_{GE}\,\mathrm{d}t\\ r\cos\phi\delta\ddot{\lambda}&=\delta a_{AE}+\delta\bar{g}_E+\bar{g}\int\delta\omega_{GN}\,\mathrm{d}t\end{aligned} \tag{5-89}$$

如初始条件适当，可以直接积分并且独立得到 $r\delta\phi$ 和 $r\cos\phi\delta\lambda$ 。

第6章　随机过程和误差模型

6.1　介绍

在绝大多数的物理系统中，惯性系统中的仪器和传感器产生的数据都包含随机成分。这意味着数据在确定性意义上不能做出完全的描述。通常，这个不可预测的部分中或多或少都会与误差相关联。可以运用概率论和统计学的理论，寻找和使用合理的模型来充分描述系统的行为，特别是误差。一般来说，统计或随机模型可能具有一定的确定性结构，但信号是随机的或与概率有关。模型的选择不是任意的，取决于仪器和传感器具有的随机性类型。与测量系统相关的误差模型及其产生的数据在随机过程理论中有广泛的基础。

要了解随机过程，首先需要熟悉随机变量和概率论。可以引入随机过程定义误差模型。与概率和随机过程相关的理论，读者可以参考文献 Papoulis（1991）和 Maybeck（1979），本文不再作全面介绍。这里只做简要介绍，以便对使用现代数学技术估计惯性导航系统误差进行合理讨论。

6.2　概率论

概率为作用于子集集合（称为事件）的函数，该集合包含一个样本空间，用 π 表示。事件可以是实验的结果（或实现），或因偶然而变化的过程。概率函数的值是度量，代表了一个特定结果（对应于事件）随着实验的重复而发生的比例。根据形式定义，事件 A 的概率 p 记为 $p(A)$，是一个如下的实数

$$0 \leqslant p(A) \leqslant 1 \tag{6-1}$$

并且有 $p(\Pi)=1$。第二个条件是，如果进行了一个实验，一定会出现一个结果（包括“没有结果”）。除了这两个确定概率函数存在的“公理”之外，还需要第三个公理来发展概率论，这就是：互不关联的事件（即相互排斥的事件）组合的概率是单个事件的概率之和。

对于两个事件，可以考虑两个事件都发生的概率，这与第一个事件发生和第二个事件发生的概率的乘积是一样的，前提是第一个事件发生了

$$p(A_1\ \text{和}\ A_2)=p(A_1)p(A_2 \mid A_1) \tag{6-2}$$

后一种概率，记为 $p(A_2 \mid A_1)$，称为条件概率。两个事件中任意一个发生的概率可以表示为

$$p(A_1\ \text{或}\ A_2)=p(A_1)+p(A_2)-p(A_1\ \text{和}\ A_2) \tag{6-3}$$

这里公式右边减去了两个事件同时发生的概率，因为它包含在每一个事件发生的概率中，因此不能被计算两次。如果条件概率并不取决于 A_1 的发生：$p(A_2 \mid A_1) = p(A_2)$，则认为这两个事件是独立的，在这种情况下

$$p(A_2 \text{ 和 } A_1) = p(A_1)p(A_2) \tag{6-4}$$

应关注两种类型的事件：A_1，变量的估计（例如位置坐标）；A_2，相关变量的观测值。假设已知发生估计 A_1 时观测值 A_2 的概率，即 $p(A_2 \mid A_1)$。那么，给定一个特定观察结果（新的）估计的概率，则用条件概率表示为：$p(A_1 \mid A_2)$。利用式（6-2）和直观明显的恒等式 $p(A_2 \text{ 和 } A_1) = p(A_1 \text{ 和 } A_2)$，可以得到

$$p(A_1 \mid A_2) = \frac{p(A_1 \text{ 和 } A_2)}{p(A_2)} = \frac{p(A_1)p(A_2 \mid A_1)}{p(A_2)} \tag{6-5}$$

这就是著名的贝叶斯法则，是利用外部观测值来估计惯性导航系统误差的基础。

惯性导航系统误差具有估计或测量的特定值，这构成了所有此类可能事件集合的样本空间中的一个事件。样本空间是连续的，误差可能在整个实数域或在特定的区间（不一定相连）内取任何实数值。定义另一个函数 X 为随机变量，它为实验的每个结果（例如惯性导航系统误差）分配一个实数，在这种情况下，通常是误差的值。在这个示例中，假设惯性导航系统误差是一个随机变量。随机变量取值（或区间内任意数量的值）的概率是相应事件的概率度量。

因为实数是稠密的，在形式上随机变量 X 取单个实数 x 的概率是无穷小的，或者在极限范围内是 0。根据值域的区间，为了方便推导引入概率密度函数 $f(x)$，有

$$p(x \leqslant X \leqslant x + \mathrm{d}x) = f(x)\mathrm{d}x \tag{6-6}$$

或者，已经给出了随机变量 X 的取值区间 $[a, b]$，根据第三公理

$$p(a \leqslant X \leqslant b) = \int_a^b f(x)\mathrm{d}x \tag{6-7}$$

虽然用 $f(x)$ 来标识随机变量 X 的密度函数，但仅用字母 f 标识的函数是模糊的，因此有时需要带上下标。通常使用包含域变量 x 来简化符号的复杂性。假定，x 的值和前面定义的点坐标不会出现混淆。

可得清楚地表达式为

$$\int_{-\infty}^{\infty} f(x)\mathrm{d}x = 1 \tag{6-8}$$

概率密度函数必须是可积的。通常，假设随机变量如惯性导航系统误差，可以在区间 $(-\infty, \infty)$ 中取任何实值，即使该区间的大部分概率实际上可能为 0。由于任何事件的概率测度总是非负的，因此密度函数必须是非负的：$f(x) \geqslant 0$。密度函数定义了随机变量的概率测度。X 的概率测度的另一种定义是与密度相关的概率分布函数，如下

$$F(x) = p(X \leqslant x) = \int_{-\infty}^{x} f(x')\mathrm{d}x' \tag{6-9}$$

两个随机变量 X 和 Y，都与其密度函数 $f(x)$ 和 $f(y)$ 相关联，可以应用联合密度函数 $f(x, y)$，定义为两个事件发生的联合概率。联合概率分布函数为

$$p(X \leqslant x \text{ 和 } Y \leqslant y) = \int_{-\infty}^{x} \int_{-\infty}^{y} f(x', y') \mathrm{d}x' \mathrm{d}y' \tag{6-10}$$

条件密度为根据条件概率和式（6－2）的类推，有公式

$$f(x, y) = f(x) f(y \mid x) \tag{6-11}$$

此外，如果 X 和 Y 的联合密度是单个密度的乘积，则 X 和 Y 是相互独立的随机变量

$$f(x, y) = f(x) f(y) \tag{6-12}$$

单个密度也称为边际密度函数，是包含其他随机变量的所有可能结果的联合密度。根据式（6－11），有

$$f(x) = \int_{-\infty}^{\infty} f(x, y) \mathrm{d}y \tag{6-13}$$

根据式（6－8），对任意的 x ，有 $\int_{-\infty}^{\infty} f(y \mid x) \mathrm{d}y = 1$。

通常，对于特定的随机变量 X ，其密度函数（或分布函数）为未知项。即使是已知密度函数，也可以方便地根据分布矩来分解密度函数，如同将函数分解为正弦函数的傅里叶级数，或自变量的泰勒级数。一般地，仅需密度的前两个矩就可以充分说明与变量相关的基本概率。在随机变量的取值范围内，一阶矩指定了密度的质心，其定义了随机变量的期望值或平均值

$$\mu_X = \xi(X) = \int_{-\infty}^{\infty} x f(x) \mathrm{d}x \tag{6-14}$$

注意，平均值或期望值是确定的常数，并不是随机变量。令符号 μ_X 表示 X 的均值，当用 ξ 表示一般期望运算符时，表达式为

$$\xi[g(X)] = \int_{-\infty}^{\infty} g(x) f(x) \mathrm{d}x \tag{6-15}$$

式中，$g(x)$ 是随机变量 $g(X)$ 的值。

二阶矩描述了密度从其质心向外扩散的量。通常，二阶矩也称为方差，根据平均值定义

$$\sigma_X^2 = \int_{-\infty}^{\infty} (x - \mu_X)^2 f(x) \mathrm{d}x = \xi[(X - \mu_X)^2] = \xi(X^2) - \mu_X^2 \tag{6-16}$$

方差的平方根 σ_X 称为标准差。图 6－1 给出了一个具有一般平均值和标准偏差的密度函数示例。

将两个随机变量之间的协方差定义为相对于它们的平均值的二阶矩

$$\mathrm{cov}(X, Y) = \xi[(X - \mu_X)(Y - \mu_Y)] = \xi(XY) - \mu_X \mu_Y \tag{6-17}$$

式中

$$\xi(XY) = \int_{-\infty}^{\infty} \int_{-\infty}^{\infty} x y f(x, y) \mathrm{d}x \mathrm{d}y \tag{6-18}$$

这里有 $\mathrm{cov}(X,\ X) = \sigma_X^2$ 。如果两个随机变量满足下面关系式，则两个随机变量是不相关的

$$\mathrm{cov}(X, Y) = 0 \text{ 或 } \xi(XY) = \xi(X)\xi(Y) \tag{6-19}$$

如果 X 和 Y 是独立的随机变量，则 X 与 Y 不相关，如式（6－12）和式（6－18）所示；反之则未必成立。

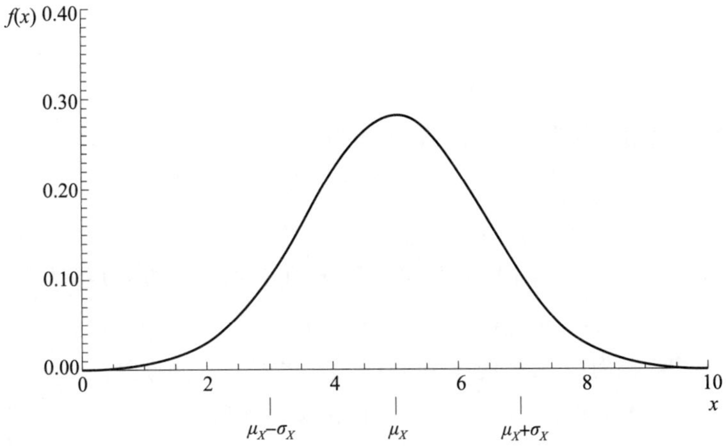

图 6－1　概率密度函数的示例（高斯概率密度函数）

另外，还有条件矩。例如，假设 Y 已知，则 X 的条件均值和条件方差为

$$\mu_{X|Y}=\xi(X\mid Y)=\int_{-\infty}^{\infty}xf(x\mid y)\mathrm{d}x \tag{6-20}$$

和

$$\sigma_{X|Y}^{2}=\xi[(X-\mu_{X|Y})^{2}\mid Y]=\xi(X^{2}\mid Y)-\mu_{X|Y}^{2} \tag{6-21}$$

概率论自然地要扩展到随机变量的向量，作为联合分布的标量随机变量的简单的替代符号。具有 m 维的随机向量变量 $\boldsymbol{X}$ 的联合概率密度是标量函数 $f(\boldsymbol{X})$，$\boldsymbol{X}$ 的均值是这个向量的期望

$$\begin{pmatrix}\xi(X_1)\\ \vdots\\ \xi(X_m)\end{pmatrix}=\int_{-\infty}^{\infty}\cdots\int_{-\infty}^{\infty}\begin{pmatrix}x_1\\ \vdots\\ x_m\end{pmatrix}f(x_1,\cdots,x_m)\mathrm{d}x_1\cdots\mathrm{d}x_m \tag{6-22}$$

或

$$\mu_{\boldsymbol{X}}=\xi(\boldsymbol{X})=\int_{-\infty}^{\infty}\boldsymbol{x}f(\boldsymbol{x})\mathrm{d}\boldsymbol{x} \tag{6-23}$$

将向量的表示方法稍做改动（即 $\int_{-\infty}^{\infty}\mathrm{d}\boldsymbol{x}=\int_{-\infty}^{\infty}\cdots\int_{-\infty}^{\infty}\mathrm{d}x_1\cdots\mathrm{d}x_m$）。那么，利用式（6－13)的推导，可以得出

$$\boldsymbol{\mu}_{\boldsymbol{X}}=\begin{pmatrix}\mu_{X_1}\\ \mu_{X_2}\\ \vdots\\ \mu_{X_m}\end{pmatrix} \tag{6-24}$$

则向量 $\boldsymbol{X}$ 中任意两个随机变量之间的协方差可表示为

$$\mathrm{cov}(X_j,X_k)=\xi[(X_j-\mu_{X_j})(X_k-\mu_{X_k})] \tag{6-25}$$

这些可以组合成 $m\times m$ 阶协方差矩阵 $\boldsymbol{P}_{\boldsymbol{X}}$，显然对角元素是方差

$$\boldsymbol{P}_X=\begin{pmatrix}\mathrm{cov}(X_1,X_1) & \cdots & \mathrm{cov}(X_1,X_m)\\ \vdots & \ddots & \vdots \\ \mathrm{cov}(X_m,X_1) & \cdots & \mathrm{cov}(X_m,X_m)\end{pmatrix} \tag{6-26}$$

随机向量 $\boldsymbol{X}$ 的协方差矩阵是对称的，假设其是非奇异矩阵，可以证明，矩阵也是正定的（可参见 Koch，1987）。可以验证更紧凑的 $\boldsymbol{P}_X$ 表达式为

$$\xi[(\boldsymbol{X}-\boldsymbol{\mu}_X)(\boldsymbol{X}-\boldsymbol{\mu}_X)^{\mathrm{T}}]=\boldsymbol{P}_X=\mathrm{cov}(\boldsymbol{X},\boldsymbol{X}) \tag{6-27}$$

式中，$\boldsymbol{P}_X$ 也称为 $\boldsymbol{X}$ 的自协方差矩阵，随机向量 $\boldsymbol{X}$ 和 $\boldsymbol{Y}$ 的互协方差矩阵可写为

$$\mathrm{cov}(\boldsymbol{X},\boldsymbol{Y})=\xi[(\boldsymbol{X}-\boldsymbol{\mu}_X)(\boldsymbol{Y}-\boldsymbol{\mu}_Y)^{\mathrm{T}}]=[\mathrm{cov}(\boldsymbol{Y},\boldsymbol{X})]^{\mathrm{T}} \tag{6-28}$$

矩阵式（6-28）的对应元素是 $\boldsymbol{X}$ 和 $\boldsymbol{Y}$ 的元素之间的互协方差。对 $\mathrm{cov}(\boldsymbol{X},\boldsymbol{Y})$ 的可逆性不做任何假设，因为其大小取决于 $\boldsymbol{X}$ 和 $\boldsymbol{Y}$ 的维度，实际它很可能不是方阵。

6.2.1 高斯分布

正态分布函数或高斯分布函数是最著名并且常用的概率分布函数，经观察发现，高斯分布函数是许多随机变量，包括惯性导航系统和观测误差的合适模型（或者是其中一部分）。此外，根据抽样理论的中心极限定理（可参见 Dudewicz，1976），无论其分布如何，随着样本的增长，随机变量样本的平均值趋于正态分布，这对许多应用都有重大影响。

对于随机变量，其正态密度函数可表示为

$$f(x)=\frac{1}{\sigma_X\sqrt{2\pi}}\mathrm{e}^{-(1/2)[(x-\mu_X)/\sigma_X]^2} \tag{6-29}$$

式中，σ_X 和 μ_X 分别表示随机变量 X 的标准差和均值，式（6-1）中的密度函数是正态密度函数，我们用下面的符号表示 X 服从相应的均值和方差正态分布

$$X\sim\mathcal{N}(\mu_X,\sigma_X^2) \tag{6-30}$$

根据式（6-29），均值和方差完全定义了密度函数，正态分布随机变量的所有概率（所有高阶矩）完全由均值和方差两个元素决定。此外，如果两个正态分布的随机变量不相关，则它们也互相独立。

同样，我们可以很容易地构造高斯随机向量的泛化。根据式（6-23）和式（6-27）得出由 m 个高斯随机变量构成的向量的均值和协方差矩阵，然后建立联合密度函数公式

$$f(\boldsymbol{x})=\frac{1}{\sqrt{|\boldsymbol{P}_X|}(2\pi)^{m/2}}\mathrm{e}^{-(1/2)[(\boldsymbol{x}-\boldsymbol{\mu}_X)^{\mathrm{T}}\boldsymbol{P}_X^{-1}(\boldsymbol{x}-\boldsymbol{\mu}_X)]} \tag{6-31}$$

式中，$|\boldsymbol{P}_X|$ 是 $\boldsymbol{P}_X$ 的行列式。也可以写成以下形式

$$\boldsymbol{X}\sim\mathcal{N}(\boldsymbol{\mu}_X,\boldsymbol{P}_X) \tag{6-32}$$

除了前述的性质外，正态随机变量还有许多实用的性质，其中特别适用的是：任何正态分布变量的线性组合都是正态分布的，关于该性质的证明可以在相关概率或统计的书中找到（例如 Dudewicz，1976）。此结果可以很容易地扩展到随机向量，因此，根据随机向量

$$\boldsymbol{Z}=\boldsymbol{AX}+\boldsymbol{BY}+\boldsymbol{C} \tag{6-33}$$

式中，$\boldsymbol{A}$ 和 $\boldsymbol{B}$ 是常数矩阵；$\boldsymbol{C}$ 是常数向量，有

$$\boldsymbol{X} \sim \mathcal{N}(\boldsymbol{\mu}_X, \boldsymbol{P}_X), \boldsymbol{Y} \sim \mathcal{N}(\boldsymbol{\mu}_Y, \boldsymbol{P}_Y) \tag{6-34}$$

因此，有

$$\boldsymbol{Z} \sim \mathcal{N}[\boldsymbol{A}\boldsymbol{\mu}_X + \boldsymbol{B}\boldsymbol{\mu}_Y + \boldsymbol{C}, \boldsymbol{A}\boldsymbol{P}_X\boldsymbol{A}^{\mathrm{T}} + \boldsymbol{B}\boldsymbol{P}_Y\boldsymbol{B}^{\mathrm{T}} + \boldsymbol{A}\mathrm{cov}(\boldsymbol{X},\boldsymbol{Y})\boldsymbol{B}^{\mathrm{T}} + \boldsymbol{B}\mathrm{cov}(\boldsymbol{Y},\boldsymbol{X})\boldsymbol{A}^{\mathrm{T}}] \tag{6-35}$$

式中，$\boldsymbol{\mu}_Z$ 和 $\mathrm{cov}(\boldsymbol{Z}, \boldsymbol{Z})$ 的表达式很容易利用式（6-23）和式（6-28）进行验证。这一重要结果对估计惯性导航系统的误差问题具有深远的意义。也就是，如果初始误差是高斯分布函数，而误差变量在时间上是线性变换，那么只需要确定某一时刻误差的均值和协方差就可以确定其在任意时间的概率分布（高斯的）；另见第 7.2.2.1 节。

6.3 随机过程

随机过程是离散或连续的集合，其通常与确定性参数（通常是时间或空间坐标）相关联。如前所述，过程在时间或空间的每一个点上都是一个随机变量。对于给定的时间或空间参数值，随机过程是不可确定的量（其取决于“实验”的结果），此过程称为时间或空间的函数（在本文对于惯性导航系统误差的描述中，时间是确定性参数）。因为在某些情况下，随机过程只有一种出现可能，即每个时间点的实验已经完成，每个对应的随机变量都有一个确定的值。那么实现的过程确实就是时间的函数。在适当的情况下，统计理论仍然允许单一实现中分析过程的随机特性（遍历性，参见第 6.3.3 节）。

用 $X(t)$ 表示随机过程，对于任何特定的时间值，例如 t_k，$X(t_k)$ 是概率密度函数 $f(x_k)$ 的随机变量。图 6-2 显示了离散随机过程的两个实现，其中在任何特定时间，该值都是实验的随机结果。我们关注的随机过程示例，包含在惯性导航系统每个传感器（加速度计和陀螺仪）输出信号的随机误差中。如在式（3-76）和式（3-118）等惯性导航系统误差模型中，误差或在时间上相关，或完全不相关。本章主旨是建立足够的统计模型来描述误差的相关类型和相关度。一般地，模型只是近似值，在现实中可能无法实现，但从实验中，应该有助于对误差进行合理的统计表征。本节介绍了随机过程的基本工作原理。

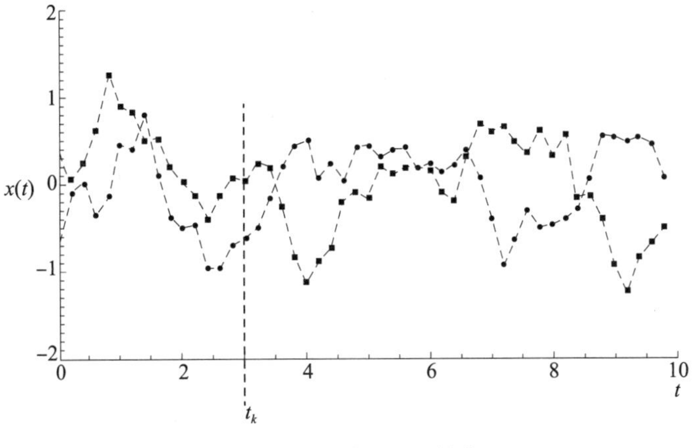

图 6-2 两种随机过程的实现

6.3.1 协方差函数

随机过程的概率处理涉及联合分布的变量，并且该过程包含多个变量。此外，可以确定的是在最一般的情况下，建立或描述过程的完整多元密度函数是不可能的。另一方面，在许多情况下，只需根据一阶和二阶联合密度函数，即过程在任何时刻的边际密度函数和任意两个实例的联合密度函数，就可以获得相当好的过程描述。

因为时间参数是连续的，所以随机变量定义的协方差式（6－17）对于随机过程来说取决于两个时间参数的自协方差函数

$$\ell_X(t_1,t_2)=\xi\{[X(t_1)-\mu_{X_1}][X(t_2)-\mu_{X_2}]\}=\int_{-\infty}^{\infty}\int_{-\infty}^{\infty}(x_1-\mu_{X_1})(x_2-\mu_{X_2})f(x_1,x_2)\mathrm{d}x_1\mathrm{d}x_2 \tag{6-36}$$

其中，μ_{X_1} 和 μ_{X_2} 分别表示过程在 t_1 和 t_2 时的期望值。通常要区分协方差函数和相关函数，后者描述了过程在时间上的内在依赖关系，而没有将变量集中在各自的均值上

$$\Re_X(t_1,t_2)=\xi[X(t_1)X(t_2)] \tag{6-37}$$

目前，最容易建模的过程其概率都不随时间（或空间，如果是确定性参数）变化，这样的随机过程称为平稳过程，过程中任意随机变量子集对应于任意时间坐标集的（边际）联合概率密度函数与时间原点无关。在时间不变的或在时间平移下平稳过程是不变的。那么，在每个时刻 t_k 所有边际密度 $f(x_k)$ 都是相同的，随机变量 $X(t_k)$ 具有相同的概率分布，特别是具有相同的平均值和方差；其次，自协方差函数与时间原点无关，仅取决于过程的两个随机变量的时间间隔 $\tau=t_1-t_2$

$$\ell_X(\tau)=\int_{-\infty}^{\infty}\int_{-\infty}^{\infty}(x_t-\mu_X)(x_{t+\tau}-\mu_X)f(x_t,x_{t+\tau})\mathrm{d}x_t\mathrm{d}x_{t+\tau}\text{（对所有的 }t\text{）} \tag{6-38}$$

式中，μ_X 与时间无关。

过程的严格平稳性要求所有高阶联合概率在时间平移下不变，通常假设广义平稳性将其放宽为一阶和二阶概率。

$\ell_X(0)$ 是平稳过程的方差，协方差是偶函数

$$\ell_X(\tau)=\ell_X(-\tau) \tag{6-39}$$

同样，协方差函数在 $\tau=0$ 时达到其最大值

$$\ell_X(|\tau|)\leqslant\ell_X(0)\text{（对所有的 }\tau\text{）} \tag{6-40}$$

不等式的另一种解释是，$t+\tau$ 时刻与 t 时刻的随机变量间的相关性，始终不会大于变量与其自身的相关性。典型的平稳协方差函数，通常在较小的间隔 τ 内是减小的，如图 6－3 所示在 τ_c 时间段内，方差的协方差显著减小，例如

$$\ell_X(\tau_c)=\frac{1}{2}\sigma_X^2 \tag{6-41}$$

τ_c 称为相关时间，它确定了在近似意义上过程可视为去相关的时间间隔。或者，满足公式 $\ell_X(\tau_c)/\ell_X(0)=e^{-1}$ 的点也用于定义相关时间。通常假设在极限为 $|\tau|\rightarrow\infty$ 的情况下，该过程完全去相关

$$\lim_{|\tau|\to\infty} \ell_X(\tau) = 0 \tag{6-42}$$

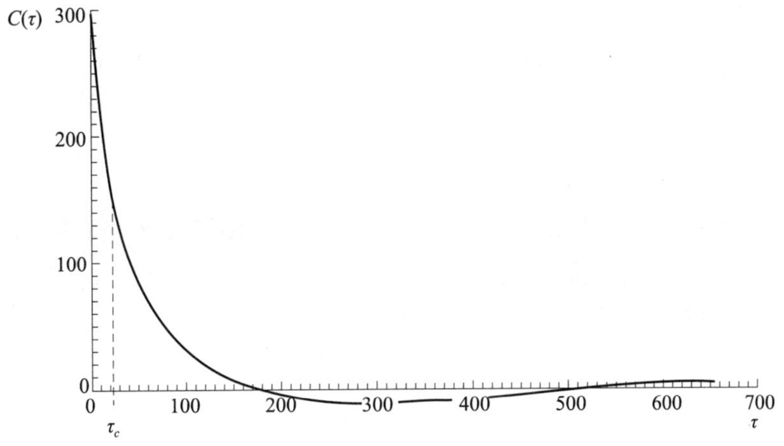

图 6-3　典型的协方差函数

根据定义，协方差函数的概念自然地扩展到多个随机过程。例如，两个平稳过程 $X(t)$ 和 $Y(t)$ 的互协方差函数可以表示为

$$\begin{aligned}\ell_{X,Y}(\tau) &= \xi[(X(t)-\mu_X)(Y(t+\tau)-\mu_Y)] \\ &= \int_{-\infty}^{\infty}\int_{-\infty}^{\infty}(x_t-\mu_X)(y_{t+\tau}-\mu_Y)f(x_t,y_{t+\tau})\mathrm{d}x_t\mathrm{d}y_{t+\tau}\ (\text{对所有的 } t)\end{aligned} \tag{6-43}$$

$\ell_{X,Y}(0)$ 称为这两个过程的互方差。一般来说，互协方差函数既不满足式（6-39）也不满足式（6-40）。同时，为了避免混淆，$\ell_X \equiv \ell_{X,X}$ 应该称为自协方差函数。

同样，通过式（6-28）和式（6-43），可给出平稳随机过程中的两个向量 $\boldsymbol{X}(t)$ 和 $\boldsymbol{Y}(t)$ 之间的互协方差矩阵函数

$$\mathrm{cov}_{\boldsymbol{X},\boldsymbol{Y}}(\tau) = \begin{bmatrix} \ell_{X_1,Y_1}(\tau) & \cdots & \ell_{X_1,Y_n}(\tau) \\ \vdots & \ddots & \vdots \\ \ell_{X_m,Y_1}(\tau) & \cdots & \ell_{X_m,Y_n}(\tau) \end{bmatrix} \tag{6-44}$$

式中，m 和 n 分别表示 $\boldsymbol{X}$ 和 $\boldsymbol{Y}$ 的维度；$\mathrm{cov}_{\boldsymbol{X},\boldsymbol{Y}}(\tau)$ 表示 $m\times n$ 维矩阵函数，其中的特例是自协方差矩阵函数：$\mathrm{cov}_{\boldsymbol{X},\boldsymbol{X}}(\tau)$。

6.3.2　功率谱密度

根据自（或互）协方差函数的组成波形，即其傅里叶变换，非常有助于开展功率谱密度研究。对于平稳过程，自协方差函数 $\ell_X(\tau)$ 的傅里叶变换由式（1-103）给出

$$\Phi_X(f) = \int_{-\infty}^{\infty} \ell_X(\tau)\mathrm{e}^{-\mathrm{i}2\pi f\tau}\mathrm{d}\tau \tag{6-45}$$

这里假设所有频率 f 都存在积分，如果过程去相关足够快，假设就会成立。函数 Φ_X 称为 X 的功率谱密度，单位是协方差函数的单位除以频率单位，对于频率的单位，此时是 [Hz] = [cy/s]。当然，对多重随机过程和向量随机过程的所有扩展也适用。例如，

过程 X 和 Y 的交叉功率谱密度是

$$\Phi_{X,Y}(f)=\int_{-\infty}^{\infty}\ell_{X,Y}(\tau)\mathrm{e}^{-\mathrm{i}2\pi f\tau}\,\mathrm{d}\tau \tag{6-46}$$

从傅里叶逆变换（1-104）可以看出

$$\ell_X(\tau)=\int_{-\infty}^{\infty}\Phi_X(f)\mathrm{e}^{\mathrm{i}2\pi f\tau}\,\mathrm{d}f \tag{6-47}$$

因此，方差等于功率谱密度曲线下的面积。

在某一特定频率上功率谱密度值较大，说明该频率的过程具有较高的相关性；相反，功率谱密度值较小则过程为低相关性。因为协方差函数是关于原点对称的［见式（6-39）］，功率谱密度是一个实函数。此外，可以证明

$$\Phi_X(f)\geqslant 0(\text{对所有的 } f) \tag{6-48}$$

对于交叉功率谱密度，上式不一定成立。

6.3.3 遍历过程

如果平稳过程的协方差函数 $\ell_X(\tau)$ 随 τ 的增加而迅速减小，则该过程会迅速去相关，并且随机变量从一个时间点到下一个时间点的可预测性变差。如果 $\ell_X(\tau)$ 下降缓慢，则过程变化较慢且更可预测。也就是说，给定当前过程的值和协方差函数，可以对近期某个时间的过程进行合理预测，该推断反之亦然。也就是说，如果对平稳过程只有一种认知，即所有时间实例的随机变量的值，那么即使概率密度未知，也应该能够对协方差函数进行相关研究。实际这正是遍历性假设的思想。如果与基础概率相关的过程的统计量（例如均值、方差和高阶矩）等价于从基于时间（基于空间）的平均值得出的相应统计量，则平稳过程是遍历的，即过程的单一实现。

非平稳过程不可能是遍历的，因为根据定义，非平稳性意味着单个实现是许多不同概率的结果，同样，平稳过程并不都是遍历的（参见第 6.5.1 节）。与平稳性同理，在严格意义上和广义上遍历性都有定义，广义遍历性只有过程的一阶和二阶矩可以用它们相应的时间平均值来识别。

与期望算子 ξ 相关的统计量称为集成统计量。现在定义一个类似的算子，平均算子 E，作为时间的函数对已实现的过程进行操作

$$E(\cdot)=\lim_{T\to\infty}\frac{1}{T}\int_{-T/2}^{T/2}(\cdot)\mathrm{d}t \tag{6-49}$$

式中，假设极限存在。在实践中，上述过程仅在有限的时间间隔 T 内实现，并且时间平均值无限接近极限。例如，时间平均值由下式近似给出

$$m_X\equiv E(X)\approx\frac{1}{T}\int_{-T/2}^{T/2}x(t)\mathrm{d}t \tag{6-50}$$

同样，得到时间均值协方差方程如下

$$C_{X,Y}(\tau)=\lim_{T\to\infty}\frac{1}{T}\int_{-T/2}^{T/2}(x(t)-m_X)[y(t+\tau)-m_Y]\mathrm{d}t \tag{6-51}$$

式中包括了时间平均自相关函数的定义。同理，协方差函数只是在此基础上删除了平

均值。

对于广义遍历过程，有

$$\mu_X = m_X, \ell_{X,Y}(\tau) = C_{X,Y}(\tau) \tag{6-52}$$

因此，估计一个或多个已实现过程的（互）协方差函数的一种方法是，对式（6-51）在给定的一组区间 τ 上进行数值估计。即使遍历性成立，经验协方差函数也仅是真实函数的近似值，是在概率密度未知的情况下得到的。

可以证明，实现两个平稳、遍历过程的傅里叶变换乘积与过程的（互）功率谱密度有关。具体可用下式表达

$$\lim_{T\to\infty} E\left\{\frac{1}{T}p[X_T(t)]p[Y_T(t)]^*\right\}) = \Phi_{X,Y}(f) \tag{6-53}$$

式中，每个过程是在一个区间长度 T 内实现的，$[]^*$ 表示复共轭。这一基本关系提供的方法，可以用来估计实现信号的傅里叶变换过程的功率谱密度以及随后的协方差函数（可参见 Brown 和 Hwang，1992；Marple，1987，关于使用任何一种方法的协方差函数的估计）。

6.4 白噪声

如果随机过程 $\mathscr{W}(t)$ 是平稳过程并且任何一组时间实例的随机变量是不相关的，则这个随机过程是（连续的）白噪声过程。那么协方差函数对于任何非零时间间隔 τ 都存在零值。由于平稳性，过程的随机变量也具有相同的均值和方差，假设白噪声过程的均值为 0。如式（6-45）所示，因为协方差为 0（$\tau=0$ 除外），则连续白噪声过程的功率谱密度在所有频率上都为 0。但是，人们希望白噪声过程是具有能量的，从而能够根据振幅区分不同的白噪声过程。解决这个问题的唯一方法是为该过程分配无穷大的方差，以便式（6-45）中的积分具有非零值。

通过 delta 函数 $\delta(t)$ 来完成，函数定义为

$$\delta(t) = 0, t \neq 0, \int_{-\infty}^{\infty} g(t')\delta(t-t')\mathrm{d}t' = g(t) \tag{6-54}$$

对于函数 $g(t)$，当 $t-t'=0$ 时，可以认为 delta 函数是无穷的且式（6-54）中的积分成立。白噪声的协方差函数为

$$\xi(\mathscr{W}(t)\mathscr{W}(t+\tau)) = \ell_{\mathscr{W}}(\tau) = q\delta(\tau) \tag{6-55}$$

式中，q 是常数。根据式（6-45）和式（6-55），白噪声的功率谱密度为常数

$$\Phi_{\mathscr{W}}(f) = \int_{-\infty}^{\infty} q\delta(\tau)\mathrm{e}^{-\mathrm{i}2\pi f\tau}\mathrm{d}\tau = q\mathrm{e}^0 = q (\text{对所有的 } f) \tag{6-56}$$

根据上式，在所有频率下功率谱密度都是相同的常数 q，即所有频率下的功率对过程的贡献相同。通过式（6-54）可知，在上述种情况下 delta 函数的单位是 1/时间，通常用 Hz 表示，因此常数 q 的单位是方差除以赫兹（Hz），与功率谱密度的单位一致。通过式（6-47）和式（6-55）还可得到

$$\int_{-\infty}^{\infty} q\mathrm{e}^{\mathrm{i}2\pi f\tau}\mathrm{d}f = q\delta(\tau) (\text{对所有的 } \tau) \tag{6-57}$$

式（6－57）以复指数积分的形式给出了 delta 函数的定义。将式中的积分变量取反，则证明该函数是对称的

$$\delta(t)=\delta(-t) \tag{6-58}$$

实际上，白噪声是对无法确定相关性信号的一种假定随机过程。然而，白噪声尤其是连续白噪声，理论上方差无穷大，这在实际上无法实现。但是，对随机过程物理性质的合理假设使人们能够近似地使用白噪声概念。例如，对于可能不相关的过程，只假设在最小采样间隔定义的频率之间没有相关性。对于更小的时间间隔（即更高的频率），该过程可能确实是相关的，因此，如果方差是有限的，则根据式（6－45）该过程将产生功率（参考第 6.5.3 节）。

当定义包含离散时间点的随机变量的离散过程时，不存在与连续白噪声相关的问题。从连续白噪声过程到离散白噪声过程的转变可以根据平均过程定义，其中离散随机变量在时间 t_k 的值是连续白噪声过程小区间 Δ_t 上的平均值

$$W(t_k)=\frac{1}{\Delta t}\int_{t_k-\Delta t}^{t_k}\mathscr{W}(t)\,\mathrm{d}t \tag{6-59}$$

将期望算子应用到两边，得到离散白噪声的期望值为

$$\xi[W(t_k)]=\xi[\mathscr{W}(t)] \tag{6-60}$$

根据式（6－36）和式（6－55），可得到方差公式

$$\begin{aligned}\sigma_W^2&=\xi\{[W(t_k)]^2\}=\frac{1}{(\Delta t)^2}\int_{t_k-\Delta t}^{t_k}\int_{t_k-\Delta t}^{t_k}\xi[\mathscr{W}(t)\mathscr{W}(t')]\mathrm{d}t\,\mathrm{d}t'\\&=\frac{1}{(\Delta t)^2}\int_{t_k-\Delta t}^{t_k}\int_{t_k-\Delta t}^{t_k}q\delta(t-t')\mathrm{d}t\,\mathrm{d}t'=\frac{q}{\Delta t}\end{aligned} \tag{6-61}$$

式（6－61）表明离散白噪声过程的方差与相应连续过程的功率谱密度直接相关。需注意，σ_W^2 的单位是方差常用的单位。图 6－4 显示了一个离散白噪声过程的实现（从技术上讲，不可能描述一个连续白噪声过程，这进一步强调了它的抽象特征）。

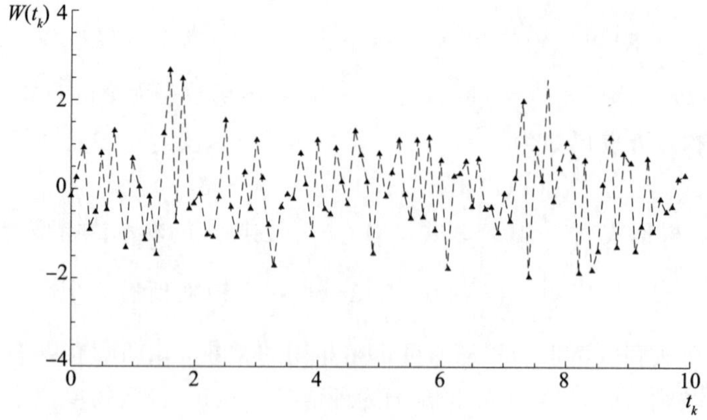

图 6－4　离散白噪声过程的实现

如果白噪声过程中各随机变量的分布是均值为 0 的高斯分布，则称该过程为高斯白噪

声，表示为

$$W_k \sim \mathcal{N}(0, q/\Delta t) \text{ 或 } \mathcal{W} \sim \mathcal{N}(0, q) \tag{6-62}$$

式中，对于连续过程，q 表示功率谱密度的振幅。

6.5 随机误差模型

一些连续随机过程可以通过随机线性微分方程来描述或建模，该方程属于一般的自回归过程。我们将对其中一些被证明在描述惯性导航系统误差方面有用的处理程序进行简要描述（实际上在描述许多物理过程的随机性方面很有用）。可以在 Priestley（1981）中找到对自回归过程的综合处理。

6.5.1 随机常数

随机常数是在所有时间都取常数值的随机过程，但常数是一个随机变量的实现。此过程的微分方程、初始条件可表示为如下形式

$$\dot{X}(t) = 0, \quad X(t_0) = X_0 \tag{6-63}$$

不失一般性，可以假设过程的平均值为 0 即：$\xi(X_0) = 0$。该过程的协方差函数可表示为

$$\ell_X(\tau) = \sigma_X^2 (\text{对所有的 } \tau) \tag{6-64}$$

式中，σ_X^2 是该过程所有随机变量的方差。显然，这个过程是完全相关的，给定该过程在某个时间的值，则可以确定其他所有时刻的值。随机常数虽然是平稳的，但不是一个遍历过程（时间平均的均值不等于整体均值）。根据式（6-45）和式（6-57），随机常数的功率谱密度是 delta 函数，写为

$$\Phi_X(f) = \sigma_X^2 \delta(f) \tag{6-65}$$

式中，delta 函数的单位是［1/Hz］。

加速度计或陀螺仪的输出包含偏差，且每次上电后传感器的偏差可能不同。但根据经验（即来自重复的实验室实验和现场试验），可以了解偏差的方差和均值的情况。这种偏差建模为随机常数，图 6-5 显示了一个随机常数过程的 3 次实现。

6.5.2 随机游走

随机游走是一个由微分方程和初始条件描述的过程

$$\dot{X}(t) = \mathcal{W}(t) \text{ 或者 } X(t) = \int_{t_0}^{t} \mathcal{W}(t')\mathrm{d}t', X(t_0) = 0 \tag{6-66}$$

式中，$\mathcal{W}$ 是一个零均值的白噪声过程，其协方差函数为 $q\delta(t_2 - t_1)$。随机游走的期望值在任何时刻都为 0

$$\xi[X(t)] = \int_0^t \xi[\mathcal{W}(t')]\mathrm{d}t' = 0 \tag{6-67}$$

同样，$X(t)$ 的协方差函数为

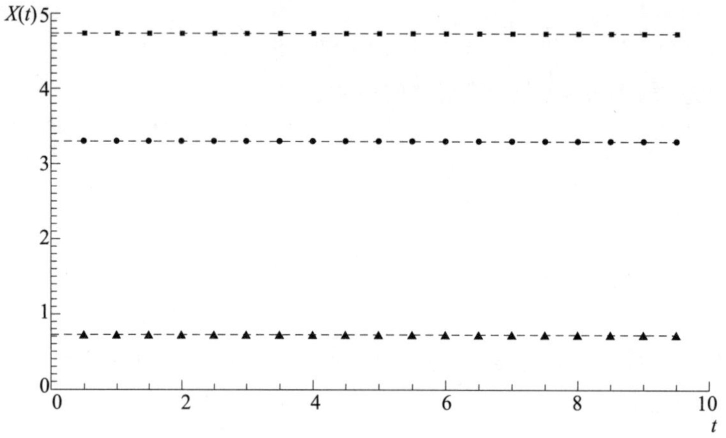

图 6-5 （离散）随机常数随机过程的三种实现

$$\ell_X(t_1,t_2)=\xi[X(t_1)X(t_2)]=\int_{t_0}^{t_2}\int_{t_0}^{t_1}\xi[\mathscr{W}(t'_1)\mathscr{W}(t'_2)]\mathrm{d}t'_1\mathrm{d}t'_2=\int_{t_0}^{t_2}\int_{t_0}^{t_1}q\delta(t'_2-t'_1)\mathrm{d}t'_1\mathrm{d}t'_2$$
$$=\begin{cases}q(t_1-t_0)，如果\ t_2\geqslant t_1>t_0\\ q(t_2-t_0)，如果\ t_1>t_2>t_0\end{cases}\tag{6-68}$$

显然，随机游走是一个非平稳过程。其协方差函数不取决于差值 t_2-t_1，其方差 $\sigma_X^2=\ell_X(t,\ t)=q(t-t_0)$ 随时间线性增长。如果白噪声过程是高斯过程，那么随机游走变量 X 也是高斯过程的变量，因为在对高斯白噪声变量进行积分（求和）的线性运算下会保持高斯性。在这种情况下，该过程称为维纳过程（Wiener process）或布朗运动过程。图 6-6 给出了两种随机游走过程的实现。

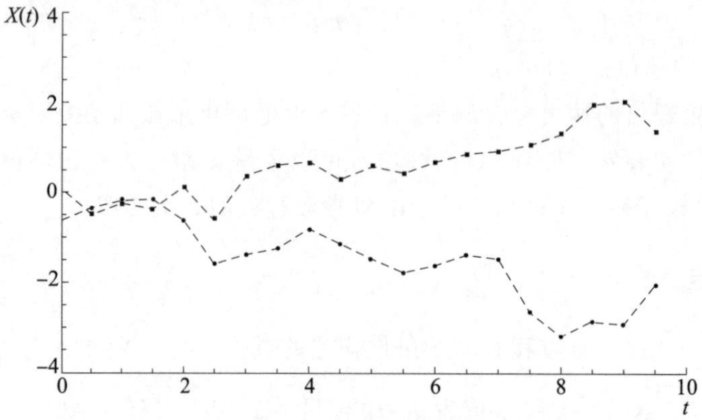

图 6-6 两种随机游走过程的实现

如式（6-68）所示，已明确定义随机游走的协方差函数。因此，与用积分来定义 delta 函数同理［式（6-54）］，常用随机游走过程定义连续白噪声过程。例如，连续高斯白噪声过程的积分就是维纳过程。

因为涉及传感器数据的融合，随机游走过程的例子自然会出现在惯性导航系统中。加速度计输出的白噪声会导致速度误差，这是一个随机游走，同理，由角速率白噪声导致的方向误差，也是随机游走。

6.5.3　高斯-马尔可夫模型

考虑一阶微分方程给出的线性模型

$$\dot{X}(t) = -\beta X(t) + \mathscr{W}(t) \tag{6-69}$$

式中，$\beta \geqslant 0$ 为恒成立的；$\mathscr{W}$ 为零均值的高斯白噪声，其协方差函数为

$$\xi[\mathscr{W}(t_1)\mathscr{W}(t_2)] = 2\sigma^2\beta\delta(t_2 - t_1) \tag{6-70}$$

式中，σ^2 是另一个参数。式（6-69）为式（2-59）特殊的标量函数类型，解由式（2-70）和式（2-58）给出，假设初始条件为式（2-60）

$$X(t) = X_0 e^{-\beta(t-t_0)} + \int_{t_0}^{t} e^{-\beta(t-t')}\mathscr{W}(t')\mathrm{d}t' \tag{6-71}$$

式中，$X(0) = X(t_0)$。

初始条件的设计是为了使过程平稳，其期望值为

$$\xi[X(t)] = X_0 e^{-\beta(t-t_0)} \tag{6-72}$$

经过推导，协方差函数为

$$\ell_X(t_1, t_2) = \sigma^2 e^{-\beta|t_2-t_1|} + (X_0^2 - \sigma^2)e^{-\beta(t_1+t_2-2t_0)} \tag{6-73}$$

如果均值不随时间变化并且协方差仅取决于时间间隔 $t_2 - t_1$，则可保证过程的平稳性。为了满足上述条件，须令 $t_0 \to -\infty$，此时 X_0 的值不重要。也就是如果指定了过程在任意时刻的值（即初始条件），则由式（6-69）定义的过程将不再平稳。

当 $t_0 \to -\infty$ 时，均值为 0，协方差函数为

$$\ell_X(\tau) = \sigma^2 e^{-\beta|\tau|} \tag{6-74}$$

式中，参数 σ^2 表示方差，只考虑非平凡过程，其中 $\sigma^2 > 0$。相应的功率谱密度由式（6-45）和一张积分表得到（可参见 Gradshteyn 和 Rhyzik，1980）

$$\Phi_X(f) = \frac{2\sigma^2\beta}{4\pi^2 f^2 + \beta^2} \tag{6-75}$$

该过程称为一阶高斯-马尔可夫过程，经常用于描述相关信号，式中 β 是定义相关程度的参数。这种情况下的相关时间定义为 $1/\beta$，如果 $1/\beta$ 值很大，则信号与时间高度相关，在极限为 $\beta \to 0$ 时，信号变为随机常数。如果 $1/\beta$ 很小，信号会迅速去相关，对于较低频率信号与白噪声类似。图 6-7（a）、图 6-7（b）分别给出了一阶高斯-马尔可夫过程的协方差和功率谱密度。

可以通过高斯-马尔可夫过程来近似高斯白噪声过程，从而避免具有无穷大方差的物理困难。如果 σ^2 是在大于采样间隔 Δt 的时间内不相关信号的方差，则在式（6-74）中选择 $\beta = 2/\Delta t$ 将产生相关性

$$\frac{\ell_X(\tau)}{\sigma^2} < e^{-2} = 0.14\text{，当 } |\tau| > \Delta t \text{ 时} \tag{6-76}$$

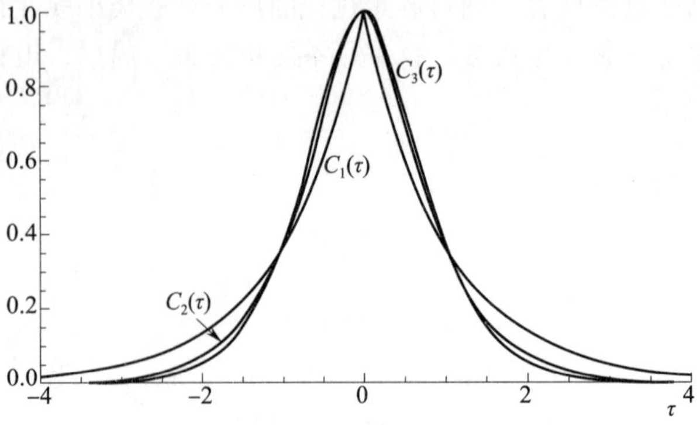

(a) 协方差函数

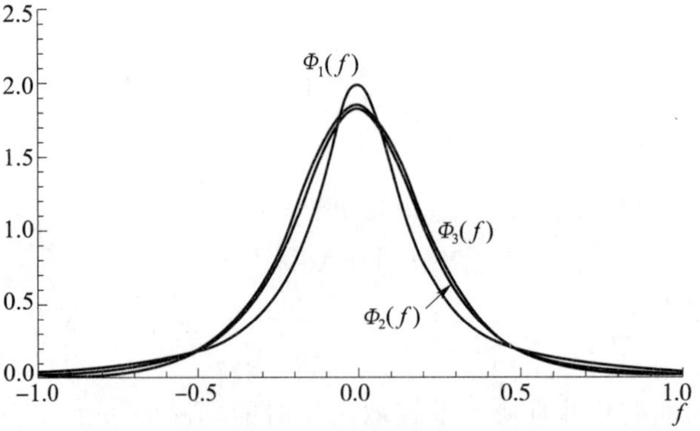

(b) 功率谱密度

图 6-7　一阶、二阶、三阶高斯-马尔可夫过程的协方差函数和功率谱密度

对于频率段 $f < 1/(2\Delta t)$（其右侧极限值称为奈奎斯特频率），功率谱密度“近似平坦”，其幅度为 $\Phi_X(0) \approx \Delta t\sigma^2$。虽然避免了信号的无穷大方差，但一阶高斯-马尔可夫过程的时间导数仍然具有无穷大方差［见式（6-69）］。因此，这个过程在物理上还是无法实现。

与此过程相关的“马尔可夫”的名称来源于这样一个事实，在给定之前所有时刻变量值的情况下任意时刻随机变量的条件概率密度与给定该过程最近值时变量的条件概率相同，这就是马尔可夫过程的性质。高阶（n 阶）马尔可夫过程的条件密度取决于最近的 n 个值。马尔可夫过程通常被严格限定为连续、线性、自回归模型，一般 k 阶模型为

$$X^{(k)}(t) + \alpha_1 X^{(k-1)}(t) + \cdots + \alpha_k X(t) = \mathscr{W}(t) \tag{6-77}$$

式中，$X^{(j)}$ 是 X 的 j 阶导数；α_{k-j} 是常数；$\mathscr{W}$是连续的白噪声。对于离散随机过程在常数 a_j 处的相关离散差分方程为

$$X_l + a_1 X_{l-1} + \cdots + a_{l-k} X_{l-k} = W_l \tag{6-78}$$

式中清晰地显示了 l 阶随机变量对前 k 个变量的依赖，从连续模型推导离散模型的过程，见第 7.4 节。自回归模型的理论本章不再阐述（相关内容可参考 Priestley，1981）。但应当注意，当试图描述在实际情况中遇到的特定随机过程时，有相当多的线性模型可供人们使

用，本章只提到了两个比较常用的模型。相应协方差函数和功率谱密度函数的推导留给读者。

在 Gelb（1974）中，二阶和三阶高斯-马尔可夫模型是基于二阶和三阶线性微分方程，类似于式（6－77），但此处只有一个参数 $\beta \geqslant 0$，对于二阶模型，表达式为

$$\ddot{X}(t)+2\beta\dot{X}(t)+\beta^2X(t)=\mathscr{W}(t) \tag{6-79}$$

白噪声协方差函数为 $\xi[\mathscr{W}(t_1)\mathscr{W}(t_2)]=4\beta^3\sigma^2\delta(t_2-t_1)$，还有另一表达式为

$$\ell_X(\tau)=\sigma^2\mathrm{e}^{-\beta|\tau|}(1+\beta\mid\tau\mid),\quad \Phi_X(f)=\frac{4\beta^3\sigma^2}{(4\pi^2f^2+\beta^2)^2} \tag{6-80}$$

另外，对于三阶模型，表达式为

$$\dddot{X}(t)+3\beta\ddot{X}(t)+3\beta^2\dot{X}(t)+\beta^3X(t)=\mathscr{W}(t) \tag{6-81}$$

此时 $\xi[\mathscr{W}(t_1)\mathscr{W}(t_2)]=\frac{16}{3}\beta^5\sigma^2\delta(t_2-t_1)$。

$$\ell_X(\tau)=\sigma^2\mathrm{e}^{-\beta|\tau|}(1+\beta\mid\tau\mid+\frac{1}{3}\beta^2\tau^2),\quad \Phi_X(f)=\frac{\frac{16}{3}\beta^5\sigma^2}{(4\pi^2f^2+\beta^2)^3} \tag{6-82}$$

图 6－7（a）、图 6－7（b）中给出了二阶和三阶高斯-马尔可夫过程的协方差函数和相应功率谱密度。在每种情况下，都有方差 $\sigma^2=1$，并且调整参数 β 可以产生相同的相关时间 $\tau_c=1$（当 $\ell_X(\tau_c)=\sigma^2\mathrm{e}^{-1}$ 时）。

6.6　重力模型

导航误差动力学方程式（5－29）、式（5－30）和式（5－44）中除了传感器误差 $\delta\boldsymbol{\omega}_{is}^{s}$ 和 $\delta\boldsymbol{a}^{s}$ 之外，还包含假定的地球引力误差 $\delta\boldsymbol{g}^{a}$。n 系的机械编排式（5－52），也可作为重力加速度的误差 $\delta\bar{\boldsymbol{g}}^{n}$，是大地测量学中的传统定义。重力误差是根据假定模型得到的地球重力加速度和实际重力加速度之间的差别。不同于传感器误差，重力误差是在球极坐标或大地坐标中关于位置的函数（如图 1－7 所示，此处不考虑由于潮汐、大气和海洋的大规模运动引起的重力场随时间的变化，这部分变化低于 $1/10^7$），但是，从运动载体来看，重力场及其误差会随着载体的速度变化而随时间变化，如果速度已知，则较容易把位置转换为时间。本文只讨论 n 系机械编排的重力模型和重力误差。对于其他机械编排，可以简单地对 n 系中的模型进行适当转换。

6.6.1　正常重力场

和式（5－5）已经精确到 0.5%一样简单，重力模型忽略了地球自转造成的离心加速度，以及地球椭球形（极向扁率）造成的影响。使用经典势理论，仅需根据四个参数就可确定更精确的模型（可参见 Heiskanen 和 Moritz，1967）。该模型是由一个绕极轴圆对称（如图 1－2 所示）并与地球旋转的扁椭球产生的重力势，椭球面是重力场和离心场叠加产生的等势面（势为常数的面）。这个椭球体称为正常椭球体，相应的重力场称为正常重力场。

按这种方法定义，正常椭球面类似于大地水准面。大地水准面是实际重力场的等势面，其与平均海平面非常接近。事实上，标准椭球的其中一个参数，赤道半径 a，是为了使椭球与大地水准面更加符合。标准椭球与大地水准面间的拟合非常好，因为大地水准面和标准椭球面之间的垂直距离（称为大地水准面波动，或大地水准面高度）仅为几十米，最大值在印度次大陆南部，为－110 m。如图 6－8 所示为大地水准面与正常椭球面的几何关系。

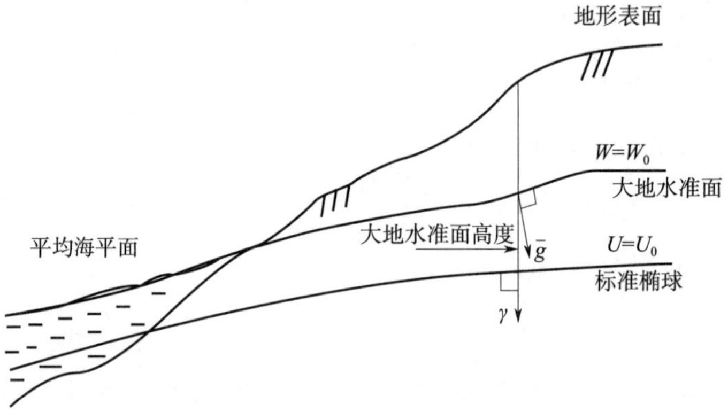

图 6－8　大地水准面、正常椭球面以及实际地形面之间的关系

正常重力场的其他 3 个参数为：地球自转速率 ω_e；物理尺度参数 kM，即包括大气层在内的地球总质量乘以牛顿引力常数；与形状相关的参数，即动态曲率 J_2，是地球极地惯性矩和赤道惯性矩之间的相对差异。这些地球参数值很容易通过天文观测（对于 ω_e）和地球轨道卫星的轨道观测（对于 kM、J_2）来确定。当前采用的正常重力场（normal gravity field），称为 1980 大地参考系统（GRS80；可参见 Torge，1991），由以下常数定义

$$\begin{cases} a = 6\ 378\ 137\ \text{m} \\ J_2 = 1.082\ 63 \times 10^{-3} \\ kM = 3.986\ 005 \times 10^{14}\ \text{m}^3/\text{s}^2 \\ \omega_e = 7.292\ 115 \times 10^{-5}\ \text{rad/s} \end{cases} \tag{6-83}$$

椭球的几何曲率可以从这 4 个参数中推导出来，给出 $f = 1/298.257\ 222\ 101$。

如果采用了式（6－83）中的 4 个参数的值，椭球外任何地方的正常重力势或与正常势相关的任何量都可完全明确定义。势可以用椭球坐标系的封闭形式或传统的球面极坐标系表示为如下级数

$$U(r,\theta) = \frac{kM}{r}\left[1 - \sum_{n=1}^{\infty}\left(\frac{a}{r}\right)^{2n} J_{2n}P_{2n}(\cos\theta)\right] + \frac{1}{2}\omega_e^2 r^2 \sin^2\theta \tag{6-84}$$

式中，P_{2n} 是偶数阶勒让德多项式（Hobson，1965），阶数为 $2n$ 且大于 2 的级数的系数都与给定参数相关

$$J_{2n} = (-1)^{n+1}\frac{3e^{2n-2}}{(2n+1)(2n+3)}\left[(1-n)e^2 + 5nJ_2\right] \tag{6-85}$$

式中，e 是椭球的第一偏心率（$e \approx 0.081\ 8$）。式（6－84）的第 1 部分，括号中的级数，表示引力势（仅由于质量引力），第二部分表示由于地球自转引起的离心势。势的两极和

赤道对称性，反映了标准椭球的几何形状。式（6－85）中的因子 e^{2n-2} 通常只需要级数中的前三或前四项即可获得足够的精度。正常重力（加速度）矢量是正常重力势的梯度

$$\gamma=\nabla U \tag{6-86}$$

式中，∇ 是梯度算子，其在极坐标系中表示为

$$\nabla=\left(\frac{\partial}{r\partial\phi}\quad\frac{\partial}{r\sin\phi\partial\lambda}\quad\frac{\partial}{\partial r}\right)^{\mathrm{T}} \tag{6-87}$$

在标准椭球体上，因为是等势面，势仅在垂直于椭球面的方向上变化。也就是说，场的梯度总是垂直于它的场线，或者垂直于表面。正常重力矢量在椭球上的各点处垂直于标准椭球面，其在椭球面上的大小等于 γ 沿垂线的分量，由 Somigliana 公式给出（可参见 Heiskanen 和 Moritz，1967）

$$\gamma(\phi)=\frac{a\gamma_a\cos^2\phi+b\gamma_b\sin^2\phi}{\sqrt{a^2\cos^2\phi+b^2\sin^2\phi}} \tag{6-88}$$

式中，ϕ 为大地纬度，b 为椭球体的半短轴，γ_a 、γ_b 分别是赤道和极点的正常重力值。这些参数可以从 4 个基本定义常数严格地推导出来，对于 GRS80 模型它们的值为

$$\begin{cases}b=6\ 356\ 752.314\ 1\ \mathrm{m}\\ \gamma_a=9.780\ 326\ 771\ 5\ \mathrm{m/s^2}\\ \gamma_b=9.832\ 186\ 368\ 5\ \mathrm{m/s^2}\end{cases} \tag{6-89}$$

式（6－88）给出的正常重力是一个精确的公式，它只适用于椭球体上的点。对于椭球体上方高度 h 处的点，我们有以下关于 γ 的近似公式（可参见 Heiskanen and Moritz，1967）

$$\gamma(h,\phi)=\gamma(\phi)\left[1-\frac{2}{a}(1+f+m-2f\sin^2\phi)h+\frac{3}{a^2}h^2\right] \tag{6-90}$$

式中

$$m=\frac{\omega_e^2a^2b}{kM} \tag{6-91}$$

在海拔高度 $h=20$ km 处，式（6－90）误差不超过 1.45×10^{-6} $\mathrm{m/s^2}$ ，对于海拔较低的点，误差更小［可参考 NIMA（1997）关于正常重力矢量分量及其在任何高度的大小的精确公式］。在同样的精度下，由式（6－90）给出的 $\gamma(h,\ \phi)$ 也近似于 n 系中正常重力的垂向分量。

对于一定海拔高度的点，由于正常场的等势面并不平行，正常重力矢量 $\boldsymbol{\gamma}$ 仅与椭球体的垂线近似对齐。这种在子午平面内与垂线的偏差，产生了正常重力的（北向）水平分量，其大致由 Heiskanen and Moritz（1967，p. 196）给出

$$\gamma_N(\phi)\approx-8.08\times10^{-6}h_{\mathrm{km}}\sin2\phi\ (\mathrm{m/s^2}) \tag{6-92}$$

式中，h_{km} 是该点的海拔高度，单位为 km。该公式在 20 km 的海拔高度精度优于 $1\times10^{-6}\mathrm{m/s^2}$ ，在较低的海拔高度则更精确。在大多数情况下，该分量远小于实际重力矢量的水平分量 $\bar{g}_N$ 。在更高的海拔高度，它可以表示 $\bar{g}_N$ 的大部分。因此，正常重力矢量在 n 系中表示为

$$\boldsymbol{\gamma}=[\gamma_N\quad0\quad\gamma_D]^{\mathrm{T}} \tag{6-93}$$

式中，$-\gamma_D \approx \gamma(\phi, h)$，其由式（6-90）计算得出。

实际重力势$\boldsymbol{W}$与正常重力势［式（6-84）］之间的差称为扰动势

$$\boldsymbol{T} = \boldsymbol{W} - \boldsymbol{U} \tag{6-94}$$

式（6-94）的梯度是实际重力向量和正常重力向量的差值，称为重力扰动向量

$$\delta \bar{\boldsymbol{g}} = \nabla \boldsymbol{T} = \bar{\boldsymbol{g}} - \boldsymbol{\gamma} \tag{6-95}$$

对重力扰动向量使用传统的δ符号表示，并假设与式（5-52）中使用的重力误差符号不冲突。实际上，导航系统中仅补偿正常重力的重力误差等于重力扰动向量。

根据式（6-93）和式（4-101）给出的n系中的$\bar{\boldsymbol{g}}$，$\delta \bar{\boldsymbol{g}}$可以更准确地表达为

$$\delta \bar{\boldsymbol{g}} = [\bar{g}_N - \gamma_N \quad \bar{g}_E \quad g_D - \gamma_D \quad]^{\mathrm{T}} \tag{6-96}$$

如式（4-102）的推断，如果系统没有对重力进行补偿，则水平惯性导航中的重力误差为$\bar{g}_N$和$\bar{g}_E$。如果基于势理论估计重力扰动分量$\delta \bar{g}_N$和$\delta \bar{g}_E$［例如，使用式（6-94）和重力测量，见式（6-98）和式（6-101）］，来校正惯性导航系统，那么代入式（4-102）的重力补偿为

$$\begin{cases} \hat{\bar{g}}_N = \delta \hat{\bar{g}}_N + \gamma_N \\ \hat{\bar{g}}_E = \delta \hat{\bar{g}}_E \end{cases} \tag{6-97}$$

式中，“^”表示估计量。该补偿对应的误差为重力扰动估计误差（如果忽略则为正常重力的北分量）。

值得注意的是，水平重力分量与垂线偏差的角分量ξ、η相关（见图6-9），对这些角度的一阶表达式为

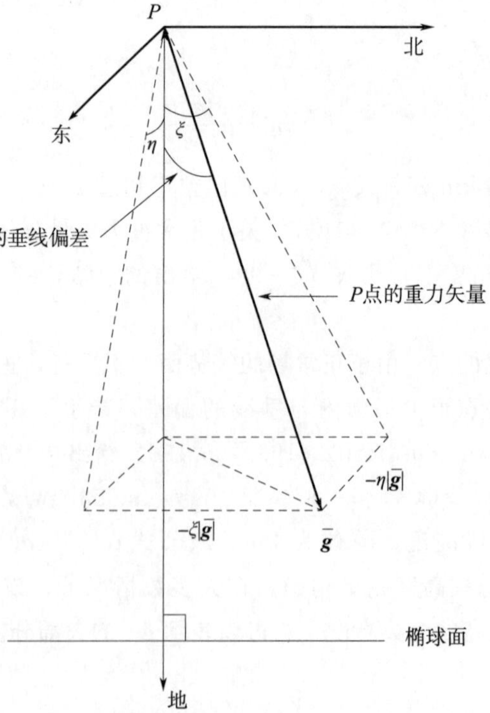

图6-9 垂线偏差

$$\bar{\boldsymbol{g}} \approx [-\xi \bar{g} \quad -\eta \bar{g} \quad \bar{g}]^{\mathrm{T}} \tag{6-98}$$

式中，$\bar{g}$ 是重力的量纲，前两项的符号与垂线偏差的定义一致，即重力向外方向与椭球垂线之间的偏差。因此，对地球表面这些角度的直接观测（使用天文方法确定的纬度和经度）也会产生重力补偿（因为 $\bar{\boldsymbol{g}}$ 的方向随高度变化，仅限于地球表面附近的系统）。

6.6.2　重力模型的确定

目前，全球和区域重力模型以合理甚至相当高的精度近似地球重力场，包括由式（6-96）给出的水平分量。将引力势的全球模型表述为球谐函数的截断级数 $\bar{Y}_{nm}$

$$\hat{V}(r,\theta,\lambda) = \frac{kM}{a}\sum_{n=0}^{n_{\max}}\sum_{m=-n}^{n}\left(\frac{a}{r}\right)^{n+1} C_{nm}\bar{Y}_{nm}(\theta,\lambda) \tag{6-99}$$

式中，$(r,\ \theta,\ \lambda)$ 是球面极坐标；系数 C_{nm} 通过观测地球轨道卫星的轨迹并分析地面重力和卫星测高数据确定（可参见 Nzerem et al，1995）。在式（6-99）中

$$\bar{Y}_{nm}(\theta,\lambda) = \bar{P}_{n|m|}(\cos\theta)\begin{cases}\cos m\lambda\ , m \geqslant 0\\ \sin|m|\lambda\ , m < 0\end{cases} \tag{6-100}$$

式中，$\bar{P}_{nm}$ 是第一类完全归一化的关联勒让德函数（可参见 Heiskanen and Moritz，1967；另见 Abramowitz 和 Stegun，1970，二者归一化略有不同）。序列截断的阶次 $n_{\max}$ 越高，模型可以表示的细节越多或分辨率越高。

所有这些模型都存在由观测误差和缺乏完整的全球数据覆盖引起的误差，阶数 n 越高，模型精度越差，并且需要大量的计算能力来计算任意点的重力分量。最新的模型 EGM96（Lemoine 等，1998）推导至 $n_{\max}=360$ 阶，达到了 50 km 的分辨率。该模型的系数达到了 $(360+1)^2=130\ 321$ 个，模型在重力变化平稳的地区（如美国东部）对重力水平分量的近似能力优于重力变化较大的山区，如图 6-10 所示。

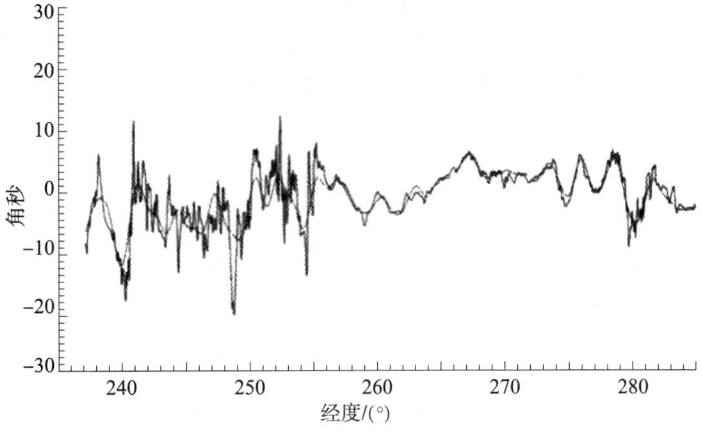

图 6-10　在跨越美国的剖面上以 2 角分分辨率（锯齿线）和根据 EGM96（平滑线）的垂直北向偏转

惯性导航系统对与初始校准点相关的水平重力分量非常敏感，这是因为初始点处加速

度的任何误差，无论是由于加速度计偏差还是对垂线偏差的反应，根据式（5－7）都会被相关的倾斜抵消。因此，惯性系统对试验范围内更多的区域分量，至少在较短的飞行期间较为敏感。由于上述原因和计算成本，导航系统中尚未应用高阶模型。取而代之的是，使用局部和区域重力数据为飞行轨迹的一般区域生成垂线偏差的详细数据库，为惯性导航器提供该数据库和快速插值程序。

局部的垂线偏差可以通过使用 Vening－Meinesz 方程的重力测量确定，Heiskanen and Moritz（1967）中给出公式

$$\begin{Bmatrix}\xi(r,\theta,\lambda)\\ \eta(r,\theta,\lambda)\end{Bmatrix}=\frac{1}{4\pi\gamma}\iint_{\sigma}\Delta g(\theta',\lambda')\frac{\mathrm{d}S(\gamma,\psi)}{\mathrm{d}\psi}\begin{Bmatrix}\cos\alpha\\ \sin\alpha\end{Bmatrix}\mathrm{d}\sigma \tag{6-101}$$

式中，Δg 为重力异常（大地水准面上的重力减去椭球面上的正常重力），大地水准面通过一个半径为 R 的球体近似；σ 表示单位球体；α 为积分点（R，θ'，λ'）相对于计算点（r，θ，λ）的方位角。$S(r,\psi)$ 是斯托克斯函数，其形式如下

$$S(r,\psi)=\frac{2R}{l}+\frac{R}{r}-3\frac{Rl}{r^2}-\frac{R^2}{r^2}\cos\psi\left(5+3\ln\frac{r-R\cos\psi+l}{2r}\right) \tag{6-102}$$

式中，$\cos\psi=\cos\theta\cos\theta'+\sin\theta\sin\theta'\cos(\lambda-\lambda')$，$\psi$ 是（R，θ'，λ'）和（r，θ，λ）间的圆心角；l 是这些点间的距离：$l=\sqrt{r^2+R^2-2rR\cos\psi}$ 。

在粗略导航应用中尽管垂线偏差可以忽略不计，但在精确的自主惯性导航中，即使时间间隔很短，垂线偏差也可能是一个重要的误差源，在短短两到三个小时内达到数百米，如图 5－5 所示。这就是远程军用飞机、导弹和潜艇的精确导航或制导系统中需要详细重力模型的原因。

6.6.3　随机重力模型

将惯性导航系统与一些外部更新信息源进行集成，应可以试图纠正或解释系统固有误差（见第 7 章）。如果没有可用的实际重力数据，水平重力扰动分量被视为误差，可能会有利于将这些分量建模为随机过程。这种情况可以反转并得到一种方法，利用惯性导航系统与 GPS 进行融合，来实际估计随机过程的重力扰动分量（参考第 10.4 节）。随机重力模型也可用于在不同的应用类型下对惯性导航系统误差进行分析。

随机建模的基础实际可以表示为，水平重力扰动分量以类似随机的方式相对于区域平均值波动，其与地形和地壳质量密度大小分布一致。这种对场随机性的解释是从离散最优估计的理论和观点上严格发展起来的（可参见 Moritz，1980）。这种方法在物理大地测量学中称为最小二乘配置法（在更广泛的空间数据统计学科中称为克里金法；可参见 Cressie，1993），成功地用于内插、外推，或从任何有限的重力测量数据中预测场的各种分量，是重力大地测量学的主要原理之一。

目前，已设计出许多形式的随机模型，用于表示场的假定随机性，主要的样例包括：Heller 和 Jordan（1979）、Moritz（1980）、Vassiliou 和 Schwarz（1987）、Forsberg（1987）、Eissfeller 和 Spietz（1989）。在这种情况下，随机过程的确定性参数是空间坐标

而不是时间坐标。这些模型是二维的，代表水平方向上的随机特征，但有些模型在垂直方向上包含了基于势能理论的纯确定性延拓。也就是说，高度上的重力扰动通过卷积积分（泊松积分）严格取决于分布在地球表面的重力扰动。因此，在垂直方向，重力扰动很难被认为是随机变化的。

为了简化建模并将模型应用于估计算法中，如卡尔曼滤波器（详见第 7 章），假设重力扰动场是平稳的。但由于单一实现过程通常容易因粗糙和平滑变化的区域打断，假设可能并不准确。此外，由于不能重复创造地球的实验，必须假设场的遍历性，以便从这一实现中推断出过程的统计数据，例如其协方差函数。通常，需要强调的另一个假设是，协方差函数的各向同性。本质上，任何方位角相关都被忽略，协方差只是点与点之间距离的函数。当然，任何一个或所有这些假设都是大多数随机解释讨论的核心，最终由用户来决定这样建立的方法是否会产生可以接受的结果。

协方差函数可以依据经验给出，基于给定数据的分布和根据式（6－51）或式（6－53）的计算，或者以函数形式建模，通常至少包含两个参数：方差和相关距离。这里的目的不是详细阐述随机重力建模已经发展的复杂性，而只是为了说明模型在使用中可能遇到的一些问题和限制。

如果已知沿轨迹的水平重力扰动分量的方差和相关距离，那么高斯-马尔可夫模型可能是描述沿轨迹相关性的合适选择。可以通过将高斯-马尔可夫模型拟合到经验确定的协方差函数来确定参数（通常假设扰动场的均值为 0；否则应首先减去其非零均值并将其视为已知的偏差）。例如，东向重力扰动分量协方差的三阶高斯-马尔可夫模型可能是

$$\begin{cases} \ell_{\delta\bar{g}_E}(s)=\sigma^2 e^{-\beta|s|}\left(1+\beta\,|\,s\,|+\dfrac{1}{3}\beta^2 s^2\right) \\ \sigma=21.8\times 10^{-5}\,\mathrm{m/s^2} \\ \beta=\dfrac{1}{8\,800}\ \mathrm{m} \end{cases} \tag{6-103}$$

式中，s 是沿轨迹的距离，其可以根据载体的速度转换为时间。该模型的相关距离约为 26 km（见式（6－41））。

然后通过微分方程式（6－81）对东向重力扰动分量进行动力学建模，该方程可以转换为一组一阶方程

$$\frac{\mathrm{d}}{\mathrm{d}t}\begin{pmatrix}\delta\bar{g}_E \\ X_2 \\ X_3\end{pmatrix}=\begin{pmatrix}0 & 1 & 0 \\ 0 & 0 & 1 \\ -(\beta v)^3 & -3(\beta v)^2 & -3\beta v\end{pmatrix}\begin{pmatrix}\delta\bar{g}_E \\ X_2 \\ X_3\end{pmatrix}+\begin{pmatrix}0 \\ 0 \\ \mathscr{W}\end{pmatrix} \tag{6-104}$$

式中，X_2 和 X_3 是中间变量；v 是推测的恒定速度；β 和 σ 的值由式（6－103）给出，并且令 $v=100\ \mathrm{m/s}$，则白噪声如下

$$\xi\,[\mathscr{W}(t)\mathscr{W}(t')]=\frac{16}{3}(\beta v)^5\sigma^2\delta(t-t')=4.8\times 10^{-17}\,[(\mathrm{m^2/s^{10}})/\mathrm{Hz}]\,\delta(t-t') \tag{6-105}$$

另一组具有相应方差和相关距离值的方程组，将用作北向重力分量的模型。这种带有

白噪声激励的线性微分方程，在要建立的线性误差估计算法中，需要将重力分量作为允许的误差过程，见第7章。这种重力扰动场模型人为因素非常大。即使接受随机解释，这个分量既不是线性的，也不是有限阶的（如上模型，其应该是一个三阶过程）。此外，应该注意重力扰动的分量是物理性质的，因此根据假设，它是随机相关的。也就是说，某个点的东向重力分量与距该点一定距离处的垂向和北向分量相关（在该点处，各分量独立）。东向分量的模型式（6-104）与相似的北向分量模型不一致。模型中的自一致性，可以通过扰动势的随机模型式（6-94）确定。由于重力扰动向量是扰动势的梯度，可以通过适当的微分从扰动势模型中推导出前者的随机模型（可参见Jordan，1972；Moritz，1980）。通过这种方式，所有重力扰动分量（和其他高阶导数）都具有相互一致的随机属性。

随着载体轨迹在方位角上旋转，各个分量之间的相关性可能会发生变化。也就是说，虽然可以假设扰动势的协方差函数是各向同性的，但推导出的水平分量的协方差不是各向同性，因此，当载体改变其航向时，可能无法充分模拟其随机运动。显然，由于重力场在垂直维度上具有额外的非随机性质，因此单一的随机模型无法满足在航向或高度上显著变化的轨迹。

如果由此产生的错误模型误差对所需的惯性导航系统的应用没有影响，那么这几个缺点并不排除将重力扰动分量近似为具有实际协方差模型的随机过程。通常可以使用仿真和协方差分析来研究这些影响。

6.7 惯性导航系统误差过程的示例

作为估计惯性导航系统误差等随机模型的说明，通常考虑与（光学）陀螺仪和加速度计相关的误差模型。分别类似于式（3-76）和式（3-118），为了示范说明，添加了一些特定（而非非典型）的噪声过程。测量单位往往造成很大困难。特定的噪声过程厂家可能会根据实验室或现场测试提供误差参数，如表6-1所示。加速度单位可以是“m/s^2”或“mgal”，“mgal”（为纪念伽利略）通常用于大地测量学和地球物理学以量化重力并定义为

$$1\ \text{gal}=10^{-2}\ \text{m/s}^2,1\ \text{mgal}=10^{-5}\ \text{m/s}^2 \tag{6-106}$$

表6-1中的第2列给出了误差的类型，第3列给出了具体数值及其单位，可以推断出与每个误差相关的具体动力学模型，假设为随机过程。

表6-1 加速度计和陀螺仪误差参数的示例

加速度计	偏置重复性	220 mgal
	标度系数误差	300 ppm
	白噪声	40 mgal/$\sqrt{\text{Hz}}$
	相关噪声	75 mgal,12 min 相关时间
	热瞬变	90 mgal,100 s 时间常数
陀螺仪	偏置重复性	0.005°/h
	标度系数误差	10 ppm
	白噪声	0.002°/$\sqrt{\text{h}}$
	相关噪声	0.004°/h,60 min 相关时间

加速度计的 j 阶误差模型由下式给出

$$\delta a_j^s(t)=B_j+\kappa_{A_j}a_j^s(t)+C_{A_j}(t)+T_j\mathrm{e}^{-t/(100s)}+\mathscr{W}_{A_j}(t) \tag{6-107}$$

这里，各种组成过程的动态特性及其统计特性已给出，分别为

$$\begin{cases}\dot{B}_j=0, & \sigma_{B_j}^2=(220\ \mathrm{mgal})^2\\ \dot{\kappa}_{A_j}=0, & \sigma_{\kappa_{Aj}}^2=(300\times10^{-6})^2\\ \dot{T}_j=0, & \sigma_{T_j}^2=(90\ \mathrm{mgal})^2\\ \dot{C}_{A_j}(t)=-\dfrac{1}{720\ \mathrm{s}}C_{A_j}(t)+\mathscr{W}_{C_{A_j}}(t), & \xi[\mathscr{W}_{C_{A_j}}(t)\mathscr{W}_{C_{A_j}}(t')]=15.6\dfrac{\left(\dfrac{\mathrm{mgal}}{\mathrm{s}}\right)^2}{\mathrm{Hz}}\delta(t-t')\\ & \xi[\mathscr{W}_{A_j}(t)\mathscr{W}_{A_j}(t')]=\dfrac{(40\ \mathrm{mgal})^2}{\mathrm{Hz}}\delta(t-t')\end{cases} \tag{6-108}$$

假设每个随机变量的均值为 0。式（6－107）中的常数被建模为随机常数，如式（6－63)，其具有式（6－64）的方差。热瞬态被简单地建模为具有随机初始振幅的（非平稳）指数衰减过程，而假设相关噪声类似于一阶高斯-马尔可夫过程，如式（6－69)。与此过程相关的白噪声的协方差由式（6－70）给出。白噪声 $\mathscr{W}_{A_j}$ 在形式上假设为一个连续过程，其协方差函数由式（6－55）给出。

同样，陀螺仪的 j 阶误差模型为

$$(\delta\omega_{is}^s)_j(t)=D_j+\kappa_{Gj}(\omega_{is}^s)_j(t)+C_{G_j}(t)+\mathscr{W}_{G_j}(t) \tag{6-109}$$

这里，过程的动态特性及其统计特性，类似于式（6－108)，给出其值为

$$\begin{cases}\dot{D}_j=0, & \sigma_{D_j}^2=5.9\times10^{-16}(\mathrm{rad/s})^2\\ \dot{\kappa}_{G_j}=0, & \sigma_{\kappa G_j}^2=(10\times10^{-6})^2\\ \dot{C}_{G_j}(t)=-\dfrac{1}{3\ 600\ \mathrm{s}}C_{G_j}(t)+\mathscr{W}_{CG_j}(t), & \xi[\mathscr{W}_{CG_j}(t)\mathscr{W}_{CG_j}(t')]=2.1\times10^{-19}\left[\left(\dfrac{\mathrm{rad}}{\mathrm{s}^2}\right)^2/\ \mathrm{Hz}\right]\delta(t-t')\\ & \xi[\mathscr{W}_{G_j}(t)\mathscr{W}_{G_j}(t')]=3.4\times10^{-13}[(\mathrm{rad/s})^2/\ \mathrm{Hz}]\delta(t-t')\end{cases} \tag{6-110}$$

需要注意，角速率中白噪声的规范单位为（°/h）＝（60°/h/$\sqrt{\mathrm{Hz}}$），这也是角度误差单位时间方差的平方根的单位，称为随机游走过程，见式（6－68)。

第7章　线性估计

7.1　介绍

如前所述系统误差的动力学方程，为一组用来对系统误差随时间推移的过程进行建模的微分方程组。在系统误差足够小，并能被系统动力学或导航方程的微分扰动来表示的前提下，可以将此微分方程组看作线性方程组。也就是说，可以将误差的二阶和更高阶的幂次项忽略。给定初始条件，微分方程可以在初始时间后的任何时间进行积分以确定误差。在某些情况下，这很容易做到并具有理论价值（如第5章所证）；但通常情况下问题要复杂得多。首先，微分方程的强迫项包含随机部分，属于随机过程，即误差不能精确确定，只有均值和方差等统计学特征可以估计，但也必须知道或假设随机过程的概率分布。第二，关于系统误差的信息通常从外部来源获得，也就是说，系统误差本身的随机成分很可能来自独立观测。那么方程组中应包含这些外部观测量来更好地量化系统误差（例如校准和初始化），并尽可能地校正它们，以保持线性模型的有效性。如果允许系统误差过大的增长，那线性扰动的发展不再代表适当的模型。总之，与惯性导航系统作用相关的误差系统，包含位置、速度和方向误差。在某些规范下，这些误差定义为系统状态，表示惯性导航系统的指定量与其真实值的偏差。我们希望在有（或没有）关于该状态的外部信息的情况下，随时估计系统的状态，其中该外部信息以系统独立观测的形式给出。

线性估计问题属于通用估计理论，本书不进行全面展开［详情可参见如Maybeck（1979）、Gelb（1974）和Brown与Hwang（1992）］，在此只介绍解决问题所需的基本要素。估计理论建立在三个重要目标上，第一个目标是提供统一的框架用来解释和组合数据。这是在前一章中回顾过的概率和随机过程理论，为开发必要的工具来对假定为随机变量的系统状态进行估计奠定了基础。第二个目标是制定相关算法或估计器，来对从系统和外部观测中获得的数据进行操作。根据对其统计行为的已知情况，来考虑是否运用其他方法。以贝叶斯方法为基础，假设观测量和系统状态的概率密度已知。第三个目标，应该设计方法来衡量相关算法的质量。对特定估计程序的评估包括建立一个真值模型来对程序进行测试。一般来说，其目的是为了实时应用尽可能减少估算过程的计算量。本章重点讨论第二个目标，读者可以参阅Maybeck（1979）中对算法评估的讨论。

估计问题可分为三个不同的过程：滤波——根据某时刻（如当前时刻）的观测值对状态值进行估计；预测——估计最近一次观测时刻可得的状态；平滑——根据待估时刻前后的所有可得观测结果进行状态估计。对于状态变量和观测值（假设状态和观测量的幅值或值连续），使用离散时间历史来开发估计程序是很自然的，也是非常严格的。第4章～第6

章中的论述侧重于系统误差的连续模型，连续性是所提及物理过程的基本假设。当实际需要在某时刻进行估计状态，也要使用在某些确定时刻可用的观测值，即需要对过程进行采样。因此，问题的一部分是将误差动态离散化，使其符合估计程序。当然，连续估计方法也是存在的，且后文会提到，但其仅作为离散化方法的泛化，离散化方法并不是连续化方法的特殊化。

滤波是估计问题最重要的方面，因为滤波是将来自惯性导航系统外部和内部的各种源，以及具有不同统计特征的数据融合起来，以产生当前系统状态估计结果的过程。预测过程只是基于系统动力学模型和先验概率从一代到下一代进行状态传递，而平滑是滤波的一种推广，其中包括所需估计历元前后的观测值。在确定假设下，滤波算法可能以递归形式发展（Kalman 的主要贡献之一），也就是估计下一个历元所需的信息要通过当前历元获得，任何时候的结果估计递归计算将由该时刻前所有可得观测值获得。递归估计方案在需要实时计算和需要数千个历史估计结果的事后环境中，具有巨大的计算优势。

系统状态变量的估计量在某种意义上是最优的：最优性的条件必须指定并且可能部分依赖于可用的概率密度信息。目前只考虑线性估计量，非线性估计将在后文中提到，问题因而成为一种线性最优估计。本质上，我们希望状态估计是无偏的，一致的，且基于某些观测是最优的。无偏性就是估计量的期望值等于被估计状态的期望值。根据贝叶斯估计法，通过最小化因未选择真实值所产生的概率代价来实现最优性是可行的；比其他任何无偏估计代价都更小。而后，需要一致性来确保最终随着观测次数增加，代价趋近零，或估计值趋近真实值。

下一节将专门讨论随机变量的最优估计，涉及一般情况以及变量的线性函数观测值可用的情况。假设观测噪声的概率密度和观测前变量的概率密度都是已知的，这样就可以利用贝叶斯估计方法。贝叶斯估计法不是唯一的方法，但在信息理论方面有很强的实用性。递归算法（离散卡尔曼滤波器）利用了该估计过程，并在连续域中给出了相关估计。

7.2　贝叶斯估计

应用于估计问题的贝叶斯估计法是在给定观测量的概率密度的条件下，状态变量的条件概率密度从一个历元到下一个历元的传递。除了已经假设的线性条件外，还有一个更全面的建议，与系统动力学和观测量相关的随机过程都是由独立的高斯随机变量驱动的。但进一步思考，可能这不是过度限制的假设。通常认为系统或观测量中的噪声来自许多微小的随机波动，总和的分布遵从于统计学中的中心极限定理（可参见 Dudewicz，1976）。尽管前两个矩（平均值和标准差）在大多情况下都可以估计，但在任何情况下随机过程的概率密度通常都未知。因此，可以假设高斯分布完全由它的前两个矩决定。则此假设简化了数学运算，使整个问题更易解决。

就实际应用而言，系统和观测的噪声变量应相互独立，这同样也是合理假设，因为二者完全出现在不同区域中，一个出现在惯性导航系统的内部工作传感器上，另一个与外部系统（例如全球定位系统）相关联。在开发递归估计算法时，将进一步假设噪声源是白噪声过程（这种假设大体上没有损失）。依据物理随机过程和为白噪声驱动的线性系统建模之间的密切观测准则，这是一个合理的假设。但也只是一个近似值，依据第 6.4 节所述，严格地说，这一近似值在物理上并不可实现。但对于有限的系统频率范围，白噪声数学上的抽象定义通常足以适应现实情况。

7.2.1　最优估计标准

基于估计问题中的通用观点，即优化准则，将选择错误估计的风险在本质上降至最低。风险要先通过定义选择真实值以外的其他值的代价或惩罚来设定。设 $J(x, \hat{x})$ 为代价函数，当 x 为真值时，分配代价属性以选择估计值 $\hat{x}$ [此处的符号注释都是有序的，在第 6 章中使用大写字母表示一个随机变量，在这里由相应的小写字母表示，且非必要情况避免单独使用符号。这里是对第 1 章～第 5 章中，继续区分矩阵（大写）和向量（仍为粗体）的延续。]

根据定义，代价通常是非负的：$J(x, \hat{x}) > 0$。但因为它是取决于随机变量 x 的随机量，一般无法计算代价函数的值。因此，引入一个新定义“风险”，并定义为基于变量 x 的概率密度 $f(x)$ 的代价函数的期望值。基于式（6－15），最优估计是将所谓贝叶斯风险降至最低

$$\hat{x}_{\text{opt}} = \arg\{\min_{\hat{x}} \xi[J(x, \hat{x})]\} = \arg(\min_{\hat{x}} \int_{\Pi} J(x, \hat{x}) f(x) \mathrm{d}x) \tag{7-1}$$

式中，arg () 表示“……的参数”，在本例中，$\hat{x}$ 是所有此类估计中使代价函数的期望（即风险）最小化的估计值，变量的概率空间表示为 Π 。

代价函数更为常规，如一种定义方式可以为（对于连续变量）

$$J(x, \hat{x}) = 1 - \delta(x - \hat{x}) \tag{7-2}$$

式中，δ 是增量函数式（6－54），那么估计中的所有（非零）误差 $\hat{x} - x$ 具有相同的最大惩罚 1。但如果 $\hat{x} = x$，则代价消失（根据定义，任何非正代价等于零代价）。将式（7－2）代入式（7－1），有

$$\begin{aligned}\hat{x}_{\text{opt}} &= \arg\{\min_{\hat{x}} \int_{\Pi} [1 - \delta(x - \hat{x})] f(x) \mathrm{d}x\} \\ &= \arg\{\min_{\hat{x}} [1 - f(\hat{x})]\})\end{aligned} \tag{7-3}$$

由式（6－8）和式（6－54）得出，在此情况下，最优估计是使 x 的概率密度负值最小的变量的值。也就是说，$\hat{x}_{\text{opt}}$ 是“众数”，或是使 $f(x)$ 最大化的值

$$\hat{x}_{\text{opt}} = \arg[\max_{\hat{x}} f(\hat{x})] \tag{7-4}$$

式（7－4）称为 x 的最大可能估计值（MPE）。其中，x 的概率密度需要明确或在一定程度上可以获得，才能确定其最大值。

代价函数也可以通过测量估计值和真实值之间的差异来定义，例如绝对值（幅值）、平方幅值或其他误差范数。在假设随机向量 $\boldsymbol{x}$ 的误差是 $\hat{\boldsymbol{x}} - \boldsymbol{x}$ 的情况下，将考虑由二次型

给出的代价函数形式

$$J(\boldsymbol{x},\hat{\boldsymbol{x}})=(\hat{\boldsymbol{x}}-\boldsymbol{x})^{\mathrm{T}}\boldsymbol{Q}(\hat{\boldsymbol{x}}-\boldsymbol{x}) \tag{7-5}$$

式中，$\boldsymbol{Q}$ 是给定矩阵，为误差的乘积分配权重。假设 $\boldsymbol{Q}$ 对称正定，如果 $\boldsymbol{J}$ 的期望值（即风险）作为估计值 $\hat{\boldsymbol{x}}$ 的函数，则其在 $\hat{\boldsymbol{x}}=\hat{\boldsymbol{x}}_{\mathrm{opt}}$ 时最小，必然有

$$\frac{\mathrm{d}}{\mathrm{d}\hat{\boldsymbol{x}}}\xi[J(\boldsymbol{x},\hat{\boldsymbol{x}})]\mid_{\hat{\boldsymbol{x}}=\hat{\boldsymbol{x}}_{\mathrm{opt}}}=\boldsymbol{0} \tag{7-6}$$

式中，右边是零向量。对式（7－1）中的积分进行微分［使用式（7－5）表示向量变量］，通过 $\boldsymbol{Q}$ 的假定对称性得到

$$\begin{aligned}\frac{\mathrm{d}}{\mathrm{d}\hat{\boldsymbol{x}}}\xi[J(\boldsymbol{x},\hat{\boldsymbol{x}})]\mid_{\hat{\boldsymbol{x}}=\hat{\boldsymbol{x}}_{\mathrm{opt}}}&=\int_{\Pi}[\boldsymbol{Q}(\hat{\boldsymbol{x}}_{\mathrm{opt}}-\boldsymbol{x})+\boldsymbol{Q}^{\mathrm{T}}(\hat{\boldsymbol{x}}_{\mathrm{opt}}-\boldsymbol{x})]f(\boldsymbol{x})\mathrm{d}\boldsymbol{x}\\&=2\boldsymbol{Q}\hat{\boldsymbol{x}}_{\mathrm{opt}}\int_{\Pi}f(\boldsymbol{x})\mathrm{d}\boldsymbol{x}-2Q\int_{\Pi}\boldsymbol{x}f(\boldsymbol{x})\mathrm{d}\boldsymbol{x}\\&=2\boldsymbol{Q}[\hat{\boldsymbol{x}}_{\mathrm{opt}}-\xi(\boldsymbol{x})]\end{aligned} \tag{7-7}$$

应注意积分是关于向量 $\boldsymbol{x}$ 的所有分量的，并且默认符号同式（6－22）。因为 $\boldsymbol{Q}$ 也是正定的，式（7－6）和式（7－7）不仅意味着下式成立

$$\hat{\boldsymbol{x}}_{\mathrm{opt}}=\xi(\boldsymbol{x}) \tag{7-8}$$

也可得式（7－8）是最小化预期代价函数的一个充分条件，也就是说，随机变量的期望值使由式（7－4）给出的贝叶斯代价函数最小化。该结果与特定的权重矩阵 $\boldsymbol{Q}$（对称正定）无关，也与概率密度 $\boldsymbol{x}$ 的特定形式（取决于它的第一个矩的位置）无关。式（7－8）称为 $\boldsymbol{x}$ 的最小均方误差（MMSE）估计。如果 $\boldsymbol{x}$ 是高斯变量，则期望值是概率密度最大的值［平均值等于众数（mode），见图 6－1］，同时最小均方误差估计值也是 MPE 估计值，见式（7－4）。

7.2.2　带观测的估计

上述讨论没有包括任何观测量，但事实上，离开观测量则估计结果将十分模糊，将完全取决于关于随机变量 $\boldsymbol{x}$ 的概率密度的一些假设。但这些最优估计概念对于 $\boldsymbol{x}$ 的概率密度类型是完全通用的，特别是给定观测值 $\boldsymbol{y}$ 时 $\boldsymbol{x}$ 的条件密度：$f(\boldsymbol{x}\mid\boldsymbol{y})$。那么，与式（7－1）类似的最优估计定义如下

$$\hat{\boldsymbol{x}}_{\mathrm{opt}}=\arg(\min_{\hat{\boldsymbol{x}}}\xi[J(\boldsymbol{x},\hat{\boldsymbol{x}})\mid\boldsymbol{y}])=\arg[\min_{\hat{\boldsymbol{x}}}\int_{\Pi}J(\boldsymbol{x},\hat{\boldsymbol{x}})f(\boldsymbol{x}\mid\boldsymbol{y})\mathrm{d}\boldsymbol{x}] \tag{7-9}$$

从技术上来说，$\hat{\boldsymbol{x}}_{\mathrm{opt}}$ 是最优估计器。因为观测值随机，$\hat{\boldsymbol{x}}_{\mathrm{opt}}$ 是一个随机变量。当观测可实现并代入到估计器中时，得到最优估计数值。

最小均方误差估计值是通过采用与式（7－6）～式（7－8）中相同的推导得出的，其中式（7－5）为代价函数，而 $f(\boldsymbol{x}\mid\boldsymbol{y})$ 为概率密度。易知最小均方误差 MMSE 估计值是条件平均值

$$\hat{\boldsymbol{x}}_{\mathrm{MMSE}}=\xi(\boldsymbol{x}\mid\boldsymbol{y}) \tag{7-10}$$

这需要一些关于条件密度 $f(\boldsymbol{x}\mid\boldsymbol{y})$ 的知识。根据贝叶斯估计法则式（6－5），所需的

密度称为后验密度，即 $\boldsymbol{x}$ 的密度，假设观测值为 $\boldsymbol{y}$ ，有

$$f(\boldsymbol{x} \mid \boldsymbol{y})=\frac{f(\boldsymbol{y} \mid \boldsymbol{x}) f(\boldsymbol{x})}{f(\boldsymbol{y})} \tag{7-11}$$

式中，对于任何给定的观测值 $\boldsymbol{y}$ ，密度 $f(\boldsymbol{y})$ 的值可以视为常数，不影响密度 $f(\boldsymbol{x} \mid \boldsymbol{y})$ 的形状（仅比例）。也就是，在确定 $\boldsymbol{x}$ 的最佳估计值时，无需知道该密度的值，因为代价函数预期值的最小化式（7－1）与其比例无关。此时则需要指定 $f(\boldsymbol{y} \mid \boldsymbol{x})$，即给定随机变量的观测密度。

同理，如果 $f(\boldsymbol{x} \mid \boldsymbol{y})$ 已知，其最大值决定 MPE，类似于式（7－4），由下式给出

$$\hat{\boldsymbol{x}}_{\mathrm{MPE}}=\arg\left[\max _{\hat{x}} f(\hat{\boldsymbol{x}} \mid \boldsymbol{y})\right] \tag{7-12}$$

在这种情况下，基于观测的估计也称为最大后验估计。如果密度为高斯分布，则与最小均方误差相同。

在没有关于变量或观测量的概率信息的情况下，也可以对变量进行估计。首先，假设密度 $f(\boldsymbol{y} \mid \boldsymbol{x})$ 描述了观测的概率，并假设变量取其真值，但不知变量的任何信息。那么，将最佳估计值定义为使该密度最大化的值是合理的

$$\hat{\boldsymbol{x}}_{\mathrm{opt}}=\arg\left[\max _{\hat{x}} f(\boldsymbol{y} \mid \hat{\boldsymbol{x}})\right] \tag{7-13}$$

$f(\boldsymbol{y} \mid \boldsymbol{x})$ 也称为似然函数，该估计称为最大似然估计（MLE）。

此外，如果无法对观测结果做出概率说明，则可以简单地将最佳估计定义为使残差平方和（可能加权）最小化的值

$$\hat{\boldsymbol{x}}_{\mathrm{opt}}=\arg\left\{\min _{\hat{x}}[\boldsymbol{y}-\xi(\boldsymbol{y} \mid \hat{\boldsymbol{x}})]^{\mathrm{T}} \boldsymbol{S}^{-1}[\boldsymbol{y}-\xi(\boldsymbol{y} \mid \hat{\boldsymbol{x}})]\right\} \tag{7-14}$$

可从指定观测模型（见第 7.3.1 节）中找到观测值的期望值，其中 $\boldsymbol{S}^{-1}$ 是合适的（正定）权重矩阵，这种情况下的最优估计称为最小二乘估计。若观测误差的协方差矩阵已知，则应将其用于 $\boldsymbol{S}$ 。如果观测误差的概率分布为高斯分布，则最小二乘估计值与最大似然估计值相同。实际，最小化式（7－14）中的二次型等于最大化 $f(\boldsymbol{y} \mid \boldsymbol{x})$，如式（6－31）所示应用于 $\boldsymbol{y}$（给定 $\boldsymbol{x}$ ）。

此外，如果 $\boldsymbol{x}$ 的概率密度近似恒定，那么根据贝叶斯估计法则［式（7－11）］，MPE［式（7－12）］和 MLE［式（7－13）］几乎相同。在这种情况下，如果所有密度都是高斯分布，则估计值：MMSE，MPE，MLE 和最小二乘估计值都是相同的。

因为可知或假定已知变量的概率，即系统的状态，这里不关心最小二乘和最大似然估计量。这是因为系统通常被赋予了一些驱动噪声，这些噪声构成了状态随机特征的基础。噪声通常为高斯噪声，即系统状态具有高斯性，这将在下文中提到。

7.2.2.1 后验密度函数

需要更具体地考虑如何确定后验密度函数 $f(\boldsymbol{x} \mid \boldsymbol{y})$，即观测值为 $\boldsymbol{y}$ 的条件下变量 $\boldsymbol{x}$ 的密度。引入观测的时间点，假设 $\boldsymbol{x}$ 的概率密度 $f(\boldsymbol{x})$ 已知，称为先验密度。在观测向量 $\boldsymbol{y}$（n 维）需要根据与 $\boldsymbol{x}$ 的假定线性关系产生某些值的条件下，估计向量 $\boldsymbol{x}$（m 维）

$$\boldsymbol{y}=\boldsymbol{H} \boldsymbol{x}+\boldsymbol{v} \tag{7-15}$$

式中，$\boldsymbol{H}$ 是 $n\times m$ 的常数矩阵，$\boldsymbol{v}$ 是观测误差向量，已知 $f(\boldsymbol{y}\mid\boldsymbol{x})$ 或 $f(\boldsymbol{v})$ 。如果 $\boldsymbol{v}$ 和 $\boldsymbol{x}$ 是独立的，这两个密度函数等价，因为

$$f(\boldsymbol{y}\mid\boldsymbol{x})=f(\boldsymbol{v}=\boldsymbol{y}-\boldsymbol{H}\boldsymbol{x}\mid\boldsymbol{x})=f(\boldsymbol{v}=\boldsymbol{y}-\boldsymbol{H}\boldsymbol{x}) \tag{7-16}$$

式（7-16）右侧的密度是 $\boldsymbol{v}$ 的密度，但在坐标系中相对于 $\boldsymbol{y}$ 移动了 $\boldsymbol{Hx}$ 。

如前所述，假设随机变量的先验概率函数和观测误差的概率函数的密度都是高斯分布。则后验概率密度也是高斯分布的，现给出证明。从式（6-31）开始推导

$$\boldsymbol{x}\sim\mathcal{N}(\boldsymbol{\mu}_0,\boldsymbol{P}_0)\quad\Rightarrow\quad f(\boldsymbol{x})=c_x\exp\left[-\frac{1}{2}(\boldsymbol{x}-\boldsymbol{\mu}_0)^{\mathrm{T}}\boldsymbol{P}_0^{-1}(\boldsymbol{x}-\boldsymbol{\mu}_0)\right] \tag{7-17}$$

式中，常数 c_x 是由下式确定

$$c_x=|\boldsymbol{P}_0|^{-1/2}(2\pi)^{-m/2} \tag{7-18}$$

$\boldsymbol{\mu}_0$ 和 $\boldsymbol{P}_0$ 分别代表 $\boldsymbol{x}$ 的先验均值和协方差矩阵，其中 $\exp(\cdot)\equiv e^{(\cdot)}$ 。同理对于观测噪声

$$\boldsymbol{v}\sim\mathcal{N}(\boldsymbol{0},\boldsymbol{R})\Rightarrow f(\boldsymbol{v})=c_v\exp\left(-\frac{1}{2}\boldsymbol{v}^{\mathrm{T}}\boldsymbol{R}^{-1}\boldsymbol{v}\right) \tag{7-19}$$

式中，常数 c_v 是

$$c_v=|\boldsymbol{R}|^{-1/2}(2\pi)^{-n/2} \tag{7-20}$$

观测噪声假定为零均值且协方差矩阵为 $\boldsymbol{R}$ 的高斯随机过程，并假定 $\boldsymbol{x}$ 和 $\boldsymbol{v}$ 是独立的。

根据式（7-16）和式（7-19）开始，可以得到

$$f(\boldsymbol{y}\mid\boldsymbol{x})=c_v\exp\left[-\frac{1}{2}(\boldsymbol{y}-\boldsymbol{H}\boldsymbol{x})^{\mathrm{T}}\boldsymbol{R}^{-1}(\boldsymbol{y}-\boldsymbol{H}\boldsymbol{x})\right] \tag{7-21}$$

通过将式（7-17）和式（7-21）代入贝叶斯法则式（7-11）可获得后验概率密度

$$f(\boldsymbol{x}\mid\boldsymbol{y})=c'\exp\left[-\frac{1}{2}(\boldsymbol{y}-\boldsymbol{H}\boldsymbol{x})^{\mathrm{T}}\boldsymbol{R}^{-1}(\boldsymbol{y}-\boldsymbol{H}\boldsymbol{x})-\frac{1}{2}(\boldsymbol{x}-\boldsymbol{\mu}_0)^{\mathrm{T}}\boldsymbol{P}_0^{-1}(\boldsymbol{x}-\boldsymbol{\mu}_0)\right] \tag{7-22}$$

式中，$c'=c_xc_v/f(\boldsymbol{y})$ ，展开式（7-22）中指数得到

$$\begin{aligned}&-\frac{1}{2}[\boldsymbol{y}^{\mathrm{T}}\boldsymbol{R}^{-1}\boldsymbol{y}+\boldsymbol{\mu}_0^{\mathrm{T}}\boldsymbol{P}_0^{-1}\boldsymbol{\mu}_0+\boldsymbol{x}^{\mathrm{T}}(\boldsymbol{P}_0^{-1}+\boldsymbol{H}^{\mathrm{T}}\boldsymbol{R}^{-1}\boldsymbol{H})\boldsymbol{x}\\&-\boldsymbol{x}^{\mathrm{T}}(\boldsymbol{H}^{\mathrm{T}}\boldsymbol{R}^{-1}\boldsymbol{y}+\boldsymbol{P}_0^{-1}\boldsymbol{\mu}_0)-(\boldsymbol{y}^{\mathrm{T}}\boldsymbol{R}^{-1}\boldsymbol{H}+\boldsymbol{\mu}_0^{\mathrm{T}}\boldsymbol{P}_0^{-1})\boldsymbol{x}]\end{aligned} \tag{7-23}$$

式中指出，如果观测值给定，前两个项也是常数。因此，指数本身是 $\boldsymbol{x}$ 中的二次型，表明后验密度确实是高斯的。

假设所写的表达式，与现在证明 $\boldsymbol{x}\mid\boldsymbol{y}$ 的高斯性一致

$$\begin{aligned}f(\boldsymbol{x}\mid\boldsymbol{y})&=c\exp\left[-\frac{1}{2}(\boldsymbol{x}-\boldsymbol{\mu})^{\mathrm{T}}\boldsymbol{P}^{-1}(\boldsymbol{x}-\boldsymbol{\mu})\right]\\&=c\exp\left[-\frac{1}{2}(\boldsymbol{\mu}^{\mathrm{T}}\boldsymbol{P}^{-1}\boldsymbol{\mu}+\boldsymbol{x}^{\mathrm{T}}\boldsymbol{P}^{-1}\boldsymbol{x}-\boldsymbol{x}^{\mathrm{T}}\boldsymbol{P}^{-1}\boldsymbol{\mu}-\boldsymbol{\mu}^{\mathrm{T}}\boldsymbol{P}^{-1}\boldsymbol{x})\right]\end{aligned} \tag{7-24}$$

式中，$\boldsymbol{\mu}$ 和 $\boldsymbol{P}$ 分别是变量 $\boldsymbol{x}$ 的后验平均值和协方差矩阵；c 是一个常数，也可以用其他先前定义的常数来表示。对比式（7-24）指数部分和式（7-23）中 x 相关的部分，对所有的 $\boldsymbol{x}$ 都必须相同，那么统计 $\boldsymbol{\mu}$ 和 $\boldsymbol{P}$ 分别有表达式

$$\boldsymbol{P}^{-1}\boldsymbol{\mu}=(\boldsymbol{H}^{\mathrm{T}}\boldsymbol{R}^{-1}\boldsymbol{y}+\boldsymbol{P}_0^{-1}\boldsymbol{\mu}_0),\text{或 }\boldsymbol{\mu}=\boldsymbol{P}(\boldsymbol{H}^{\mathrm{T}}\boldsymbol{R}^{-1}\boldsymbol{y}+\boldsymbol{P}_0^{-1}\boldsymbol{\mu}_0) \tag{7-25}$$

和

$$\boldsymbol{P}=(\boldsymbol{P}_0^{-1}+\boldsymbol{H}^{\mathrm{T}}\boldsymbol{R}^{-1}\boldsymbol{H})^{-1} \tag{7-26}$$

根据式（7－10），后验均值 $\boldsymbol{\mu}$ 是已知观测值 $\boldsymbol{y}$ 的条件下 $\boldsymbol{x}$ 的最佳（最小均方误差）估计。应注意，后验协方差矩阵 $\boldsymbol{P}$ 独立于先验平均值 $\boldsymbol{\mu}_0$ ，也独立于观测值 $\boldsymbol{y}$ 。也就是可以在不了解观测的情况下对协方差进行计算，只需先验变量和观测噪声的协方差，这对惯性导航系统的误差动力学分析具有重要影响。在任意时间，与估计的系统状态（估计的 INS 误差）相关的协方差都可以通过递归方式确定，而无需估计状态或进行观测。系统状态的整个历史时间的概率性质是已知的，因此只需假设先验变量和观测值的高斯概率（还需假设噪声过程中的白度）。

7.2.2.2 后验估计与协方差

为了计算后验平均值 $\boldsymbol{\mu}$ ，根据式（7－25）和式（7－26），需要对 3 个矩阵求逆，其中两个是 $m\times m$ 方阵，可以通过改写如下公式来避免对三个矩阵求逆。在式（7－25）的右侧减去并加上 $\boldsymbol{P}\boldsymbol{H}^{\mathrm{T}}\boldsymbol{R}^{-1}\boldsymbol{H}\boldsymbol{\mu}_0$ ，得出

$$\begin{aligned}\boldsymbol{\mu}&=\boldsymbol{P}(\boldsymbol{P}_0^{-1}+\boldsymbol{H}^{\mathrm{T}}\boldsymbol{R}^{-1}\boldsymbol{H})\boldsymbol{\mu}_0+\boldsymbol{P}\boldsymbol{H}^{\mathrm{T}}\boldsymbol{R}^{-1}(\boldsymbol{y}-\boldsymbol{H}\boldsymbol{\mu}_0)\\&=\boldsymbol{\mu}_0+\boldsymbol{P}\boldsymbol{H}^{\mathrm{T}}\boldsymbol{R}^{-1}(\boldsymbol{y}-\boldsymbol{H}\boldsymbol{\mu}_0)\\&=\boldsymbol{\mu}_0+\boldsymbol{K}(\boldsymbol{y}-\boldsymbol{H}\boldsymbol{\mu}_0)\end{aligned} \tag{7-27}$$

其中使用了式（7－26），将 $\boldsymbol{K}$ 定义为表达式

$$\boldsymbol{K}=\boldsymbol{P}\boldsymbol{H}^{\mathrm{T}}\boldsymbol{R}^{-1} \tag{7-28}$$

另外，通过式（7－26），可得

$$\boldsymbol{P}^{-1}=\boldsymbol{P}_0^{-1}+\boldsymbol{H}^{\mathrm{T}}\boldsymbol{R}^{-1}\boldsymbol{H} \tag{7-29}$$

等式两侧均乘以 $\boldsymbol{P}_0\boldsymbol{H}^{\mathrm{T}}$ ，得到

$$\boldsymbol{P}^{-1}\boldsymbol{P}_0\boldsymbol{H}^{\mathrm{T}}=\boldsymbol{H}^{\mathrm{T}}\boldsymbol{R}^{-1}(\boldsymbol{H}\boldsymbol{P}_0\boldsymbol{H}^{\mathrm{T}}+\boldsymbol{R}) \tag{7-30}$$

现在，将两侧乘以适当的逆，得到

$$\boldsymbol{P}_0\boldsymbol{H}^{\mathrm{T}}(\boldsymbol{H}\boldsymbol{P}_0\boldsymbol{H}^{\mathrm{T}}+\boldsymbol{R})^{-1}=\boldsymbol{P}\boldsymbol{H}^{\mathrm{T}}\boldsymbol{R}^{-1} \tag{7-31}$$

将其代入式（7－28），以获得 $\boldsymbol{K}$ 的替代形式

$$\boldsymbol{K}=\boldsymbol{P}_0\boldsymbol{H}^{\mathrm{T}}(\boldsymbol{H}\boldsymbol{P}_0\boldsymbol{H}^{\mathrm{T}}+\boldsymbol{R})^{-1} \tag{7-32}$$

使用这种形式的 $\boldsymbol{K}$ ，因为不需要后验协方差 $\boldsymbol{P}$ ，后验平均值式（7－27）在计算上变得更加容易。根据基本定义式（6－27），也可利用 $\boldsymbol{K}$ 的形式对 $\boldsymbol{P}$ 进行重新表示

$$\boldsymbol{P}=\mathrm{cov}(\boldsymbol{x},\boldsymbol{x})=\xi[(\boldsymbol{x}-\boldsymbol{\mu})(\boldsymbol{x}-\boldsymbol{\mu})^{\mathrm{T}}] \tag{7-33}$$

将式（7－15）代入式（7－27）中，得

$$\begin{aligned}\boldsymbol{x}-\boldsymbol{\mu}&=\boldsymbol{x}-\boldsymbol{\mu}_0-\boldsymbol{K}(\boldsymbol{H}\boldsymbol{x}+\boldsymbol{v}-\boldsymbol{H}\boldsymbol{\mu}_0)\\&=(\boldsymbol{I}-\boldsymbol{K}\boldsymbol{H})(\boldsymbol{x}-\boldsymbol{\mu}_0)-\boldsymbol{K}\boldsymbol{v}\end{aligned} \tag{7-34}$$

式（7－34）再代入式（7－33）中，并假设 $\boldsymbol{x}$ 和 $\boldsymbol{v}$ 独立，结合式（7－17）、式（7－19），有

$$\begin{aligned} \boldsymbol{P} &= \xi[(\boldsymbol{I}-\boldsymbol{KH})(\boldsymbol{x}-\boldsymbol{\mu}_0)(\boldsymbol{x}-\boldsymbol{\mu}_0)^{\mathrm{T}}(\boldsymbol{I}-\boldsymbol{KH})^{\mathrm{T}}] + \xi(\boldsymbol{K}\boldsymbol{v}\boldsymbol{v}^{\mathrm{T}}\boldsymbol{K}^{\mathrm{T}}) \\ &= (\boldsymbol{I}-\boldsymbol{KH})\boldsymbol{P}_0(\boldsymbol{I}-\boldsymbol{KH})^{\mathrm{T}} + \boldsymbol{KRK}^{\mathrm{T}} \end{aligned} \tag{7-35}$$

虽然式（7－35）看起来比式（7－26）更复杂，但 $\boldsymbol{P}$ 的方程式（7－35）只涉及一个大小为 $n \times n$ 的矩阵的逆式（7－32）。此外，式（7－35）具有两个对称（在适当条件下为正定）矩阵之和的计算优势，从而确保计算结果矩阵时的对称性（见下节关于公式的递归应用），这种形式的后验协方差矩阵称为 Joseph 形式。

总之，给定随机变量 $\boldsymbol{x}$ 的先验平均值 $\boldsymbol{\mu}_0$ 和协方差矩阵 $\boldsymbol{P}_0$，以及给定与式（7－15）中 $\boldsymbol{x}$ 线性相关的观测值 $\boldsymbol{y}$，$\boldsymbol{x}$ 的后验平均值和协方差矩阵可以由下式得出

$$\boldsymbol{\mu} = \boldsymbol{\mu}_0 + \boldsymbol{K}(\boldsymbol{y} - \boldsymbol{H}\boldsymbol{\mu}_0) \tag{7-36}$$

以及

$$\boldsymbol{P} = (\boldsymbol{I}-\boldsymbol{KH})\boldsymbol{P}_0(\boldsymbol{I}-\boldsymbol{KH})^{\mathrm{T}} + \boldsymbol{KRK}^{\mathrm{T}} \tag{7-37}$$

其中

$$\boldsymbol{K} = \boldsymbol{P}_0\boldsymbol{H}^{\mathrm{T}}(\boldsymbol{H}\boldsymbol{P}_0\boldsymbol{H}^{\mathrm{T}} + \boldsymbol{R})^{-1} \tag{7-38}$$

利用式（7－25）和式（7－26）以及 $\boldsymbol{P}_0^{-1}=0$，我们发现后验均值及其协方差矩阵的一种特殊形式

$$\boldsymbol{\mu} = (\boldsymbol{H}^{\mathrm{T}}\boldsymbol{R}^{-1}\boldsymbol{H})^{-1}\boldsymbol{H}^{\mathrm{T}}\boldsymbol{R}^{-1}\boldsymbol{y} \tag{7-39}$$

$$\boldsymbol{P} = (\boldsymbol{H}^{\mathrm{T}}\boldsymbol{R}^{-1}\boldsymbol{H})^{-1} \tag{7-40}$$

这是常见未知参数 $\boldsymbol{x}$ 估计值的最小二乘公式，与观测值 $\boldsymbol{y}$［式（7－15）］线性相关，但是基于式（7－14）推导所得的。

除了式（7－26）和式（7－37）之外，我们还可以推导出后验方差矩阵 $\boldsymbol{P}$ 的替代形式，从而对观测值对随机变量 $\boldsymbol{x}$ 的协方差的影响进一步解释。展开式（7－37）并且利用式（7－38）得到

$$\begin{aligned} \boldsymbol{P} &= \boldsymbol{P}_0 - \boldsymbol{KH}\boldsymbol{P}_0 - \boldsymbol{P}_0\boldsymbol{H}^{\mathrm{T}}\boldsymbol{K}^{\mathrm{T}} + \boldsymbol{K}(\boldsymbol{H}\boldsymbol{P}_0\boldsymbol{H}^{\mathrm{T}} + \boldsymbol{R})\boldsymbol{K}^{\mathrm{T}} \\ &= \boldsymbol{P}_0 - \boldsymbol{KH}\boldsymbol{P}_0 \\ &= (\boldsymbol{I}-\boldsymbol{KH})\boldsymbol{P}_0 \end{aligned} \tag{7-41}$$

式（7－41）是 $\boldsymbol{P}$ 的一种特别简单的形式，但由于固有的数值不稳定性（对称矩阵和非对称矩阵的乘积，也就是在数值上，无法保证结果矩阵的对称性和正定性），对于 $\boldsymbol{K}$ 矩阵［式（7－38）］，可以得到

$$\boldsymbol{P} = \boldsymbol{P}_0 - \boldsymbol{P}_0\boldsymbol{H}^{\mathrm{T}}(\boldsymbol{H}\boldsymbol{P}_0\boldsymbol{H}^{\mathrm{T}} + \boldsymbol{R})^{-1}\boldsymbol{H}\boldsymbol{P}_0 \tag{7-42}$$

$\boldsymbol{P}$、$\boldsymbol{P}_0$ 和 $\boldsymbol{R}$ 是具有正对角元素（方差）的协方差矩阵。式（7－42）中右侧第二项也具有正对角元素的矩阵。因此，无论观测结果如何，后验方差都不会大于先验方差。也就是说，即使观测完全没有价值，也不会“移除”由随机变量 $\boldsymbol{x}$ 的二阶统计表示的信息。

信息的概念可以使用协方差形式化。根据式（7－29），后验协方差可使用其倒数表示，为方便理解，在此重复写出式（7－29）为

$$\boldsymbol{P}^{-1} = \boldsymbol{P}_0^{-1} + \boldsymbol{H}^{\mathrm{T}}\boldsymbol{R}^{-1}\boldsymbol{H} \tag{7-43}$$

因此，协方差矩阵的逆矩阵非常简单地从先验状态传播到后验状态。观测对后验协方

差的影响更为明显，大观测噪声（小 $\boldsymbol{R}^{-1}$ ）只会略微增加协方差的倒数，而小的观测噪声可以实质性增大逆矩阵，或等效减少变量的协方差。逆协方差矩阵也称为 Fisher 信息矩阵。式（7－43）表示，后验信息等于先验信息加上观测的新信息。这种传播协方差矩阵的方法也具有数值优势，后续将对此进行讨论。

7.3 离散卡尔曼滤波

在动态系统比如 INS 中有许多变量，我们希望能够在很多历元内对其进行估计。这些变量可能是式（5－66）中建模的位置、速度和方向误差，以及惯性传感器误差模型中包括的任何其他随机参数，如式（6－107）和式（6－109）。在导航实践中，如果条件允许，应该对误差进行实时估计。在大地测量应用中，任务完成后对误差进行估计即可。在这种情况下，我们可以构建一个大批量估计程序，在该程序中，根据观察结果以及其中的相关统计数据，一次性估计所有误差（可能是每个历元误差）。如果我们不能做出以下基本假设，那么这只能是程序。假设系统在任何时刻 t_k 累积的全部信息完全被当前时刻系统状态变量的向量 $\boldsymbol{x}_k$ 所捕获，实际上，这可以作为系统状态变量的正式定义。在此之前，关于系统的任何信息都不会增加或提高预测系统未来状态的能力，这正是第 6.5.3 节中已经遇到的马尔可夫过程特性。相应概率的公式表示为

$$P(\boldsymbol{x}_{k+1} \mid \boldsymbol{x}_k, \boldsymbol{x}_{k-1}, \cdots, \boldsymbol{x}_0) = P(\boldsymbol{x}_{k+1} \mid \boldsymbol{x}_k) \tag{7-44}$$

也就是说，基于状态所有过去值的条件概率密度与仅基于状态最新值的条件概率密度相同。此外，如果已知状态的当前值，则当前时间的观测数据 $\boldsymbol{y}_k$ 的统计数据也独立于之前的所有观测数据

$$P(\boldsymbol{y}_k \mid \boldsymbol{x}_k, \boldsymbol{y}_{k-1}, \cdots, \boldsymbol{y}_1) = P(\boldsymbol{y}_k \mid \boldsymbol{x}_k) \tag{7-45}$$

这里和以后的历元由随机变量上的下标表示。这些不必表示不断间隔的时间增量，但为了简单起见，我们假设

$$t_k - t_{k-1} = \Delta t = \text{常量} \tag{7-46}$$

$k=0$，1，⋯ ，在这一点上，用离散时间周期来观测系统状态是很自然的。

如果驱动系统的噪声和与观测相关的噪声与状态变量始终不相关，并且如果每个噪声过程本身是不相关或白噪声过程，则满足条件式（7－44）和式（7－45）。在第 7.5.1 节中，将说明如果噪声过程相关，如何修改系统以满足条件。令 $\boldsymbol{w}_k$ 表示 t_k 时刻的系统驱动噪声变量，令 $\boldsymbol{v}_j$ 表示 t_j 时刻的观测噪声变量。现在，我们假设

$$\begin{cases} \xi(\boldsymbol{x}_k \boldsymbol{w}_j^{\mathrm{T}}) = \boldsymbol{0}, \text{对所有的 } j \text{ 和 } k; \\ \xi(\boldsymbol{x}_k \boldsymbol{v}_j^{\mathrm{T}}) = \boldsymbol{0}, \text{对所有的 } j \text{ 和 } k; \\ \xi(\boldsymbol{w}_k \boldsymbol{w}_j^{\mathrm{T}}) = \boldsymbol{0}, j \neq k; \\ \xi(\boldsymbol{v}_k \boldsymbol{v}_j^{\mathrm{T}}) = \boldsymbol{0}, j \neq k \end{cases} \tag{7-47}$$

其中，右侧均为零矩阵，其维数与 $\boldsymbol{w}_k$ 、$\boldsymbol{v}_j$ 和 $\boldsymbol{x}_k$ 的维数相匹配。注意，每个噪声过程在任何时刻都可能具有任意概率分布函数，但根据前面所述，我们假设它们是高斯分布。

7.3.1　观测模型

在讨论观测模型之前，需更具体地说明状态变量观测的确切含义。在前述章节，假设观测值与状态变量呈线性关系，如式（7－15）所示。一般，关系或模型是非线性的，因此必须用适当的线性化进行重新计算。在我们的例子中，系统的状态包含了惯性测量单元误差模型中位置、速度、方向和各种参数的一组误差。观测是从惯性导航系统外部的源带到系统的信息，例如，GPS 全球定位系统位置观测或使用星光仪观测平台观测到恒星的姿态。当然，位置观测并不是对误差的直接观测，但可作为间接观测值，接下来的论述中将使用不同的符号来区分总量及其误差。

设 $\boldsymbol{x}$ 为动态变化的矢量，如惯性导航系统的位置坐标。设 $\tilde{\boldsymbol{x}}$ 为从惯性测量单元传感器（例如集成加速计输出）获得的 $\boldsymbol{x}$ 测量值的矢量。与 $\boldsymbol{x}$ 对应的真实误差状态表示为

$$\delta\boldsymbol{x}=\tilde{\boldsymbol{x}}-\boldsymbol{x} \tag{7-48}$$

假设 $\tilde{\boldsymbol{y}}$ 是向量 $\boldsymbol{y}$ 的外部观测向量，其与 $\boldsymbol{x}$ 相关

$$\boldsymbol{y}=\boldsymbol{h}(\boldsymbol{x}) \tag{7-49}$$

式中，$\boldsymbol{h}$ 是已知的向量函数。那么，如果 $\boldsymbol{v}$ 是观测噪声向量，有

$$\tilde{\boldsymbol{y}}=\boldsymbol{h}(\boldsymbol{x})+\boldsymbol{v} \tag{7-50}$$

如果传感器是准确的，$\boldsymbol{y}$ 值与实际观测值之间的差值表示为

$$\begin{aligned}\delta\boldsymbol{y}&=\boldsymbol{h}(\tilde{\boldsymbol{x}})-\tilde{\boldsymbol{y}}\\&=\boldsymbol{h}(\tilde{\boldsymbol{x}})-\boldsymbol{h}(\boldsymbol{x})-\boldsymbol{v}\end{aligned} \tag{7-51}$$

因此，$\delta\boldsymbol{y}$ 的线性近似为

$$\delta\boldsymbol{y}\approx\boldsymbol{H}\delta\boldsymbol{x}-\boldsymbol{v} \tag{7-52}$$

其中

$$\boldsymbol{H}=\left.\frac{\partial\boldsymbol{h}}{\partial\boldsymbol{x}}\right|_{x=\tilde{x}} \tag{7-53}$$

式（7－53）是基于 $\boldsymbol{x}$ 的测量值评估的偏导数矩阵。

所以根据式（7－52），$\delta\boldsymbol{y}$ 是误差状态向量 $\delta\boldsymbol{x}$ 的“观测值”，具有与实际观测值 $\tilde{\boldsymbol{y}}$ 相同的噪声（符号除外）。因此，当（示例中）系统状态包含误差时，观察系统的状态比较笼统，例如位置。观测实际上是外部观测的位置与系统指示的位置之间的差值，简称为误差观测。现在，我们返回到之前为状态变量和观测值定义的符号，不包含 δ ，观测模型如式（7－15）所示。

7.3.2　最优状态向量估计

我们的问题是根据此时的观测量以及所有先验信息来估计系统在 t_k 时刻的状态，假设这些信息在 t_{k-1} 时刻的状态中被获得。使用 t_k 时刻的估计值和 t_{k+1} 时刻的信息可以递归获得 t_{k+1} 时刻的估计。假设系统和观测值在变量中为已知线性，并且假设概率为高斯分布，只需在无观测情况下附加额外步骤，则可以在每个历元清晰地得到第 7.2.2 节中的估计类型。

这种情况可由系统动力学模型预测状态估计。这种基于外部观测值随时间推移递归估计系统状态的算法称为（离散）卡尔曼滤波（Kalman，1960），一年后 Kalman 和 Bucy（1961）提出了 Kalman-Bucy 滤波器，为连续滤波器（见第 7.7 节）。

时刻 t_k 的状态变量包括 $m\times 1$ 的向量 $\boldsymbol{x}_k$。根据条件式（7-44），系统的假定线性动力学模型（见式（6-78）广义到矢量，格式化为一阶）如下

$$\boldsymbol{x}_k=\boldsymbol{\Phi}(t_k,t_{k-1})\boldsymbol{x}_{k-1}+\boldsymbol{G}_k\boldsymbol{w}_k \tag{7-54}$$

式中，$\boldsymbol{\Phi}(t_k,\ t_{k-1})$ 是 $m\times m$ 矩阵，称为状态转移矩阵，该矩阵（在本例中）假定在时间间隔 Δt 上为恒定的，由式（7-46）给出。除确定性元素外，根据式（7-47），假设系统由随机分量 $\boldsymbol{G}_k\boldsymbol{w}_k$ 驱动或激发，其中 $\boldsymbol{G}_k$ 为 $m\times l$ 阶常数（在 Δt 区间内）矩阵，$\boldsymbol{w}_k$ 为 $l\times 1$ 阶向量，其由零均值高斯分布白噪声过程组成，根据式（7-47）有

$$\boldsymbol{w}_k\sim\mathcal{N}(\boldsymbol{0},\boldsymbol{Q}_k) \tag{7-55}$$

式中，$\boldsymbol{Q}_k$ 是过程噪声在 t_k 时刻的协方差矩阵。并且假设该噪声向量和状态变量在所有历元都是独立的。在 t_k 时刻，有 n 个观测量通过 $n\times m$ 阶矩阵 $\boldsymbol{H}_k$ 与状态变量线性相关（如上所述）

$$\boldsymbol{y}_k=\boldsymbol{H}_k\boldsymbol{x}_k+\boldsymbol{v}_k \tag{7-56}$$

同样，$\boldsymbol{v}_k$ 也是服从零均值高斯分布的白噪声过程

$$\boldsymbol{v}_k\sim\mathcal{N}(\boldsymbol{0},\boldsymbol{R}_k) \tag{7-57}$$

上式在条件（7-47）下适用。使用观测值对状态进行的估计称为一次更新；它独立于基于 t_{k-1} 到 t_k 的系统动力学的估计［基于式（7-47）］，称为预测。

$\boldsymbol{w}_k$ 和 $\boldsymbol{v}_k$ 两个过程的零均值假设都易实现，如果其中一过程有非零均值，只需通过添加表示过程均值的状态变量来适当修改模型式（7-54）或式（7-56），并将其替换为相应的均值偏移过程。因此，可假设在不失一般性的情况下，只要虑及运行过程噪声，系统状态可以根据式（7-54）建模，观测模型可由式（7-56）给出。假设协方差矩阵 $\boldsymbol{Q}_k$ 和 $\boldsymbol{R}_k$ 已知，且后者满秩，这些协方差矩阵可能取决于时间或不取决于时间。前者情况下，必须是新过程（例如具有不同的方差），而不是非平稳的，否则将违背白噪声假设。如果噪声中存在时间相关性，那观测模型也要改变（见第 7.5.1 节）。如果建模正确，矩阵 $\boldsymbol{Q}$ 和 $\boldsymbol{R}$ 通常在很长的时间间隔内保持不变。

在这些状态动力学和观测模型中，为方便理解，历元用一个共同的索引 k 表示。事实上，状态和观测的相关时间间隔可能不同。例如 $\boldsymbol{\Phi}$ 的持续时间可能仅在 1 min 的间隔内有效，但观测值可能以 10 min 的间隔进入。没有新的理论解释这种更为一般的情况，需要更复杂的符号表示。

状态变量的估计用符号“ˆ”表示。需要进一步区分，某一观测结果是否已经被包括在某个特定的时期内。设 $\hat{\boldsymbol{x}}_k$ 为时刻 t_k 的估计值，在包含了观测 $\boldsymbol{y}_k$ 后，令 $\hat{\boldsymbol{x}}_k^-$ 表示在纳入观测之前的估计值。

递归算法需要一些信息。通常状态变量的真实值为未知，但根据第 7.2 节中建立的估计前提，假设已知过程的平均值，这是初始最优估计，根据式（7-8）

$$\hat{\boldsymbol{x}}_0 = \xi(\boldsymbol{x}_0) \tag{7-58}$$

此外，假设过程的初始协方差已知

$$\operatorname{cov}(\boldsymbol{x}_0, \boldsymbol{x}_0) = \boldsymbol{P}_0 \tag{7-59}$$

式中，$\boldsymbol{P}_0$ 是满秩（可逆）矩阵。

在估计中，有时以误差的形式会更容易处理，因此令

$$\boldsymbol{e}_0 = \hat{\boldsymbol{x}}_0 - \boldsymbol{x}_0 \tag{7-60}$$

式中，误差 $\boldsymbol{e}_0$ 由式（7－58）和式（7－59）可知，是均值为 $\mathbf{0}$、协方差阵为 $\boldsymbol{P}_0$ 的随机过程。根据第 7.2 节的讨论，我们可以假设过程 $\boldsymbol{x}_0$ 或 $\boldsymbol{e}_0$ 是高斯分布

$$\boldsymbol{e}_0 \sim \mathcal{N}(\mathbf{0}, \boldsymbol{P}_0) \tag{7-61}$$

此外注意到，根据定义，在 t_0 处估计是无偏的

$$\xi(\hat{\boldsymbol{x}}_0) = \xi(\boldsymbol{x}_0) \tag{7-62}$$

通过以上内容准备，我们就可以依次考虑预测和滤波的步骤。

7.3.2.1 预测

在任意时刻 t_k 状态会根据模型式（7－54）给出的状态转移矩阵 $\boldsymbol{\Phi}$ 和驱动噪声 $\boldsymbol{w}_k$ 进行传播。在没有观测的情况下，我们认为 t_k 时刻的最佳估计值始终是以所有先验信息为条件的期望值，因此

$$\begin{aligned} \hat{\boldsymbol{x}}_k &= \xi(\boldsymbol{x}_k) \\ &= \boldsymbol{\Phi}(t_k, t_{k-1})\xi(\boldsymbol{x}_{k-1}) - \boldsymbol{G}_k\xi(\boldsymbol{w}_k) \\ &= \boldsymbol{\Phi}(t_k, t_{k-1})\hat{\boldsymbol{x}}_{k-1} \end{aligned} \tag{7-63}$$

其中，白噪声过程的期望值为 0，这就是预测。当然，在某些初始时间（如 t_0），需要给出状态估计［如式（7－58）中所述］，以启动递归预测算法，根据式（7－63）计算后续（最佳）估计值。例如，如果初值为 0，在没有观测的情况下，预测的估计值将始终为 0。通过选择最优估计器，预测估计通常无偏，同在初始时间一样，如式（7－62）所示。因为讨论未涉及观测结果，为方便理解，符号 $\hat{\boldsymbol{x}}_k^-$ 暂未使用。

估计误差的协方差以类似方式传播。估计状态的误差为

$$\boldsymbol{e}_k = \hat{\boldsymbol{x}}_k - \boldsymbol{x}_k \tag{7-64}$$

进而，从式（7－63）和式（7－54）得到

$$\boldsymbol{e}_k = \boldsymbol{\Phi}(t_k, t_{k-1})\boldsymbol{e}_{k-1} - \boldsymbol{G}_k\boldsymbol{w}_k \tag{7-65}$$

因为时刻 t_k 的噪声过程 $\boldsymbol{w}_k$ 与其他时间的任何过程都不相关，注意到

$$\xi(\boldsymbol{e}_{k-1}\boldsymbol{w}_k^{\mathrm{T}}) = 0 \tag{7-66}$$

并根据下式得到 $\boldsymbol{e}_k$ 协方差矩阵

$$\begin{aligned} \boldsymbol{P}_k &= \xi(\boldsymbol{e}_k\boldsymbol{e}_k^{\mathrm{T}}) \\ &= \boldsymbol{\Phi}(t_k, t_{k-1})\xi(\boldsymbol{e}_{k-1}\boldsymbol{e}_{k-1}^{\mathrm{T}})\boldsymbol{\Phi}^{\mathrm{T}}(t_k, t_{k-1}) + \boldsymbol{G}_k\xi(\boldsymbol{w}_k\boldsymbol{w}_k^{\mathrm{T}})\boldsymbol{G}_k^{\mathrm{T}} \\ &= \boldsymbol{\Phi}(t_k, t_{k-1})\boldsymbol{P}_{k-1}\boldsymbol{\Phi}^{\mathrm{T}}(t_k, t_{k-1}) + \boldsymbol{G}_k\boldsymbol{Q}_k\boldsymbol{G}_k^{\mathrm{T}} \end{aligned} \tag{7-67}$$

其初始协方差矩阵由式（7－59）中 $\boldsymbol{P}_0$ 给出。$\boldsymbol{P}_{k-1}$ 和 $\boldsymbol{Q}_k$ 一样具有非负对角元素，因此

系统状态的方差通常不会随预测而减小，反而会随着驱动噪声的变化而增大；预测不会向系统添加任何信息。

如果假设 $\boldsymbol{w}_k$ 和 $\boldsymbol{e}_0$ 为高斯分布，则 $\boldsymbol{e}_k$ 的概率密度也是高斯分布，这一点由数学归纳法很容易证明。根据归纳假设，设 $\boldsymbol{e}_{k-1} \sim \mathcal{N}(\boldsymbol{0}, \boldsymbol{P}_{k-1})$，并从式（7－65）和式（7－55）得到，$\boldsymbol{e}_k$ 实质是两个高斯随机变量的线性组合（并且独立分布）。已证明在线性变换下高斯分布保持不变［见式（6－35）］，因此 $\boldsymbol{e}_k$ 也是一个协方差为 $\boldsymbol{P}_k$ 且均值为 0 的高斯随机变量

$$\boldsymbol{e}_k \sim \mathcal{N}(\boldsymbol{0}, \boldsymbol{P}_k) \tag{7-68}$$

这就完成了简单预测。根据可用信息，估算式（7－63）是我们能够得到的“最佳”值，在这种情况下，只具有初始条件式（7－58）和模型式（7－54）。在各种随机过程的高斯分布假设下，可完全确定误差的概率密度。

7.3.2.2 滤波

上节关于预测的结果类似于误差传播分析的直接应用，但在估计问题中并不是最重要的。相反，如果引入外部观测方程式（7－56），就希望找到最佳地利用这一新信息的估计值。我们希望消除在当时（或之前）可以观测到预测中的误差，这种情况可称为滤波（见第 7.1 节）。在递归假设下，在基于 t_{k-1} 历元及其之前时刻所有信息（系统动力学和观测）的基础上，假设在 t_{k-1} 时刻，状态向量的估计 $\hat{\boldsymbol{x}}_{k-1}$，以及误差的统计量，都是已知的。后续时间 t_k 的估计和误差统计信息通过两步获得：首先，观测之前从 t_{k-1} 到 t_k 的预测；然后根据新的信息对 t_k 的观测进行估计和更新。根据第 7.2 节中提出的估算理论，以最佳执行方式更新。

预测由估计值式（7－63）给出，误差的协方差为式（7－67），用特殊符号表示尚未纳入观测值

$$\hat{\boldsymbol{x}}_k^- = \boldsymbol{\Phi}(t_k, t_{k-1})\hat{\boldsymbol{x}}_{k-1} \tag{7-69}$$

$$\boldsymbol{P}_k^- = \boldsymbol{\Phi}(t_k, t_{k-1})\boldsymbol{P}_{k-1}\boldsymbol{\Phi}^{\mathrm{T}}(t_k, t_{k-1}) + \boldsymbol{G}_k\boldsymbol{Q}_k\boldsymbol{G}_k^{\mathrm{T}} \tag{7-70}$$

式中，$\hat{\boldsymbol{x}}_k^-$ 为状态变量的先验期望值；$\boldsymbol{P}_k^-$ 为误差协方差。

此时，在包含观测值 $\boldsymbol{y}_k$ 的条件下，根据式（7－10），以及条件期望 $\xi(\boldsymbol{x}_k \mid \boldsymbol{y}_k)$，给出了 t_k 时刻的最佳估计。状态变量的 MMSE 估计是式（7－25）中定义的后验均值

$$\hat{\boldsymbol{x}}_{\mathrm{MMSE}k} = \xi(\boldsymbol{x}_k \mid \boldsymbol{y}_k) = \boldsymbol{\mu}_k \tag{7-71}$$

需注意，为了方便表示，这里省略了“MMSE”符号，$\hat{\boldsymbol{x}}_k$ 的估计值取决于观测的实现，因此是一个随机变量，$\hat{\boldsymbol{x}}_k$ 应该解释为一个估计量。用 $\boldsymbol{u}_k^-$（在第 7.2.2.1 节的表示法中相当于 $\boldsymbol{\mu}_0$）确定一个最佳先验估计 $\hat{\boldsymbol{x}}_k^-$，然后用适当的索引表示法式（7－36）～式（7－38）给出基于 t_k 时刻观测的状态变量的最佳后验估计

$$\hat{\boldsymbol{x}}_k = \hat{\boldsymbol{x}}_k^- + \boldsymbol{K}_k(\boldsymbol{y}_k - \boldsymbol{H}_k\hat{\boldsymbol{x}}_k^-) \tag{7-72}$$

$$\boldsymbol{P}_k = (\boldsymbol{I} - \boldsymbol{K}_k\boldsymbol{H}_k)\boldsymbol{P}_k^-(\boldsymbol{I} - \boldsymbol{K}_k\boldsymbol{H}_k)^{\mathrm{T}} + \boldsymbol{K}_k\boldsymbol{P}_k\boldsymbol{K}_k^{\mathrm{T}} \tag{7-73}$$

其中

$$\boldsymbol{K}_k = \boldsymbol{P}_k^- \boldsymbol{H}_k^{\mathrm{T}} (\boldsymbol{H}_k \boldsymbol{P}_k^- \boldsymbol{H}_k^{\mathrm{T}} + \boldsymbol{R}_k)^{-1} \tag{7-74}$$

式（7－69）～式（7－74）包括了预测和滤波过程，构成了卡尔曼滤波。

由于式（7－63）中 $\hat{\boldsymbol{x}}_k = \xi(\boldsymbol{x}_k)$，以及式（7－56）中 $\xi(\boldsymbol{y}_k) = \boldsymbol{H}\xi(\boldsymbol{x}_k)$，因此估计式（7－72）是无偏的

$$\xi(\hat{\boldsymbol{x}}_k) = \xi(\boldsymbol{x}_k) \tag{7-75}$$

由于我们明确地假设先验过程是高斯过程，因此后验过程也是高斯过程，如式（7－22）和式（7－23）所示，因此状态变量的完全概率分布或估计误差也就确定了

$$\boldsymbol{x}_k \sim \mathcal{N}(\hat{\boldsymbol{x}}_k, \boldsymbol{P}_k) \tag{7-76}$$

根据式（7－25），对后验估计的另一种有分辨力的解释是先验均值和观测值的加权和。当 $\boldsymbol{y}$ 被缩放为 $\boldsymbol{x}$ 的单位时，特别地，可以在 $\boldsymbol{H}$ 是非奇异矩阵的情况下（对于任意 $\boldsymbol{H}$ 存在泛化），权值之和等于单位矩阵。向 $\boldsymbol{x}$ 类单位的变换过程为 $\boldsymbol{H}^{-1}\boldsymbol{y}$，根据式（7－25）的后验估计为

$$\hat{\boldsymbol{x}}_k = \boldsymbol{P}_k (\boldsymbol{P}_k^-)^{-1} \hat{\boldsymbol{x}}_k^- + \boldsymbol{P}_k \boldsymbol{H}_k^{\mathrm{T}} \boldsymbol{R}^{-1} \boldsymbol{H}_k (\boldsymbol{H}_k^{-1} \boldsymbol{y}_k) \tag{7-77}$$

等式（7－26）证明了 $\hat{\boldsymbol{x}}_k^-$ 和 $\boldsymbol{H}_k^{-1}\boldsymbol{y}_k$ 的权重之和统一。

矩阵 $\boldsymbol{K}_k$ 称为卡尔曼增益矩阵。可以简单解释为观测提供的新信息相对于先验信息的比率；$\boldsymbol{y}_k - \boldsymbol{H}_k \hat{\boldsymbol{x}}_k^-$ 称为新息，是观测值与其期望值之间的差值。增益决定了在先验估计中应该增加新息成分的比例。

如果观测结果不是很准确，即 $\boldsymbol{R}_k$ 很大（与 $\boldsymbol{P}_k^-$ 相比），那么根据式（7－74），增益很小，增加的新息成分也很少；也就是说，不准确的观测值对估计值的影响很小。如果观测值非常准确，即 $\boldsymbol{R}_k$ 很小，则后验估计值很大程度上取决于观测值，与先验估计无关。也就是说，先验估计值可能非常差，如果观测值准确，将使变量的估计值“回到真实情况”。对于特殊情况，可以很容易发现，当 $\boldsymbol{H}_k = \boldsymbol{I}$ 时；有 $\boldsymbol{R}_k \to \boldsymbol{0}$；$\boldsymbol{K}_k \to \boldsymbol{I}$ 以及 $\hat{\boldsymbol{x}}_k \to \boldsymbol{y}_k$。

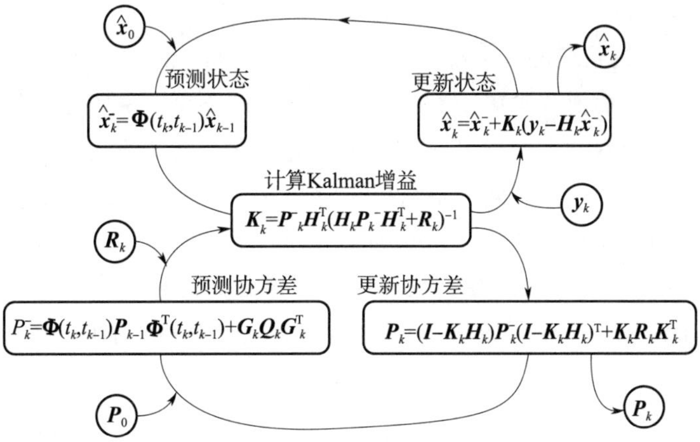

图 7－1　卡尔曼滤波循环

需再次注意，与卡尔曼增益矩阵的计算同理，预测和更新的协方差的计算与估计和观测值无关。图 7－1 给出了估算过程的预测和更新步骤的算法视图。协方差计算被视为独

立于估计值和观测值的循环。还应注意式（7-61）中给出的重要条件。

尽管先验和后验协方差的形式［式（7-70）和式（7-73）］有助于确保计算矩阵的对称性和正定性，但谨慎做法是，在每一步中由以下表达式替换计算式中的 $\boldsymbol{P}_k^-$ 和 $\boldsymbol{P}_k$

$$\boldsymbol{P}_k^- \leftarrow \frac{1}{2}[\boldsymbol{P}_k^- + (\boldsymbol{P}_k^-)^{\mathrm{T}}], \boldsymbol{P}_k \leftarrow \frac{1}{2}(\boldsymbol{P}_k + \boldsymbol{P}_k^{\mathrm{T}}) \tag{7-78}$$

这一技巧至少使协方差矩阵具有对称性。卡尔曼递归算法的长期数值稳定性还取决于系统噪声函数和观测更新（见第 7.7.1.3 节）。其他增强稳定性的数值技术包括（$\boldsymbol{P}_k$）平方根公式、基于 $\boldsymbol{P}_k$ 分解为上三角矩阵和对角矩阵（U-D 分解）的算法，以及这些代数算法的结合（可参见 Bierman，1977）。

7.3.2.3 平滑

离散观测值的平滑问题表示为基于该时间前后的一组观测值，在某一时刻 t_k 的状态向量估计。历史上，有三种类型的平滑器（可参见 Meditch，1973；Andeson 和 Moore，1979 年）。如前所述，用 $\hat{\boldsymbol{x}}_k$ 表示 t_k 时刻的状态向量的估计。

1）定点平滑，其与定点 j 处的估计值 $\hat{\boldsymbol{x}}_j$ 有关，而 $k(k > j)$ 随着使用新观测值而增加。例如，定点平滑可适用于 $t=0$ 后使用外部速度观测的初始对准问题（见第 8 章），在这种情况下，固定点 j 表示起点。

2）固定滞后平滑，其根据截至时刻 t_k，$k=M$，$M+1$，… 的观测结果，在固定的时间延迟 $M\Delta t$ 处产生平滑状态 $\hat{\boldsymbol{x}}_{k-M}$，在实时数据处理中，如果延迟时间小于系统中的其他显著延迟，则可为固定滞后平滑。

3）固定区间平滑，其产生一个区间内任意时刻 t_k 的估计值 $\hat{\boldsymbol{x}}_{k/N}$，在该区间内观测值可用 $k \in [0, 1, \cdots, N]$。这种类型的平滑只能在任务后数据处理中完成。下标符号"k/N"指基于间隔内（即从时刻 t_0 到时刻 t_N）的所有观测值对时刻 t_k 的状态向量的估计。

INS/GPS 组合导航系统的一个重要（任务后）应用，是使用 INS 对离散 GPS 观测更新之间的位置进行最佳插值（见第 10.3 节）。这正好符合我们主要考虑的固定区间平滑分类。平滑算法有几种版本，大都是基于前向时间过滤器（通常指已讨论的卡尔曼滤波器）和后向时间过滤器的组合，从间隔的最后一个时间开始，预测并向后更新到间隔内的某个点。基本算法通常与 Rauch、Tung 和 Striebel（1965）有关，因此称为 RTS 算法。Fraser（1967 年）和 Bierman（1973 年）等人已经得出了这方面的替代方案和更新。我们介绍了 Fraser 算法（可参见 Maybeck，1982），因为这种算法最容易从前面的介绍中推导出来。

为了计算平滑估计 $\hat{\boldsymbol{x}}_{k/N}$，对 t_k 时刻执行常规卡尔曼滤波，得到 $\hat{\boldsymbol{x}}_k$ 及其误差协方差 P_k；这代表了基于当时所有信息的最佳估计。然后，使用状态向量的初始估计及其误差协方差，在最后一次观测的时刻 t_N 之后执行后向滤波。仔细实施时间指标，可以使用相同的卡尔曼滤波方程，以确保状态转移矩阵包含正确的时间方向（见图 7-2）。

用下标 b 表示后向滤波器估计，与式（7-72）、式（7-73）和式（7-74）类似，对于 $j=N$，$N-1$，…，$k+1$，后向更新为

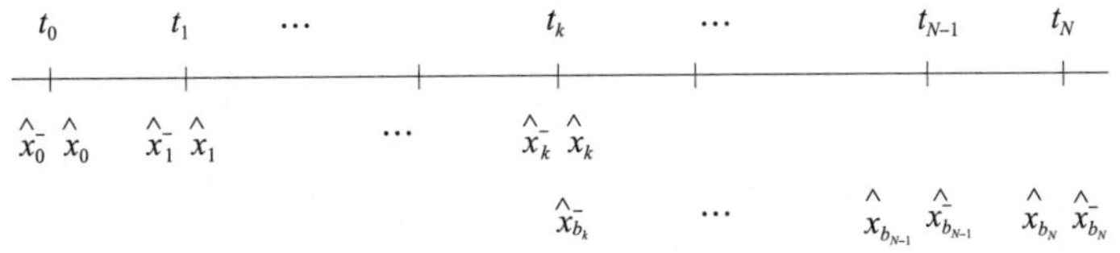

图 7－2　卡尔曼滤波/平滑估计的时间线和符号

$$\hat{\boldsymbol{x}}_{bj}=\hat{\boldsymbol{x}}_{bj}^{-}+\boldsymbol{K}_{bj}(\dot{\boldsymbol{y}}_j-\boldsymbol{H}_j\boldsymbol{x}_{bj}^{-}) \tag{7-79}$$

$$\boldsymbol{P}_{bj}=(\boldsymbol{I}-\boldsymbol{K}_{bj}\boldsymbol{H}_j)\boldsymbol{P}_{bj}^{-}(\boldsymbol{I}-\boldsymbol{K}_{bj}\boldsymbol{H}_j)^{\mathrm{T}}+\boldsymbol{K}_{bj}\boldsymbol{R}_j\boldsymbol{K}_{bj}^{\mathrm{T}} \tag{7-80}$$

其中

$$\boldsymbol{K}_{bj}=\boldsymbol{P}_{bj}^{-}\boldsymbol{H}_j^{\mathrm{T}}(\boldsymbol{H}_j\boldsymbol{P}_{bj}^{-}\boldsymbol{H}_j^{\mathrm{T}}+\boldsymbol{R}_j)^{-1} \tag{7-81}$$

初始量是 $\hat{\boldsymbol{x}}_{bN}^{-}$ 和 $\boldsymbol{P}_{bN}^{-}$。与式（7－63）和式（7－67）类似，后向预测为

$$\hat{\boldsymbol{x}}_{bj-1}^{-}=\boldsymbol{\Phi}(t_{j-1},t_j)\hat{\boldsymbol{x}}_{bj} \tag{7-82}$$

对应的误差协方差为

$$\boldsymbol{P}_{bj-1}^{-}=\boldsymbol{\Phi}(t_{j-1},t_j)\boldsymbol{P}_{bj}\boldsymbol{\Phi}^{\mathrm{T}}(t_{j-1},t_j)+\boldsymbol{G}_{j-1}\boldsymbol{Q}_{j-1}\boldsymbol{G}_{j-1}^{\mathrm{T}} \tag{7-83}$$

注意，$\hat{\boldsymbol{x}}_{bj-1}^{-}$ 和 $\boldsymbol{P}_{bj-1}^{-}$ 仅指历元 t_{j-1} 右侧的预测。也就是说，第二个滤波器的结果是 $\hat{\boldsymbol{x}}_{bk}^{-}$，是在 t_k 处尚未纳入观测值的状态以及其误差协方差 $\boldsymbol{P}_{bk}^{-}$ 的后向估计。前向滤波器 $\hat{\boldsymbol{x}}_k^{-}$ 与后向滤波器 $\hat{\boldsymbol{x}}_{bk}^{-}$ 的两个估计值组合如下式，我们将估计 $\hat{x}_k^{-}$ 解释为“先验”估计，将后向估计 $\hat{x}_{bk}^{-}$ 解释为整个状态向量的观测，在这种情况下，$\boldsymbol{H}$ 矩阵是单位矩阵，式（7－25）产生“后验概率”或平滑估计

$$\hat{\boldsymbol{x}}_{k/N}=\boldsymbol{P}_{k/N}[\boldsymbol{P}_k^{-1}\hat{\boldsymbol{x}}_k+(\boldsymbol{P}_{bk}^{-})^{-1}\hat{\boldsymbol{x}}_{bk}^{-}] \tag{7-84}$$

式中，$\boldsymbol{P}_{k/N}$ 由式（7－26）得出

$$\boldsymbol{P}_{k/N}=[\boldsymbol{P}_k^{-1}+(\boldsymbol{P}_{bk}^{-})^{-1}]^{-1} \tag{7-85}$$

这两个滤波器公式的主要难点在于，时间 t_N 的状态向量的初始后向估计 $\hat{\boldsymbol{x}}_{bN}^{-}$ 未知。这与时间 t_N 处的前向估计的协方差矩阵 $\boldsymbol{P}_N$ 必须等于时间 t_N 处的平滑估计的协方差矩阵 $\boldsymbol{P}_{N/N}$ 的条件一致，因为当时的两个估计都基于相同的信息。从式（7－85）得到

$$(\boldsymbol{P}_{bN}^{-})^{-1}=\boldsymbol{0} \tag{7-86}$$

式（7－86）表明在 t_N 时刻纳入观测之前没有可用的信息，即使在合并这一观测结果之后，也不能估计所有状态，这意味着逆协方差矩阵（Fisher 信息矩阵）仍然是奇异的（我们通过在一个不可逆的矩阵上保留逆符号“－1”，稍微混用了这里的符号）。可以根据信息矩阵重新构造后向滤波器，这称为逆协方差滤波器，在初始协方差为无穷大（不存在）的情况下可以应用于正向意义。也就是说，随后的推导假设所有协方差矩阵都是满秩的，但得到的滤波器方程只涉及信息矩阵，最终可能允许信息矩阵的秩小于满秩。

我们从后向状态到一组新状态的转换开始推导得到

$$\boldsymbol{z}_j=(\boldsymbol{P}_{bj})^{-1}\boldsymbol{x}_{bj} \tag{7-87}$$

虽然未知，但假设初始估计 $\hat{\boldsymbol{x}}_{bN}^{-}$ 是有界的，因此由式（7－86）得出

$$\hat{\boldsymbol{z}}_N^- = \boldsymbol{0} \tag{7-88}$$

由于式（7-86），因此上式不存在不确定性；所以初始估计 $\hat{\boldsymbol{z}}_N^-$ 的误差协方差为

$$\xi[(\hat{\boldsymbol{z}}_N^- - \boldsymbol{z}_N^-)(\hat{\boldsymbol{z}}_N^- - \boldsymbol{z}_N^-)^{\mathrm{T}}] = \xi[\boldsymbol{z}_N^-(\boldsymbol{z}_N^-)^{\mathrm{T}}] = \boldsymbol{D}_N = \boldsymbol{0} \tag{7-89}$$

通常，$\hat{\boldsymbol{z}}_j$ 的误差协方差矩阵由下式给出

$$\boldsymbol{D}_j = \mathrm{cov}(\boldsymbol{z}_j, \boldsymbol{z}_j) = \boldsymbol{P}_{bj}^{-1}\boldsymbol{P}_{bj}\boldsymbol{P}_{bj}^{-1} = \boldsymbol{P}_{bj}^{-1} \tag{7-90}$$

这很容易通过式（6-27）和式（7-87）得出。

$\boldsymbol{z}_j$ 的估计的递推更新方程只需将式（7-87）代入式（7-25）并与之前一样，$\mu \equiv \hat{\boldsymbol{x}}$ 和 $\mu_0 \equiv \hat{\boldsymbol{x}}^-$，得出

$$\hat{\boldsymbol{z}}_j = \boldsymbol{H}_j^{\mathrm{T}}\boldsymbol{R}_j^{-1}\boldsymbol{y}_j + \hat{\boldsymbol{z}}_j^- \tag{7-91}$$

式（7-43）中的 $\hat{\boldsymbol{x}}_{bj}$ 后验信息矩阵为

$$\boldsymbol{P}_{bj}^{-1} = (\boldsymbol{P}_{bj}^-)^{-1} + \boldsymbol{H}_j^{\mathrm{T}}\boldsymbol{R}_j^{-1}\boldsymbol{H}_j \tag{7-92}$$

因此，只要信息矩阵可逆，就可以从式（7-87）和式（7-91）中计算后验估计 $\hat{\boldsymbol{x}}_{bj}$ 。

递归预测方程推导需要较多代数计算步骤。为了获得预测信息矩阵 $(\boldsymbol{P}_{bj}^-)^{-1}$（作为 $\hat{\boldsymbol{z}}_j^-$ 的误差协方差矩阵），需要使用以下矩阵逆恒等式（可参见 Henderson 和 Searle，1981）

$$(\boldsymbol{A} + \boldsymbol{B}^{\mathrm{T}}\boldsymbol{C})^{-1} = \boldsymbol{A}^{-1} - \boldsymbol{A}^{-1}\boldsymbol{B}^{\mathrm{T}}(\boldsymbol{I} + \boldsymbol{C}\boldsymbol{A}^{-1}\boldsymbol{B}^{\mathrm{T}})^{-1}\boldsymbol{C}\boldsymbol{A}^{-1} \tag{7-93}$$

式中，$\boldsymbol{A}$ 是非奇异矩阵；$\boldsymbol{B}$ 和 $\boldsymbol{C}$ 是任意矩阵。令

$$\boldsymbol{A}_j = \boldsymbol{\Phi}(t_{j-1}, t_j)\boldsymbol{P}_{bj}\boldsymbol{\Phi}^{\mathrm{T}}(t_{j-1}, t_j) \tag{7-94}$$

用 $\boldsymbol{B}^{\mathrm{T}} = \boldsymbol{G}_{j-1}\boldsymbol{Q}_{j-1}$ 和 $\boldsymbol{C} = \boldsymbol{C}_{j-1}^{\mathrm{T}}$ 代入式（7-93）～式（7-83）得出

$$(\boldsymbol{P}_{bj-1}^-)^{-1} = \boldsymbol{A}_j^{-1} - \boldsymbol{A}_j^{-1}\boldsymbol{G}_{j-1}\boldsymbol{Q}_{j-1}(\boldsymbol{I} + \boldsymbol{G}_{j-1}^{\mathrm{T}}\boldsymbol{A}_j^{-1}\boldsymbol{G}_{j-1}\boldsymbol{Q}_{j-1})^{-1}\boldsymbol{G}_{j-1}^{\mathrm{T}}\boldsymbol{A}_j^{-1} \tag{7-95}$$

其中，由式（2-55），得到

$$\boldsymbol{\Phi}^{-1}(t_{j-1}, t_j) = \boldsymbol{\Phi}(t_j, t_{j-1}) \tag{7-96}$$

因此

$$\boldsymbol{A}_j^{-1} = \boldsymbol{\Phi}^{\mathrm{T}}(t_j, t_{j-1})\boldsymbol{P}_{bj}^{-1}\boldsymbol{\Phi}(t_j, t_{j-1}) \tag{7-97}$$

现使得

$$\boldsymbol{S}_j = \boldsymbol{A}_j^{-1}\boldsymbol{G}_{j-1}\boldsymbol{Q}_{j-1}(\boldsymbol{I} + \boldsymbol{G}_{j-1}^{\mathrm{T}}\boldsymbol{A}_j^{-1}\boldsymbol{G}_{j-1}\boldsymbol{Q}_{j-1})^{-1} \tag{7-98}$$

在此基础上，得出了预测信息矩阵

$$(\boldsymbol{P}_{bj-1}^-)^{-1} = \boldsymbol{A}_j^{-1} - \boldsymbol{S}_j\boldsymbol{G}_{j-1}^{\mathrm{T}}\boldsymbol{A}_j^{-1} \tag{7-99}$$

计算上更稳定的形式是 Joseph 形式

$$(\boldsymbol{P}_{bj-1}^-)^{-1} = (\boldsymbol{I} - \boldsymbol{S}_j\boldsymbol{G}_{j-1}^{\mathrm{T}})\boldsymbol{A}_j^{-1}(\boldsymbol{I} - \boldsymbol{S}_j\boldsymbol{G}_{j-1}^{\mathrm{T}})^{\mathrm{T}} + \boldsymbol{S}_j\boldsymbol{Q}_{j-1}^{-1}\boldsymbol{S}_j^{\mathrm{T}} \tag{7-100}$$

可通过扩展右侧的第一项并利用式（7-97）进行验证。在这种情况下，$\boldsymbol{Q}_{j-1}$ 必须是非奇异的。

另外，状态的预测可以完全用信息矩阵来表示，从式（7-82）开始，重写为

$$(\boldsymbol{P}_{bj-1}^-)^{-1}\hat{\boldsymbol{x}}_{bj-1}^- = (\boldsymbol{P}_{bj-1}^-)^{-1}\boldsymbol{\Phi}(t_{j-1}, t_j)\boldsymbol{P}_{bj}\boldsymbol{P}_{bj}^{-1}\hat{\boldsymbol{x}}_{bj} \tag{7-101}$$

由式（7-87）、式（7-94）和式（7-96）得

$$\begin{aligned}\hat{\boldsymbol{z}}_{j-1}^{-} &= (\boldsymbol{P}_{b_{j-1}}^{-})^{-1}\boldsymbol{\Phi}(t_{j-1},t_j)\boldsymbol{P}_{b_j}\hat{\boldsymbol{z}}_j \\ &= (\boldsymbol{P}_{b_{j-1}}^{-})^{-1}\boldsymbol{\Phi}(t_{j-1},t_j)\boldsymbol{P}_{b_j}\boldsymbol{\Phi}^{\mathrm{T}}(t_{j-1},t_j)\boldsymbol{\Phi}^{\mathrm{T}}(t_j,t_{j-1})\hat{\boldsymbol{z}}_j \\ &= (\boldsymbol{P}_{b_{j-1}}^{-})^{-1}\boldsymbol{A}_j\boldsymbol{\Phi}^{\mathrm{T}}(t_j,t_{j-1})\hat{\boldsymbol{z}}_j\end{aligned} \tag{7-102}$$

最后，代入式（7-99）得到 $\boldsymbol{z}_{j-1}$ 的后向预测

$$\boldsymbol{z}_{j-1}^{-} = (I - \boldsymbol{S}_j\boldsymbol{G}_{j-1}^{\mathrm{T}})\boldsymbol{\Phi}^{\mathrm{T}}(t_j,t_{j-1})\hat{\boldsymbol{z}}_j \tag{7-103}$$

式（7-103）中出现的过渡矩阵用于前向预测。同样，如前所述，当 $(\boldsymbol{P}_{bj}^{-})^{-1}$ 可逆时，可以从式（7-87）计算 $\hat{\boldsymbol{x}}_{bj}^{-}$ 。

利用根据信息矩阵表示的后向滤波器，时刻 t_k 的平滑估计从式（7-84）变为

$$\hat{\boldsymbol{x}}_{k/N} = \boldsymbol{P}_{k/N}(\boldsymbol{P}_k^{-1}\hat{\boldsymbol{x}}_k + \hat{\boldsymbol{z}}_k^{-}) \tag{7-104}$$

式中，$\boldsymbol{P}_{k/N}$ 由式（7-85）给出，$(\boldsymbol{P}_{bk}^{-})^{-1}$ 由式（7-100）给出。

总之，基于该区间内的所有观测值，计算区间［t_0，t_k］内任意时刻 t_k 的平滑估计及其误差协方差，需要两个递归滤波器。在间隔中的多个点需要平滑估计的情况下为了节省计算，可以首先计算后向滤波器，保存估计值 $\hat{z}_j$ 及其误差协方差，然后立即使用保存的值进行前向滤波器，以计算整个间隔内的平滑估计。对于长间隔和多状态，此方法所需的计算机内存可能是不允许的。此外，方程式（7-85）中的两个协方差矩阵的逆，必须在每个平滑估计中计算。如果这些矩阵变得近似奇异，则过程可能变得不稳定。

RTS算法（可参见 Gelb，1974）同样由前向递归扫描（滤波）和后向扫描（平滑）组成。在这种情况下，保存所有前向估计和协方差，并在后向扫描中递归计算平滑估计及其误差协方差。该算法要求保存所有前向值，即使在区间中仅搜索一个平滑估计；因此该算法不适合特定的应用。Bierman（1973）改进的 Bryson-Frazier（mBF）算法与上面推导的 Fraser 算法类似，但避免了协方差矩阵逆的计算。

如果我们确定观测数的极限 N，则固定区间平滑算法会产生一个简单的定点平滑算法。在这种情况下，定点平滑估计为 $\hat{\boldsymbol{x}}_{0/N}$ 误差协方差为 $\boldsymbol{P}_{0/N}$ 。然而，定点平滑算法不是一个递归算法，因为它排除了进一步的观测（时刻 t_N 后）。更适合于估计分析的递归算法可参见 Maybeck（1982）和 Gelb（1974）。

7.4 离散线性动态模型

第7.3节建立了一个递归算法，用于计算时刻 t_k 的系统状态变量的最佳估计。基于递归假设式（7-44），那么会很自然地假设系统状态的离散转换模型，估计算法以离散、递归、计算方便的方式进行。惯性导航系统误差及其动力学的描述是根据物理原理确定，并以可微（因此为连续）函数的线性微分方程的形式给出［见式（5-66）］。从根本上说，所有发展都源自牛顿第二运动定律［式（1-5）］，其中系统变量的位置和速度，在连续时间 t 上由严格的物理定律控制。因此，尽管在最基本的层面上，传感器和测量系统本质上是离散化的，但系统状态模型是基于时间的连续函数，而不是离散函数。

为了将连续系统描述（线性微分方程）转化为离散系统描述（线性差分方程），我们形式化地求解了一般增量时间区间 Δt 上的微分方程。通过这种方式，微分方程的解作为后续时间间隔的初始条件在每个时间段末尾被离散化（或采样）。可以采用某些近似来简化计算；结果是系统状态的离散过渡模型与式（7-54）中提出的相同。

从一个连续系统开始，假设其是一组线性的、非齐次的、一阶（常）微分方程组，写为

$$\dot{\boldsymbol{x}}(t)=\boldsymbol{F}(t)\boldsymbol{x}(t)+\boldsymbol{D}(t)\boldsymbol{s}(t)+\boldsymbol{G}(t)\boldsymbol{w}(t) \tag{7-105}$$

式中，$\boldsymbol{x}(t)$ 是随机系统变量（随机过程）的向量，取决于时间 t，其均值和协方差假定已知；F、D 和 G（可能）是与时间有关并且含义明确的矩阵；$\boldsymbol{s}(t)$ 是给定的关于 t 的向量函数；$\boldsymbol{w}(t)$ 是连续的、零均值的、白噪声的、高斯的向量过程。因此方程的非齐次部分，即驱动或强迫的部分，由确定性分量 $\boldsymbol{s}(t)$ 和随机分量 $\boldsymbol{w}(t)$ 组成。前者称为控制输入，因为它已被指定并用来限定系统的动态行为。

相关控制理论可参见其他文献（例如 Brogan，1974），本文不作讨论。这里设置 $\boldsymbol{s}(t)=\boldsymbol{0}$，因此，强迫项完全随机，在某种意义上是“失控”的

$$\dot{\boldsymbol{x}}(t)=\boldsymbol{F}(t)\boldsymbol{x}(t)+\boldsymbol{G}(t)\dot{\boldsymbol{w}}(t) \tag{7-106}$$

对时刻 t 的明确依赖，将随机变量 $\boldsymbol{x}(t)$ 和 $\boldsymbol{w}(t)$ 与它们的离散基本区分。对任意时刻 t，这两个过程被认为是独立的。可以根据高阶线性微分方程来描述系统动力学，但通过适当增加变量向量，这些高阶方程可以简化为一阶方程，如第 2.2 节所述。

线性一阶微分方程组，如式（7-106），对 $\boldsymbol{x}(t)$ 比较容易求解。计算式为式（2-12），其解为式（2-70），即由参数变分法确定的齐次解与特解的和可写为

$$\boldsymbol{x}(t)=\boldsymbol{\Phi}(t,t_0)\boldsymbol{x}(t_0)+\int_{t_0}^{t}\boldsymbol{\Phi}(t,t')\boldsymbol{G}(t')\boldsymbol{w}(t')\mathrm{d}t' \tag{7-107}$$

式中，矩阵函数 $\boldsymbol{\Phi}$ 称为状态转移矩阵，对于固定 t'，满足微分方程式（2-57）

$$\frac{\mathrm{d}}{\mathrm{d}t}\boldsymbol{\Phi}(t,t')=\boldsymbol{F}(t)\boldsymbol{\Phi}(t,t') \tag{7-108}$$

需注意，解式（7-107）包含初值 $\boldsymbol{x}(t_0)$。

因此微分方程式（7-106）的解实际上只被写成了一个新量的形式，即状态转移矩阵，它仍然需要通过解微分方程来确定。对于足够小的时间间隔或系统已达到稳态（不存在瞬态），动力学矩阵 $\boldsymbol{F}$ 恒定或接近恒定。对于时不变的 $\boldsymbol{F}$，式（7-108）的解可直接由式（2-58）给出

$$\boldsymbol{\Phi}(t,t')=\mathrm{e}^{\boldsymbol{F}(t-t')}=\boldsymbol{I}+\boldsymbol{F}(t-t')+\frac{1}{2!}[\boldsymbol{F}(t-t')]^2+\frac{1}{3!}[\boldsymbol{F}(t-t')]^3+\cdots \tag{7-109}$$

其中利用到式（2-35）。正如第 2.3.1.2 节所讨论的，即使 $\boldsymbol{F}$ 不是常数，式（7-106）仍可得到解，并且解仍具有式（7-107）的形式，但 $\boldsymbol{\Phi}$ 不是由式（7-109）给出。

正规地，我们可以将连续系统离散化。将 $t_0=t_{k-1}$，$t=t_k$ 代入式（7-107）并注意 $\boldsymbol{x}_k\equiv\boldsymbol{x}(t_k)$

$$\boldsymbol{x}_k = \boldsymbol{\Phi}(t_k, t_{k-1})\boldsymbol{x}_{k-1} + \boldsymbol{u}_k \tag{7-110}$$

其中

$$\boldsymbol{u}_k = \int_{t_{k-1}}^{t_k} \Phi(t, t')\boldsymbol{G}(t')\boldsymbol{w}(t')\mathrm{d}t' \tag{7-111}$$

这是式（7－54）中用 $\boldsymbol{u}_k$ 代替 $\boldsymbol{G}_k\boldsymbol{w}_k$ 的形式。然而，我们需要谨慎地解释式（7－54）与式（7－111）中的白噪声，首先因为它们有不同的单位（见下文）。

随机过程 $\boldsymbol{u}_k$ 是式（7－54）中所要求解的高斯、零均值、离散白噪声过程。事实上，$\boldsymbol{u}_k$ 是一个高斯白噪声过程，因为 $\boldsymbol{w}(t)$ 是白噪声，而且区间 $[t_{k-1}, t_k]$ 不重叠，从而排除了 $\boldsymbol{u}_k$ 在各历元之间的相关性。这是一个高斯分布的过程，因为 $\boldsymbol{w}$ 和 $\boldsymbol{u}$ 之间存在线性关系（见第6.2.1节）。因为 $\xi[\boldsymbol{w}(t)]=\boldsymbol{0}$，可得

$$\xi(\boldsymbol{u}_k) = \boldsymbol{0} \tag{7-112}$$

并可由下式给出协方差矩阵

$$\xi(\boldsymbol{u}_k, \boldsymbol{u}_k^{\mathrm{T}}) = \int_{t_{k-1}}^{t_k}\int_{t_{k-1}}^{t_k} \boldsymbol{\Phi}(t,t')\boldsymbol{G}(t')\xi[\boldsymbol{w}(t')\boldsymbol{w}(t'')]\boldsymbol{G}^{\mathrm{T}}(t'')\boldsymbol{\Phi}^{\mathrm{T}}(t,t'')\mathrm{d}t'\mathrm{d}t'' \tag{7-113}$$

白噪声过程的协方差形式上是狄拉克 delta 函数，振幅是过程的功率谱密度，见式（6－55），可得

$$\xi[\boldsymbol{w}(t')\boldsymbol{w}(t'')] = \boldsymbol{Q}\delta(t'-t'') \tag{7-114}$$

式中，$\boldsymbol{Q}$ 是向量 $\boldsymbol{w}(t)$ 中白噪声过程的自功率和互功率谱密度矩阵。利用积分中的函数式（6－54）的性质，则式（7－113）变为

$$\boldsymbol{\Theta}_k = \xi(\boldsymbol{u}_k, \boldsymbol{u}_k^{\mathrm{T}}) = \int_{t_{k-1}}^{t_k} \boldsymbol{\Phi}(t,t')\boldsymbol{G}(t')\boldsymbol{Q}\boldsymbol{G}^{\mathrm{T}}(t')\boldsymbol{\Phi}^{\mathrm{T}}(t,t')\mathrm{d}t' \tag{7-115}$$

由于 $\boldsymbol{u}_k$ 和 $\boldsymbol{x}_k$（或等价误差 $\boldsymbol{e}_k$）不相关，矩阵 $\boldsymbol{\Theta}_k$ 代替式（7－67）中的 $\boldsymbol{G}_k\boldsymbol{Q}_k\boldsymbol{Q}_k^{\mathrm{T}}$，对于与估计状态相关联的传播误差协方差矩阵给出下式

$$\boldsymbol{P}_k = \boldsymbol{\Phi}(t_k, t_{k-1})\boldsymbol{P}_{k-1}\boldsymbol{\Phi}^{\mathrm{T}}(t_k, t_{k-1}) + \boldsymbol{\Theta}_k \tag{7-116}$$

协方差矩阵 $\boldsymbol{\Theta}_k$ 的严格计算需要对转移矩阵和 $\boldsymbol{G}$ 矩阵进行积分，如式（7－115）所示。然而，对于足够短的积分区间，$\boldsymbol{G}$ 可以认为是一个常数矩阵，$\boldsymbol{\Phi}(t, t') \approx \boldsymbol{I} + \boldsymbol{F}(t-t')$ 成立。在这种情况下，忽略 Δt^2 的阶项，方程式（7－115）化简为

$$\boldsymbol{\Theta}_k \approx \boldsymbol{G}_k\boldsymbol{Q}\Delta t\boldsymbol{G}_k^{\mathrm{T}} \tag{7-117}$$

因为只假设在区间 Δt 内具有时不变性，矩阵 $\boldsymbol{G}$ 仍与时间 t 有关。

我们注意到 $\boldsymbol{Q}\Delta t$ 和 $\boldsymbol{Q}/\Delta t$ 在概念上的重要区别。根据式（6－61），$\xi(\boldsymbol{w}_k, \boldsymbol{w}_k^{\mathrm{T}}) = \boldsymbol{Q}/\Delta t$ 是白噪声过程在区间 Δt 上平均的协方差，其中

$$\boldsymbol{w}_k = \frac{1}{\Delta t}\int_{t_{k-1}}^{t_k} \boldsymbol{w}(t)\mathrm{d}t \tag{7-118}$$

为白噪声的一般离散化，见式（6－59）。另一方面，$\boldsymbol{G}_k\boldsymbol{Q}\Delta t\boldsymbol{G}_k^{\mathrm{T}}$ 是 $\boldsymbol{G}(t)\boldsymbol{w}(t)$ 在区间 Δt 上累积的（近似）协方差。在这个意义上，我们不能利用 $\boldsymbol{G}_k\boldsymbol{w}_k$ 来识别（或近似）$\boldsymbol{u}_k$，因为 $\boldsymbol{u}_k$ 中的白噪声过程是累积的，而不是平均的。针对式（7－117），将式（7－116）与式（7－67）进行比较，得到离散状态动力学模型中（累计）白噪声的协方差

$$\boldsymbol{Q}_k = \boldsymbol{Q}\Delta t \tag{7-119}$$

7.5 修正

卡尔曼滤波器的推导，限制了它只适用于受白噪声干扰的系统和受白噪声干扰的观测结果。此外，还假设了系统动力学相对于状态是线性的。大多数系统不会在不相关噪声的影响下运行，同样，观测结果可能显示出时间相关性。值得注意的是，在之前的卡尔曼滤波器推导下，单历元观测值之间的相关性是允许的，这意味着 $\boldsymbol{R}$ 矩阵可以是一个满秩的协方差矩阵。同样，输入噪声源在单个历元处协方差的 $\boldsymbol{Q}$ 矩阵也可以是一个满秩矩阵。但不同历元之间的相关性是不允许的。在许多情况下，因为系统动力学的线性需求，这些限制很容易得到缓解。

这在惯性导航系统的状态估计中有特殊的应用，其中驱动系统误差动力学的加速度计和陀螺误差除了白噪声外，还包括随机偏差、比例因子误差和相关噪声，如式（6－107）和式（6－109）所示。此外，由于对流层折射等环境因素，观测更新（如全球定位系统导出的位置或速度）在时间上具有相关性。回顾误差动力学方程（见第 5.3 节）是线性化的结果，当误差状态值随时间增长时，线性化过程中忽略的二阶项可能会对估计模型的有效性产生不利影响。

7.5.1 增广状态向量

基本连续系统动力学模型式（7－106）要求过程 $\boldsymbol{w}(t)$ 为白噪声和高斯分布。如果噪声过程也包含（或仅包含）时间相关误差，则系统状态可能会被描述为这种相关误差的状态增广。具体而言，如果原始系统动力学的驱动噪声可以根据线性微分方程（或简化为此类方程）建模，则该线性微分方程可能由白噪声驱动。例如模型式（7－106）可以为

$$\dot{\boldsymbol{x}}(t) = \boldsymbol{F}(t)\boldsymbol{x}(t) + \boldsymbol{B}(t)\boldsymbol{c}(t) + \boldsymbol{G}\boldsymbol{w}(t) \tag{7-120}$$

其中，相关噪声 $\boldsymbol{c}(t)$ 满足增广模型

$$\dot{\boldsymbol{c}}(t) = \boldsymbol{F}_c(t)\boldsymbol{c}(t) + \boldsymbol{G}_c(t)\boldsymbol{w}_c(t) \tag{7-121}$$

式中，$\boldsymbol{w}_c(t)$ 是具有功率谱密度矩阵 $\boldsymbol{Q}_c$ 的零均值、高斯分布的白噪声向量。此外，如前所述，假设 $\boldsymbol{w}_c(t)$ 与 $\boldsymbol{c}(t)$ 或 $\boldsymbol{x}(t)$ 均不相关。可以用 $\boldsymbol{c}(t)$ 扩充状态向量 $\boldsymbol{x}(t)$，将其视为状态向量，可以形成以下扩展的系统动力学方程

$$\frac{\mathrm{d}}{\mathrm{d}t}\begin{pmatrix}\boldsymbol{x}(t)\\ \boldsymbol{c}(t)\end{pmatrix} = \begin{pmatrix}\boldsymbol{F}(t) & \boldsymbol{B}(t)\\ \boldsymbol{0} & \boldsymbol{F}_c(t)\end{pmatrix}\begin{pmatrix}\boldsymbol{x}(t)\\ \boldsymbol{c}(t)\end{pmatrix} + \begin{pmatrix}\boldsymbol{G}(t) & \boldsymbol{0}\\ \boldsymbol{0} & \boldsymbol{G}_c(t)\end{pmatrix}\begin{pmatrix}\boldsymbol{w}(t)\\ \boldsymbol{w}_c(t)\end{pmatrix} \tag{7-122}$$

式中“**0**”是仅含零元素的适当维数矩阵。当然，该模型的形式为式（7－106），满足与驱动过程噪声有关的所有相关条件，并且可以如前所述进行离散化，从而使其适用于离散卡尔曼滤波。在本系统动力学模型和原始系统动力学模型中，如果误差特性无要求，则肯定允许 $\boldsymbol{G}(t)=\boldsymbol{0}$ 或 $\boldsymbol{G}_c(t)=\boldsymbol{0}$，那么卡尔曼预测和更新方程可进行相应简化。

如果观测模型包含时间相关噪声，则会出现增加状态向量的另一个实例。同样，假设

相关噪声可以建模，使其满足白噪声驱动的线性微分方程。

那么观测模型式(7－15) 可以写成

$$\boldsymbol{y}=\dot{\boldsymbol{H}}\boldsymbol{x}+\boldsymbol{A}\boldsymbol{r}+\boldsymbol{v} \tag{7-123}$$

式中，相关噪声 $\boldsymbol{r}$ 由下式给出

$$\dot{\boldsymbol{r}}(t)=\boldsymbol{F}_r(t)\boldsymbol{r}(t)+\boldsymbol{G}_r(t)\boldsymbol{w}_r(t) \tag{7-124}$$

并且 $\boldsymbol{w}_r(t)$ 是零均值、高斯、白噪声过程的向量，具有功率谱密度矩阵 $\boldsymbol{Q}_r$。同样 $\boldsymbol{w}_r(t)$ 和 $\boldsymbol{x}(t)$ 为独立的。

利用 $\boldsymbol{r}(t)$ 扩充满足式(7－106) 的 $\boldsymbol{x}(t)$，得到整个系统动力学模型

$$\frac{\mathrm{d}}{\mathrm{d}t}\begin{pmatrix}\boldsymbol{x}(t)\\ \boldsymbol{r}(t)\end{pmatrix}=\begin{pmatrix}\boldsymbol{F}(t) & \boldsymbol{0}\\ \boldsymbol{0} & \boldsymbol{F}_r(t)\end{pmatrix}\begin{pmatrix}\boldsymbol{x}(t)\\ \boldsymbol{r}(t)\end{pmatrix}+\begin{pmatrix}\boldsymbol{G}(t) & \boldsymbol{0}\\ \boldsymbol{0} & \boldsymbol{G}_r(t)\end{pmatrix}\begin{pmatrix}\boldsymbol{w}(t)\\ \boldsymbol{w}_r(t)\end{pmatrix} \tag{7-125}$$

恢复为式（7－106）的基本形式，观测模型重写为

$$\boldsymbol{y}=(\boldsymbol{H}\quad \boldsymbol{A})\begin{pmatrix}\boldsymbol{x}\\ \boldsymbol{r}\end{pmatrix}+\boldsymbol{v} \tag{7-126}$$

因此，根据增广状态向量将其返回到式（7－15）的形式。如果假设观测中的噪声模型不包含白噪声，只包含相关噪声，那么我们可以在卡尔曼滤波方程中将 $\boldsymbol{v}$ 的协方差矩阵 $\boldsymbol{R}$ 设置为 $\boldsymbol{0}$，假设式（7－74）中的矩阵 $\boldsymbol{H}\boldsymbol{P}^{-}\boldsymbol{H}^{\mathrm{T}}$ 是非奇异的（$\boldsymbol{H}$ 和 $\boldsymbol{P}^{-}$ 必须具有满秩）。

这里有一个注意事项。系统动力学和观测模型应尽可能真实地反映调查中的真实情况，因此包括代表性和/或必要数量的状态，但这些状态的可观测性取决于动力学模型内的相互关系以及外部观测。简单地说，我们期望观测结果能够更好地用来估计状态信息，也就是说，随着我们向系统中添加更多信息，其方差应减小。过多的状态和一组不充分的观察结果可能导致初始条件没有改善（另见第 7.7.2.2 节）。我们已经遇到了一个例子，其中某些状态可能无法观测到。这些是在指北坐标系中的加速度计偏差和方位角误差，局部水平机械编排在动力学模型方程式（5－77）中不可分割；对位置或速度的外部观测不会产生对这些状态的独立估计（另见第 8 章）。

7.5.2　闭环估计

如第 5 章所述，惯性导航系统在位置坐标中指示的轨迹，通常会随着时间的推移明显偏离真实轨迹。这是由于许多传感器误差造成的，例如使用卡尔曼滤波器的陀螺漂移，我们偶尔使用外部提供的观测值来估计这些误差，滤波算法也会给出估计值的方差。然而，即使方差很小（代表对误差的估计很好），误差本身（估计值和真实值）可能相当大。这也说明由于准确的外部观测我们对误差有很好的估计（通常是由于准确的外部观测），也就是说，除非对 *INS* 进行特殊校正，否则其指示位置将继续偏离真实轨迹；这一观测结果只是给我们提供了一个判断其错误方式的依据。

如果误差动力学方程，特别是观测模型在系统状态下是线性的，这种情况可以接受。卡尔曼滤波算法实际是建立在线性假设之上的。但在许多应用中，线性模型是从非线性函数关系的线性化导出，例如推导惯性导航系统误差动力学方程就是这种情况（见第 5 章）。

同样，我们推导了观测模型式（7－52），并对误差状态进行了更一般的线性化推导。显然，误差状态值的增长可能会导致被忽略的二阶项变得突出，从而使模型失效。

由于观测结果（很可能）给了我们对误差的良好估计，因此有必要将这些误差估计信息提供给会产生误差的系统——本文案例为惯性导航系统，这称为闭环估计，也通常称为扩展卡尔曼滤波器。一旦在观测更新后获得误差估计值，指示的系统变量（例如惯性导航系统的位置或速度）将通过估计值进行修正，进而使指示的位置更接近真实轨迹（或与观测值近似一致的轨迹）。

为了说明闭环估计的机理，我们再次采用第 7.3.1 节中的“δ 表示法”来建立观测模型。在该节中，我们将 $\boldsymbol{x}$ 设为动态变化量（例如，位置坐标）的向量，并且 $\tilde{\boldsymbol{x}}$ 是相应的感测或指示值的向量，因此真实误差由 $\delta\boldsymbol{x}=\tilde{\boldsymbol{x}}-\boldsymbol{x}$ 给出。在初始时刻 t_0，将 $\boldsymbol{x}_0$ 的无偏估计写作 $\hat{\boldsymbol{x}}_0$，其误差协方差矩阵为 $\boldsymbol{P}_0$。假设初始时传感器可以调整为 $\tilde{\boldsymbol{x}}_0=\hat{\boldsymbol{x}}_0$，因此初始误差估计为

$$\delta\hat{\boldsymbol{x}}_0=\tilde{\boldsymbol{x}}_0-\hat{\boldsymbol{x}}_0=\boldsymbol{0} \tag{7-127}$$

误差协方差为 $\boldsymbol{P}_0$。

进一步假设，基于时刻 t_{k-1} 之前的所有观测值的误差估计值可用于调整传感器，从而使当前估计误差也为 $\boldsymbol{0}$。用上标“+”表示“校正”传感器的误差估计

$$\delta\hat{\boldsymbol{x}}_{k-1}^{+}=\boldsymbol{0} \tag{7-128}$$

在时刻 t_k，传感器指示 $\tilde{\boldsymbol{x}}_k$，但也有一个外部观测值，如式（7－50）所示。使用感测到的值来计算观测到的误差

$$\delta\boldsymbol{y}_k=\boldsymbol{H}_k\tilde{\boldsymbol{x}}_k-\tilde{\boldsymbol{y}}_k \tag{7-129}$$

如式（7－51）所示。根据（线性化）卡尔曼滤波器（包括预测和更新）得到的估计误差由式（7－69）和式（7－72）给出

$$\delta\hat{\boldsymbol{x}}_k^{-}=\boldsymbol{\Phi}(t_k,t_{k-1})\delta\hat{\boldsymbol{x}}_{k-1}^{+}=\boldsymbol{0} \tag{7-130}$$

$$\delta\hat{\boldsymbol{x}}_k=\delta\hat{\boldsymbol{x}}_k^{-}+\boldsymbol{K}_k(\delta\boldsymbol{y}_k-\boldsymbol{H}_k\delta\hat{\boldsymbol{x}}_k^{-})=\boldsymbol{K}_k\delta\boldsymbol{y}_k \tag{7-131}$$

式中，向量 $\delta\hat{\boldsymbol{x}}_k$ 产生对指示值 $\tilde{\boldsymbol{x}}_k^{-}$ 的估计修正值，我们调整传感器（“闭合回路”），以便传感器给出以下指示

$$\tilde{\boldsymbol{x}}_k^{+}=\hat{\boldsymbol{x}}_k=\tilde{\boldsymbol{x}}_k-\delta\hat{\boldsymbol{x}}_k \tag{7-132}$$

式（7－132）中的第一个等式与新的估计误差是一致的

$$\delta\hat{\boldsymbol{x}}_k^{+}=\tilde{\boldsymbol{x}}_k^{+}-\hat{\boldsymbol{x}}_k=\boldsymbol{0} \tag{7-133}$$

由于闭合环路仅调整感测或指示的量，因此估计误差的协方差矩阵具有与开环公式中相同的表达式。注意，闭环卡尔曼滤波中的观测误差式（7－29）与从调整后的传感器获得的数据 $\tilde{\boldsymbol{x}}_k$ 有关。

显然，闭合回路的相同程序也可应用于扩展状态，如常数或与特定传感器无关的高斯－马尔可夫过程。这种情况下只需定义一个根据假设的动力学行为的人工传感器。例如，“常数传感器”的指示值始终与初始值或校正值相同。但是，在决定以闭环方式进行估计时，应对要估计的状态进行选择，因为如果观测结果在估计方差方面没有显著改善，

则该程序可能无效，甚至会损害滤波器。也就是说，对于这些状态，最好保持开环估计，所感测的变量不会被误差估计重置。

综上所述，扩展卡尔曼滤波器或闭环估计仍是线性估计，仅可用来降低状态的幅值，以便更好地满足线性近似。非线性最优估计更充分地解决了模型的非线性问题，例如，通过使用标准类型的牛顿-拉斐逊迭代算法，在每个固定观测历元收敛到最佳非线性解（可参见 Gelb，1974）。

7.6　简单案例

以运载体的一维轨迹为例，其系统动力学模型描述如下

$$\ddot{x}=a;\quad x(0)=0,\quad \dot{x}(0)=0 \tag{7-134}$$

这与 i 系中的模型式（4－69）相对应，没有重力场。相应的误差动力学由下式给出

$$\delta\ddot{x}=\delta a \tag{7-135}$$

在第 5 章中，我们使用符号 δ 来表示误差，并表示系统的状态。根据模型，加速度计误差 δa 由未知随机偏差和白噪声组成

$$\delta a=b+w \tag{7-136}$$

其中

$$w\sim\mathcal{N}[0,q=0.01(\mathrm{m}^2/\mathrm{s}^4)/\mathrm{Hz}] \tag{7-137}$$

为了进行模拟，指示的位置和速度如下

$$\begin{aligned}&\tilde{x}_k=\tilde{x}_{k-1}+\tilde{\dot{x}}_{k-1}\Delta t+\frac{1}{2}(a+b+w_k)\Delta t^2,\tilde{x}_0=0;\\&\tilde{\dot{x}}=\tilde{\dot{x}}_{k-1}+(a+b+w_k)\Delta t,\tilde{\dot{x}}_0=0\end{aligned} \tag{7-138}$$

式中，使用真值 $a=2\ \mathrm{m/s^2}$，$b=1\ \mathrm{m/s^2}$，w_k 的值从随机数生成器获得。

将偏差作为待估计的系统状态，采用动力学模型式（6－63），给出了一组总误差动力学一阶线性微分方程组

$$\frac{\mathrm{d}}{\mathrm{d}t}\begin{pmatrix}\delta\dot{x}\\\delta x\\b\end{pmatrix}=\begin{pmatrix}0&0&1\\1&0&0\\0&0&0\end{pmatrix}\begin{pmatrix}\delta\dot{x}\\\delta x\\b\end{pmatrix}+\begin{pmatrix}1\\0\\0\end{pmatrix}w \tag{7-139}$$

为了将其转换为离散的差分方程组，我们注意到式（7－139）中的动力学矩阵 $\boldsymbol{F}$ 为常值矩阵，其中 $F^3=0$。因此，由式（7－109）可得状态转移矩阵的精确表达式为

$$\boldsymbol{\Phi}=\begin{pmatrix}1&0&\Delta t\\\Delta t&1&\frac{1}{2}\Delta t^2\\0&0&1\end{pmatrix} \tag{7-140}$$

根据式（7－119），相关离散噪声协方差 1×1 维矩阵如下所示

$$\boldsymbol{Q}_k=q\Delta t \tag{7-141}$$

我们假定对系统状态及其误差协方差矩阵的初始估计为

$$\begin{pmatrix}\delta\hat{\dot{x}}\\ \delta\hat{x}\\ \hat{b}\end{pmatrix}_0=\begin{pmatrix}0\\0\\0\end{pmatrix};\boldsymbol{P}_0=\begin{pmatrix}1\ \mathrm{m^2/s^2} & 0 & 0\\ 0 & 1\ \mathrm{m^2} & 0\\ 0 & 0 & 1\ \mathrm{m^2/s^4}\end{pmatrix} \tag{7-142}$$

因此，在没有进一步的外部观测信息的情况下，估计误差按照式（7－63）传播

$$\begin{pmatrix}\delta\hat{\dot{x}}\\ \delta\hat{x}\\ \hat{b}\end{pmatrix}_1=\begin{pmatrix}0\\0\\0\end{pmatrix};\begin{pmatrix}\delta\hat{\dot{x}}\\ \delta\hat{x}\\ \hat{b}\end{pmatrix}_2=\begin{pmatrix}0\\0\\0\end{pmatrix};\begin{pmatrix}\delta\hat{\dot{x}}\\ \delta\hat{x}\\ \hat{b}\end{pmatrix}_3=\begin{pmatrix}0\\0\\0\end{pmatrix} \tag{7-143}$$

协方差根据式（7－67），得出

$$\boldsymbol{P}_1=\begin{pmatrix}2.01\ \mathrm{m^2/s^2} & 1.5\ \mathrm{m^2/s} & 1\ \mathrm{m^2/s^3}\\ 1.5\ \mathrm{m^2/s} & 2.25\ \mathrm{m^2} & 0.5\ \mathrm{m/^2/s^2}\\ 1\ \mathrm{m^2/s^3} & 0.5\ \mathrm{m^2/s^2} & 1\ \mathrm{m^2/s^4}\end{pmatrix};\boldsymbol{P}_2=\begin{pmatrix}5.02 & 6.01 & 2\\ 6.01 & 9.01 & 2\\ 2 & 2 & 1\end{pmatrix}; \tag{7-144}$$

$$\boldsymbol{P}_3=\begin{pmatrix}10.03 & 16.53 & 3\\ 16.53 & 30.3 & 4.5\\ 3 & 4.5 & 1\end{pmatrix}$$

式中，使用时间间隔 $\Delta t=1\ \mathrm{s}$ 。$\boldsymbol{P}_2$ 和 $\boldsymbol{P}_3$ 的单位与 $\boldsymbol{P}_1$ 所示的相同。注意，在本例中，位置（和速度）不确定性的快速增加源自初值的不确定性，而非源自加速计的噪声。

在 $t=3\Delta t$ 时，对位置进行外部观察，与系统指示的位置相比，产生了差异 δy 。根据模型式（7－52），假设观察到的误差与系统状态有关

$$\delta y=(0\quad 1\quad 0)\begin{pmatrix}\delta\dot{x}\\ \delta x\\ b\end{pmatrix}-v \tag{7-145}$$

式中，噪声 v 为高斯白噪声

$$v\sim\mathcal{N}(0,0.09\ \mathrm{m^2}) \tag{7-146}$$

根据式（7－51）使用式（7－138）模拟这些观测结果为

$$\delta y_k=\tilde{x}_k-\frac{1}{2}at_k^2-v_k \tag{7-147}$$

因为 $\boldsymbol{H}=(0\quad 1\quad 0)$ 和 $R=0.09\ \mathrm{m^2}$，根据式（7－74）得到 $t=3\Delta t$ 时的卡尔曼增益矢量

$$\boldsymbol{K}_3=\begin{pmatrix}0.543\,93\ \mathrm{s^{-1}}\\ 0.997\,04\\ 0.148\,08\ \mathrm{s^{-2}}\end{pmatrix} \tag{7-148}$$

从式（7－72）和式（7－73）中，后验误差估计和协方差矩阵分别由以下公式得出

$$\begin{pmatrix}\delta\hat{\dot{x}}\\ \delta\hat{x}\\ \hat{b}\end{pmatrix}_3=\begin{pmatrix}2.442\ 24\ \mathrm{m/s}\\ 4.47670\ \mathrm{m}\\ 0.664\ 86\ \mathrm{m^2/s^2}\end{pmatrix};\boldsymbol{P}_3=\begin{pmatrix}1.038\ 85 & 0.048\ 95 & 0.552\ 32\\ 0.048\ 95 & 0.089\ 73 & 0.013\ 33\\ 0.552\ 32 & 0.013\ 33 & 0.333\ 66\end{pmatrix}\tag{7-149}$$

显然，位置误差估计反映了观测及其不确定性，更准确地估计加速计偏差需要进一步的外部观测。

图 7－3 给出了位置、速度和偏差估计的标准差，假设每隔 3 s 观测一次位置误差，噪声由式（7－146）给出。位置和速度误差的特征锯齿图反映了指示位置相对于真实轨迹的漂移；在外部观测的帮助下定期估计该漂移，该观测可立即减少位置和速度误差估计的标准偏差。请注意，图 7－3 中的线条仅为清晰起见；标准偏差仅在离散点计算，该图中还包括偏差 b 的估计值，该值在多次外部观测后接近真实值（$b=1$）。由于模型的非线性性质，有必要在指示位置和速度上进行闭环（见第 7.5.2 节），以获得该估计值。

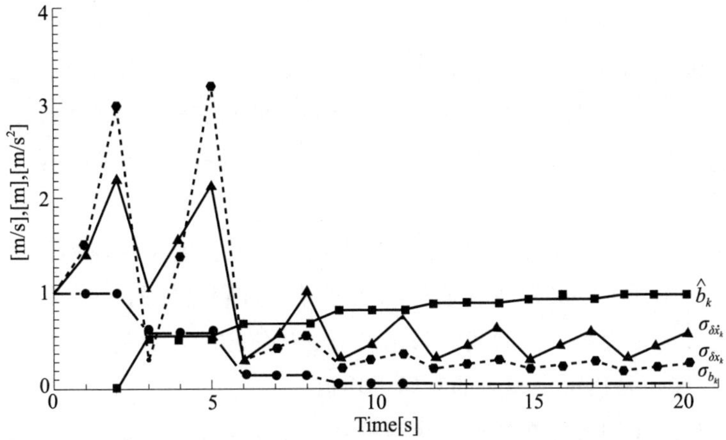

图 7－3　卡尔曼滤波估计的标准差以及文中样本的偏差估计

应用平滑算法（第 7.3.2.3 节）得到的标准偏差，如图 7－4 所示，注意纵轴尺度的差异。同样，根据方程式（7－85），观测点的标准偏差小于如图 7－3 所示的标准偏差，因为现在所有观测，无论是过去还是未来，都参与到了误差估计中。

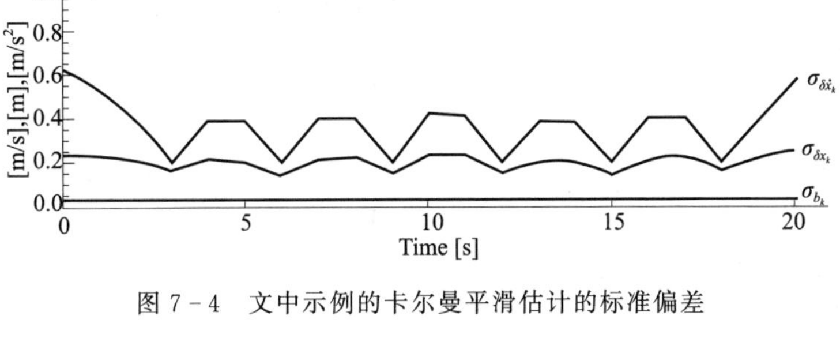

图 7－4　文中示例的卡尔曼平滑估计的标准偏差

7.7 连续卡尔曼滤波

卡尔曼滤波方程式（7－69）～式（7－74）最初是针对离散观测值的情况建立的，离散观测值在离散时间 t_k 处进入状态变量的估计。或者同使用模拟测量设备一样观测可以是连续的，如果数据速率非常快（或者与系统动力学相比较快），则可以认为观测几乎连续。此外，在某些情况下，如果将系统的统计行为表述为一个连续的过程，则可以将其确定为闭环分析形式，从而可能导致进一步的见解。因此，推导连续的卡尔曼滤波方程很重要。当离散性消失并成为连续性时，预测和更新步骤合并为一个最优估计过程，该方法也适用于离散卡尔曼滤波器。具体示例说明，我们将式（7－69）和式（7－72）结合得到

$$\hat{\boldsymbol{x}}_k = \boldsymbol{\Phi}(t_k, t_{k-1})\hat{\boldsymbol{x}}_{k-1} + \boldsymbol{K}_k[\boldsymbol{y}_k - \boldsymbol{H}_k\boldsymbol{\Phi}(t_k, t_{k-1})\hat{\boldsymbol{x}}_{k-1}] \tag{7-150}$$

其中，卡尔曼增益矩阵如前所示，由式（7－74）给出。

随着观测之间的时间间隔接近 0，到连续滤波器的过渡正式在极限内完成［原始论述可参见 Kalman 和 Bucy（1961）］；连续卡尔曼滤波器也可称为卡尔曼-布西滤波器。离散系统模型式（7－110）通过对连续系统式（7－106）的状态解采样获得。连续卡尔曼滤波器是指观测的连续性。以下推导虽然不完全严格，至少具有启发价值，它们暗示了已经提出的概念和结果。

首先需要从离散公式（7－56）推导出连续观测模型。连续观测模型为适当采样产生的离散观测模型。本质上，必须找到连续和离散噪声过程之间的适当关系。不失一般性，假定观测噪声过程为白噪声，因此我们采用离散和连续白噪声过程之间的对应关系式（6－59），其中离散白噪声是连续白噪声的时间平均值。

同前，假设连续观测模型在加性白噪声的系统变量中是线性的，可以写出

$$\boldsymbol{y}(t) = \boldsymbol{H}(t)\boldsymbol{x}(t) + \boldsymbol{v}(t) \tag{7-151}$$

根据一个短时区间 δt ，将噪声过程 $\boldsymbol{v}(t)$ 定义为该间隔内连续白噪声的平均值 $\bar{\boldsymbol{v}}(t)$ ，在这个区间内有

$$\boldsymbol{v}(t) = \frac{1}{\delta t}\int_{t-\delta t}^{t} \bar{\boldsymbol{v}}(t')\mathrm{d}t' \tag{7-152}$$

式中，$\bar{\boldsymbol{v}}(t)$ 具有功率谱密度矩阵 $\boldsymbol{R}$ 。如果观测模型定义在离散时间采样，$t = t_k$ ，且 $t_k - t_{k-1} > \delta t$ ，则得到的离散噪声过程 $\boldsymbol{v}_k$ 为白噪声（无重叠积分）。这样就得到了离散时间模型式（7－56）。

连续噪声过程的协方差以功率谱密度矩阵 $\boldsymbol{R}$ 的形式表示［见式（6－55）］

$$\delta[\bar{\boldsymbol{v}}(t)\bar{\boldsymbol{v}}^{\mathrm{T}}(t')] = \boldsymbol{R}\delta(t - t') \tag{7-153}$$

并且与离散时间协方差矩阵相关，根据式（6－61）

$$\boldsymbol{R}_k = \frac{1}{\delta t}\boldsymbol{R} \tag{7-154}$$

现在，从式（7－108）和导数的定义，我们得到

$$\frac{\mathrm{d}}{\mathrm{d}t}\boldsymbol{\Phi}(t,t')=\lim_{\delta t\to 0}\frac{\boldsymbol{\Phi}(t+\delta t,t')-\boldsymbol{\Phi}(t,t')}{\delta t} \\ =\boldsymbol{F}(t)\boldsymbol{\Phi}(t,t') \tag{7-155}$$

对于足够小的 δt ，将产生以下近似值

$$\boldsymbol{\Phi}(t+\delta t,t')-\boldsymbol{\Phi}(t,t')\approx\boldsymbol{F}(t)\boldsymbol{\Phi}(t,t')\delta t \tag{7-156}$$

进而得到

$$\boldsymbol{\Phi}(t+\delta t,t')[\boldsymbol{\Phi}(t,t')]^{-1}\approx\boldsymbol{I}+\boldsymbol{F}(t)\delta t \tag{7-157}$$

利用式（2－69），可得到

$$\boldsymbol{\Phi}(t+\delta t,t)\approx\boldsymbol{I}+\boldsymbol{F}(t)\delta t \tag{7-158}$$

这样最终得到

$$\boldsymbol{\Phi}(t,t-\delta t)\approx\boldsymbol{I}+\boldsymbol{F}(t-\delta t)\delta t \tag{7-159}$$

那么，根据上式及 $t\equiv t_k$ 以及 $\delta t=t_k-t_{k-1}$ ，得到了离散时间卡尔曼滤波估计式（7－150），其具有明确的时间依赖性

$$\hat{\boldsymbol{x}}(t)=[\boldsymbol{I}+\boldsymbol{F}(t-\delta t)\delta t]\hat{\boldsymbol{x}}(t-\delta t)+\boldsymbol{K}(t)\{\boldsymbol{y}(t)-\boldsymbol{H}(t)[\boldsymbol{I}+\boldsymbol{F}(t-\delta t)\delta t]\hat{\boldsymbol{x}}(t-\delta t)\} \tag{7-160}$$

同理，结合式（7－154）卡尔曼增益矩阵式（7－74）变为

$$\boldsymbol{K}(t)=\boldsymbol{P}^-(t)\boldsymbol{H}^{\mathrm{T}}(t)[\boldsymbol{H}(t)\boldsymbol{P}^-(t)\boldsymbol{H}^{\mathrm{T}}(t)+\frac{1}{\delta t}\boldsymbol{R}]^{-1} \\ =\delta t\boldsymbol{P}^-(t)\boldsymbol{H}^{\mathrm{T}}(t)[\boldsymbol{H}(t)\boldsymbol{P}^-(t)\boldsymbol{H}^{\mathrm{T}}(t)\delta t+\boldsymbol{R}]^{-1} \tag{7-161}$$

将式（7－161）代入式（7－160），重新排列项，并除以 δt 得到

$$\frac{\hat{\boldsymbol{x}}(t)-\hat{\boldsymbol{x}}(t-\delta t)}{\delta t}=\boldsymbol{F}(t-\delta t)\hat{\boldsymbol{x}}(t-\delta t)+\mathscr{K}(t)\{\boldsymbol{y}(t)-\boldsymbol{H}(t)[\boldsymbol{I}+\boldsymbol{F}(t-\delta t)\delta t]\hat{\boldsymbol{x}}(t-\delta t)\} \tag{7-162}$$

其中

$$\mathscr{K}(t)=\boldsymbol{P}^-(t)\boldsymbol{H}^{\mathrm{T}}(t)[\boldsymbol{H}(t)\boldsymbol{P}^-(t)\boldsymbol{H}^{\mathrm{T}}(t)\delta t+\boldsymbol{R}]^{-1} \tag{7-163}$$

先验协方差与前一步的后验协方差近似相关为

$$\boldsymbol{P}^-(t)\approx\boldsymbol{P}(t-\delta t)+\dot{\boldsymbol{P}}^-(t)\delta t \tag{7-164}$$

取极限可得到

$$\lim_{\delta t\to 0}\boldsymbol{P}^-(t)=\boldsymbol{P}(t) \tag{7-165}$$

因此，也将式（7－162）的极限取为 $\delta t\to 0$，发现状态估计 $\hat{\boldsymbol{x}}$ 满足微分方程

$$\frac{\mathrm{d}}{\mathrm{d}t}\hat{\boldsymbol{x}}(t)=\boldsymbol{F}(t)\hat{\boldsymbol{x}}(t)+\mathscr{K}(t)[\boldsymbol{y}(t)-\boldsymbol{H}(t)\hat{\boldsymbol{x}}(t)] \tag{7-166}$$

结合式（7－165），极限值内的卡尔曼增益式（7－163）如下

$$\mathscr{K}(t)=\boldsymbol{P}(t)\boldsymbol{H}^{\mathrm{T}}(t)\boldsymbol{R}^{-1} \tag{7-167}$$

方程式（7－166）和式（7－167）表示基于连续观测更新的系统状态的连续卡尔曼滤波器。方程式（7－166）是一组非齐次线性微分方程（具有时变系数），可解释为状态的动力学模型。对于简单的模型，可以进行解析积分。形式上，解由式（2－70）给出

$$\hat{\boldsymbol{x}}(t)=\boldsymbol{\vartheta}(t,t_0)\hat{\boldsymbol{x}}(t_0)+\int_{t_0}^{t}\boldsymbol{\vartheta}(t,t')\mathcal{K}(t')\boldsymbol{y}(t')\mathrm{d}t' \tag{7-168}$$

这里固定 t'，由式（2 - 57）

$$\frac{\mathrm{d}}{\mathrm{d}t}\boldsymbol{\vartheta}(t,t')=[\boldsymbol{F}(t)-\mathcal{K}(t)\boldsymbol{H}(t)]\boldsymbol{\vartheta}(t,t') \tag{7-169}$$

但是，请注意，必须知道协方差函数 $\boldsymbol{P}(t)$ 。

7.7.1 协方差函数

与连续卡尔曼滤波器估计值相关的协方差矩阵是 t 的函数，其动力学方程分两步推导。我们首先注意到，如果没有观测更新可用，连续卡尔曼滤波器方程将恢复为预测估计的连续系统动力学方程。这对应于 $\boldsymbol{R}^{-1}=0$ 的特殊情况。则根据式（7 - 165），有 $\mathcal{K}(t)=0$；对比式（7 - 169）和式（7 - 108），$\boldsymbol{\vartheta}=\boldsymbol{\Phi}$ 。因此，根据式（7 - 168）估算的预测解为

$$\hat{\boldsymbol{x}}(t)=\boldsymbol{\Phi}(t,t_0)\hat{\boldsymbol{x}}(t_0) \tag{7-170}$$

此外，由于第 7.4 节所述的离散动力学方程仅仅是连续方程的估计，在这种情况下，显然误差的协方差函数 $\boldsymbol{e}(t)=\hat{\boldsymbol{x}}(t)-\boldsymbol{x}(t)$ 由式（7 - 116）和式（7 - 115）给出。令 $t_k\equiv t$ 且 $t_{k-1}\equiv t_0$ ，发现

$$\boldsymbol{P}(t)=\boldsymbol{\Phi}(t,t_0)\boldsymbol{P}(t_0)\boldsymbol{\Phi}^{\mathrm{T}}(t,t_0)+\int_{t0}^{t}\boldsymbol{\Phi}(t,t')\boldsymbol{G}(t')\boldsymbol{Q}\boldsymbol{G}^{\mathrm{T}}(t')\boldsymbol{\Phi}^{\mathrm{T}}(t,t')\mathrm{d}t' \tag{7-171}$$

其中，$\boldsymbol{P}(t_0)$ 是与 $\boldsymbol{x}(t_0)$ 相关的误差协方差矩阵。

时间 t 处协方差矩阵的微分方程可通过取式（7 - 171）中的时间导数获得。利用莱布尼茨积分微分规则，我们得到

$$\dot{\boldsymbol{P}}(t)=\boldsymbol{F}(t)\boldsymbol{P}(t)+\boldsymbol{P}(t)\boldsymbol{F}^{\mathrm{T}}(t)+\boldsymbol{G}(t)\boldsymbol{Q}\boldsymbol{G}^{\mathrm{T}}(t) \tag{7-172}$$

其中也使用了式（7 - 108）。初始条件包含在 $\boldsymbol{P}(t_0)$ 中。方程式（7 - 172）称为线性方差方程，描述了仅在预测的前提下（无观测更新）连续状态误差协方差的动力学性质。当然，该微分方程的精确解由式（7 - 171）给出；可通过式（7 - 117）获得近似解，精确到 $\Delta t=t-t_0$ 的一阶形式

$$\boldsymbol{P}(t)\approx\boldsymbol{\Phi}(t,t_0)\boldsymbol{P}(t_0)\boldsymbol{\Phi}^{\mathrm{T}}(t,t_0)+\boldsymbol{G}(t)\boldsymbol{Q}\Delta t\boldsymbol{G}^{\mathrm{T}}(t) \tag{7-173}$$

对于连续预测/更新情况，协方差矩阵满足下一步将推导的非线性微分方程。从小间隔 $\delta t=t_k-t_{k-1}$ 发生的离散更新的误差协方差的逆（Fisher 信息矩阵）方程开始，由式（7 - 43)我们得到

$$\boldsymbol{P}_k^{-1}=(\boldsymbol{P}_k^{-})^{-1}+\boldsymbol{H}_k^{\mathrm{T}}\boldsymbol{R}_k^{-1}\boldsymbol{H}_k \tag{7-174}$$

以下近似值适用于小时间间隔 δt ，类似于式（7 - 164）

$$(\boldsymbol{P}_k^{-})^{-1}-(\boldsymbol{P}_{k-1})^{-1}\approx\frac{\mathrm{d}}{\mathrm{d}t}(\boldsymbol{P}^{-}(t))^{-1}\Big|_{t=t_k}\delta t$$

$$(\boldsymbol{P}_k)^{-1}-(\boldsymbol{P}_{k-1})^{-1}\approx\frac{\mathrm{d}}{\mathrm{d}t}(\boldsymbol{P}(t))^{-1}\Big|_{t=t_k}\delta t \tag{7-175}$$

根据本讨论中滤波器的连续性，在 t_{k-1} 时刻 $\boldsymbol{P}_{k-1}$ 和 $\boldsymbol{P}_{k-1}^{-}$ 之间没有区别。将表达式（7 -175）代入式（7 - 174），我们得到

$$\frac{\mathrm{d}}{\mathrm{d}t}[\boldsymbol{P}(t)]^{-1}\bigg|_{t=t_k} \approx \frac{\mathrm{d}}{\mathrm{d}t}[\boldsymbol{P}^{-}(t)]^{-1}\bigg|_{t=t_k} + \boldsymbol{H}_k^{\mathrm{T}}(\boldsymbol{R}_k\delta t)^{-1}\boldsymbol{H}_k \tag{7-176}$$

通过对 $\boldsymbol{PP}^{-1}=\boldsymbol{I}$ 进行时间求导并使用链式法则进行微分，可以很容易地证明以下等式

$$\frac{\mathrm{d}}{\mathrm{d}t}(\boldsymbol{PP}^{-1})=\boldsymbol{0} \quad \Rightarrow \quad \frac{\mathrm{d}}{\mathrm{d}t}\boldsymbol{P}^{-1}=-\boldsymbol{P}^{-1}\left(\frac{\mathrm{d}}{\mathrm{d}t}\boldsymbol{P}\right)\boldsymbol{P}^{-1} \tag{7-177}$$

把这个恒等式应用到式（7-176）的每一个导数，并代入式（7-154），其结果为

$$\boldsymbol{P}_k^{-1}\frac{\mathrm{d}}{\mathrm{d}t}\boldsymbol{P}(t)\bigg|_{t=t_k}\boldsymbol{P}_k^{-1} \approx (\boldsymbol{P}_k^{-})^{-1}\frac{\mathrm{d}}{\mathrm{d}t}\boldsymbol{P}^{-1}(t)\bigg|_{t=t_k}(\boldsymbol{P}_k^{-})^{-1} - \boldsymbol{H}_k^{\mathrm{T}}\boldsymbol{R}^{-1}\boldsymbol{H}_k \tag{7-178}$$

将式（7-172）对先验协方差的时间导数包含在右边，取极限为 $\delta t \to 0$，利用式（7-165）和 $t_k \equiv t$，最终得到

$$\dot{\boldsymbol{P}}(t)=\boldsymbol{F}(t)\boldsymbol{P}(t)+\boldsymbol{P}(t)\boldsymbol{F}^{\mathrm{T}}(t)+\boldsymbol{G}(t)\boldsymbol{Q}\boldsymbol{G}^{\mathrm{T}}(t)-\boldsymbol{P}(t)\boldsymbol{H}^{\mathrm{T}}(t)\boldsymbol{R}^{-1}\boldsymbol{H}(t)\boldsymbol{P}(t) \tag{7-179}$$

这就是矩阵 Ricatti 方程，是连续卡尔曼滤波器的后验误差协方差的微分方程。当没有观测更新即 $\boldsymbol{R}^{-1}=\boldsymbol{0}$ 时，将其简化为式（7-172）（线性方差方程）给出的连续预测误差协方差的微分方程。当 $\boldsymbol{R}^{-1}\neq\boldsymbol{0}$ 时，方程式（7-179）在 $\boldsymbol{P}$ 中是非线性的。此外，驱动误差协方差动力学的强迫项包括系统噪声 $\boldsymbol{Q}$（通常会增加协方差）和观测噪声 $\boldsymbol{R}$（通常会降低协方差）。从式（7-179）中的项 $\boldsymbol{G}(t)\boldsymbol{Q}^{\mathrm{T}}\boldsymbol{G}(t)$ 和 $\boldsymbol{P}(t)\boldsymbol{H}^{\mathrm{T}}(t)\boldsymbol{R}^{-1}\boldsymbol{H}(t)\boldsymbol{P}(t)$ 前面的加、减号可以明显看出，它们都有正的对角元素。

7.7.2　矩阵 Ricatti 方程的解

由方程式（7-179）的解可以得到状态变量的误差方差和协方差的时间演化，可以为系统提供有用的解释分析。这种分析包括确定系统状态的能控性和可观性，以及它们的稳态行为（可参见 Gelb，1974）。但是，由于系统动力学的限制几乎不可能得到 Ricatti 方程的完全解析解。通常，标准的数值积分必须为一种可行的替代方法。例如式（7-70）和式（7-73）组合给出的离散解就是一种这样的数值技术。我们不详细检查方程解的解析应用，但给出的三个特殊情况的解，有助于深刻理解在第 8 章讨论的惯性导航系统对准问题。

7.7.2.1　常系数矩阵

如果 $\boldsymbol{F}$、$\boldsymbol{G}$ 和 $\boldsymbol{H}$ 是式（7-179）中的常数矩阵（或者在积分区间内是常数）

$$\dot{\boldsymbol{P}}(t)=\boldsymbol{F}\boldsymbol{P}(t)+\boldsymbol{P}(t)\boldsymbol{F}^{\mathrm{T}}+\boldsymbol{G}\boldsymbol{Q}\boldsymbol{G}^{\mathrm{T}}-\boldsymbol{P}(t)\boldsymbol{H}^{\mathrm{T}}\boldsymbol{R}^{-1}\boldsymbol{H}\boldsymbol{P}(t) \tag{7-180}$$

那么可以通过引入一对辅助矩阵函数 [$\boldsymbol{U}(t)$ 和 $\boldsymbol{V}(t)$] 来消除相应微分方程的非线性性质，其与 $\boldsymbol{P}(t)$ 相关，如下式（7-181）所示。如果 $\boldsymbol{P}$ 是 $n\times n$ 矩阵，那么根据定义 $\boldsymbol{U}$ 和 $\boldsymbol{V}$ 也是 $n\times n$ 矩阵。设 $\boldsymbol{U}(t)$ 是满足一阶线性微分方程的矩阵函数

$$\dot{\boldsymbol{U}}(t)=-\boldsymbol{F}^{\mathrm{T}}\boldsymbol{U}(t)+\boldsymbol{H}^{\mathrm{T}}\boldsymbol{R}^{-1}\boldsymbol{H}\boldsymbol{P}(t)\boldsymbol{U}(t) \tag{7-181}$$

另外，设 $\boldsymbol{V}(t)$ 是由下式定义的矩阵函数

$$\boldsymbol{V}(t)=\boldsymbol{P}(t)\boldsymbol{U}(t) \tag{7-182}$$

假设 $\boldsymbol{U}(t)$ 和 $\boldsymbol{V}(t)$ 对于所有时间 t 都是非奇异，如下表达式

$$\boldsymbol{P}(t)=\boldsymbol{V}(t)[\boldsymbol{U}(t)]^{-1} \tag{7-183}$$

通过微分式（7-182）并利用式（7-180）和式（7-181）得出 $\boldsymbol{V}$ 的相应微分方程

$$\begin{aligned}\dot{\boldsymbol{V}}(t)&=\dot{\boldsymbol{P}}(t)\boldsymbol{U}(t)+\boldsymbol{P}(t)\dot{\boldsymbol{U}}(t)\\&=[\boldsymbol{FP}(t)+\boldsymbol{P}(t)\boldsymbol{F}^{\mathrm{T}}+\boldsymbol{GQG}^{\mathrm{T}}-\boldsymbol{P}(t)\boldsymbol{H}^{\mathrm{T}}\boldsymbol{R}^{-1}\boldsymbol{HP}(t)]\boldsymbol{U}(t)\\&\quad-\boldsymbol{P}(t)[\boldsymbol{F}^{\mathrm{T}}\boldsymbol{U}(t)-\boldsymbol{H}^{\mathrm{T}}\boldsymbol{R}^{-1}\boldsymbol{HP}(t)\boldsymbol{U}(t)]\\&=\boldsymbol{FP}(t)\boldsymbol{U}(t)+\boldsymbol{GQG}^{\mathrm{T}}\boldsymbol{U}(t)\\&=\boldsymbol{FV}(t)+\boldsymbol{GQG}^{\mathrm{T}}\boldsymbol{U}(t)\end{aligned} \tag{7-184}$$

其在 $\boldsymbol{U}$ 和 $\boldsymbol{V}$ 上是线性的。结合式（7-181）、式（7-182）和式（7-184），可得到一阶线性微分方程组

$$\begin{pmatrix}\dot{\boldsymbol{U}}(t)\\\dot{\boldsymbol{V}}(t)\end{pmatrix}=\begin{pmatrix}-\boldsymbol{F}^{\mathrm{T}} & \boldsymbol{H}^{\mathrm{T}}\boldsymbol{R}^{-1}\boldsymbol{H}\\\boldsymbol{GQG}^{\mathrm{T}} & \boldsymbol{F}\end{pmatrix}\begin{pmatrix}\boldsymbol{U}(t)\\\boldsymbol{V}(t)\end{pmatrix} \tag{7-185}$$

其中，系数矩阵为 $2n\times 2n$ 常数矩阵。式（7-185）的解可从式（2-54）得出，如下表达式

$$\begin{pmatrix}\boldsymbol{U}(t)\\\boldsymbol{V}(t)\end{pmatrix}=\begin{pmatrix}\boldsymbol{\Phi}_{UU}(t,t_0) & \boldsymbol{\Phi}_{UV}(t,t_0)\\\boldsymbol{\Phi}_{VU}(t,t_0) & \boldsymbol{\Phi}_{VV}(t,t_0)\end{pmatrix}\begin{pmatrix}\boldsymbol{U}(t_0)\\\boldsymbol{V}(t_0)\end{pmatrix} \tag{7-186}$$

其中，为方便起见将转移矩阵写成 4 个 $n\times n$ 的分块矩阵的形式［对比式（7-109）］

$$\begin{aligned}\begin{pmatrix}\boldsymbol{\Phi}_{UU}(t,t_0) & \boldsymbol{\Phi}_{UV}(t,t_0)\\\boldsymbol{\Phi}_{VU}(t,t_0) & \boldsymbol{\Phi}_{VV}(t,t_0)\end{pmatrix}&=\exp\left[\begin{pmatrix}-\boldsymbol{F}^{\mathrm{T}} & \boldsymbol{H}^{\mathrm{T}}\boldsymbol{R}^{-1}\boldsymbol{H}\\\boldsymbol{GQG}^{\mathrm{T}} & \boldsymbol{F}\end{pmatrix}(t-t_0)\right]\\&=\begin{pmatrix}\boldsymbol{I} & 0\\0 & \boldsymbol{I}\end{pmatrix}+\begin{pmatrix}-\boldsymbol{F}^{\mathrm{T}} & \boldsymbol{H}^{\mathrm{T}}\boldsymbol{R}^{-1}\boldsymbol{H}\\\boldsymbol{GQG}^{\mathrm{T}} & \boldsymbol{F}\end{pmatrix}(t-t_0)\\&\quad+\frac{1}{2!}\begin{pmatrix}-\boldsymbol{F}^{\mathrm{T}} & \boldsymbol{H}^{\mathrm{T}}\boldsymbol{R}^{-1}\boldsymbol{H}\\\boldsymbol{GQG}^{\mathrm{T}} & \boldsymbol{F}\end{pmatrix}^2(t-t_0)^2+\cdots\end{aligned} \tag{7-187}$$

由式（7-186）写出 $\boldsymbol{U}$ 和 $\boldsymbol{V}$ 的独立解，并用式（7-182），得到缩写/简化符号

$$\begin{aligned}\boldsymbol{U}&=(\boldsymbol{\Phi}_{UU}\boldsymbol{P}_0^{-1}+\boldsymbol{\Phi}_{UV})V_0\\\boldsymbol{V}&=(\boldsymbol{\Phi}_{VU}+\boldsymbol{\Phi}_{VV}\boldsymbol{P}_0)\boldsymbol{U}_0\end{aligned} \tag{7-188}$$

现将式（7-188）代入式（7-183），结合 $\boldsymbol{P}_0{}^{-1}=\boldsymbol{U}_0\boldsymbol{V}_0{}^{-1}$，推导出

$$\boldsymbol{P}(t)=[\boldsymbol{\Phi}_{VU}(t,t_0)+\boldsymbol{\Phi}_{VV}(t,t_0)\boldsymbol{P}(t_0)][\boldsymbol{\Phi}_{UU}(t,t_0)+\boldsymbol{\Phi}_{UV}(t,t_0)\boldsymbol{P}(t_0)]^{-1} \tag{7-189}$$

这是常系数矩阵的 Ricatti 矩阵方程的解，其中 $P(t_0)$ 为已知。理论上，此解决方案中没有近似值；实际上，级数表达式（7-187）中只能包含有限个（一般是足够多的）项（在一些简单情况，级数可以求和为解析形式）。

7.7.2.2 无系统过程噪声

在系统状态不是由随机噪声激发的情况，即 $\boldsymbol{Q}=\boldsymbol{0}$，那么可以得到如下简化的 Ricatti 方程

$$\dot{\boldsymbol{P}}(t)=\boldsymbol{F}(t)\boldsymbol{P}(t)+\boldsymbol{P}(t)\boldsymbol{F}^{\mathrm{T}}(t)-\boldsymbol{P}(t)\boldsymbol{H}^{\mathrm{T}}(t)\boldsymbol{R}^{-1}\boldsymbol{H}(t)\boldsymbol{P}(t) \tag{7-190}$$

可以通过式（7－177）将其转换为 Fisher 信息矩阵的微分方程［见式（7－43）］，将其“线性化”，利用式（7－177）

$$\frac{\mathrm{d}}{\mathrm{d}t}\boldsymbol{P}^{-1}(t)=-\boldsymbol{P}^{-1}(t)\boldsymbol{F}(t)-\boldsymbol{F}^{\mathrm{T}}(t)\boldsymbol{P}^{-1}(t)+\boldsymbol{H}^{\mathrm{T}}(t)\boldsymbol{R}^{-1}\boldsymbol{H}(t) \tag{7-191}$$

该方程类似于微分方程式（7－172），其解为式（7－171）。因此，式（7－191）的解具有类似的形式，即

$$\boldsymbol{P}^{-1}(t)=\boldsymbol{\Phi}^{\mathrm{T}}(t_0,t)\boldsymbol{P}^{-1}(t_0)\boldsymbol{\Phi}(t_0,t)+\int_{t_0}^{t}\boldsymbol{\Phi}^{\mathrm{T}}(\tau,t)\boldsymbol{H}^{\mathrm{T}}(\tau)\boldsymbol{R}^{-1}\boldsymbol{H}(\tau)\boldsymbol{\Phi}(\tau,t)\mathrm{d}\tau \tag{7-192}$$

通常，也可以通过直接微分来验证。$\boldsymbol{\Phi}$ 是式（7－108）定义的状态转移矩阵，在这种情况下，应注意参数的顺序相反。如果没有关于状态的先验信息，即 $\boldsymbol{P}^{-1}(t_0)=\boldsymbol{0}$，那么解的齐次部分就不存在了。

如果初始信息矩阵为 $\boldsymbol{0}$，但对于某个时间 $t>t_0$ 和某些边界常数 c 有 $0<|\boldsymbol{P}^{-1}(t)|\leqslant c<\infty$，则系统是（随机）可观测的。也就是说在这种情况下，外部观测提供了关于系统状态的信息。

状态的误差协方差矩阵 $\boldsymbol{P}(t)$ 可以通过信息矩阵的逆（如果存在逆）来确定。如果系数矩阵 $\boldsymbol{F}$ 和 $\boldsymbol{H}$ 都是常数，则式（7－192）中的积分（形式上）可以得到解析解，或者在 $\boldsymbol{\Phi}_{VU}(t,\ t_0)=\boldsymbol{0}$（即 $\boldsymbol{Q}=\boldsymbol{0}$）时协方差矩阵的解可直接从式（7－189）得出

$$\boldsymbol{P}(t)=\boldsymbol{\Phi}_{VV}(t,t_0)\boldsymbol{P}(t_0)[\boldsymbol{\Phi}_{UU}(t,t_0)+\boldsymbol{\Phi}_{UV}(t,t_0)\boldsymbol{P}(t_0)]^{-1} \tag{7-193}$$

7.7.2.3 无观测值

如果没有可用的观测值（或观测值有无穷方差），即 $\boldsymbol{R}^{-1}=\boldsymbol{0}$，那么再次得到简化的 Ricatti 方程

$$\dot{\boldsymbol{P}}(t)=\boldsymbol{F}(t)\boldsymbol{P}(t)+\boldsymbol{P}(t)\boldsymbol{F}^{\mathrm{T}}(t)+\boldsymbol{G}(t)\boldsymbol{Q}\boldsymbol{G}^{\mathrm{T}}(t) \tag{7-194}$$

这是线性方差方程式（7－172），其解为式（7－171）所示。另一种方法由式（7－189）给出，如果系数矩阵 $\boldsymbol{F}$ 和 $\boldsymbol{G}$ 是常数，令 $\boldsymbol{\Phi}_{VU}(t,\ t_0)=\boldsymbol{0}$ 得出

$$\boldsymbol{P}(t)=[\boldsymbol{\Phi}_{VU}(t,t_0)+\boldsymbol{\Phi}_{VV}(t,t_0)\boldsymbol{P}(t_0)]\boldsymbol{\Phi}_{UU}^{-1}(t,t_0) \tag{7-195}$$

如果系统状态的初始协方差为 $\boldsymbol{0}$，但系统噪声将其驱动为一个正定矩阵，同时保持其有界，即对于 $t>t_0$ 和某些边界常数 c 有 $0<|\boldsymbol{P}(t)|\leqslant c<\infty$，称该系统是（随机）可控的。也就是说，这些状态受系统噪声的影响，并且可以用适当的确定性输入来控制。系统的能控性和可观测性会长期地影响卡尔曼滤波器的动态稳定性（可参见 Maybeck，1979）。

对于式（7－189）、式（7－193）和式（7－195）的实际计算，相对于 t_0，较长的时间 t，通常解被分割成较小的间隔，以便序列式（7－187）可以合理截断。上一个区间端点的解将作为后续区间的初值。尽管每种情况下的解都是精确的［在式（7－187）的截断范围内］，但其数值稳定性取决于计算中舍入误差的累积。正如离散卡尔曼滤波算法，通过在每一步用 $[\boldsymbol{P}(t)+\boldsymbol{P}^{\mathrm{T}}(t)]/2$ 替换协方差矩阵以确保其对称性，这是一个好办法。

第 8 章　初始对准与标定

8.1　引言

在惯性导航系统开始导航之前，需要施加或者确定许多初始条件，包括消除歧义、确定导航坐标系以及消除特定的系统误差。惯性导航是基于加速度的积分，因此获得位置和速度与积分常数有关。也就是说，这些常数必须由外部信息来提供。但是，惯性测量单元数据初始化过程所包括的不止于此。除了设定初始位置和速度，必须确定惯性传感器的初始对准。对于捷联机械编排，在导航开始之前必须建立载体坐标系和导航坐标系之间的方向余弦，并且这种对齐作为一个起点（或另一组积分常数），用于后续基于陀螺角速率积分的姿态确定。例如，这些方向角可以通过积分方程式（4－19）获得，其中必须指定系统的初始对准（一组积分常数）。同样，我们需要初始化一个稳定（平台）系统相对于导航坐标系的规定对准值，这通过平台框架适当的旋转来完成。

将主要导航方程［例如式（4－77）］积分常数的初始位置和速度，插入到系统中作为输入数据。当系统静止时，速度（相对于地球）是已知的，并且可以在一个已知坐标的点上进行定位。对移动系统来说，非常精确可用的位置和速度信息可以通过外部源获得，例如全球定位系统（见第 9 章）以及其他雷达导航系统。因为不容易从外部观测获得“地向”和“北向”的有效信息，方向初始化相对更加困难。除了对准，初始化过程也涉及到传感器中系统误差的确定，在一定程度上可行。这些误差不能在实验室中通过标准的标定技术来确定，并且它们通常有随机的特性，例如表征传感器偏置的随机常数，会随着系统逐次上电而发生变化。

惯性导航系统可以在多种不同精度水平上进行初始化和对准，并且制造商将多种不同的模式构建到系统中，可以灵活地提供不同应用环境和不同精度需求。在导航之前，保持传感器相对于地球静止，这使响应已知方向的加速度和角速率向量（重力加速度和地球旋转），能辅助对准系统。然而，解释或估计陀螺仪偏置误差延长了需要完成精确对准的时间。通常，要求精度越高，需要求解的参数就越多。同样，如果有效的外部信息越少，用于导航系统的准备时间就越长。对于许多军事系统，因为时间是关键指标，所以惯性导航系统需要尽最大努力设计快速、高精度对准和快速初始化步骤以完成导航准备。

我们仅详细讨论使用外部速度和可能的方向（主要是方位）信息完成基本对准的分析，系统可以是静止的，也可以是移动的。姿态信息可能来自光学对准，其中从精确外部光学瞄准确定的角度传递到系统中。当系统静止时，光学对准是相对外部参考基准确定系统的光学方位角；在飞行中，恒星相机可以用于观测系统相对于一组已知天体坐标恒星的方向。后一种方法也可以在飞行中，用于（再）标定陀螺仪误差来提高导航性能。然而，这些方法需要昂贵的光学仪器，并且不适合所有类型的气象条件。

在某些情况下，存储在导航计算机中前一次的一组对准角是可用的。当然，需假定从运载体的惯性传感器上一次对准之后，运载体没有移动过。存储对准值的方法对于初始化航向（方位角）尤其有用，而自动获取航向（方位）信息是最困难的。相应的办法是传递对准（可参见 Kayton and Fried，1997），其中一个惯性系统与另外一个更高精度的惯性系统对准，例如飞机系统相对于航空母舰系统对准，或者导弹系统相对于飞机系统对准。

本章主要讨论导航坐标系是当地水平坐标系（n 系或者 w 系）的情况，尽管推理和符号有些许变化，但方法很容易推广到其他坐标系上。此外，我们将重点讨论捷联系统，而当地水平稳定的机械编排将作为一个附加的概念进行描述，更多稳定系统的详细论述参见 Britting（1971）、Kayton 和 Fried（1969）、Chatfield（1997）。实际上，当它在导航误差动态特性的情况下（当然存在实施过程的差别），根据数值分析，二者之间的差别非常明显。初始化和对准要求将导航系统置于相对地球静止的常用环境中。使用高精度外部定位系统（例如全球定位系统），当然可推广到运动模式中惯性导航系统的初始化和对准。

首先，可以根据磁北（标准罗盘）和使用气泡水平仪调平的信息完成粗对准，给出姿态角的粗值，随后可以通过线性估计技术来提高姿态角精度。其他粗对准的方法见第 8.2 节。精对准技术可以是基于运载体在地球上相对静止的自身修正的过程，或者根据外部定位或者导航源（如果运载体是运动的，可用外部导航源）的辅助信息完成。高精度航向或者方位确定的难度在讨论导航误差方程（见第 5.4.1 节）中已稍作介绍，其中已经表明垂向陀螺仪误差（例如偏置）仅仅弱耦合到速度中，而速度将作为外部信息用于偏置的对准和标定。

我们将演示分析对准和初始化以及其他基本原理，并通过第 7 章中研究的线性估计理论，使用简单的误差分析计算来举例说明。重点放在方向误差的估计和陀螺仪及加速度计偏置的标定上，这些对于高精度惯性导航来说非常重要。在这方面，系统的主要状态（向量）是姿态误差、未知系统传感器误差参数和将外部信息关联到姿态误差的状态（向量）。简略介绍对准方案的基本概念和限制条件。更加综合详细的分析，尤其是飞行过程中的对准和惯性导航系统相对于另外系统的标定可以参见 Baziw 和 Leondes。

8.2　粗对准

一套静态惯性导航系统可以利用由地球物理上定义的方向，即重力方向和地球旋转轴的方向，来完成自对准，而不是使用外部提供的方向（例如罗盘和水平气泡或者事先计算好的角度）。传感器组件的粗对准，提供了平台相对于导航框架的快速定位（稳定或捷联），使用直接从传感器获得的加速度和角速率，而不考虑其误差。接下来的精对准使用未补偿加速度计、陀螺仪偏置以及其他系统误差的估计值与方向误差，共同提高对准精度。这些估计值从卡尔曼滤波器获得，而允许对系统和观测噪声进行适当的统计处理。

根据概念，调平一个常平架平台，是通过监测两个相互垂直，且输入轴分别平行于平台的加速度计输出来完成的。如果平台相对地球具有零速（静止），那么加速度计仅仅敏感重力加速度向量 $\bar{\boldsymbol{g}}^n$ [当 $\boldsymbol{v}^n=\boldsymbol{0}$，见式（4－91）] 反应的分量。当垂直轴与重力方向对准时，平台就是水平的，那么平台上水平加速度敏感的比力为 0。因此，通过使用伺服电机使平台的俯仰角和横滚角常平架旋转来确保近似水平，每个水平加速度计的输出就消失了。这个过程的精度受伺服电机精度、运载体稳定性、加速度计精度和它们对于平台的物理对准精度的限制。对于常用当地水平导航坐标系（垂直方向沿椭球法线）的对准，需要解释垂线偏差的原因。另一方面，忽略这个偏差等效于加速度计输出中存在一个偏置（这两种情况均导致系统在 n 系中未对准）；在当地水平稳定平台（指北）的情况下，通过平台倾斜的效应可以在导航解中的消除这些偏差如第 5.4.1 节中所述。

同理，平台在方位上的对准，通过监测东向陀螺仪的命令速率来实现。根据式（4－10），并且设定速度为 0，那么在一个北向从动（morth－slaved）的水平平台上的东向陀螺仪命令速率将为 0

$$\boldsymbol{\omega}_{\text{com}}=(\omega_e\cos\phi \quad 0 \quad -\omega_e\sin\phi)^{\mathrm{T}} \tag{8-1}$$

假定没有陀螺仪误差，则绕垂直方向（方位伺服马达）旋转平台，直到（水平）陀螺仪的输出为 0，将其输入轴指向东，那么在水平面内与输入轴垂直的轴指向北。同样，在游动一方位机械编排中（绕垂直方向的零速率），从式（4－14）中可得命令速率为

$$\boldsymbol{\omega}_{\text{com}}=(\omega_e\cos\phi\cos\alpha \quad \omega_e\cos\phi\sin\alpha \quad 0)^{\mathrm{T}} \tag{8-2}$$

并且，东向和北向陀螺仪的速率比得到在 w 系的方位角 α，w 系定义为与平台平行的坐标系。在任何情况下，根据与地球相关的旋转向量陀螺仪提供一个航向或者方位参考。回归到发明陀螺仪的最初目的（见第 4.1 节），那么这个过程更适合称为陀螺寻北。

实际上，当地水平稳定系统的对准，是通过加速度计和陀螺仪一起工作同时完成调平和方位对准的。假定给平台陀螺仪施加力矩使其在旋转地球上保持水平，那么如果东向陀螺仪没有指向东，输出为非零值，这将使平台绕东轴旋转（给平台常平架伺服系统的信号）。北向加速度计产生一个信号，平台不再保持水平，这个信号命令平台在方位上转动，直到东向陀螺仪和北向加速度计均敏感为 0，这个物理对准更加准确地称为加速度耦合陀螺寻北。反馈系统通常包括比力阻尼、增益系数和其他外部信息卡尔曼滤波器导出的偏置补偿部分，这些提高属于精对准过程（见第 8.3 节）的范畴。

对于捷联系统，粗对准也能以类似的方法通过严格分析和数值方式的形式完成。我们将讨论限定在游动方位导航坐标系内，n 系中的规格仅仅要求对游动方位角和速率进行一个合适的设定。再次假定一个静止系统（$\boldsymbol{v}^w=\boldsymbol{0}$），根据式（4－78）和式（4－107），加速度计的输出可以表示为

$$\boldsymbol{a}^b=\boldsymbol{C}_w^b\boldsymbol{a}^w=-\boldsymbol{C}_w^b\bar{\boldsymbol{g}}^w=-\bar{\boldsymbol{g}}^b \tag{8-3}$$

并且，根据式（4－127）和 $\boldsymbol{\omega}_{wb}^b=\boldsymbol{0}$（静止的运载体），陀螺仪的输出可以通过下式给出

$$\boldsymbol{\omega}_{ib}^b=\boldsymbol{C}_w^b\boldsymbol{\omega}_{iw}^w \tag{8-4}$$

对准的目的是为了使用加速度计和陀螺仪的输出，确定从载体坐标系到游动方位坐标

系之间变换的方向余弦，即变换矩阵 $\boldsymbol{C}_b^w$ 的元素。

考虑一个向量，与已经确定好方向的向量 $\bar{\boldsymbol{g}}^w$ 和 $\boldsymbol{\omega}_{ie}^w$ 都垂直，并且称之为 $\boldsymbol{c}^w$

$$\boldsymbol{c}^w = \bar{\boldsymbol{g}}^w \times \boldsymbol{\omega}_{ie}^w = \bar{\boldsymbol{g}}^w \times \boldsymbol{\omega}_{iw}^w \tag{8-5}$$

其中，如果运载体是静止的（$\dot{\alpha}=0$），因为 $\boldsymbol{\omega}_{we}^w=\boldsymbol{0}$ 第二个等号成立。由于 w 系的 3 轴与垂直方向对齐，重力向量仅有一个非零的分量（忽略垂线偏差，见图 6－9）表示为

$$\bar{\boldsymbol{g}}^w = (0 \quad 0 \quad \bar{g})^{\mathrm{T}} \tag{8-6}$$

式中，$\bar{g}$ 是重力的幅值。由式（4－13）并且速度为 0，我们可得出

$$\boldsymbol{\omega}_{iw}^w = \begin{pmatrix} \omega_e \cos\phi \cos\alpha \\ -\omega_e \cos\phi \sin\alpha \\ \omega_e \sin\phi + \dot{\alpha} \end{pmatrix} \tag{8-7}$$

将这些式子代入式（8－5），可得

$$\boldsymbol{c}^w = \begin{pmatrix} \bar{g}\omega_e \cos\phi \sin\alpha \\ \bar{g}\omega_e \cos\phi \cos\alpha \\ 0 \end{pmatrix} \tag{8-8}$$

使用符号 $[\boldsymbol{g}^w \times]$ 表示一个反对称矩阵，如式（5－48）所示，我们可得出

$$\begin{aligned} \boldsymbol{c}^b &= \boldsymbol{C}_w^b \boldsymbol{c}^w \\ &= \boldsymbol{C}_w^b [\bar{\boldsymbol{g}}^w \times] \boldsymbol{\omega}_{iw}^w = \boldsymbol{C}_w^b [\bar{\boldsymbol{g}}^w \times] \boldsymbol{C}_b^w \boldsymbol{C}_w^b \boldsymbol{\omega}_{iw}^w = [\bar{\boldsymbol{g}}^b \times] \boldsymbol{\omega}_{iw}^b \\ &= -\boldsymbol{a}^b \times \boldsymbol{\omega}_{iw}^b = -\boldsymbol{a}^b \times (\boldsymbol{\omega}_{ib}^b + \boldsymbol{\omega}_{bw}^b) \\ &= -\boldsymbol{a}^b \times \boldsymbol{w}_{ib}^b \end{aligned} \tag{8-9}$$

其中，式（1－17）用于上式第二行。然后，结合式（8－3）、式（8－4）和式（8－9），代入一个矩阵方程中可得

$$(\boldsymbol{a}^b \quad \boldsymbol{\omega}_{ib}^b \quad -\boldsymbol{a}^b \times \boldsymbol{\omega}_{ib}^b) = \boldsymbol{C}_w^b (-\bar{g}^w \quad \boldsymbol{\omega}_{iw}^w \quad \boldsymbol{c}^w) \tag{8-10}$$

求转置并且使用 w 系的坐标量式（8－6）、式（8－7）和式（8－8），可求解 $\boldsymbol{C}_b^w$

$$\boldsymbol{C}_b^w = \begin{pmatrix} 0 & 0 & -\bar{g} \\ \omega_e \cos\phi \cos\alpha & -\omega_e \cos\phi \sin\alpha & -\omega_e \sin\phi + \dot{\alpha} \\ \bar{g}\omega_e \cos\phi \sin\alpha & \bar{g}\omega_e \cos\phi \cos\alpha & 0 \end{pmatrix}^{-1} \begin{pmatrix} (\boldsymbol{a}^b)^{\mathrm{T}} \\ (\boldsymbol{\omega}_{ib}^b)^{\mathrm{T}} \\ (-\boldsymbol{a}^b \times \boldsymbol{\omega}_{ib}^b)^{\mathrm{T}} \end{pmatrix} \tag{8-11}$$

惯性测量单元传感器产生的量在右侧，而求逆的矩阵需要平台的纬度和定义的游动方位角。例如指定 w 系的方位角和方位角速率分别为 $\alpha=0$ 和 $\dot{\alpha}=0$，此时它与指定 n 系坐标是相同的。那么，我们得到从 b 系到 n 系的初始变换

$$\boldsymbol{C}_b^n = \begin{pmatrix} 0 & 0 & -\bar{g} \\ \omega_e \cos\phi & 0 & -\omega_e \sin\phi \\ 0 & \bar{g}\omega_e \cos\phi & 0 \end{pmatrix}^{-1} \begin{pmatrix} (\boldsymbol{a}^b)^{\mathrm{T}} \\ (\boldsymbol{\omega}_{ib}^b)^{\mathrm{T}} \\ (-\boldsymbol{a}^b \times \boldsymbol{\omega}_{ib}^b)^{\mathrm{T}} \end{pmatrix} \tag{8-12}$$

在这种情况下，b 系的方位通过偏航角［见式（1－90）］给出，使用式（1－23）确定。只要重力向量和地球旋转轴不是平行的（否则，式（8－5）中定义叉乘积 $\boldsymbol{c}^w$ 将为 $\boldsymbol{0}$），式（8－11）或式（8－12）中的系数矩阵是可逆的，这种不正常的情况只有在靠近极点时

发生。

式（8－11）和式（8－12）表明一套静态捷联惯性导航系统的加速度计和陀螺仪输出，能用于确定载体坐标系到导航坐标系的变换矩阵。然而，这个方法是在没有加速度计和陀螺仪误差（和垂线偏差）的理想情况下实现的。在现实应用中，加速度计和陀螺仪的输出数据中包含误差，尤其是陀螺仪可能具有较大的漂移误差。同样，即使运载体是静止的，也不可能刚性地固定在地球上，由于风和其他湍流产生的运动导致不精确的加速度计和陀螺仪输出。

以上的方法既得不到精确的方向信息，也不能根据传感器噪声的统计特性施加适当的权值。

8.3 精对准和标定

水平和方位的粗对准（在几秒中内完成），可能在指示值和理想的对准之间留下一个很小的角度误差。这些误差是由于传感器的系统误差造成的，不能在实验室进行标定，尤其是系统在每次上电都有不同值的偏置。如第 5.2 节中所示，陀螺仪的偏置对导航解的精度尤其不利，影响最显著的是航向，其中，方位参考是通过东向陀螺仪建立起来的，而航向的变化来自于垂直方向陀螺仪的输出。

在外部信息提供可以估计系统仪器误差方式的情况下，对准可以被精确化。至少需要考虑陀螺仪偏置和加速度计偏置。然而，这些偏置在指北的当地水平稳定系统中不易区分出来。所以，如果全部可以观测，陀螺仪的偏置仅能估计到未知加速度计偏置的精度水平上。在这种类型的机械编排中，加速度计偏置本身通常不影响导航解；在捷联机械编排中，它们影响导航解，并且应当被估计出来。然后，根据卡尔曼滤波器中的外部观测量（位置和速度）进行标定，其中加速度计误差状态从方向误差中解耦出来，在运载体进行适当机动时作为方向变化。

我们仅从分析观点讨论捷联系统的精对准，因此在一定程度上不必考虑特定坐标系。目的是使用第 7 章研究的估计技术提供一个仪器偏差和系统初始对准（见第 5 章）之间更加量化、形象的关系。

8.3.1 加速度观测

在精对准过程的第一个示例，我们假定没有陀螺仪误差（系统误差或者其他误差），并且加速度中仅有白噪声。在这个意义上，这仅仅是一个更加综合的粗对准调平过程，在方向的估计上施加一些真实的权值（增益）。假定系统已经进行了上述的粗对准，并且仅存在由加速度计输出误差引起的一个小角度扰动。这可能是由加速度计白噪声或外部扰动（如阵风等）导致的运载体随机运动引起的。

为了简化分析过程，仅处理在 n 系下的系统编排。对于静态系统（$\boldsymbol{\omega}_{en}^{n}=\mathbf{0}$），从式（5－62）可知

$$\dot{\boldsymbol{\psi}}^n = -\boldsymbol{\omega}_{in}^n \times \boldsymbol{\psi}^n = -\boldsymbol{\omega}_{ie}^n \times \boldsymbol{\psi}^n \tag{8-13}$$

因为假定陀螺仪没有误差（$\delta\boldsymbol{\omega}_{is}^s = \mathbf{0}$），同样也假定惯性导航系统的位置和速度也没有误差（$\delta\boldsymbol{\omega}_{in}^n = \mathbf{0}$）。向量 $\boldsymbol{\psi}$ 的元素是方向误差，并且构成了系统的状态变量。它们的初始协方差矩阵为 $\boldsymbol{P}_0$，假定 $\boldsymbol{P}_0$ 是一个对角矩阵。使用式（4－99）中的 $\boldsymbol{\omega}_{ie}^n$，式（8－13）可以代入微分方程的线性通用式（7－106）中

$$\frac{\mathrm{d}}{\mathrm{d}t}\begin{pmatrix}\psi_N \\ \psi_E \\ \psi_D\end{pmatrix} = \begin{pmatrix}0 & -\omega_e \sin\phi & 0 \\ \omega_e \sin\phi & 0 & \omega_e \cos\phi \\ 0 & -\omega_e \cos\phi & 0\end{pmatrix}\begin{pmatrix}\psi_N \\ \psi_E \\ \psi_D\end{pmatrix} \tag{8-14}$$

其中，因为假定没有驱动系统的噪声，$\boldsymbol{G}$ 矩阵为 $\mathbf{0}$。

外部信息带给对准的问题是假定运载体静止时的水平加速度。根据扰动量，依据式（7－51），外部观测量是加速度计输出值与惯性导航系统假定的水平加速度之差，理想情况下是 0。由阵风或其他环境效应引起运载体很小的随机加速度和加速度计的随机噪声混合，组成噪声向量 $\boldsymbol{v}^n$。举一个简单的例子，我们首先假定这些噪声分量沿 n 系的方向解耦。这样，将观测量与状态变量相关联的模型可以根据式（5－61）给出如下

$$\delta\boldsymbol{a}^n = \boldsymbol{a}^n \times \boldsymbol{\psi}^n + \boldsymbol{v}^n \tag{8-15}$$

由于 $\boldsymbol{a}^n \approx (0 \quad 0 \quad -\bar{g})^{\mathrm{T}}$，可得出如式（7－52）中所示的线性关系

$$\begin{pmatrix}\delta a_N \\ \delta a_E\end{pmatrix} = \begin{pmatrix}0 & \bar{g} & 0 \\ -\bar{g} & 0 & 0\end{pmatrix}\begin{pmatrix}\psi_N \\ \psi_E \\ \psi_D\end{pmatrix} + \begin{pmatrix}v_N \\ v_E\end{pmatrix} \tag{8-16}$$

我们假定观测值实际上是连续的，因此为了分析这种对准过程的性能，我们检验了连续卡尔曼滤波的协方差矩阵。矩阵的 Ricatti 方程描述了这个协方差矩阵的动态特性，并且因为假定零过程噪声（$\boldsymbol{G}=\mathbf{0}$），使用解式（7－192）很方便确定作为时间函数的 Fisher 信息矩阵。那么，状态的方差（作为时间函数）就是它逆矩阵的对角元素。

因为方向状态（变量）式（8－14）的动态特性仅取决于周期为 24 h 的地球自转，相对于对准过程来说时间很长，所以可以忽略 $\boldsymbol{F}$ 矩阵，并且假定状态传递矩阵［式（7－109）］是单位矩阵。那么，式（7－192）变为

$$\boldsymbol{P}^{-1}(t) = \boldsymbol{P}^{-1}(t_0) + \int_{t_0}^{t} \boldsymbol{H}^{\mathrm{T}}(\tau)\boldsymbol{R}^{-1}\boldsymbol{H}(\tau)\mathrm{d}\tau \tag{8-17}$$

给每个观测值指定一个标称方差 σ_a^2，现在通过式（6－61）给出连续白噪声向量 $(v_N \quad v_E)^{\mathrm{T}}$ 的功率谱密度矩阵

$$\boldsymbol{R} = \begin{pmatrix}\sigma_a^2 & 0 \\ 0 & \sigma_a^2\end{pmatrix}\Delta t \tag{8-18}$$

同样，$\boldsymbol{H}$ 矩阵［见式（8－16）］是一个常数，并且式（8－17）中的积分很容易进行分析，结果为

$$\boldsymbol{P}^{-1}(t) = \begin{pmatrix}\sigma_N^{-2} & 0 & 0 \\ 0 & \delta_E^{-2} & 0 \\ 0 & 0 & \sigma_D^{-2}\end{pmatrix} + \begin{pmatrix}\bar{g}^2\sigma_a^{-2} & 0 & 0 \\ 0 & \bar{g}^2\sigma_a^{-2} & 0 \\ 0 & 0 & 0\end{pmatrix}\frac{t-t_0}{\Delta t} \tag{8-19}$$

式中，$\sigma_{N,E,D}^2$ 是与方向误差相关的初始方差。在 $t_k=t_0+k\Delta t$ 时刻时，这些方程是下式的对角元素

$$\boldsymbol{P}(t_k)=\operatorname{diag}\left(\frac{\sigma_a^2}{kg^2}\frac{1}{1+\dfrac{\sigma_a^2}{kg^2}\dfrac{1}{\sigma_N^2}},\frac{\sigma_a^2}{kg^2}\frac{1}{1+\dfrac{\sigma_a^2}{kg^2}\dfrac{1}{\sigma_E^2}},\sigma_D^2\right) \tag{8-20}$$

因为水平加速度计仅实现调平的功能，方位误差的方差保持不变。如果初始方差 $\sigma_{N,E}^2$ 相对于 σ_a^2/g^2 来说非常大，它们首先（$k=1$）降低到 δ_a^2/g^2 水平上，然后基本上以 $\left(\dfrac{\sigma_a^2}{g^2}\right)/k$ 作为时间进行传播，按照平均值法降低。因此，如果运载体的随机运动和加速计的误差是真正随机的白噪声，那么时间越长，得到的调平精度越高。

我们也可以在分析中包含陀螺仪白噪声。这将增加动态特性方程式（8－14）的系统过程噪声，并且 $\boldsymbol{Q}\neq\boldsymbol{0}$。那么，方向状态变量的协方差矩阵通过 Ricatti 方程矩阵的解式（7－189）给出，在简单的假设条件下，可以简化为可解释的解析形式。

8.3.2 速度和方位观测

除了提高调平误差的估计值，我们接下来考虑方位参考的确定和陀螺仪偏置的标定。如前所述，导航系统相对于地球静止，假定系统位置已知且无误差，并且观测值是根据无系统运动的理想情况下测量所得。然而，在前述中，这个静态条件体现在零水平加速度的“观测值”中，而此处我们使用零速度，会得出更好的解。此外，外部方位确定是可实现的，例如光学系统（恒星相机对已知参考的其他光学瞄准）或者方向雷达系统（LORAN，OMEGA，差分 GPS 等)，提供了垂直方向误差和垂向陀螺仪偏差的直接可观测性。在缺少外部方位观测值时，垂直方向的对准（称为自对准）和标定必须完全依靠系统对地球自转的敏感，也就是说，需要更长的时间来确定这些误差。上述假设条件的精对准和标定可以使用下面的算例来研究。

在这种情况下，状态向量包含方向误差、陀螺仪误差和速度误差（尽管这些变量是“可观测的”）但它们也明确出现在定向误差状态的微分方程中，如下所示)。再通过式（5－62）给出方向误差状态的动态模型，得出

$$\dot{\boldsymbol{\psi}}^n=-\boldsymbol{\omega}_{ie}^n\times\boldsymbol{\psi}^n-\boldsymbol{C}_s^n\delta\boldsymbol{\omega}_{is}^s+\delta\boldsymbol{\omega}_{in}^n \tag{8-21}$$

假定 $\delta\boldsymbol{\omega}_{is}^s$ 仅由陀螺仪偏差组成，并且确定 $\boldsymbol{C}_s^n\delta\boldsymbol{\omega}_{is}^s$ 为 n 系陀螺偏差 $\Delta\boldsymbol{\omega}$ 的向量，如式（5－75）所示。如果运载体是静态的，那么陀螺仪偏差组成就不是一般性。所以，令这些误差的动态特性简单构建为随机常量

$$\Delta\dot{\boldsymbol{\omega}}=\frac{\mathrm{d}}{\mathrm{d}t}\begin{pmatrix}\Delta\omega_N\\ \Delta\omega_E\\ \Delta\omega_D\end{pmatrix}=\boldsymbol{0} \tag{8-22}$$

另外，从式（5－58）和式（5－63）中设定位置误差等于 0，并且令 $r=R_\phi+h$ 得出

$$\delta\boldsymbol{\omega}_{in}^{n}=\begin{pmatrix}\dfrac{\delta v_E}{r}\\\dfrac{-\delta v_N}{r}\\\dfrac{-\delta v_E}{r}\tan\phi\end{pmatrix} \tag{8-23}$$

速度误差的动态方程通过式（5－71）给出，其中忽略加速度计误差、重力误差和垂向速度误差，可得出

$$\frac{\mathrm{d}}{\mathrm{d}t}\delta v_N=-2\omega_e\sin\phi\delta v_E+\bar{g}\psi_E$$

$$\frac{\mathrm{d}}{\mathrm{d}t}\delta v_E=2\omega_e\sin\phi\delta v_N-\bar{g}\psi_N \tag{8-24}$$

将式（8－21）、式（8－22）和式（8－24）组合构建一组线性微分方程。令系统状态向量使用 ε 来表示

$$\boldsymbol{\varepsilon}=(\psi_N\quad\psi_E\quad\psi_D\quad\Delta\omega_N\quad\Delta\omega_E\quad\Delta\omega_D\quad\delta v_N\quad\delta v_E)^{\mathrm{T}} \tag{8-25}$$

那么

$$\dot{\boldsymbol{\varepsilon}}=F\boldsymbol{\varepsilon} \tag{8-26}$$

其中，结合式（8－23），动态矩阵为

$$\boldsymbol{F}=\begin{pmatrix}0&-\omega_e\sin\phi&0&-1&0&0&0&\dfrac{1}{r}\\\omega_e\sin\phi&0&\omega_e\cos\phi&0&-1&0&\dfrac{-1}{r}&0\\0&-\omega_e\cos\phi&0&0&0&-1&0&\dfrac{1}{r}\tan\phi\\0&0&0&0&0&0&0&0\\0&0&0&0&0&0&0&0\\0&0&0&0&0&0&0&0\\0&\bar{g}&0&0&0&0&0&-2\omega_e\sin\phi\\-\bar{g}&0&0&0&0&0&2\omega_e\sin\phi&0\end{pmatrix} \tag{8-27}$$

注意，由于我们简化了条件，所以没有驱动这个系统的随机噪声（$\boldsymbol{G}=\boldsymbol{0}$）。

用于估计状态的观测量是水平速度分量，每个分量是系统指示速度和系统实际（地球参考）速度（如果运载体静止，理想速度为 0）的差值。与这些观测量相关的精度可以从环境干扰信息中近似的推导出来，例如阵风，或者指示速度中的量化误差。方位观测值是系统指示方位［从指示的方向余弦元素并参考式（1－90）和式（1－23）推导获得］和外部观测系统水平角相对于真北确定的方位角之间的差值。这样，方位角误差观测量就是 ψ_D 的直接表现形式。观测量和状态量之间的线性关系由下式给出

$$\boldsymbol{y}=\boldsymbol{H\varepsilon}+\boldsymbol{v} \tag{8-28}$$

其中，矩阵 $\boldsymbol{H}$ 为

$$\boldsymbol{H}=\begin{pmatrix}0&0&0&0&0&0&1&0\\0&0&0&0&0&0&0&1\\0&0&1&0&0&0&0&0\end{pmatrix} \tag{8-29}$$

并且 $\boldsymbol{v}\sim\mathcal{N}(0,\ \boldsymbol{R})$，其中 $\boldsymbol{R}$ 满足

$$\boldsymbol{R}=\begin{pmatrix}\sigma_{\text{vel}}^2&0&0\\0&\sigma_{\text{vel}}^2&0\\0&0&\sigma_{\text{az}}^2\end{pmatrix}\Delta t \tag{8-30}$$

式中，σ_{vel} 和 σ_{az} 表示速度和方位观测值的标准差。

在没有内部驱动噪声分量（过程噪声）的假设下，能够使用简化的 Ricatti 方程式（7－190）来分析系统状态方差，而 Ricatti 方程的解根据 Fisher 信息矩阵由式（7－192）给出。我们将使用这个解对时间 Δt 的小幅增量进行递归运算。因此，在式（7－192）积分中的状态传递矩阵可以近似为单位矩阵，而对于第一项，根据式（7－109）中的线性项来近似 $\boldsymbol{\Phi}$。这样，就得出以下计算信息矩阵的递归表达式

$$\boldsymbol{P}_k^{-1}=(\boldsymbol{I}-\boldsymbol{F}\Delta t)^{\mathrm{T}}\boldsymbol{P}_{k-1}^{-1}(\boldsymbol{I}-\boldsymbol{F}\Delta t)+\boldsymbol{H}^{\mathrm{T}}\boldsymbol{R}^{-1}\boldsymbol{H}\Delta t \tag{8-31}$$

$\boldsymbol{P}_0$ 是一个对角矩阵，初始值由 $\boldsymbol{P}_0$ 的逆矩阵给出，其元素为

$$\boldsymbol{P}_0=\mathrm{diag}(\sigma_{\psi_N}^2\quad\sigma_{\psi_E}^2\quad\sigma_{\psi_D}^2\quad\sigma_{\Delta\omega_N}^2\quad\sigma_{\Delta\omega_E}^2\quad\sigma_{\Delta\omega_D}^2\quad\sigma_{\delta v_N}^2\quad\sigma_{\delta v_E}^2) \tag{8-32}$$

这些是状态变量的初始方差，对于方向误差，能够从粗对准的结果中获得。对于陀螺仪的偏置，它们是陀螺仪技术指标中对应于重复性的值。

在算例中，选择以下的值作为式（8－30）和式（8－32）中的标准偏差

$$\begin{aligned}&\sigma_{\psi_N}=\sigma_{\psi_E}=\sigma_{\psi_D}=1^{\circ}\\&\sigma_{\Delta\omega_N}=\sigma_{\Delta\omega_E}=\sigma_{\Delta\omega_D}=0.1^{\circ}/\mathrm{h}\\&\sigma_{\delta v_N}=\sigma_{\delta v_E}=0.1\ \mathrm{m/s}\\&\sigma_{\text{vel}}=0.01\ \mathrm{m/s}\\&\sigma_{\text{az}}=5''\end{aligned} \tag{8-33}$$

如图 8－1～图 8－6 所示的结果是根据式（8－31）和式（8－33）代入以下一组数值得到的。

$$\begin{aligned}&\bar{g}=9.8\ \mathrm{m/s^2};\quad \omega_e=7.292\times10^{-5}\ \mathrm{rad/s},\quad r=6\ 371\ 000\ \mathrm{m},\\&\phi=45^{\circ},\quad \Delta t=1\ \mathrm{s}\end{aligned} \tag{8-34}$$

为了更容易地解释计算结果，此处我们将式（8－21）和式（8－24）重组为一组方程

$$\frac{\mathrm{d}}{\mathrm{d}t}\delta v_N=-2\omega_e\sin\phi\delta v_E+\bar{g}\psi_E \tag{8-35a}$$

$$\frac{\mathrm{d}}{\mathrm{d}t}\delta v_E=2\omega_e\sin\phi\delta v_N-\bar{g}\psi_N \tag{8-35b}$$

$$\frac{\mathrm{d}}{\mathrm{d}t}\psi_N=-\omega_e\sin\phi\psi_E+\frac{\delta v_E}{r}-\Delta\omega_N \tag{8-35c}$$

$$\frac{\mathrm{d}}{\mathrm{d}t}\psi_E = \omega_e \sin\phi \psi_N + \omega_e \cos\phi \psi_D - \frac{\delta v_N}{r} - \Delta\omega_E \tag{8-35d}$$

$$\frac{\mathrm{d}}{\mathrm{d}t}\psi_D = -\omega_e \cos\phi \psi_E - \frac{\delta v_E}{r}\tan\phi - \Delta\omega_D \tag{8-35e}$$

如果没有方位观测值可用时，可参考图 8-1～图 8-3 给出的结果，也就是说仅有速度观测值用来估计并且 $1/\sigma_{az}=0$。参考式（8-35a）、式（8-35b）和图 8-1，我们发现高精度的速度信息产生东向误差 ψ_E 和北向误差 ψ_N 的快速估计值，这是因为它们直接耦合在速度误差的变化上。然而，向下方向误差 ψ_D 仅仅影响东向误差［式（8-35d）］，并且不直接与观测值关联。此外，在式（8-35d）中的 $\omega_e \cos\phi\psi_D$ 项是无法从东向陀螺仪偏置 $\Delta\omega_E$ 中分离出来。所以，向下方向误差和东向陀螺仪偏置都不能很好的确定（见图 8-2）；这两个状态变量高度相关，如图 8-3 所示。图 8-1 和图 8-3 表明 ψ_D 和 $\Delta\omega_E$ 限定的标准差一致，并且基本上取决于各自初始标准差的最小值

$$\sigma_{\psi_D}(t_{\max}) = \frac{1}{\omega_e \cos\phi}\sigma_{\Delta\omega_E}(t_{\max}) \approx 0.5^\circ \approx \min\left(\sigma_{\psi_D}, \frac{1}{\omega_e \cos\phi}\sigma_{\Delta\omega_E}\right)_{t=0} \tag{8-36}$$

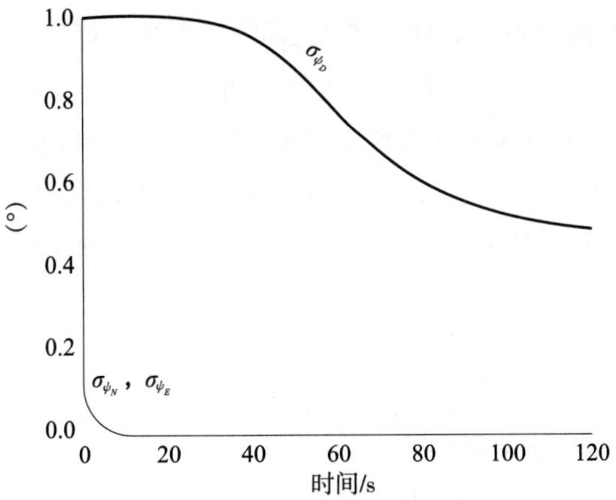

图 8-1　方向误差随时间变化的标准差（没有方位观测值可用）

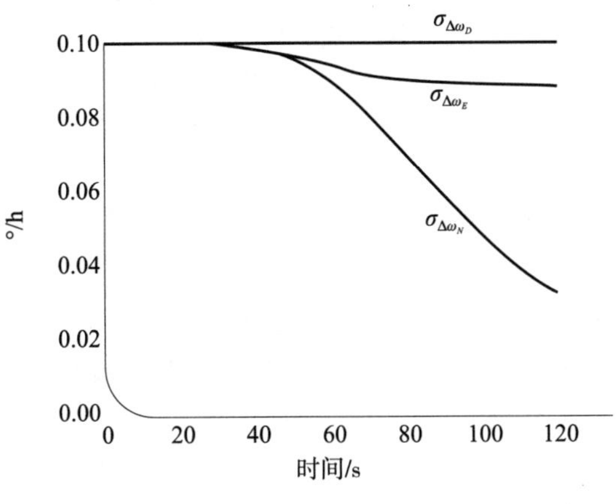

图 8-2　陀螺仪偏置误差随时间变化的标准差（没有方位观测值可用）

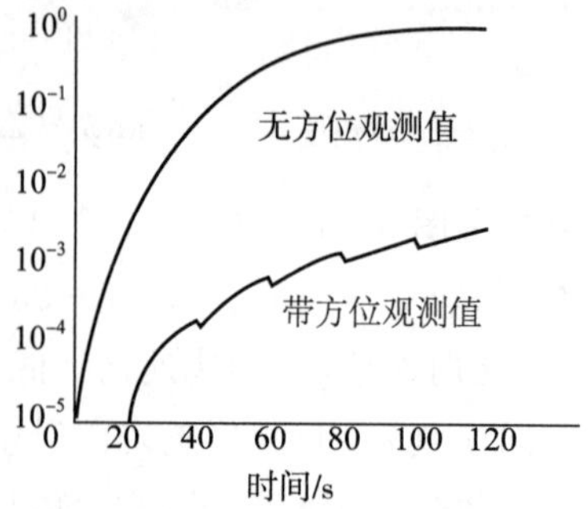

图 8-3　东向陀螺仪偏置和向下方向误差之间随时间变化的相关性

另一方面，因为通过北向方向误差耦合到东向速度误差中，北向陀螺仪偏置 $\Delta\omega_N$ 更加容易估计，参见式（8-35c）。然而，这个更为间接的耦合延长了精确估计所需要的时间。实际上式（8-35c）也包含东向方向误差 ψ_E ，因为前一项能通过北向速度误差观测值独立估算出来容易估算 $\Delta\omega_N$ 。最后，由于垂向（向下）陀螺仪偏置 $\Delta\omega_D$ 仅和向下方向误差 ψ_D 关联，而 ψ_D 不能精确的估计，所以 $\Delta\omega_D$ 几乎是不可估计的。

现在，假定我们在 20 s 的间隔上有方位的观测值。图 8-4 和图 8-5 给出了相应的结果。向下方向误差 ψ_D 能立即确定到方位观测值的精度，说明相对快速的确定垂向陀螺仪偏置 $\Delta\omega_D$（见图 8-4 和图 8-5）。现在，东向陀螺仪的偏置 $\Delta\omega_E$ 也同北向陀螺仪偏置 $\Delta\omega_N$ 一样快速确定（可比较图 8-2 和图 8-5），并且在实际中与向下方向误差 ψ_D 不相关。

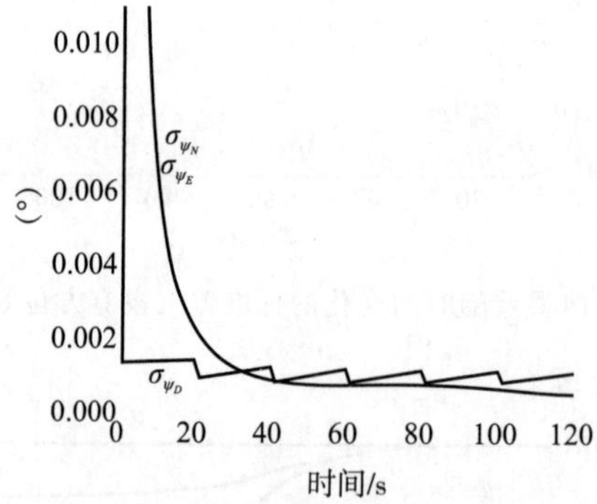

图 8-4　方向误差随时间变化的标准差（有方位观测值可用，间隔为 20 s）

可以得出结论，没有精确外部方位参考时，通过使用静止惯性导航系统的速度信息仅能标定北向陀螺仪偏置。实际上，一个常平架平台的机械编排允许每个陀螺仪回转和翻滚，反过来，它的输入轴可以指向北向。通过这种方式，在对准过程中，可以标定每个陀螺仪的速率偏差。显然，这个步骤非常繁琐，在大多数情况对于捷联机械编排的系统不适用。

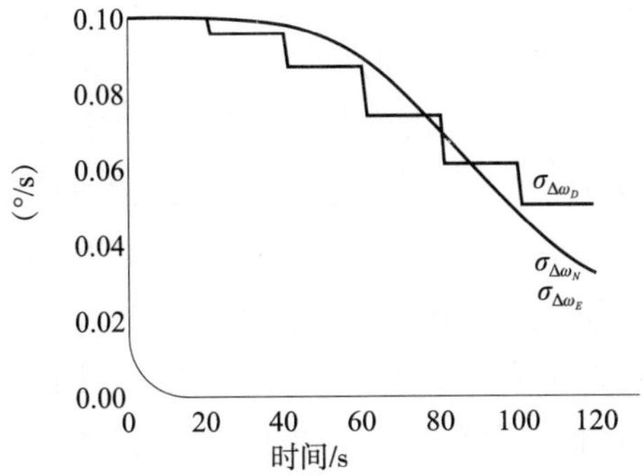

图 8－5　陀螺仪偏置随时间变化的标准差（有方位观测值可用，间隔为 20 s）

8.3.3　动态对准

如果外部导航系统，例如全球定位系统，为移动系统提供非常精确的速度信息，那么，在第 8.3.2 节中描述的基于速度对准的步骤也可以使用。如果速度很大，那么需要为方向和速度误差状态向量动态方程建立更加严格的模型（参见第 5 章）。此外，在运动或者飞行中，使用每个陀螺仪分别指向北向的合适机动，对准使得捷联系统中水平陀螺仪偏置的标定成为可能。现在，$\Delta\omega_N$ 和 $\Delta\omega_E$ 的可估计性将其从水平误差 $\psi_{N,E}$ 中解耦出来，然后将速度信息带到向下方向误差 ψ_D 中，由此提高了可估计性，但是垂向陀螺仪偏置的标定问题仍未解决。在下面讨论的包含运载体机动的扩展算例中得到了证实。可以在 Greenspan（1996）中找到使用外部（全球定位系统）速度辅助对准的更多实例，尤其是飞行模式中的对准。

运载体静态对准（见第 8.3.2 节）的误差状态变量不包括加速度计偏置，如第 5.4.1 节所述，因为加速度计偏置无法从水平误差中分离出来。然而，在捷联机械编排的动态模式中，如果在 n 系中对加速度计进行不同于初始方向的机动，那么精确的速度信息就能够分离这些误差。

误差动态模型式（8－24）扩充了水平加速度偏置 Δa_N 和 Δa_E 。从式（5－71），我们得出

$$\frac{\mathrm{d}}{\mathrm{d}t}\delta v_N = -2\omega_e \sin\phi\delta v_E + \bar{g}\psi_E + \Delta a_N$$

$$\frac{\mathrm{d}}{\mathrm{d}t}\delta v_E = 2\omega_e \sin\phi\delta v_N - \bar{g}\psi_N + \Delta a_E \tag{8-37}$$

其中，在 n 系中加速度计误差 Δa_N 和 Δa_E 通过式（5－72）给出，并且仅包含偏置，所以在 b 系中有以下假定的动态方程

$$\frac{\mathrm{d}}{\mathrm{d}t}\begin{pmatrix}\Delta a_1^b \\ \Delta a_2^b\end{pmatrix} = \begin{pmatrix}0 \\ 0\end{pmatrix} \tag{8-38}$$

现在，误差状态向量式（8－25）变成

$$\boldsymbol{\varepsilon} = (\psi_N \quad \psi_E \quad \psi_D \quad \Delta\omega_1^b \quad \Delta\omega_2^b \quad \Delta\omega_3^b \quad \delta v_N \quad \delta v_E \quad \Delta a_1^b \quad \Delta a_2^b)^{\mathrm{T}} \tag{8-39}$$

其中，陀螺仪的偏置也以 b 系中的坐标表示，允许绕 n 系旋转。这样，必须适当的修改动态矩阵 $\boldsymbol{F}$ ，即增加了附加状态增加矩阵的维数，包括旋转矩阵 $\boldsymbol{C}_b^n$ 的元素来模拟运载体（和捷联系统）的旋转。我们仍然能够在动态矩阵中使用零速近似，如第 5.4 节中所述。

我们仅考虑水平速度信息，所以观测矩阵 $\boldsymbol{H}$ 和观测方差矩阵 $\boldsymbol{R}$ 仅有两行。仍假设没有过程噪声，系统状态变量方差矩阵能够从 Ricatti 方程的解式（8－31）中得到。加速度计的偏置使用初始的标准偏差 $\sigma_{\Delta a}=20$ mgal，方向误差 ψ_N 和 ψ_D 、加速度计偏置 Δa_2^b 的结果如图 8－6 所示。最初，b 系和 n 系对齐（ $\boldsymbol{C}_b^n=\boldsymbol{I}$ ），并且由于运载体方向没有变化，北向误差和加速度计偏置标准差没有超出初始值中较小的值（当使用同样单位时），如图 8－6 中点画线所示，在本例中为 0.0012°或者 20 mgal。大约在 $t=20$ s 时，运载体转过了 90°，因此东向加速度计和陀螺仪现在指北。这提高了加速度计偏置和水平误差的可估计性，如图 8－6 中实线所示。此外，如前所述，方位角估计最终改善了机动的结果。

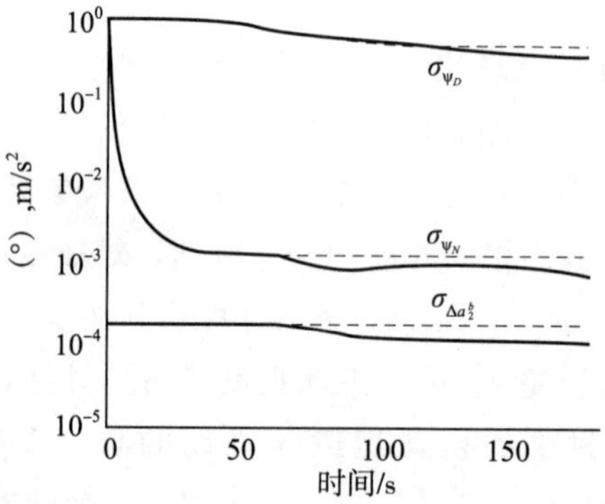

图 8－6 方向和加速度计偏置误差随时间变化的标准差（在 $t=60$ s 时，运载体航向变化 90°的影响由实线所示，虚线对应着航向没有变化时的标准差）

第 9 章　全球定位系统

9.1　引言

卫星的全球定位系统（GPS）是一种完全不同于第 3 章中描述的惯性系统的定位和导航系统。这个系统本质是基于大地测量学经典传统中的几何学，而惯性反应为惯性测量单元核心的动力学原理。简要来说，人们可以通过全球定位系统测量距离。全球定位系统是一个大型的无线电导航系统，允许用户从一个已知的信号传输站来确定自己的位置和方向，这种方法本质是使用两个天线，通过测量信号（传输速度接近光速）传输的时间差进行计算。

地面（陆基）无线电导航系统应用先于卫星系统，包括民用航空的甚高频全向信标（VHF Omnidirectional Range，VOR）和测距设备（Distance Measuring Equipment，DME）等系统；军用等效物战术空中导航（Tactical Air Navigation，TacAN）；低频、远程系统，如 LORAN 和 OMEGA。在二战期间受到军事需求的推动并在之后迅速发展，这些系统目前仍然为航空和海洋应用提供必不可少的导航帮助。有关操作特性、仪器、实施和准确性的详细信息可以参见 Beck（1971）和 Kayton and Fried（1969，1997）。

卫星导航是从以上所述地面系统中自然演化而来，使用了几乎相同的无线电电子技术，其中卫星为已知位置的传输站。此外，在某些情况下，专门用于静态大地测量定位，以提供不同国家大地基准（定位参考系统）之间的全球联系。也就是说，卫星导航也提供了一种从已知地面追踪站确定卫星轨道的方法。20 世纪 60、70 年代的早期系统，包括戈达德太空飞行中心距离和距离变化率（Goddard Space Flight Center Range and Range Rate，GRARR）系统、美国陆军连续测距（Sequential Collation of Range，SECOR）系统和美国海军导航卫星系统（TRANSIT）。美国海军导航卫星系统基于信号传播的多普勒效应，最初是为美国海军开发的全天候导航系统，但对商业海上导航和民用大地测量应用做出了重大贡献，是全球定位系统的先驱，并于 1996 年底终止。NGSP（1977）提供了这些早期系统的详细描述，主要用于大地测量应用（另见 Seeber，1993）。除了 GPS，现代系统包括法国的卫星综合多普勒轨道测量和无线电定位系统（Doppler Orbitography and Radio Positioning Integrated by Satellites，DORIS）；德国的精确距离和距离变化率实验（Precise Range and Range Rate Experiment，PRARE）及其扩展。这些系统的主要用途是卫星轨道确定（Seeber，1993）。同样重要的还有俄罗斯的全球定位系统，即 GLONASS，参见 Seeber（1993）、Leick（1995）、Kayton 和 Fried（1997）。

全球定位系统，又称为导航卫星定时和测距系统（Navigation Satellite Timing and

Ranging，NAVSTAR)，是美国国防部在 20 世纪 70～80 年代开发的基于卫星的导航系统。由于在各种条件下的多功能性和强大的民用部件，全球定位系统目前仍是同类或任何其他类型中使用广泛的定位和导航系统。由于其固有的综合设计和用户群的分散化，GPS 应用在全球范围内仍较广泛。事实上，全球定位系统已经彻底改变了各种类型的定位和导航，包括大地静态定位，以及移动载体（地面、海上、空中导航和卫星轨道确定）的运动定位和导航。

全球定位系统由一组轨道卫星组成，这些卫星可认为是在空间中已知位置的活动信标，其信号在地球上（或在空间中任何“看得见”卫星信号的地方）被观测到，并提供关于卫星与观测者之间距离的信息。利用卫星和观测者之间的几何关系，以及无误差和时间同步的仪器，可以获取观测者到位置已知的卫星的距离，利用相交法即可求解观测者的三维位置（见图 9-1）。根据上述的先决条件，信号的时序问题大多可以用简单而巧妙的方法克服。GPS 自诞生已发展成为对各类用户提供最方便、最轻松、最精确的定位（静态和动态应用）和导航（实时应用）系统。

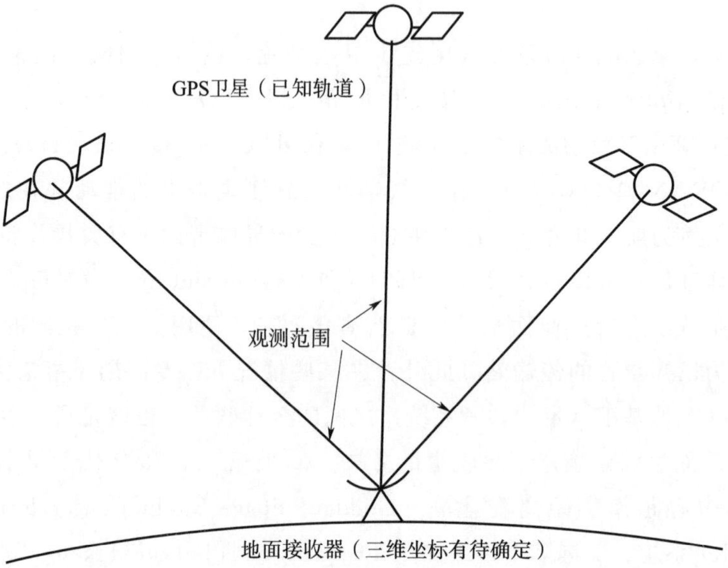

图 9-1　利用观测卫星范围进行定位的原理

该系统的设计使得至少 4 颗卫星在世界任何地方始终可见，以提供持续的定位能力。这是通过在惯性空间中对称排列的 6 个轨道平面上不均匀分布（以最大限度地提高卫星可用性）的 24 颗卫星来实现的（见图 9-2）。每颗卫星的轨道近似圆形（偏心率约为 0.006)，地心半径约为 26 560 km，轨道周期约为 12 h。每个轨道平面由 4 颗卫星占据，与地球赤道倾斜约 55°，沿赤道以 60°间隔分布（升交点赤经约 12°、72°……312°)。

GPS 的主要应用范围从其最初的军事导航为主要目的，发展到监测和引导载体位置的商业活动（如车队管理）以及娱乐和体育活动。GPS 接收机现在普遍存在于商用和私人飞机、轮船和小艇上，并出现在许多其他不同类型的载体上；现在很少发射没有 GPS 跟踪功能的低地球轨道卫星。从科学角度来看，意义最为深远的是对长度从几米到数百公里不等的基线（相对定位）进行极其精确的大地测量。这种精确的基线定位（精度可达 $1/10^7$ 或更高）可以取代传统的区域或国家大地测量网络中两点之间距离的大地测量。此外，通过重复观测，可以轻松监测到自然或人为诱发的火山活动、地震、板块运动以及下沉和回弹相关的地壳变形。通常，这种静态操作模式服务于 GPS 最初的大地测量，为卫星大地测量方法的延续。随着 GPS 卫星全星座的发展和 GPS 大地接收机的适当修改，GPS 在进行移动载体定位的同时也可以获得高质量的大地测量。

虽然 GPS 具有如此广泛的适用性，但使用其他类型的导航定位系统，如惯性导航系统，仍具有重要意义。这是由于在涉及准确性和可靠性的情况下（例如飞机交通控制、进近和着陆系统以及防撞系统），或者在 GPS 不连续可用的情况下（例如用于遮蔽环境中的潜艇和运载体），仅使用 GPS 无法满足导航定位要求。事实上，GPS 曾一度令惯性导航系统险些淘汰，将其降级为少数非常深奥的应用。许多商用和私人飞机，以及船舶现在均使用 GPS 进行导航，而不是（或作为主要导航系统补充）INS 或其他地面系统，例如 LORAN－C。

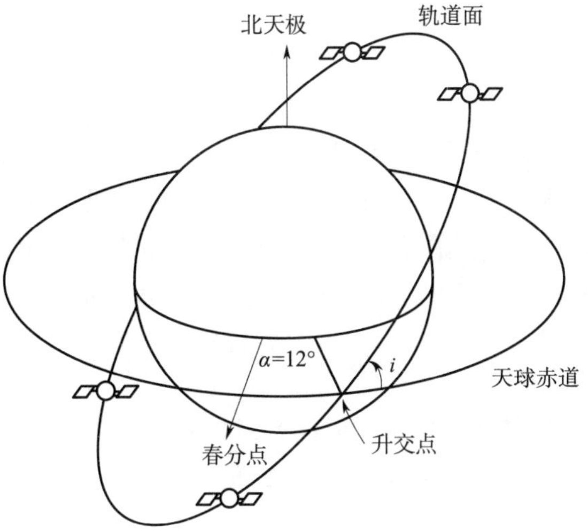

图 9－2　4 颗 GPS 卫星在一个轨道平面上，其中倾角 $i=55°$，升交点赤经 $\alpha=12°$

但 GPS 并非没有问题和局限性。首先，GPS 不同于 INS，是一个非独立自主系统。用户必须能够接收到 GPS 卫星信号，但卫星的可见性可能会因建筑物、树叶、山脉、桥梁和隧道的遮挡而在局部信号接收受到阻碍。这是因为卫星传输定位代码和导航信息的载波信号的波长只有 19 cm 长（～1.6 GHz），因此即使有少量树叶也会使信号严重衰减，多数大型建筑会将传输信号完全阻挡。显然，将 GPS 直接应用于水下是完全不可能的。

尽管信号遮蔽问题是 GPS 最大的局限性，但其他问题同样使其在许多运动学应用中无法实现所需的精度和分辨率。其中由于电子干扰或短暂障碍物的影响，可能导致接收机错过一个或多个载波周期（仅在使用载波相位定位时）。事实上，持续的电子干扰是普遍问题。大多数接收机中数据输出的频率通常为 1 Hz，超过 2 Hz 会显著增加噪声水平。对于以更高速率，或以与GPS周期不完全一致的随机间隔收集科学数据的机载平台，将可能无法具有足够的分辨率或准确性。

GPS定位中的大部分误差来自不可预测或难以建模的介质传播效应，包括多径效应（信号在找到天线之前的反射）和对流层折射。

如果考虑INS的基本误差和操作特性，会发现INS与GPS是互补的。INS在短期内非常精确，产生的数据速率远高于GPS。除了初始化之外，它是自主的，并且可以在任何环境中运行。GPS定位从长远来看是非常准确的（通过数据处理可以在很大程度上消除漂移），它取决于提供准确轨道信息的空间段，GPS数据速率只是中等偏高，操作环境可能限制定位能力。GPS和INS的集成是第10章的主题；在本章，我们主要针对运动学应用回顾使用全球定位系统获取观测的基本要素。

详细阐述全球定位系统的更多内容（包括广泛的应用），读者可以参考Parkinson和Spilker（1996）；Hofmann - Wellenhof等（1994）；Leick（1995）；Seeber（1993）；Teunissen和Kleusberg（1998）等，本文不再赘述。

9.2 全球定位系统

9.2.1 时钟与时间

GPS接收机可以观测到一定数量的观测值，并非所有接收机都定期提供所有数据。在某种程度上，这些可观测值都与时间有关，卫星上和接收机中的时间由时钟保持，实际上，这些时钟是以特定频率振荡的发生器。这些振荡器还负责产生用于形成可观测量的信号。因此，有必要从相位 ϕ 、频率 f 和时间 t 之间的根本上的关系开始

$$f(t)=\frac{\mathrm{d}\phi(t)}{\mathrm{d}t} \tag{9-1}$$

式中，t 代表时间。振荡信号的相位是随时间扫过的角度；通常只有完整周期的小数部分是可区分的（$0\leqslant\phi\leqslant 2\pi$）。信号的频率是相位随时间变化的速率（扫过周期的速率）。等价关系由式（9-1）的积分给出

$$\phi(t)=\phi(t_0)+\int_{t_0}^{t} f(t^t)\mathrm{d}t' \tag{9-2}$$

式中，t_0 是某个初始时间。信号相位的变化也代表时钟或时间的流逝；只需更改单位即可将相位更改为类似时间量。相位以周期为单位，频率以Hz（每秒周期数）为单位，因此，设 τ 表示与相位相关的指示时间

$$\tau(t)=\frac{\phi(t)-\phi_0}{f_0} \tag{9-3}$$

式中，f_0 是某个标称（固定）频率，ϕ_0 为任意相位偏移，由于初始时间与初始相位不匹配[$\phi(t_0)\neq\phi_0$]，这种偏移是允许的。

在式（9-3）中，无论是在尺度上（差异是由于漂移造成的）还是在初值上（最初被一个常量抵消），我们对由振荡器时钟指示的时间 τ 和“真实”时间 t 之间进行了严格区

分。世界上真实时间一直由巴黎的国际时间局提供，1988 年以后由法国塞夫尔的国际计量局提供。根据国际协议，该局协调并结合了世界各地各种天文台的非常精确的原子钟计时。1972 年 1 月 1 日正式采用的原子时，称为国际原子时（Temps Atomique International，TAI)，取代了根据太阳视运动推断的时间。从 TAI 生成一个民用时间，称为协调世界时（Universal Time Coordinated，UTC)，它与 TAI 的不同之处在于精确定义的偏移量，该偏移量偶尔（通常每年）更改为闰秒，从而与通过地球自转率（由于地球动力学现象而变化）推算的时间尺度保持同步（±0.7 s 内)。

GPS 控制部分，同样的，维护一个原子时间刻度，称为 GPS 时间，它被调整为与美国海军天文台（TAI 的一个天文台）的恒定原子时间刻度不超过 1 μs。1980 年 1 月 6 日，GPS 时间与 TAI 时间（比 TAI 时间晚）偏移了 19 s，与民用时间 UTC（USNO）一致。然而，GPS 时间不参与闰秒调整，而是表示一个常数时间尺度（2000 年与 UTC 相差 13 s)，GPS 时间和 USNO 原子时标之间的误差约为 90 ns。

对于时钟，将 t 作为真实时间，那么反应了一个现实情况，即卫星和接收机时钟上指示的时间并不完全一致，必须由地球上的主时钟校准。GPS 时间的原子时标虽然没有与 TAI 偏移严格恒定的量，但在 GPS 数据处理的背景下用作校准标准。指定 GPS 时间为真实时间 t，将式（9 - 3）代入式（9 - 2）可得

$$\tau(t)=\tau(t_0)+\frac{1}{f_0}\int_{t_0}^{t} f(t')\mathrm{d}t' \tag{9-4}$$

如果频率 f 接近标称频率，则有

$$f(t)=f_0+\delta f(t) \tag{9-5}$$

将上式代入式（9 - 4）可以得到相位时间 τ 与真实时间 t 的关系

$$\tau(t)=t-t_0+\tau(t_0)+\delta\tau(t) \tag{9-6}$$

式中，符合式（9 - 2）和式（9 - 3）的相位时间扰动定义为

$$\delta\tau(t)=\frac{1}{f_0}\int_{t_0}^{t} \delta f(t')\mathrm{d}t' \tag{9-7}$$

因此，真实时间与信号发生器相位指示的时间之间的差异，是由 t_0 处的固定同步误差 $\tau(t_0)-t_0$ 和频率扰动 δf 造成的。如果生成信号相位的振荡器以固定频率震荡（即振荡器频率等于标称频率)，则指示的时间度量与真实时间仅相差一个固定偏移量。

通常，利用频率发生器来计时的特定时钟均会偏离真实时间，式（9 - 6）可以简写为

$$\tau(t)=t+\Delta\tau(t) \tag{9-8}$$

式中，$\Delta\tau(t)$ 表示时钟误差，它包括一个固定偏移和频率扰动（是时间的函数）的影响。

9.2.2　GPS 信号

GPS 卫星传输的信号是相当复杂的编码和消息的混合体，传输了确定卫星和接收机天线之间的距离所需的信息。信号设计的复杂性是因为需要满足不同用户的定位要求，为了允许使用纠正技术来抵消某些媒介的传播延迟，需保持必要的接收机技术相对简单，另外还需要提供一些防止电子干扰的措施。

本质上，信号是由代表可解释数据的二进制编码，以及其他某些预定义的二进制序列或正常/反向状态，进行相位调制的载波（正弦波）。在数学上，信号（或其中的一个组成部分）可以表示为

$$S(t)=AC(t)D(t)\cos(2\pi ft) \tag{9-9}$$

式中，f 是载波频率，A 是信号幅值，序列码用 $C(t)$ 表示，可以表示为正（+1）和负（−1）的序列或步长，这种改变状态序列的元素也称为码片（一些教材使用“位”或者 0 和 1 的类比，但是上述信号的数学方程只是一种启发式表示，其中第一次乘法实际上是模 2 加法，而第二次乘法代表相位变化取决于模 2 加法的结果）。每个码片的时长是相同的，本质上来说与载波的波长相关，这是因为它们都是由同一个振荡器产生的。

同样，$D(t)$ 表示由码片产生的数据信息，但波长要长得多。每颗卫星传输不同的代码（实际上是 2 个代码，见下文）和数据信息，但是所有卫星的载波频率都一样，所以 GPS 接收机只能通过编码和数据信息来区分卫星。GLONASS 也由 24 颗卫星组成，这些卫星传输相似的编码和数据，但使用的载波频率不同，可以此区分卫星。

由于编码函数 $C(t)$ 和数据函数 $D(t)$ 在概念上具有正或负值，因此它们的乘积也具有正负。当该乘积从正变为负（或反之）时，载波的相位从 0°变为 180°（或反之）。因此编码和数据序列按照相位来调制载波，从而以 180 °反相的形式承载从卫星发射器到接收机的信息，这称为二进制双相调制。在提取这些信息之前，有必要介绍一些有关编码和数据消息的详细内容。

每颗 GPS 卫星实际上传输两种不同的编码，C/A 码（粗捕获）和 P 码（精密码）；事实上，P 码和数据消息是在两个独立的 L 波段载波（微波区域）上传输的。在两个频率上的传输允许近似计算由于电离层折射引起的信号延迟。L1 和 L2 载波频率由下式给出

$$\begin{aligned} f_1&=1\ 575.42\ \text{MHz}=154\cdot 10.23\ \text{MHz}\\ f_2&=1\ 227.60\ \text{MHz}=120\cdot 10.23\ \text{MHz} \end{aligned} \tag{9-10}$$

使用光速 $c=2.997\ 924\ 58\times10^{8}$ m/s，则载波的波长可以分别表示为

$$\begin{aligned} \lambda_1&=\frac{c}{f_1}=0.190\ 3\ \text{m}\\ \lambda_2&=\frac{c}{f_2}=0.244\ 2\ \text{m} \end{aligned} \tag{9-11}$$

C/A 码的每个码片的持续时间正好是（1/1.023）$\times10^{-6}$ s，大约 1 μs。对应的“码片速率”为 1.023 Mbps；每个码片的长度由光速根据该速率确定，定义其波长为 293.052 m。恰好 1 540 个载波适合一个 C/A 码码片。P 码码片速率正好高出 10 倍，为 10.23 Mbps，对应 29.305 m 的波长。

数据消息 $D(t)$（又称导航消息）是以非常低的速率 50 bps 生成的码片序列。该消息包含二进制格式的卫星信息，长度为 37 500 位，传输完整的消息需要 12.5 min。某些重要信息，包括卫星时钟误差模型、相对校正、时间传递参数、卫星星历（轨道参数）、电离层模型参数和其他信号信息，在消息中每 1 500 s 重复一次。消息中的轨道信息构成了卫星广播星历。

卫星传输的总信号由三个正弦曲线组成，两个用于 L1 载波上的 C/A 码和 P 码，一个用于 L2 载波上的 P 码。由于 C/A 码的波长正好是 P 码的 10 倍且 C/A 码与 P 码同时进行相位转换，为了在 L1 上保持 C/A 码和 P 码调制的可区分性，将两者分别叠加在相位相差 90°的正弦波上，即余弦波和正弦波载波上。载波 L1 和 L2 均包含数据消息。此外，因为 GPS 最初是为军事目的而设计的，定位能力更准确的 P 码（因为其波长更短，分辨率更高）被加密。这是通过将其乘以 W 码来完成的，该编码仅以“密钥”的形式提供给授权用户，使用时需要配备专门的接收机。P 码和 W 码的乘积称为 Y 码。在定位能力上实施这一限制符合反欺诈（anti - spoofing，AS）的一般程序。随着 AS 的启用（自 1994 年 1 月 31 日起），GPS 卫星传输的总信号由下式给出

$$S^p(t) = A_P P^p(t) W^p(t) D^p(t)\cos(2\pi f_1 t) + A_C C^p(t) D^p(t)\sin(2\pi f_1 t) + B_P P^P(t) W^p(t) D^p(t)\cos(2\pi f_2 t) \tag{9-12}$$

式中，A_p，A_c 和 B_p 代表对应编码的幅度；C、P 代表正负序列形式的 C/A 码和 P 码；D 代表数据消息；上标 p 标识一个特定的卫星。

已经开发出一些不需要知道 W 码即可规避 AS 限制的技术，其中最成功的是 Z 跟踪（可参见 Hofmann - Wellenhof 等人，1994 年），即根据接收信号 Y 码与接收端生成的 P 码的相关性，来估计并删除加密代码。由于 W 码相对 P 码而言码片速率明显更低（≈500 kbps），W 码的估计在相关组件的滤波器中进行。由于现代大地测量接收机通常具有此功能，我们将假设 P 码普遍可用，并在此基础上相应地进行分析。

9.2.3　GPS 接收机

在信号进入接收机之前，会在天线处进行预放大和滤波，然后将频率下移到更易于处理的水平以便进行处理。这是通过接收机的下变频器组件（见图 9 - 3）使用简单的技术，将信号与接收机振荡器生成的纯正弦波相乘或混合来实现的。假设 $S_r(t)$ 是与本地振荡器频率相同的正弦波，f_{LO} 和 $S^p(t)$ 是频率为 f_S，相位为 $\Phi(t)$ 的卫星信号，则混合信号可以表示为

$$\begin{aligned} S_r(t)S^p(t) &= A\cos(2\pi f_{LO}t)\cos[2\pi f_S t + \Phi(t)] \\ &= \frac{A}{2}\cos[2\pi(f_S - f_{LO})t + \Phi(t)] + \frac{A}{2}\cos[2\pi(f_S + f_{LO})t + \Phi(t)] \end{aligned} \tag{9-13}$$

式中，A 是幅值因子。该信号由两个频率截然不同的正弦波组成，因此使用低通滤波器可以轻松滤除高频分量（$f_S + f_{LO}$）。剩下的信号与一个频率低得多的载波（$f_S - f_{LO}$）相似，但是被调制成与原始信号相同的相位，即信号的调制在混合操作中被保留。

一旦降频到中频，卫星信号将在 IF 部分进行预处理，以使用适当的滤波器抑制带外干扰信号，并进一步增加和控制信号的幅度以进行后续处理。然后信号传递到接收机的主要信号处理部分：跟踪环路。要了解它们的功能，首先需要更详细地了解相位调制。

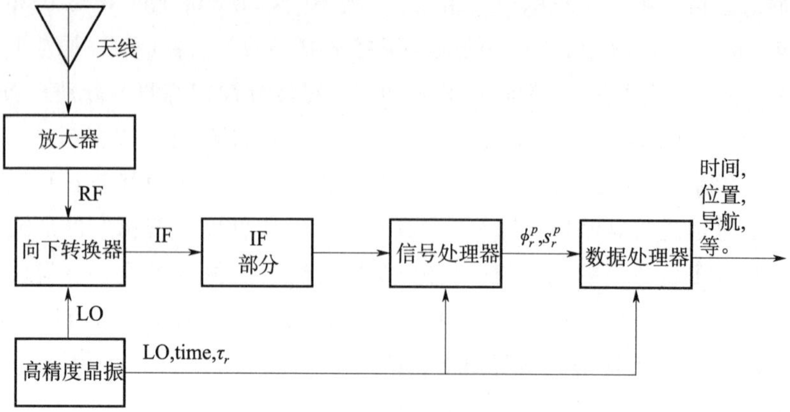

图 9-3　GPS 接收机的主要组成

C/A 码和 P 码不传达任何可破译的信息。相反，这些代码由使用伪随机噪声算法过程生成的独特的二进制状态序列组成。它们是随机的，因为其自相关函数（见第 6.3.1 节）对于非零滞后接近于 0。但是这些序列并不是严格随机的，因为生成时使用了精确的数学公式。实际上，C/A 码的随机序列对于每颗卫星都有显著差异，每毫秒重复一次，共包含 1 023 个码片。P 码的伪随机序列要长的多，每 38 周重复一次。然而，每颗卫星只使用 1 周的编码，1 周后重新初始化编码。这样，卫星就可以通过 C/A 码和 P 码来区分，而不是通过频率来区分，所有卫星的载波都是相同的。

这些编码有两个操作目的。第一个目的是确定卫星和接收机之间的距离。这是通过在接收机中生成相同的 PRN 编码，并将输入编码与接收机生成的编码进行比较来实现的。比较过程是在接收机时间与卫星时间同步的假设下进行的，因此如果两个编码不匹配，则是因为其中一个接收编码从卫星到接收机传输的过程中产生了延迟。比较过程由延迟锁定反馈回路中的相关器完成。其中接收机生成的编码被延迟或提前，直到相关器将其与传入的卫星生成编码匹配。总时延是编码传输时间加上实际情况下卫星和接收机时钟之间的任何差异的量度。速度采用光速，可以将延迟转换为卫星（信号发射时所在位置）与接收机（信号接收时所在位置）之间的距离。如果卫星和接收机时钟不同，此距离不是实际距离。因此计算出的距离称为伪距，主要是由于时钟误差引起的具有偏差的距离。根据光速，1 μs的误差会导致大约 300 m 的距离误差，从而证明了时钟误差的重要性。一旦相关器达到最大相关，代码就会被持续锁定和跟踪。

第二个主要目的是将信号扩展到大频率带宽，从而允许地球上的小型天线收集在远距离传输后明显减弱的卫星信号。信号实际到达地球时的功率远低于环境噪声的功率。频率的带宽扩展是由于编码的波长较短，其中频率的带宽大致与波长成反比。码片的短波长代表着大频率带宽。由于 $C(t)^2=1$，对于所有时间 t，将频谱扩展的输入信号与接收机生成的同步编码相乘，可以有效地去除编码。结果为仅由导航消息调制的信号；由于消息的波长非常大，信号的带宽非常小。相应地，功率电平显著增加，集中在导航信息的窄带宽中，并使接收机能够跟踪信号。这种直接序列扩频通信的方法有更多的好处。在导航消息的解扩过程中，其他无关信号实际上被扩展到较低的功率电平（作为与接收机生成的代码相乘的结果），可以从所需信号中滤除。这减少了电子干扰和多径效应（GPS信号在进入天线之前从附近物体反射）的影响。

第二个跟踪环，即锁相环，用于比较载波的输入相位与接收机产生的以标称频率 f_1 或 f_2 振荡波的相位。通过适当调整接收机、振荡器的相位锁定，就可以连续跟踪相位，并且可以使用标准解调技术提取导航信息。此外，作为一种副产品，可以测量将接收端产生的波锁定到传入波所需的分数相位差。通过对接收机产生的随时间变化的波完整周期的简单计数，就可以创建接收机和卫星之间的变化范围的历史记录。然而，在确定接收机和卫星之间的初始全周期数之前，不能从相位差测量中获得总距离——无法由接收机直接完成计算。

9.3　GPS观测

输入卫星编码相对于接收机产生的相同编码的延迟，代表卫星编码从卫星到接收机的传输时间。该观测值包括由于时钟误差、传播介质效应、多径和接收机电子延迟而导致的时间误差，因此乘以光速后不是真实距离，而是接收机和卫星之间的伪距。不考虑这些误差，观测到的编码延迟是卫星在其轨道上发射信号时，所在点与接收机在旋转地球上接收信号时所在的点之间的距离。伪距由接收机时钟标记时间。

如果 t 表示信号接收的真实时间（GPS时间），则设 $\tau_r(t)$ 为第 r 个接收机接收信号的指示时间，设 $\tau^p(t-\Delta t_r^p)$ 为第 p 个卫星时钟上指示的相同信号的传输时间。如果卫星时钟没有误差，则表明这是信号的真实接收时间减去真实传输时间 Δt_r^p。从符号上讲，让上标标识指代卫星的数量，并让下标标识指代接收机的数量是传统但方便的符号标识方法。上标和下标的数值取决于卫星和接收机的数量。

由于接收机和卫星时钟（频率发生器）负责生成编码和载波信号，因此测量的延迟是指示时间之间的差值。s_r^p 表示的伪距由下式给出

$$s_r^p(\tau_r)=c[\tau_r(t)-\tau^p(t-\Delta t_r^p)]+\varepsilon_{\rho,r}^p \tag{9-14}$$

式中，$\varepsilon_{\rho,r}^p$ 代表伪距观测误差（接收机的每个卫星锁定通道都是不同的）。利用式（9-8），我们可以得到

$$s_r^p(\tau_r)=c[t+\Delta\tau_r(t)-(t-\Delta t_r^p)-\Delta\tau^p(t-\Delta t_r^p)]+\varepsilon_{\rho,r}^p \tag{9-15}$$

传输时间 Δt_r^p 受信号传输介质的阻滞影响，包括电离层和对流层。传输介质导致信号的传播速度比真空中的慢，并且还会偏离发射机和接收机之间的直线几何连接（后者的影响通常较小）。对流层和电离层具有不同的折射率，通常分开处理，因为电离层折射率取决于频率。此外，由于信号会从附近的物体（或卫星）反射，总传输时间会受到信号在接收前经历反射的影响，这称为多路径效应。另外，接收机和卫星电子设备以及各自的天线之间存在很短且有限的传输时间，进一步影响了真实的传输时间。接收机天线有一个未知的中心偏移，且卫星天线与质心也有偏移。因此，实际传输时间（乘以光速）可以表示为

$$c\Delta t_r^p = \rho_r^p + \Delta\rho_{\text{offset},r}^p + \Delta\rho_{\text{iono},r}^p + \Delta\rho_{\text{tropo},r}^p + \Delta\rho_{m,\text{path},r}^p + \Delta\rho_{\text{equip},r}^p \tag{9-16}$$

式中，ρ_r^p 是卫星（信号发射时）和接收机（信号接收时）之间的真实距离，其各种失真通过下标缩写来表示。

特别要注意的是，真实距离 ρ_r^p 对应于真实接收时间 t，而伪距观测值由指示时间 $\tau_r(t)$ 来标记。动态定位中将指示时间作为自变量，因为对于任何其他应用中的定位问题指示时间通常非常精确（±1 μs；如果无法持续与 GPS 时间同步时为±1 ms）。为了线性近似，从式（9-8）可以得到

$$\rho_r^p(t) = \rho_r^p(\tau) - \dot{\rho}_r^p \Delta\tau_r(t) \tag{9-17}$$

由于 $|\dot{\rho}_r^p| < 1\,000$ m/s，如果 $|\Delta\tau_r(t)| < 10^{-6}$ s，则真实时间与指示时间的真实距离误差不到 1 mm。这种误差并不重要，尤其是与式（9-16）中的其他潜在大误差相比时，即使后者中一些值是估计值。

将式（9-16）和式（9-17）代入式（9-15）中，则伪距可以表示为

$$\begin{aligned} s_r^p(\tau_r) = &\rho_r^p(\tau_r) + c(\Delta\tau_r(t) - \Delta\tau^p(t - \Delta t_r^p)) - \dot{\rho}_r^p \Delta\tau_r(t) + \\ &\Delta\rho_{\text{otfset},r}^p + \Delta\rho_{\text{iono},r}^p + \Delta\rho_{\text{tropo},r}^p + \Delta\rho_{m,\text{path},r}^p + \Delta\rho_{\text{equip},r}^p + \varepsilon_{\rho,r}^p \end{aligned} \tag{9-18}$$

需要注意，式中列出的系统误差项与接收机和卫星密不可分，例如大气效应和多路径效应。设备延迟和补偿可以分别用接收机和卫星效应来描述。使用不同的频率或模型可以很容易地标定或补偿其中的一些误差；其他的误差，尤其是多路径误差则较难处理。

如式（9-18）所示的伪距观测值，可用于适当配备接收机上的每个传输编码，包括 L1 和 L2 载波上的 C/A 码和 P 码。P 码仅在具有加密密钥或使用特殊处理技术来克服 AS 效应的接收机上可用。另需注意，伪距观测值与接收机指示时间 τ_r 相关。

在所有地面接收机上可用的另一种类型可观测值，是接收时接收机生成的载波信号相位与传输时卫星信号相位（除非产生了容易破坏编码测量的传播效应，否则到达接收机时不变）之间的差值。实际上，当接收机的相位跟踪环路第一次锁定信号时，无法获取由于信号传输而构成相位总差的整数个完整周期，因此，不能根据相位测量直接确定到卫星的绝对距离。另一方面，一旦获得信号，就对信号进行连续跟踪，并对完整周期进行计数，并将其添加到相位差分测量中。

观测相位可以用下式表示

$$\phi_r^p(\tau_r) = \phi_r[\tau_r(t)] - \phi^p[\tau^p(t - \Delta t_r^p)] - N_r^p + \varepsilon_{\phi,r}^p \tag{9-19}$$

式中，ϕ_r 是接收机产生的相位（以周期为单位）；ϕ^p 是卫星产生的相位；N_r^p 是整数，代表相位锁定初始时间的完整周期数；$\varepsilon_{\phi,r}^p$ 是相位观测误差。N_r^p 称为载波相位模糊度，ϕ_r^p 称为累积载波可观测相位，也称为增量距离。

由于相位是由接收机和卫星的时钟（或频率发生器）生成的，因为振荡相位与指示时间相等［与式（9-3）中将生成的相位作为时间同理 $\phi_r[\tau_r(t)]$ 写成 $\phi_r(t)$ 。因此，相位是真实时间的函数，由接收机时间指示（或标记），则可以将符号进行简化（对卫星相位同样如此）。根据式（9-3）和式（9-8）可以得到接收机生成相位

$$\phi_r(t) = f_0[t + \Delta\tau_r(t)] + \phi_{0,r} \tag{9-20}$$

和卫星生成相位

$$\phi^{p}(t-\Delta t_{r}^{p})=f_{0}[t-\Delta t_{r}^{p}+\Delta\tau^{p}(t-\Delta t_{r}^{p})]+\phi_{0}^{p} \tag{9-21}$$

将上述两式代入式（9－19）可以得到根据传输时间间隔可观测到的相位

$$\phi_{r}^{p}(\tau_{r})=f_{0}\Delta t_{r}^{p}+f_{0}[\Delta\tau_{r}(t)-\Delta\tau^{p}(t-\Delta t_{r}^{p})]+\phi_{0,r}-\phi_{0}^{p}-N_{r}^{p}+\varepsilon_{\phi,r}^{p} \tag{9-22}$$

需要注意的是，除接收机和卫星频率发生器的任意相位偏移 $\phi_{0,r}$ 和 ϕ_{0}^{p} 之外，时钟误差 $\Delta\tau_{r}$ 和 $\Delta\tau^{p}$ 还包含基于式（9－6）的固定时间偏移（不包含与时钟质量相关的漂移和漂移率）。相位偏移和固定时钟误差分开处理，因为伪距中包含相同的时钟误差，但并不包括相位偏移。

与伪距一样，由于大气折射、多路径效应、设备延迟、相位中心与接收机天线几何中心的几何偏移，以及卫星天线与质心的偏移，使相位传输的时间间隔充满了误差。在相位效应方面，类比式（9－16）可以得到 Δt_{r}^{p} 的表达式，将其代入式（9－22）可得

$$\phi_{r}^{p}(\tau_{r})=\frac{f_{0}}{c}\rho_{r}^{p}(\tau_{r})+f_{0}[\Delta\tau_{r}(t)-\Delta\tau^{p}(t-\Delta t_{r}^{p})]+\phi_{0,r}-\phi_{0}^{p}-N_{r}^{p}-\frac{f_{0}}{c}\dot{\rho}_{r}^{p}\Delta\tau_{r}(t)+$$
$$\Delta\phi_{\mathrm{offset},r}^{p}+\Delta\phi_{\mathrm{iono},r}^{p}+\Delta\phi_{\mathrm{tropo},r}^{p}+\Delta\phi_{m,\mathrm{path},r}^{p}+\Delta\phi_{\mathrm{equip},r}^{p}+\varepsilon_{\phi,r}^{p} \tag{9-23}$$

同式（9－18），使用 $\Delta\phi$ 而非 $\Delta\rho$，可以区分特定效应对相位的影响和对伪距的影响。可观测的载波相位（如式（9－23）中给出）适用于 L1 和 L2 载波，其中标称频率 f_{0} 以及相位误差项在每种情况下都不同。同样，伪距，也用于标记观测相位，将真实距离与指示时间 $\tau_{r}(t)$ 联系起来更方便理解。

整数相位模糊度 N_{r}^{p} 是使用相位确定距离的主要障碍。从技术上，需要知道初始历元（锁相时）时接收机相对于卫星的距离，该距离要优于一个波长（对 L1 来说是 19 cm）才能求解 N_{r}^{p}。根据在某个较短时间段内从其他 GPS 可观测数据收集的信息，可用多种算法求解 N_{r}^{p}。然而，锁相环偶尔会中断对载波的锁定，从而导致完整周期的计数被中断，称为周跳。这说明最初确定的整数相位模糊度不再有效——必须找到新值。如果在信号重新捕获时，已经积累的定位信息可以用来预测位置，则最容易恢复。对于移动平台，INS 为可用于解决这种情况的辅助设备（见第 10.3 节）。

9.4　GPS 误差

表 9－1 给出了由方程式（9－18）和式（9－23）中包含的系统和环境误差引起的典型位置等效误差的来源。到目前为止，最大的误差是由于接收机时钟（通常是一个典型的频率稳定性约为 10^{-8} 的石英晶体振荡器）造成的。由于导航电文中包含了 GPS 时间和 P 码之间的关系，P 码接收机可以更准确地将时钟与 GPS 时间同步。这种同步可以达到约 1 μs 的精度。相对较大的接收机时钟误差必须在导航解决方案（接收机位置的第 4 个未知数）中通过观察额外的卫星来确定；通常建议通过适当区分卫星之间的距离来消除接收机时钟误差（见第 9.5 节）。

表 9-1　GPS 定位的误差来源

误差源	典型幅值
接收机时钟误差(同步后)	1 μs(300 m)
剩余卫星时钟误差	20 ns(6 m)
卫星同步到 UTC 误差	100 ns(30 m)
选择可用性	100 m
轨道误差	20 cm
对流层延迟	<30 m
电离层延迟	<150 m
多路径效应	<5 m(P-code);<5 cm(phase)
接收机误差	1 m(C/A code);0.1 m(P-code);0.2 mm(L1 phase)

卫星时钟由 GPS 控制段监控，并配有非常稳定的实验室原子钟。它们之间的差异建模为二次多项式，其系数也是导航消息的一部分。残差表示卫星之间缺少同步。表 9-1 给出了与 UTC 相关的同步误差。

为了限制准确、实时、绝对的 GPS 定位，广播卫星星历和卫星时钟的频率稳定性直到最近才降低到具有选择可用性（SA）的精度水平，该精度水平与原始数据一致，使用 C/A 码可获得约 100 m 的定位精度（没有 SA，使用 C/A 码处理定位可获得 20～30 m 的精度）。如果仅需要任务后绝对定位或相对定位，则可以完全克服这些限制。国际卫星服务中央统计局发布高精度的轨道数据（±15 cm）和延迟 2 周、900 s 间隔的时钟误差（±1 ns）；喷气推进实验室提供 30 s 间隔的时钟误差。另外，需要注意，卫星时钟误差可以根据准确的轨道定位和已知的地面接收机坐标进行估计（可参见 Zumberge 等，1998）。随着 SA 于 2000 年 5 月停止使用，所有用户都可以访问未被破坏的广播星历。

另一个重要的误差源出现在信号必须通过的介质中，其中就包括电离层。电离层从离地面约 50 km 开始一直伸展到约 1 000 km 高度的地球高层大气空域，其中包含大量电离原子和自由电子。随着信号靠近地球，依次遇到（电中性）平流层和对流层，大气密度增加，直到信号到达接收机。对两个区域中的电磁信号的重要影响是其传播速度与真空中信号的速度 c 的偏离。

c 与介质中信号速度 v 的比值称为折射率

$$n=\frac{c}{v} \tag{9-24}$$

信号在介质中传播时会发生延迟，因此 $n\geqslant 1$。由于距离等于速度和时间的乘积，因此延迟可以表示为传输时间的差，通过对速度的倒数进行积分计算得到

$$\Delta t=\int\frac{1}{v}\mathrm{d}S-\int\frac{1}{c}\mathrm{d}S \tag{9-25}$$

式中，S 表示路径，并且忽略了介质和真空中相应路径的几何差异。对于距离差，$\Delta\rho=c\Delta t$，结合式（9-24）可得

$$\Delta\rho = \int (n-1)\mathrm{d}S \tag{9-26}$$

GPS 信号包括由编码调制的载波。调制载波可以认为是几个频率略有不同的载波相加（或干涉）的结果，从而产生一个拍频，即调制的拍频。如果载波的相速度取决于频率，则该波组的速度（拍）与载波的相速度不同。电离层是一种色散介质，折射率和传播速度取决于信号的频率。因此，必须区分群折射率 n_g（指载波的调制）和相折射率 n_ϕ（指载波的相位）（可参见 Leick，1995，p. 293；Richtmyer 等，1969）。

$$n_g = n_\phi + f\frac{\mathrm{d}n_\phi}{\mathrm{d}f} \tag{9-27}$$

式中，f 是载波频率。

在简化假设下（如一阶近似），可以看出相位折射率直接与电离层中自由电子的密度 N_e 有关，与频率的平方成反比（可参见 Hartmann and Leitinger，1984）

$$n_\phi = 1 - \kappa\frac{N_e}{f^2} \tag{9-28}$$

式中，N_e 的单位为每立方米电子数；f 的单位为 Hz；常数 $\kappa = 40.28$。注意 $n_\phi < 1$，说明载波的相位由电离层的色散特性提高（这并不违反爱因斯坦的光速 c 是最大速度的原理，因为只有波群以能量的形式传递信息，而相速度不具备此物理性质，也就是如前所述，总相是不可测的）。将式（9-28）代入式（9-26）得到相应的距离简化形式

$$\Delta\rho_{\text{iono}}^{\phi} = -\kappa\frac{\text{TEC}}{f^2} \tag{9-29}$$

式中，TEC 是沿路径的总电子含量，即 $\text{TEC} = \int N_e \mathrm{d}S$ 。对于群折射率，根据式（9-27）和式（9-28）可得

$$n_g = 1 + \kappa\frac{N_e}{f^2} \tag{9-30}$$

结合式（9-26），群延迟可以由距离给出

$$\Delta\rho_{\text{iono}}^{g} = \kappa\frac{\text{TEC}}{f^2} \tag{9-31}$$

为了简化符号，定义群延迟 $I \equiv \Delta\rho_{\text{iono}}^{g}$ ，则式（9-18）和式（9-23）中的电离层效应可由下式给出

$$\begin{aligned} \Delta\rho_{\text{iono},r}^{p} &= I \\ \Delta\phi_{\text{iono},r}^{p} &= -\frac{f_0}{c}I \end{aligned} \tag{9-32}$$

其中，相位前移是周期性的。

通过 TEC 的定义可知，电离层对 GPS 定位误差的影响取决于卫星的仰角；当卫星位于天顶时路径长度最短，影响最小。此外，这些影响还取决于太阳的活跃程度和穿过电离层的路径暴露于太阳辐射的量，因此与季节、一天中的时间和观测位置相关。Klobuchar（1987）提出了基于月平均条件的 TEC. 经验模型，相应的参数值作为 GPS 数据消息的一

部分进行传输。在中纬度地区，这些模型通常可以具有大约 50％的延迟，也就是如式(9－31)所给出的一阶效应可以用双频观测来消除（见第 9.5.1 节）。Bassiri 和 Haji (1993) 建立了高阶效应（不能用上述方法消除，但距离小于 5 cm）模型。

在短基线（＜15 km）的两端进行差分观测（见第 9.5.2 节）的情况下，可以忽略电离层效应，因为从卫星到每个接收机的路径大致相同。对于更长的基线，必须使用双频观测消除差异电离层效应，或者将其理解为要解决的时变随机参数。

对流层主要包含电中性粒子，是非色散介质［ $dn_\phi/df=0$ ，式（9－27）］，相位和调制的折射率相同。折射率取决于温度以及大气压力的干分量 p_d 和湿分量 p_w ，其中 p_d 、p_w 在下列模型中线性可识别（可参见 Hofmann－Wellenhof et al，1994）

$$n_t-1=7.764\times10^{-5}\,\frac{p_d+p_w}{T}-1.296\times10^{-5}\,\frac{p_w}{T}+0.373\,\frac{p_w}{T^2} \tag{9-33}$$

式中，T 为温度，单位为 K，分压 p_d 和 p_w 的单位为 mbar。结果证明，大约 90％ 的对流层延迟是由式（9－33）中的第一项，即所谓的干分量引起的。针对该折射分量已经建立了更精细的模型（可参见 Hofmann 和 Wellenhof 等，1994，第 113－117 页）。湿分量的建模更加困难，需要测量或估计沿信号路径的水蒸气。

通过将折射模型［如式（9－33）］代入式（9－26)，可以得到相应的对流层伪距和相位延迟。显然，延迟还取决于卫星的仰角（天顶处的最小值）。任何未建模的剩余效应都必须视为误差，或者作为要估计的随机参数（可参见 Tralli 和 Lichten，1990）。

GPS 观测值中的其他误差包括多径误差、设备延迟和偏差、天线偏心（相位中心变化）以及接收机的热噪声。多径误差取决于直接环境的反射率和接收机处理电子设备的质量，通过选择天线位置，可以在一定程度上将其最小化。接收机噪声主要取决于进入接收机的信号的信噪比和跟踪环路的带宽。信噪比定义为信号功率与由于天线、传输电缆和前置放大器中的热激电子引起的环境噪声功率密度之比。编码延迟和载波相位中对应抖动的标准差的简化模型由 Langley（1998）给出

$$\sigma_s=\lambda_c\left[\frac{\alpha B_D}{C/N_0}\right]^{1/2} \tag{9-34}$$

$$\sigma_\phi=\frac{1}{2\pi}\left[\frac{B_P}{C/N_0}\right]^{1/2} \tag{9-35}$$

式中，σ_ϕ 以周期为单位；α 是表征编码相关器的无单位因子；B_D 是延迟锁相环的带宽；B_P 是锁相环的带宽，C/N_0 是信噪比；λ_c 是码的波长（C/A 码为 293.052 m，P 码为 29.305 m）。典型的带宽值范围从小于 1 Hz 到 10 Hz，并且必须足够大以适应接收机天线的动态特性（如果在移动载体上）。信噪比通常大于 3×10^4 Hz（C 以 W 为单位，N_0 以 W/Hz为单位）。根据 C/N_0 的值以及 $B_D=0.8$ Hz ，$B_P=2$ Hz ，$\alpha=0.5$，可以获得表 9－1 中列出的接收机的噪声值。关于接收机噪声的更彻底讨论可以参见 Van Dierendonck (1996)。

9.5 组合观测

从伪距和载波相位的观测方程式（9－18）和式（9－23）可以看出，其中包含不随时间变化（例如时钟偏差和相位模糊），或变化较慢，或相关时间较长的误差（例如对流层延迟）。此外，不同的观测值有一些共同的误差项，对应于不同的接收机-卫星组合。通常根据精度要求计算相关误差，但对于时钟偏差等较大的误差则必须考虑计算所有相关误差。通过同时观测来自多个不同卫星的伪距或载波相位，可以使用最佳估计技术（例如最小二乘平差法），尽可能地解决以上误差和其他未知误差项，这个过程称为绝对定位或点定位。因为观察者的总位置矢量是由独立于其他任何点的 GPS 观测确定的。也就是，通常相对更准确的方法是利用来自不同接收机的同步观测值之间的差异，从而消除共模项并大大减少一些缓慢变化的误差项的影响。这个过程称为相对定位或差分定位，并且只产生两点之间坐标的差异。一个接收机的位置是相对于另一个具有可能已知坐标的接收机（或者可能只有坐标差异）来确定的。如果已知一个点的绝对坐标，那么相对定位当然也会得到另一点的绝对坐标。然而，相对定位的优势在所有情况和所有精度公差下都不明确。例如，两个接收机之间的基线越长，某些相关误差的抵消就越少，例如对流层和电离层延迟以及卫星轨道误差（即它们变得不相关）。

为了研究特别重要误差与观测值或其组合之间的关系，再次根据由式（9－18）给出的伪距，筛除其中一些误差项后得到

$$s_r^p(\tau_r)=\rho_r^p(\tau_r)+c[\Delta\tau_r(t)-\Delta\tau^p(t-\Delta t_r^p)]+\Delta\rho_{\text{iono},r}^p+\varepsilon_{p,r}^p \qquad (9-36)$$

排除的误差项包括对流层延迟、设备和天线的偏移、多路径误差，以及由于接收机时钟误差造成的真实时间配准误差。这些影响或可以忽略，或必须由用户建模或校准以提高定位精度。同理，相位观测方程式（9－23）可以简化为

$$\phi_r^p(\tau_r)=\frac{f_0}{c}\rho_r^p(\tau_r)+f_0[\Delta\tau_r(t)-\Delta\tau^p(t-\Delta t_r^p)]+\phi_{0,r}-\phi_0^p-N_r^p+\Delta\phi_{\text{iono},r}^p+\varepsilon_{\phi,r}^p \qquad (9-37)$$

显然，可观测值是接收机和卫星之间距离的函数，同时包含额外的干扰参数（系统误差），包括时钟误差、电离层延迟，在相位可观测的情况下还包括相位偏移和初始相位模糊度。定位问题中需要解决或消除干扰参数。不幸的是，在上述观测方程中，只有相位模糊度和偏移量是常数；其他参数值都随时间变化。因此，每一个新的观测结果实际上都带有一组新的未知参数值，只有在有足够的独立观测信息的情况下才能确定。或者，一些参数可以通过观测值的适当组合（差异）来消除。根据相应距离差的几何内容的强度，仍然可以绝对或相对地使用不同可观测量进行定位。通常使用多种策略组合。

附加信息有多种形式。在理想情况下，只需要 3 个接收机到卫星的距离来求解接收机的三维位置。通过观察到其他卫星的额外距离，可以解决每个时间历元的接收机时钟误差。同样，可以形成 3 个以上卫星之间的观测差异，从而消除常见的接收机时钟误差问题。现代大地测量接收机能够跟踪 L1 和 L2 频率上的编码和载波信号。这些额外信息可以

用来求解一阶电离层延迟，如第 9.5.1 节所述，还有助于解决相位模糊。

将观测值按时间进行差分可以有效得到距离的变化率，同时消除了相位模糊和所有固定时钟误差，但会失去一些几何强度。将观测同一卫星的两个接收机（其中之一通常是静止的，但不是必须）的观测值进行差分，只能得到二者相对位置，但可以消除卫星时钟误差，并减少轨道误差和大气延迟的影响。

INS 还提供了额外相对位置的信息，并且包含了一些额外的系统误差详见第 10 章。然而，通过适当的建模，将 INS 集成到 GPS 运动学定位问题中，可以提高或实现所需的分辨率和精度，并修复不可避免的周跳。

9.5.1 双频伪距和相位

这里先介绍前面提到的一些处理 INS 重大误差的技巧。为了简化表示，通常将真实距离与时钟误差、相位偏移与相位模糊结合起来。由此获得的中间伪距由下式给出

$$\rho_r^{*p}(\tau_r)=\rho_r^p(\tau_r)+c[\Delta\tau_r(t)-\Delta\tau^p(t-\Delta t_r^p)] \tag{9-38}$$

修正后的相位模糊由下式表示（现在不是整数）

$$N_r^{*p}=N_r^p+\phi_0^p-\phi_{0,r} \tag{9-39}$$

用式（9-32）描述电离层延迟，由式（9-36）和式（9-37）得到如下联合观测方程

$$\begin{aligned}
s_{1r}^{\ p}(\tau_r)&=p_r^{*p}(\tau_r)+I_r^p+\varepsilon_{\rho1,r}^p\\
s_{2r}^{\ p}(\tau_r)&=p_r^{*p}(\tau_r)+\alpha I_r^p+\varepsilon_{\rho2,r}^p\\
\phi_{1r}^{\ p}(\tau_r)&=\frac{1}{\lambda_1}\rho_r^{*p}(\tau_r)-\frac{1}{\lambda_1}I_r^p-N_{1r}^{\ *p}+\varepsilon_{\phi1,r}^p\\
\phi_{2r}^{\ p}(\tau_r)&=\frac{1}{\lambda_2}\rho_r^{*p}(\tau_r)-\frac{\alpha}{\lambda_2}I_r^p-N_{2r}^{\ *p}+\varepsilon_{\phi2,r}^p
\end{aligned} \tag{9-40}$$

其中数字 1、2 代表由式（9-10）给出的频率 L1 和 L2，λ_1 和 λ_2 由式（9-11）给出，其中

$$\alpha=\frac{f_1^2}{f_2^2}=\frac{\lambda_2^2}{\lambda_1^2}\approx 1.647 \tag{9-41}$$

式（9-40）中给出的观测值的组合代表任何历元的一个由 4 个方程组成的方程组，可以解 4 个未知数（ρ_r^{*p}，I_r^p，$N_{1r}^{\ *p}$，$N_{2r}^{\ *p}$）。用矩阵形式表示为

$$\begin{pmatrix} s_{1r}^{\ p}(\tau_r)\\ s_{2r}^{\ p}(\tau_r)\\ \phi_{1r}^{\ p}(\tau_r)\\ \phi_{2r}^{\ p}(\tau_r)\end{pmatrix}=\begin{pmatrix}1&1&0&0\\1&\alpha&0&0\\1/\lambda_1&-1/\lambda_1&-1&0\\1/\lambda_2&-\alpha/\lambda_2&0&-1\end{pmatrix}\begin{pmatrix}p_r^{*p}(\tau_r)\\ I_r^p\\ N_{1r}^{\ *p}\\ N_{2r}^{\ *p}\end{pmatrix}+\begin{pmatrix}\varepsilon_{\rho1,r}^p\\ \varepsilon_{\rho2,r}^p\\ \varepsilon_{\phi1,r}^p\\ \varepsilon_{\phi2,r}^p\end{pmatrix} \tag{9-42}$$

实际证明，系数矩阵 $\boldsymbol{H}$ 是非奇异的，而且在理论上，未知量是可估计的。然而，估计的准确性取决于观测值的误差。根据表 9.1 给出的接收机噪声标准差值［根据式（9-35）对 L1 和 L2 相位进行适当比例调整］，参数估计误差的协方差矩阵由式（7-43）得出

$$\boldsymbol{P}=(\boldsymbol{H}^{\mathrm{T}}\boldsymbol{R}^{-1}\boldsymbol{H})^{-1}=\begin{pmatrix}0.089 & -0.063 & 0.798 & 0.790\\ -0.063 & 0.048 & -0.583 & -0.581\\ 0.798 & -0.583 & 7.262 & 7.205\\ 0.790 & -0.581 & 7.205 & 7.154\end{pmatrix} \tag{9-43}$$

式中，假设观测值不相关（$\boldsymbol{R}$ 是对角矩阵）并且参数的先验协方差是无限的（没有先验信息）。估计的周期模糊度的标准偏差约为$\sqrt{7.2}\approx 2.7$ 个周期（大约 50～60 cm）；因此，由于估计的模糊度不能解决全周期计数，相位可观测值实际上是无效的估计范围。此外，这是由于所有估计参数之间高度相关距离精度$\pm\sqrt{0.089}$ m，是伪距噪声标准偏差的 3 倍。从协方差矩阵的非对角元素中可以发现，归一化相关性都非常接近 1，说明这些单独的参数未能基于观测结果进行精确的估计（可分离）。

伪距观测中的噪声导致无法解决周期模糊问题，随着时间的推移，这种情况会有所改善，因为随后的历元会获得 4 个额外的观测结果，但只要其中两个额外未知数——相位模糊修正 N_{1r}^{*p}、N_{2r}^{*p}（为常数），能够求解即可适用于所有的历元。因此，随着更多伪距观测的获得（例如通过卡尔曼滤波器，见第 7 章），模糊度的估计变得更加准确，然而收敛速度很慢。可以考虑一个要求较低的问题，即确定 L1 和 L2 相位可观测量的差异中定义的模糊度差异

$$\begin{aligned}\phi\omega_r^p(\tau_r)&=\phi_{1r}^{\,p}(\tau_r)-\phi_{2r}^{\,p}(\tau_r)\\&=\frac{1}{\lambda_w}\rho_r^{*p}(\tau_r)-\frac{1-\sqrt{\alpha}}{\lambda_1}I_r^p-Nw_r^{*p}+\varepsilon_{\phi w,r}^{p}\end{aligned} \tag{9-44}$$

式中，λ_w 是宽通道信号的波长［对应于频率差的混合信号部分，见式（9－13）］，频率 $f_w=f_1-f_2$。

$$\lambda_w=\left(\frac{1}{\lambda_1}-\frac{1}{\lambda_2}\right)^{-1}=0.861\,9\ \mathrm{m} \tag{9-45}$$

宽通道信号定义为

$$Nw_r^{*p}=N_{1r}^{*p}-N_{2r}^{*p} \tag{9-46}$$

宽通道相位的接收机噪声标准偏差 $\varepsilon_{\phi w,r}^{p}$，是 L1 相位的$\sqrt{2}$倍（以周期为单位）。

分别用宽通道相位和模糊度替换模型式（9－42）中的 L2 相位和模糊度，根据式（9－44）（也适当修改矩阵 $\boldsymbol{R}$），估计的协方差矩阵变为

$$\boldsymbol{P}=\begin{pmatrix}0.089 & -0.063 & 0.798 & 0.008\,7\\ -0.063 & 0.048 & -0.583 & -0.002\,2\\ 0.798 & -0.583 & 7.262 & 0.058\\ 0.008\,7 & -0.002\,2 & 0.058 & 0.006\,8\end{pmatrix} \tag{9-47}$$

宽通道模糊度估计实际上独立于其他估计（归一化相关性的计算可证实），其标准偏差仅为$\sqrt{0.006\,8}\approx 0.08$ 个周期（7 cm）（在伪距观测中该值对噪声敏感）。L1 的模糊度仍然没有确定，而宽通道模糊度的可估计性在附加约束的情况下（即模糊度为整数）变得十分重要。这可以通过另一种类型的可观察值组合——双差来实现（见第 9.5.2 节）。在这

种情况下，如果电离层效应不显著（如短基线的情况），L1 模糊度也可以解决。

由于其取决于频率，可使用相对于两个载波频率的相位或伪距的线性组合来消除一阶电离层效应。在伪距和相位中无电离层（“无离子”）观测是

$$
\begin{aligned}
(s_{\text{ion-free}})_r^p(\tau_r) &= \frac{1}{1-\alpha}s_{2r}^{\ p}(\tau_r) - \frac{\alpha}{1-\alpha}s_{1r}^{\ p}(\tau_r) \\
&= \rho_r^{*p}(\tau_r) + \frac{1}{1-\alpha}\varepsilon_{\rho 2,r}^{p} - \frac{\alpha}{1-\alpha}\varepsilon_{\rho 1,r}^{p}
\end{aligned}
\tag{9-48}
$$

和

$$
\begin{aligned}
(\phi_{\text{ion-free}})_r^p(\tau_r) &= \frac{\sqrt{\alpha}}{1-\alpha}\phi_{2r}^{\ p}(\tau_r) - \frac{\alpha}{1-\alpha}\phi_{1r}^{\ p}(\tau_r) \\
&= \frac{1}{\lambda_1}\rho_r^{*p}(\tau_r) - \frac{1}{1-\alpha}(\sqrt{\alpha}N_{2r}^{\ *p} - \alpha N_{1r}^{\ *p}) + \frac{\sqrt{\alpha}}{1-\alpha}\varepsilon_{\phi 2,r}^{p} - \frac{\alpha}{1-\alpha}\varepsilon_{\phi 1,r}^{p}
\end{aligned}
\tag{9-49}
$$

式中，在每种情况下，第一个方程是一个定义，第二个方程是模型式（9－40）的结果。选择每个线性组合的系数，以消除由式（9－32）给出的一阶电离层效应，并确保 ρ^* 的标度分别与式（9－18）和式（9－23）中的相同。可以使用替代系数集，例如宽巷（wide-lane）、无离子相位定义为

$$
\begin{aligned}
(\phi w_{\text{ion-free}})_r^p(\tau_r) &= \frac{\sqrt{\alpha}}{1+\alpha}\phi_{1r}^{\ p}(\tau_r) - \frac{\alpha}{1+\sqrt{\alpha}}\phi_{2r}^{\ p}(\tau_r) \\
&= \frac{1}{\lambda_w}\rho_r^{*p}(\tau_r) - \frac{1}{1+\sqrt{\alpha}}(\sqrt{\alpha}N_{1r}^{\ *p} - N_{2r}^{\ *p}) + \frac{\sqrt{\alpha}}{1+\alpha}\varepsilon_{\phi 1,r}^{p} - \frac{1}{1+\sqrt{\alpha}}\varepsilon_{\phi 2,r}^{p}
\end{aligned}
\tag{9-50}
$$

式中，第二个方程由式（9－40）得出，宽巷波长 λ_w 由式（9－45）给出。需要注意的是，无离子观测中噪声的标准偏差大约增加了 3 倍；对于无离子的宽巷相位，减少了$\sqrt{2}$。事实上，假设对 L1 和 L2 的观测不相关，并使用式（9－34）和式（9－41）中的 x 值，可以得到以下方差 $\sigma^2(\cdot)$ 表达式为

$$
\begin{aligned}
\sigma^2(\varepsilon_{\phi_{\text{ion-free}},r}^{p}) &= \frac{\alpha(1+\alpha)}{(1-\alpha)^2}\sigma^2(\varepsilon_{\phi 1,r}^{p}) = 10.3\sigma^2(\varepsilon_{\phi 1,r}^{p}) \\
\sigma^2(\varepsilon_{\rho_{\text{ion-free}},r}^{p}) &= \frac{\alpha(1+\alpha)}{(1-\alpha)^2}\sigma^2(\varepsilon_{\rho 1,r}^{p}) = 10.3\sigma^2(\varepsilon_{\rho 1,r}^{p}) \\
\sigma^2(\varepsilon_{\phi w_{\text{ion-free}},r}^{p}) &= \frac{1+\alpha}{(1+\sqrt{\alpha})^2}\sigma^2(\varepsilon_{\phi 1,r}^{p}) = \frac{1}{1.97}\sigma^2(\varepsilon_{\phi 1,r}^{p})
\end{aligned}
\tag{9-51}
$$

即使宽巷无离子噪声的标准差比无离子噪声低$\sqrt{20.3}$，信号 ρ_r^{*p}/λ_w 也会比无离子信号低 $\sqrt{20.3}$（即信噪比相同）。

9.5.2 信号和双差

从式（9－38）的中间伪距 ρ_r^{*p} 中消除大部分接收机时钟误差的一种方法，是在每个

历元对两颗卫星之间的观测进行差分。接收机时钟误差对于每个观测值都相同，并且在差异中抵消。在与式（9-40）相同的假设下，方程式（9-18）和式（9-23）可以写成

$$\Delta s_r^{p,q}(\tau_r) = \Delta\rho_r^{*p,q}(\tau_r) + \Delta I_r^{p,q} + \Delta\varepsilon_{\rho,r}^{p,q}, \\ \Delta\phi_r^{p,q}(\tau_r) = \frac{1}{\lambda}\Delta\rho_r^{*p,q}(\tau_r) - \frac{1}{\lambda}\Delta I_r^{p,q} - \Delta N_r^{*p,q} + \Delta\varepsilon_{\phi,r}^{p,q} \tag{9-52}$$

其中

$$\begin{aligned} &\Delta s_r^{p,q}(\tau_r) = s_r^p(\tau_r) - s_r^q(\tau_r) \\ &\Delta\phi_r^{p,q}(\tau_r) = \phi_r^p(\tau_r) - \phi_r^q(\tau_r) \\ &\Delta\rho_r^{*p,q}(\tau_r) = \rho_r^p(\tau_r) - \rho_r^q(\tau_r) - c[\Delta\tau^p(t-\Delta t_r^p) - \Delta\tau^q(t-\Delta t_r^q)] \\ &\Delta I_r^{p,q} = I_r^p - I_r^q \\ &\Delta N_r^{*p,q} = N_r^p - N_r^q + \phi_0^p - \phi_0^q \\ &\Delta\varepsilon_{\rho,r}^{p,q} = \varepsilon_{\rho,r}^p - \varepsilon_{\rho,r}^q, \Delta\varepsilon_{\phi,r}^{p,q} = \varepsilon_{\phi,r}^p - \varepsilon_{\phi,r}^q \end{aligned} \tag{9-53}$$

适当注意电离层项的标度，则一组类似方程和定义可适用于涉及第二频率的量。需要注意的是，如果接收机时钟误差很大，则根据式（9-17）项 $-(\dot{\rho}_r^p - \dot{\rho}_r^q)\Delta\tau_r(t)$ 应添加到 $\Delta\rho_r^{*p,q}$ 中。此外，宽巷和无离子差异可以根据式（9-44）和式（9-48），式（9-49）定义如下

$$\Delta\phi w_r^{p,q}(\tau_r) = \frac{1}{\lambda_w}\Delta\rho_r^{*p,q}(\tau_r) - \frac{1-\sqrt{\alpha}}{\lambda_1}\Delta I_r^{p,q} - \Delta N w_r^{*p,q} + \Delta\varepsilon_{\phi w,r}^{p,q} \tag{9-54}$$

对宽巷模糊度和噪声项进行适当定义

$$\begin{aligned} (\Delta s_{\text{ion-free}})_r^{p,q}(\tau_r) &= \Delta\rho_r^{*p,q}(\tau_r) + \frac{1}{1-\alpha}\Delta\varepsilon_{\rho 2,r}^{p,q} - \frac{\alpha}{1-\alpha}\Delta\varepsilon_{\rho 1,r}^{p,q}, \\ (\Delta\phi_{\text{ion-free}})_r^{p,q}(\tau_r) &= \frac{1}{\lambda_1}\Delta\rho_r^{*p,q}(\tau_r) - \frac{1}{1-\alpha}(\sqrt{\alpha}\,\Delta N_{2r}^{*p,q} - \alpha\Delta N_{1r}^{*p,q}) \\ &\quad + \frac{\sqrt{\alpha}}{1-\alpha}\Delta\varepsilon_{\phi 2,r}^{p,q} - \frac{\alpha}{1-\alpha}\Delta\varepsilon_{\phi 1,r}^{p,q} \end{aligned} \tag{9-55}$$

中间伪距参数不包含接收机时钟误差，修正后的周期模糊度 $\Delta N_r^{*p,q}$ 虽然仍不是整数，但已不包含接收机相位偏移。因此，这些卫星间单差观测消除了接收机的偏差。这种方法比将接收机时钟误差参数作为定位问题的一部分来解决要容易一些。当然，单差观测误差的统计必须正确。特别是当假设无差异观测噪声项不相关时，我们发现单差噪声的标准差 $\Delta\varepsilon_{\rho,r}^{p,q}$ 和 $\Delta\varepsilon_{\phi,r}^{p,q}$ 在每种情况都增加了$\sqrt{2}$倍。共享一颗卫星的单差观测值之间必须考虑相关性，例如 $\Delta\phi_r^{p,q}(\tau_r)$ 和 $\Delta\phi_r^{q,v}(\tau_r)$。

通过对来自两个接收机的单差观测进行差分，几乎可以完全消除接收机和卫星时钟和相位偏差。在这种情况下，不必知道卫星时钟误差，只需获得相对于其中一个接收机坐标的坐标差。两个下标 r 和 s 用于区分两个接收机。对两个单差观测集进行差分，类似式（9-52），可以得到双差伪距和相位观测

$$\Delta s_{r,s}^{p,q}(\tau) = \Delta\rho_{r,s}^{p,q}(\tau) + \Delta I_{r,s}^{p,q} + \Delta\varepsilon_{\rho,r,s}^{p,q}, \\ \Delta\phi_{r,s}^{p,q}(\tau) = \frac{1}{\lambda}\Delta\rho_{r,s}^{p,q}(\tau) - \frac{1}{\lambda}\Delta I_{r,s}^{p,q} - \Delta N_{r,s}^{p,q} + \Delta\varepsilon_{\phi,r,s}^{p,q} \tag{9-56}$$

其中

$$\begin{aligned}
&\Delta s_{r,s}^{p;q}(\tau)=s_r^p(\tau_r)-s_r^q(\tau_r)-s_s^p(\tau_s)+s_s^q(\tau_s)\\
&\Delta\phi_{r,s}^{p;q}(\tau)=\phi_r^p(\tau_r)-\phi_r^q(\tau_r)-\phi_s^p(\tau_s)+\phi_s^q(\tau_s)\\
&\Delta\rho_{r,s}^{p;q}(\tau)=\rho_r^p(\tau)-\rho_r^q(\tau)-\rho_s^p(\tau)+\rho_s^q(\tau)\\
&\Delta I_{r,s}^{p;q}=I_r^p-I_r^q-I_s^p+I_s^q\\
&\Delta N_{r,s}^{p;q}=N_r^p-N_r^q-N_s^p+N_s^q\\
&\Delta\varepsilon_{\rho,r,s}^{p;q}=\varepsilon_{\rho,r}^{p}-\varepsilon_{\rho,r}^{q}-\varepsilon_{\rho,s}^{p}+\varepsilon_{\rho,s}^{q},\Delta\varepsilon_{\phi,r,s}^{p;q}=\varepsilon_{\phi,r}^{p}-\varepsilon_{\phi,r}^{q}-\varepsilon_{\phi,s}^{p}+\varepsilon_{\phi,s}^{q}
\end{aligned}\tag{9-57}$$

双差周期模糊度 $\Delta N_{r,s}^{p;q}$ 包含相位偏移，并且是一个整数。在两个接收机上的指示时间根据定义相同的前提下，双差观测的参数指定为指示时间 τ：$\tau=\tau_r=\tau_s$。真实距离指的是不同的真实时间，因为接收机不是完全同步的。相应的距离误差，由时间配准项 $\dot{\rho}_r^p\Delta\tau_r$［见式（9－17）］为每个距离给出，这里省略了单差的情况，见式（9－53）。

此外，卫星时钟误差不会完全消除，因为它们涉及不同的传输时间；净效应很小，在式（9－57）中被排除。实际上，使用式（9－38），$\Delta\rho_{r,s}^{p;q}$ 中的双差分卫星时钟误差由下式给出

$$c[\Delta\tau^p(t-\Delta t_r^p)-\Delta\tau^q(t-\Delta t_r^q)-\Delta\tau^p(t-\Delta t_s^p)+\Delta\tau^q(t-\Delta t_s^q)]\tag{9-58}$$

这些项抵消的程度，取决于信号从卫星到每个接收机 r 和 s 的差分传输期间卫星时钟的稳定性。假设时钟误差为线性变化，则可以证明式（9－58）等价于下式

$$c\left[\frac{\Delta f^p}{f_0}(\Delta t_r^p-\Delta t_s^p)-\frac{\Delta f^q}{f_0}(\Delta t_r^q-\Delta t_s^q)\right]\tag{9-59}$$

式中，Δf^p 是瞬时卫星频率与标称值之间的差值（频率方面的卫星时钟误差）。从卫星到相距 300 km 的接收机的传输时间差 $\Delta t_r^p-\Delta t_s^p<0.001$ s，带有 SA 的卫星时钟频率稳定性 $\Delta f^p/f_0$ 大约为 10^{-8}（可参见 Hofmann－Wellenhof 等，1994，p. 140），因此式（9－59）大约相当于 c（10^{-11} s），或者 3 mm 的距离误差，可以忽略不计。

对于短基线（<15 km），双差分电离层效应相对较小，在许多情况下可以忽略不计。因此，除了对流层、多路径和一系列与设备相关的小误差外，双差揭示了可观测值和未知坐标之间最简单和最直接的关系，避免了接收机和卫星之间复杂的时钟误差（特别是，接收机与选择性可用性相关的有意频率抖动）。此外，双差模糊度是整数的性质也为双差模糊度的确定增加了重要的约束。

最后，尽管国际 GNSS 服务（IGS）可以在相对较短的时间（两周）内获得精确的轨道信息，但短基线上的双差观测可以抵消较大的轨道误差。对由卫星 p 和两个接收机 r 和 s 之间的地面基线形成的三角形 Δrsp 进行几何分析，得出轨道误差 $\mathrm{d}\rho$ 和基线长度误差 $\mathrm{d}b$ 之间的关系如下

$$\frac{\mathrm{d}\rho}{\rho}=\frac{\mathrm{d}b}{b}\tag{9-60}$$

式中，ρ 是到卫星的距离；b 是基线长度。由于 $\rho>2\times10^7$ m，在 10 km 基线上的 1 cm 的相对定位要求可以允许 20 m 的轨道误差（大约是广播星历与 SA 的误差）。

类似于式（9－54）和式（9－55），宽巷和无离子双差也可以定义如下

$$\Delta\phi w_{r,s}^{p,q}(\tau)=\frac{1}{\lambda_w}\Delta\rho_{r,s}^{p,q}(\tau)-\frac{1-\sqrt{\alpha}}{\lambda_1}\Delta I_{r,s}^{p,q}-\Delta N w_{r,s}^{p,q}+\Delta\varepsilon_{\phi w,r,s}^{p,q} \tag{9-61}$$

和

$$(\Delta s_{\text{ion-free}})_{r,s}^{p,q}(\tau)=\Delta\rho_{r,s}^{p,q}(\tau)+\frac{1}{1-\alpha}\Delta\varepsilon_{\rho 2,r,s}^{p,q}-\frac{\alpha}{1-\alpha}\Delta\varepsilon_{\rho 1,r,s}^{p,q}$$

$$(\Delta\phi_{\text{ion-free}})_{r,s}^{p,q}(\tau)=\frac{1}{\lambda_1}\Delta\rho_{r,s}^{p,q}(\tau)-\frac{1}{1-\alpha}(\sqrt{\alpha}\,\Delta N_{2\,r,s}^{\;p,q}-\alpha\,\Delta N_{1\,r,s}^{\;p,q}) \tag{9-62}$$

$$+\frac{\sqrt{\alpha}}{1-\alpha}\Delta\varepsilon_{\phi 2,r,s}^{p,q}-\frac{\alpha}{1-\alpha}\Delta\varepsilon_{\phi 1,r,s}^{p,q}$$

同样，宽通道双差模糊度是一个整数。无离子、双差相位的模糊度线性组合不是整数，也不是任意实数。

需要注意的是，对于这些双差可观测量中的任何一个，噪声项是单相或接收机伪距噪声的组合。例如，宽巷、双差分相位噪声由下式给出

$$\Delta\varepsilon_{\phi w,r,s}^{p,q}=[(\varepsilon_{\phi 1,r}^{p}-\varepsilon_{\phi 2,r}^{p})-(\varepsilon_{\phi 1,r}^{q}-\varepsilon_{\phi 2,r}^{q})]-[(\varepsilon_{\phi 1,s}^{p}-\varepsilon_{\phi 2,s}^{p})-(\varepsilon_{\phi 1,s}^{q}-\varepsilon_{\phi 2,s}^{q})] \tag{9-63}$$

如果所有的单项误差不相关，则以上噪声的标准差是式（9－35）给出值的 $\sqrt{8}$ 倍。与卫星间单差的情况一样，在共享卫星的双差观测之间存在相关性时，必须考虑相关性。

9.6　动态定位

GPS 测量是在动态环境中进行的。即使接收机在地球上是静止的，但由于卫星的轨道运动和地球的自转，它们与卫星的距离也在不断变化。顾名思义，静态定位和动态定位是有区别的。静态定位包括将接收机放置在地球上的一个固定位置，并确定该点的位置。动态定位是指确定相对于地球不断移动的载体或平台的位置。可以实时获取或者后处理，通常后处理可以获取更高的精度。我们使用术语“导航”来代表定位数据的实时处理，而动态定位则保留用于数据的后处理（随着计算机功能越来越强大，数据链接越来越高效，两者的区别可能变得相当模糊）。有一种中间定位模式，称为半动态定位，其中移动接收机（和天线）在移动到下一个点之前暂时停在要定位的那些点上，并始终保持信号锁定。这是一种快速的静态测量形式，适用于能够在每个测量点停下的载体。

我们将只考虑上面定义的动态 GPS 定位，因为在一般意义上，将半运动学模式作为一种特殊情况时需要明确的约束。实际上，观测方程与静态定位情况没有区别；如果接收机相对于卫星的速度因载体相对于地球的速度而不同，则接收机－卫星配置的粗动态几乎不会改变。相对于静态定位的性能差异包括：失去了时间平均带来的更高精度，需要增加跟踪环路的带宽以适应载体的高动态。其中高动态代表了噪声方差的增加，见式（9－34）和式（9－35）（不考虑极高动态的飞行器，比如军用战斗机）。此外，动态 GPS 定位常常受到更加严格和不断变化的环境影响，包括卫星可见度、建筑物干扰和多路径等。当然，

这是集成 GPS 和 INS 的目的之一，因为 INS 对其地理和电磁环境不敏感。

与静态定位情况相同，我们定义了绝对动态定位，其中载体的位置是根据载体上安装的单个接收机确定的。定义相对动态定位，其中移动接收机（成为流动站）的位置是通过固定接收机（称为基站）经过差分技术获取的。人们可能会考虑一个有趣的应用，即两个接收机都相对于对方移动（例如，两颗卫星在低地球轨道上相互跟随，比如重力恢复及气候实验卫星，GRACE，可参见 Jekeli 1999）。这仅说明两个接收机的位置都无法绝对确定，而在之前所述的一个基站接收机的情况下，如果已知基站坐标，则可以绝对确定流动站的位置。为了给相对动态求解提供更多的条件，或作为测试一致性的方法，人们通常在流动站的操作区域使用多个基站接收机。

在上一节末讨论的未知参数，简单地标识为距离；但实际的未知数是接收机（更准确地说是天线）的坐标。为了求解这些参数，必须检查接收机和第 p 颗卫星的真实距离，例如 ρ_r^p 。接收的真实时间，由下式明确地给出

$$\rho_r^p(t)=|\,\boldsymbol{x}^p(t-\Delta t_r^p)-\boldsymbol{x}_r(t)\,| \tag{9-64}$$

式中，$\boldsymbol{x}^p(t-\Delta t_r^p)$ 为真实信号传输时间卫星的真实坐标向量；$\boldsymbol{x}_r(t)$ 是真实接受时刻接收机的真实坐标向量。

此外，到目前为止还没有提到卫星和接收机坐标的特定坐标系，这里使用的上标符号指的是卫星，而不是前几章中的坐标系，这一点应该不会混淆。但是，在正确解释公式（9-64）时需要注意，其中卫星和接收机的位置向量指的是不同的历元；并且，要使减法成立，卫星和接收机必须位于相同的坐标系中。因此坐标系不是任意的，即使距离本身与坐标系无关。因为时间参数不同，式（9-64）只有在公共坐标系不随时间旋转时在数学意义上才成立，也就是说，它一定是惯性系。

尽管卫星星历通常在惯性坐标系中进行协调，但 GPS 导航提供的信息允许计算发射卫星的 e 系（ECEF）坐标。此外，如果在地面平台上，接收机的坐标在 e 系中是首选的。因此，如果在 e 系中给出了传输时间的卫星坐标，则必须将其转换为接收时间，以便考虑地球在传输期间的自转。也就是说，信号不在地球固定坐标系中传播，两个位置向量本质上是指不同的 ECEF 坐标，一个相对于另一个旋转（延迟）$\Delta t_r^p\omega_e$ ，其中 ω_e 是地球的自转速度。为了达到一致性，卫星坐标必须向前旋转到接收时间。只涉及绕 3 轴的单次旋转，对于 e 系，我们有

$$\boldsymbol{x}^p(t-\Delta t_r^p)\,|_t=R_3(\Delta t_r^p\omega_e)\boldsymbol{x}^p(t-\Delta t_t^p) \tag{9-65}$$

注意，这不是根据卫星运动的动力学进行的坐标传播，坐标仍然是指传输时间；在接收时是在与地球一起旋转的 e 系下。在 e 系下，卫星到接收机的距离由下式给出

$$\rho_r^p(t)=|\,R_3(\Delta t_r^p\omega_e)\boldsymbol{x}^p(t-\Delta t_t^p)-\boldsymbol{x}_r(t)\,| \tag{9-66}$$

假设此后所有的坐标向量都在 e 系下，那么在该假设下的推导，没有必要为带有上标的坐标系引入一个显式符号来增加符号的复杂性。

9.6.1 动态模型

由于可见卫星通常充足（至少有 5 个，分布良好），未知参数的数量小于观测数量，

这就需要一个最小二乘解，它的基础是使观测值和相应调整后的观测值之间的残差的平方最小化。值得注意的是，静态定位的情况观测数据是海量的，它们的数量随着时间的增加而增加，而未知参数的数量仍然很少。在目前的动态定位背景下，流动站的坐标取决于时间，因此未知参数（流动站的坐标）的数量随着观测次数的增加而增加，至少是总观测历元数的 3 倍。这种情况通常采用递归线性最小二乘法或类似的卡尔曼滤波算法（见第 7 章），这样有助于系统的未知参数或状态可以随时间增加或减少，并且始终伴随着误差协方差的严格传播。在所有情况下，我们将假设未知数和可观测值之间的关系是一个线性模型。当这种关系是明显非线性，例如，对于式（9-64）中未知的 e 系下的坐标 $\boldsymbol{x}_r$，必须执行线性化。

按照卡尔曼滤波的方法，首先需要识别系统的状态，并指定一个动态模型。其中包括位置坐标误差，此外，速度误差、时钟误差、周期模糊（对于相位测量）和由于大气、多径和电子延迟所造成的各种干扰效应也可能包括在内，前提是预期有足够的外部观测来实现估计。如式（7-54）中所假设的，对于每个状态变量，必须定义一个（线性）动态模型，具有适当的统计信息。例如，在非差分伪距观测的情况下，状态可能仅限于坐标误差和接收机时钟误差（见第 9.6.3 节）。必须忽略或使用辅助信息纠正其他误差（例如由广播星历提供的卫星时钟校正）。或者，作为基本误差动力学模型的扩展，可以随机建模。

在干扰参数中，相位可观测的初始周期模糊是最重要的，被建模为一个（随机）常数。一旦求解到足够的精度（特别是如果可以被固定为一个整数值），它就不再需要作为系统的一种状态输入，直到周期跳变或信号锁丢失（或一颗新的卫星进入视野）。除了应用直接正向模型式（9-42）[通常由式（9-44）修正]，还设计了许多其他相关策略来解决差异，以提高数值效率，处理更少类型的可观测量或其他不可分割的影响（例如电离层延迟）。模糊度搜索算法已用于静态定位（也用于运动中的相位初始化）和载体行驶期间的“动态”（on-the-fly，OTF）模糊度恢复。OTF 算法旨在确保在发生周跳或信号锁定丢失后由相位观测值提供高定位精度。OTF 算法所涵盖这些技术超出了本文的范围，感兴趣的读者可以参考 Hofmann-Wellenhof 等人（1994）的综述和 Teunissen（1998）的理论处理，以及 GPS 大地测量应用中的其他文章，例如 Leick（1995）。

其他干扰参数的动态模型要么很简单，要么抽象。作为与 INS 集成的动机（见第 10 章），我们主要讨论接收机坐标误差的动态。干扰状态，例如时钟误差、电离层延迟和模糊度，可以通过常见的方式（见第 7.5.1 节）增加。有时需要假设坐标误差的动态可以用加速度误差的白噪声模型来描述，我们将在本节后面介绍。一种更简单的方式是假设坐标误差本质上是完全未知的，即它们是具有任意大驱动白噪声的状态。这样动态模型就失去了意义，并且由于缺乏更明确的模型，我们可以假设在观测之前的每个时期，误差是简单且完全未知的（非随机的）。

因此，将系统限制为坐标误差状态，由 3×1 的向量 $\delta\boldsymbol{x}_k$ 表示。接收机下标 r 已被省略，因为只需要估计移动接收机的坐标误差；下标 k 代表时间历元。为了利用之前建立的卡尔曼滤波器公式，根据上面的假设，我们定义了以下状态向量的“动态模型”为

$$\delta \boldsymbol{x}_k = \boldsymbol{w}_k \tag{9-67}$$

式中，$\boldsymbol{w}_k$ 是一个 3×1 的白噪声向量，其中

$$\boldsymbol{w}_k \sim \mathcal{N}(0, \boldsymbol{Q}_k) \tag{9-68}$$

且，状态的非随机性由任意大的不确定性模拟（在定性意义上）为

$$\boldsymbol{Q}_k = \begin{pmatrix} \infty & 0 & 0 \\ 0 & \infty & 0 \\ 0 & 0 & \infty \end{pmatrix} \tag{9-69}$$

模型式（9-67）意味着状态转移矩阵 $\boldsymbol{\Phi}$ 为 $\boldsymbol{0}$［参见式（7-54）］。状态的先验值也定义为 $\boldsymbol{0}$。需要注意的是，真实位置误差是系统“指示”的坐标与真实坐标之间的差值，系统指示坐标在 t_k 时刻的近似值用 $\tilde{\boldsymbol{x}}_k$ 表示，可得

$$\delta \boldsymbol{x}_k = \tilde{\boldsymbol{x}}_k - \boldsymbol{x}_k \tag{9-70}$$

在没有任何关于误差状态的相关随机信息的情况下，模型式（9-67）要求在每个历元都有足够的观测数据，以便估计误差状态。通常情况下，除非出现周跳或信号锁定丢失，否则持续运行的 GPS 接收机即可满足以上情况。

可以建立更复杂的坐标误差模型，来校正 GPS 数据中可能存在的误差。例如，可以假设 t_k 时刻的位置误差与 t_{k+1} 时刻的位置误差相关，可以描述为一个合理的速度误差或加速度误差的方差。例如，可以假设加速度误差是（连续的）白噪声过程，这相当于假设速度误差是随机游走过程（见第 6.5.2 节）。在这种情况下，位置误差的动态模型由下式给出

$$\frac{\mathrm{d}}{\mathrm{d}t}\begin{pmatrix} \delta \boldsymbol{x} \\ \delta \dot{\boldsymbol{x}} \end{pmatrix} = \begin{pmatrix} 0 & \boldsymbol{I} \\ 0 & 0 \end{pmatrix}\begin{pmatrix} \delta \boldsymbol{x} \\ \delta \dot{\boldsymbol{x}} \end{pmatrix} + \begin{pmatrix} \boldsymbol{0} \\ \boldsymbol{w} \end{pmatrix} \tag{9-71}$$

其中动态矩阵的元素分别是 3×3 单位矩阵和零矩阵。右侧整个 6×1 噪声向量的协方差矩阵由下式给出

$$\begin{pmatrix} 0 & 0 \\ 0 & \xi[\boldsymbol{w}(\tau)\boldsymbol{w}(\tau')] \end{pmatrix} = \begin{pmatrix} 0 & 0 \\ 0 & \mathrm{diag}[\boldsymbol{q}]\delta(\tau - \tau') \end{pmatrix} \tag{9-72}$$

式中，$\mathrm{diag}[\boldsymbol{q}]$ 是 3×3 对角矩阵，对角元素是噪声功率谱密度值，由向量 $\boldsymbol{q}$ 组成，表示加速度误差 $\delta\ddot{x}$ 。模型式（9-71）的离散形式是按照一般的方法得到的。具体为，由式(7-109)可知状态转移矩阵（本例中级数以第二项结束）为

$$\boldsymbol{\Phi}(t_k, t_{k-1}) = \begin{pmatrix} \boldsymbol{I} & \Delta t \boldsymbol{I} \\ 0 & \boldsymbol{I} \end{pmatrix} \tag{9-73}$$

式中，$\Delta t = t_k - t_{k-1}$ 。因此式（7-110）将离散动态模型定义为

$$\begin{pmatrix} \delta \boldsymbol{x}_k \\ \delta \dot{\boldsymbol{x}}_k \end{pmatrix} = \begin{pmatrix} \boldsymbol{I} & \Delta t \boldsymbol{I} \\ 0 & \boldsymbol{I} \end{pmatrix}\begin{pmatrix} \delta \boldsymbol{x}_{k-1} \\ \delta \dot{\boldsymbol{x}}_{k-1} \end{pmatrix} + \boldsymbol{u}_k \tag{9-74}$$

6×1 的向量 $\boldsymbol{\omega}_k$ 以式（7-111）的形式给出。实际上，只需要它的协方差矩阵为

$$\boldsymbol{Q}_k = \xi(\boldsymbol{u}_k \boldsymbol{u}_k^{\mathrm{T}}) = \begin{pmatrix} \dfrac{1}{3}\Delta t^3 \mathrm{diag}[\boldsymbol{q}] & \dfrac{1}{2}\Delta t^2 \mathrm{diag}[\boldsymbol{q}] \\ \dfrac{1}{2}\Delta t^2 \mathrm{diag}[\boldsymbol{q}] & \Delta t\, \mathrm{diag}[\boldsymbol{q}] \end{pmatrix} \tag{9-75}$$

根据式（7-117），一阶近似将忽略除右下子矩阵 $\Delta t \operatorname{diag}[\boldsymbol{q}]$ 之外的所有子矩阵。

有关这些模型的其他详细说明和分析，请参阅 Schwarz et al.（1989）；有关更具体地针对载体的动力学（在这种情况下为船舶的运动）进行调整的模型的示例，请参阅 Sennott 等人（1996 年）。

上文假设加速度误差为白噪声，如果可以实际感测到加速度，则可以由更准确的模型代替。机载惯性导航系统就是这种情况，因此当 GPS 中断时间较长时（至少几分钟），它可以更准确地推断位置误差状态，并促进动态模糊度恢复，同时提高动态定位的整体分辨率（详见第 10 章）。

9.6.2　观测方程

对于每个历元的多个卫星，观测结果是伪距或相位，或二者都有。每个观测值都与位置坐标非线性相关，与其他状态线性相关。这有利于为观测方程建立一个通用公式，并将其应用于不同类型的观测。为了适用更全面的系统状态集，k 时刻的 $m\times 1$ 真实状态向量用 $\boldsymbol{\varepsilon}_k$ 表示，如式（9-70）所示，是指“指示”参数值 $\tilde{\boldsymbol{z}}_k$ 与对应的真值向量 $\boldsymbol{z}_k$ 之间的差

$$\boldsymbol{\varepsilon}_k = \tilde{\boldsymbol{z}}_k - \boldsymbol{z}_k \tag{9-76}$$

如果“状态”是非随机的，则指示值是初始猜测；否则，指示值是根据正式期望或闭环评估的更新估计获得（见第 7.5.2 节）。

在任意特定历元中，观测方程表示 m 个状态 $\boldsymbol{\varepsilon}_k$ 与 n 个观测值与对应计算量之间差值的关联关系。根据第 7.3.1 节，设 $\tilde{\boldsymbol{y}}_k$ 是 k 时刻的 $n\times 1$ 的观测向量，为真实向量函数 $\boldsymbol{h}(\boldsymbol{z}_k)$（取决于真实参数）和离散白噪声 $\boldsymbol{v}_k$ 之和，写为

$$\tilde{\boldsymbol{y}}_k = \boldsymbol{h}(\boldsymbol{z}_k) + \boldsymbol{v}_k \tag{9-77}$$

计算值向量与观测值向量之间的差值 $\delta\boldsymbol{y}_k$ 由式（7-52）以线性近似形式给出

$$\delta\boldsymbol{y}_k \approx \boldsymbol{H}_k\boldsymbol{\varepsilon}_k - \boldsymbol{v}_k \tag{9-78}$$

其中［参见式（7-53）］，可得

$$\boldsymbol{H}_k = \left.\frac{\partial \boldsymbol{h}}{\partial \boldsymbol{z}}\right|_{z=\tilde{z}_k} \tag{9-79}$$

是评估偏导数的 $n\times m$ 矩阵。向量函数 $\boldsymbol{h}(\boldsymbol{z}_k)$ 的元素是在前面的部分中建立的，仍只是为特定的系统状态集找到合适的偏导数。

以下部分将详细阐述几个相关案例。

9.6.3　单接收机情况

在世界任意地方使用单个接收机进行定位，是全球定位系统的最初目标，它仍然是军事、民用和商业导航与动态定位的主要应用之一。单接收机定位主要是通过伪距实现的，但对所有精密接收机我们都假设载波信号的相位可观测。也就是，由于载波信号的波长比编码信号的波长短得多，因此原则上可以获得更准确的定位解。另外，引入了额外的未知参数，特别是初始周期模糊度。为了获得更高的精度，该模型还必须包括其他参数以考虑

系统效应，如电离层和对流层延迟。这就需要额外的信息，例如有双频接收机提供的第二频率观测量。

首先考虑一个简化的示例，其中只有在单个频率 L1 上可观测的伪距可用。据此可以很容易推断出更复杂的伪距和相位组合观测值的公式。即使只有一个接收机，为了符号的统一和清晰表示接收机-卫星的差异，仍保留接收机下标 r。

假设卫星时钟误差已被修正，忽略式（9-36）中的电离层效应（假设已通过 TEC 模型去除），并使用式（9-66），可得出以下伪距观测量

$$s_r^p(\tau)=\left|R_3(\Delta t_r^p\omega_e)\boldsymbol{x}^p(\tau-\Delta t^p)-\boldsymbol{x}_r(\tau)\right|+c\Delta\tau_r+\varepsilon_{\rho,r}^p \tag{9-80}$$

系统状态向量包括 t_k 时刻接收机坐标误差和接收机时钟误差（按 c 缩放以产生距离单位）

$$\boldsymbol{\varepsilon}_k=\begin{pmatrix}\delta x_r(\tau_k)\\ \delta(c\Delta\tau)_k\end{pmatrix} \tag{9-81}$$

模型在系统状态方面的线性扰动为

$$\delta s_r^p(\tau)=-\frac{1}{\rho_r^p(\tau)}\left[R_3(\Delta t_r^p\omega_e)\boldsymbol{x}^p(\tau-\Delta t_r^p)-\boldsymbol{x}_r(\tau)\right]^{\mathrm{T}}\delta\boldsymbol{x}_r(\tau)+\delta(c\Delta\tau_r)+\varepsilon_{\rho,r}^p \tag{9-82}$$

右侧的扰动系数是式（9-79）中所需的偏导数，在参数的指示值（近似）处评估这些扰动系数可以得到 $n_p\times m$ 的观测矩阵 $\boldsymbol{H}_k$，其中 n_p 是 t_k 时刻观测到的卫星数量，此时 $m=4$。为了简化标记符号，令

$$\tilde{\boldsymbol{e}}_r^p(\tau_k)=\frac{1}{\tilde{\rho}_r^p(\tau_k)}\left[R_3(\Delta t_r^p\omega_e)\boldsymbol{x}^p(\tau_k-\Delta t_r^p)-\tilde{\boldsymbol{x}}_r(\tau_k)\right] \tag{9-83}$$

另外，$\tilde{\boldsymbol{e}}_r^p(\tau_k)$ 是在近似坐标 $\tilde{\boldsymbol{x}}_r$ 处连接卫星和接收机的矢量方向上的单位矢量。这些坐标也用于计算距离 $\tilde{\rho}_r^p(\tau_k)$，根据（9-66）有

$$\tilde{\rho}_r^p(\tau_k)=\left|R_3(\Delta t_r^p\omega_e)\boldsymbol{x}^p(\tau_k-\Delta t_r^p)-\tilde{\boldsymbol{x}}_r(\tau_k)\right| \tag{9-84}$$

需要注意，间隔 Δt_r^p 还取决于历元 τ_k。$n_p\times 4$ 的观测矩阵包含以下行，$p=1,\cdots,n_p$

$$(\boldsymbol{H}_k)_p=\left[-\left[\tilde{\boldsymbol{e}}_r^p(\tau_k)\right]^{\mathrm{T}},1\right] \tag{9-85}$$

其中，$\boldsymbol{H}_k=((\boldsymbol{H}_k)_1^{\mathrm{T}}\quad(\boldsymbol{H}_k)_2^{\mathrm{T}}\quad\cdots\quad(\boldsymbol{H}_k)_3^{\mathrm{T}})^{\mathrm{T}}$。

$n_p\times 1$ 的观测向量是计算伪距与观测伪距的差值

$$\delta\boldsymbol{y}_k=\left[\tilde{s}_r^p(\tau_k)-s_r^p(\tau_k)\right]_{p=1,\cdots,n_p} \tag{9-86}$$

式中，$\tilde{s}_r^p$ 是根据近似（或“系统指示”）坐标根据式（9-80）计算得出的。式（9-77）中的 $n_p\times 1$ 的白噪声向量为

$$v_k=\left[\varepsilon_{\rho,r}^p(\tau_k)\right]_{p=1,\cdots,n_p} \tag{9-87}$$

计算 $\boldsymbol{H}_k$ 和 $\tilde{s}_r^p$ 需要从各自星历表中获得的卫星坐标。但是要获得这些坐标的历元需要知道信号传输时间 Δt_r^p；而要计算传输时间，需要获得接收机和卫星位置。这个明显的循环问题通过迭代过程可容易解决，只需要一次迭代。事实上，令 ε_ρ 代表距离计算时，由

于接收机或卫星的初始位置误差而产生的误差，对应的传输时间误差用 $\varepsilon_{\Delta t}=\varepsilon_{\rho}/c$ 表示，转化为计算出的卫星坐标误差，由下式得出

$$\varepsilon_{x_i^p}<|\dot{\boldsymbol{x}}^p|\varepsilon_{\Delta t}=1.3\times10^{-5}\varepsilon_{\rho} \tag{9-88}$$

由于 $|\dot{\boldsymbol{x}}^p|\approx 3\ 900\ \mathrm{m/s}$，加之相应的传输时间不确定性，即使初始 500 m 的位置误差也会导致计算的卫星坐标误差小于 1 cm。假设在一个历元内跟踪各个卫星的误差不相关（接收机的信道偏差可以忽略不计），则观测噪声向量 $\boldsymbol{v}_k$ 在第 k 历元的协方差矩阵 $\boldsymbol{R}_k$ 是伪距误差方差的 $n_p\times n_p$ 的对角阵。进一步假设从历元到历元的误差是不相关的。必要时可以通过添加适当的误差状态来包含相关性，如第 7.5.1 节中所述。

系统状态及其协方差矩阵在历元 k 的估计由式（7－72）和式（7－73）给出，带有明显的符号替换（ε 代表 x 等）。协方差矩阵也可以写成式（7－43）的形式

$$\boldsymbol{P}_k^{-1}=(\boldsymbol{P}_k^{-})^{-1}+\boldsymbol{H}_k^{\mathrm{T}}\boldsymbol{R}_k^{-1}\boldsymbol{H}_k^{-1} \tag{9-89}$$

表示由于创新而增加的信息。如果没有从先前估计中预测位置的统计能力，如式（9－69）($\boldsymbol{Q}_k\to\infty$)，则先验信息 $(\boldsymbol{P}_k^{-})^{-1}$ 为 0，且估计的协方差完全取决于观测提供的信息

$$\boldsymbol{P}_k=(\boldsymbol{H}_k^{\mathrm{T}}\boldsymbol{R}_k^{-1}\boldsymbol{H}_k)^{-1} \tag{9-90}$$

假设所有的观测误差方差都相等，为 $\sigma_{p,k}^2$，则有

$$\boldsymbol{P}_k=\sigma_{\rho,k}^2(\boldsymbol{H}_k^{\mathrm{T}}\boldsymbol{H}_k)^{-1} \tag{9-91}$$

估计 3 个接收机坐标误差和时钟误差（$m=4$ 个状态）需要至少 4 个观测值（$n_p\geqslant 4$）。然而，卫星相对于接收机的几何关系，如矩阵 $\boldsymbol{H}_k$［包含单位向量，式（9－83）］所示，对估计状态的方差和相关性的大小至关重要，其中高相关性 $\boldsymbol{H}_k$ 代表相应的状态不可独立估计。如果卫星几何结构使得矩阵 $\boldsymbol{H}_k^{\mathrm{T}}\boldsymbol{H}_k$ 接近奇异点，则估计状态的方差变大。形式上，由于不利的卫星几何形状而形成的精度因子（Dilution of Precision，DOP）是通过无单位矩阵 $(\boldsymbol{H}_k^{\mathrm{T}}\boldsymbol{H}_k)^{-1}$ 的对角元素来衡量的。几何精度因子（Geometric Dilution of Precision，GDOP）是这个 4×4 矩阵积的平方根

$$\mathrm{GDOP}_k=\sqrt{\mathrm{tr}(\boldsymbol{H}_k^{\mathrm{T}}\boldsymbol{H}_k)^{-1}} \tag{9-92}$$

可以定义其他特定的 DOP；例如，位置精度因子（Position Dilution of Precision，PDOP）是 $(\boldsymbol{H}_k^{\mathrm{T}}\boldsymbol{H}_k)^{-1}$ 的前三个对角线元素之和的平方根；时间精度因子（Time Dilution of Precision，TDOP）是 $(\boldsymbol{H}_k^{\mathrm{T}}\boldsymbol{H}_k)^{-1}$ 的第四对角元素的平方根。知道距离误差方差和 PDOP，就可以快速判断相应的定位精度。

其他类型的 GPS 观测值，例如相位以及相位或伪距的组合，在运动学定位中的处理方式类似。例如，如果已知卫星时钟误差（并且其他系统效应，例如对流层折射和多径可以建模或可以忽略不计），则可以使用无离子、单差相位来获得精确定位。在这种情况下，修正后的周期模糊度式（9－39）必须首先用 Mader（1992）描述的方法建模，或者作为卡尔曼滤波器中的随机常数。

根据式（9－55）可以给出无离子、单差伪距和相位的观测模型

$$\begin{aligned}(\Delta s_{\text{ion-free}})_r^{p,q}(\tau_k)&=\Delta\rho_r^{p,q}(\tau_k)+\Delta\varepsilon_{\rho\text{ion-free},r}^{p,q}\\(\Delta\phi_{\text{ion-free}})_r^{p,q}(\tau_k)&=\frac{1}{\lambda_1}\Delta\rho_r^{p,q}(\tau_k)-\Delta N_{\text{ion-free}}^{*\,p,q}+\Delta\varepsilon_{\phi\text{ion-free},r}^{p,q}\end{aligned} \tag{9-93}$$

其中距离差值已经由卫星时钟误差修正，且

$$\Delta N_{\text{ion-free}}^{*p,q}=\frac{1}{1-\alpha}(\sqrt{\alpha}\,\Delta N_{2r}{}^{*p,q}-\alpha\,\Delta N_{1r}{}^{*p,q}) \tag{9-94}$$

对每一对卫星 p 和 q 都是常数。无离子相的周期长度是 λ_1，但伪距观测可能有助于解决模糊度问题（需注意模糊度不能被限制为整数）。

卡尔曼滤波器的状态此时可以表示为

$$\boldsymbol{\varepsilon}_k=\begin{pmatrix}\delta\boldsymbol{x}_r(\tau_k)\\ \vdots\\ \Delta\boldsymbol{N}_{\text{ion-free}}^{*p,q}\\ \vdots\end{pmatrix} \tag{9-95}$$

向量的维度是 $3+n_{p,q}$，取决于每个历元跟踪的卫星对的数量 $n_{p,q}$。该符号假设无离子模糊度的初始状态值为 0（即没有 δ 符号），说明大部分总循环计数直接来自伪距观测。位置误差状态的动力学已经在第 9.6.1 节中讨论过，无离子模糊度建模为随机常数（与时间 τ_k 无关）。

与式（9-93）线性化形式相对应的观测矩阵与之前的推导类似，很容易即可获得。由式（9-66）给出的距离差值可以得到

$$\begin{aligned}\frac{\partial(\Delta s_{\text{ion-free}})_r^{p,q}(\tau)}{\partial\boldsymbol{x}_r}=&\frac{-1}{\rho_r^p(\tau)}[R_3(\Delta t_r^p\omega_e)\boldsymbol{x}^p(\tau-\Delta t_r^p)-\boldsymbol{x}_r(\tau)]^{\mathrm{T}}\\ &+\frac{1}{\rho_r^q(\tau)}[R_3(\Delta t_r^q\omega_e)\boldsymbol{x}^q(\tau-\Delta t_r^q)-\boldsymbol{x}_r(\tau)]^{\mathrm{T}}\end{aligned} \tag{9-96}$$

同时可以获得无离子单差相的类似表达式

$$\frac{\partial(\Delta\phi_{\text{ion-free}})_r^{p,q}(\tau)}{\partial\boldsymbol{x}_r}=\frac{1}{\lambda_1}\frac{\partial(\Delta s_{\text{ion-free}})_r^{p,q}(\tau)}{\partial\boldsymbol{x}_r} \tag{9-97}$$

由此可以构造 $2n_{p,q}\times(3+n_{p,q})$ 的观测矩阵 $\boldsymbol{H}_k$，包括 $n_{p,q}$ 个子矩阵，每个子矩阵维数为 $2\times(3+n_{p,q})$，形式如下

$$(\boldsymbol{H}_k)_{p,q}=\begin{pmatrix}-[\tilde{\boldsymbol{e}}_r^{p,q}(\tau_k)]^{\mathrm{T}} & \cdot\cdot 0\cdot\cdot & 0 & \cdot\cdot 0\cdot\cdot\\ -\dfrac{1}{\lambda_1}[\tilde{\boldsymbol{e}}_r^{p,q}(\tau_k)]^{\mathrm{T}} & \cdot\cdot 0\cdot\cdot & -1 & \cdot\cdot 0\cdot\cdot\end{pmatrix} \tag{9-98}$$

也就是说，右侧是卫星对（p，q）的观测矩阵 $\boldsymbol{H}_k$ 中两行的代表集。每行中的符号 · · 0 · · 表示一串 0，其长度取决于卫星对的顺序；从式（9-83）可知（这不是一个单位向量）

$$\tilde{\boldsymbol{e}}_r^{p,q}(\tau_k)=\tilde{\boldsymbol{e}}_r^p(\tau_k)-\tilde{\boldsymbol{e}}_r^q(\tau_k) \tag{9-99}$$

观测值的协方差矩阵最容易通过协方差传播规则确定［高斯情况的示例为式（6-33）和式（6-35），但一般情况下是成立的］。令

$$\boldsymbol{\Lambda}=(\cdots\quad s_{1r}^{\ p}\quad s_{2r}^{\ p}\quad\cdots\quad\phi_{1r}^{\ p}\quad\phi_{2r}^{\ p}\quad\cdots)^{\mathrm{T}} \tag{9-100}$$

代表所有 n_p 个卫星的伪距和相位的 $4n_p\times 1$ 的向量，令

$$\boldsymbol{\Theta}=\boldsymbol{A\Lambda} \tag{9-101}$$

代表组合观测的 $n_{p,q}\times 1$ 的向量。$n_{p,q}\times 4n_p$ 矩阵 $\boldsymbol{A}$ 的元素，除了与组合中使用的伪距或

相位可观测值对应的列之外，其他元素都为 0。在这种情况下，行元素是根据式（9－48）、式（9－49）和式（9－53）确定的适当系数。则协方差矩阵为

$$\boldsymbol{R}=\xi(\boldsymbol{\Theta\Theta}^{\mathrm{T}})\boldsymbol{AWA}^{\mathrm{T}} \tag{9-102}$$

其中

$$\boldsymbol{W}=\xi(\boldsymbol{\Lambda\Lambda}^{\mathrm{T}})=\mathrm{diag}(\cdots\quad \sigma_{s_{1r}^p}^2\quad \sigma_{s_{2r}^p}^2\quad \cdots\quad \sigma_{\phi_{1r}^p}^2\quad \sigma_{\phi_{2r}^p}^2\quad \cdots) \tag{9-103}$$

是 $\boldsymbol{\Lambda}$ 中可能不相关的误差方差的 $4n_p \times 4n_p$ 的对角阵。如果不同的组合共享观察到的伪距或相位，则 $\boldsymbol{R}$ 不是对角阵。

9.6.4　多接收机情况

相对运动定位涉及多个接收机，目的是消除卫星时钟误差（特别是 SA 的影响），以及消除其他常见的系统误差；后者对于小基线尤其有效。我们只考虑两个接收机，其中一个接收机是流动站，另一个是基站接收机或另一个移动接收机。多接收机情况容易被认为是将基站和移动接收机的数量扩展到两个以上；在卡尔曼滤波器估计过程中适应多接收机情况只需要仔细做好符号区分。

对于任意两个接收机，可以同式（9－56）、式（9－61）和式（9－62）中的定义，通过两个单差观测量的差值形成双差。接收机和卫星的几何关系足以确定接收机之间的坐标差异 $\boldsymbol{x}_{r,s}=\boldsymbol{x}_r-\boldsymbol{x}_s$。$\boldsymbol{x}_{r,s}$ 中的相应误差作为系统状态输入；如果假设基站坐标是固定的，则它们相当于流动站坐标中的误差

$$\delta\boldsymbol{x}_{r,s}(\tau_k)=\delta(\boldsymbol{x}_r-\boldsymbol{x}_s)(\tau_k)=\delta\boldsymbol{x}_r(\tau_k) \tag{9-104}$$

这说明观测矩阵 $\boldsymbol{H}_k$ 中与坐标差误差相关的偏导数，与单接收机情况相同，例如

$$\frac{\partial\Delta s_{r,s}^{p,q}(\tau)}{\partial\boldsymbol{x}_{r,s}}=\frac{\partial\Delta s_{r,s}^{p,q}(\tau)}{\partial\boldsymbol{x}_r}=\frac{\partial\Delta s_r^{p,q}(\tau)}{\partial\boldsymbol{x}_r},\qquad \frac{\partial\Delta\phi_{r,s}^{p,q}(\tau)}{\partial\boldsymbol{x}_{r,s}}=\frac{\partial\Delta\phi_{r,s}^{p,q}(\tau)}{\partial\boldsymbol{x}_r}=\frac{\partial\Delta\phi_r^{p,q}(\tau)}{\partial\boldsymbol{x}_r} \tag{9-105}$$

这种情况下处理相位模糊度的一种方法是利用双差模糊度为整数。这提供了一个有力的约束，使观测到的相位必须足够精确。对于短基线（例如当流动站和基站靠近时轨迹开始处），微分电离层延迟 $\Delta I_{r,s}^{p,q}$ 可以忽略，并且双差（L1）伪距和宽通道相位

$$\Delta s_{r,s}^{p,q}(\tau_k)=\Delta\rho_{r,s}^{p,q}(\tau_k)+\Delta\varepsilon_{\rho,r,s}^{p,q},$$
$$\Delta\phi\omega_{r,s}^{p,q}(\tau_k)=\frac{1}{\lambda_w}\Delta\rho_{r,s}^{p,q}(\tau_k)-\Delta Nw_{r,s}^{p,q}+\Delta\varepsilon_{\phi w,r,s}^{p,q} \tag{9-106}$$

可以用来解决宽通道双差模糊 $\Delta Nw_{r,s}^{p,q}$。在数据处理的第一个阶段，$1+n_{p,q}$ 个系统状态可以简单表示为

$$\boldsymbol{\varepsilon}_k=\begin{pmatrix}\delta\Delta\rho_{r,s}^{p,q}(\tau_k)\\ \vdots\\ \Delta Nw_{r,s}^{p,q}\\ \vdots\end{pmatrix} \tag{9-107}$$

$2n_{p,q}\times(1+n_{p,q})$ 的观测矩阵 $\boldsymbol{H}_k$ 由 $2\times(1+n_{p,q})$ 的子矩阵构成

$$
(\boldsymbol{H}_k)_{p,q} = \begin{pmatrix} 1 & \cdots 0 \cdots & 0 & \cdots 0 \cdots \\ \frac{1}{\lambda_w} & \cdots 0 \cdots & -1 & \cdots 0 \cdots \end{pmatrix} \tag{9-108}
$$

模糊度被设置为最接近由卡尔曼滤波器确定的相应估计值的整数值。

随着以上问题的解决，式（9－61）表示的宽通道相位观测可以在卡尔曼滤波器中进行二次处理，状态式如下（现在不存在模糊度问题）

$$
\boldsymbol{\varepsilon}_k = \begin{pmatrix} \delta x_{r,s}(\tau_k) \\ \vdots \\ \Delta I_{r,s}^{p,q} \\ \vdots \end{pmatrix} \tag{9-109}
$$

其中，电离层延迟可以建模为具有假定相关函数的随机过程（例如一阶高斯-马尔可夫过程）。在适当根据式（9－105）的情况下，观测矩阵 $\boldsymbol{H}_k$ 由以下 $n_{p,q}$ 行组成，每行包含 $3+n_{p,q}$ 个元素

$$
(\boldsymbol{H}_k)_{p,q} = \left(-\frac{1}{\lambda_w}[\tilde{\boldsymbol{e}}_r^{p,q}(\tau_k)]^{\mathrm{T}} \quad \cdots 0 \cdots \quad \frac{1-\sqrt{a}}{\lambda_1} \quad \cdots 0 \cdots \right) \tag{9-110}
$$

在单接收机的情况下，组合观测值的噪声向量 $\boldsymbol{v}_k$ 及其协方差矩阵 $\boldsymbol{R}$ 必须表示相应的伪距和相位噪声组合，见式（9－102）。第二阶段处理的结果是在历元 t_k 处的流动站的位置误差。

作为一种替代方法，我们也可以尝试在中间处理阶段求解 L1 模糊度，利用重新表达的无离子双差相位式（9－62），再结合 $\Delta N_w = \Delta N_1 - \Delta N_2$，得出

$$
(\Delta\phi_{\text{ion-free}})_{r,s}^{p,q}(\tau_k) = \frac{1}{\lambda_1}\Delta\rho_{r,s}^{p,q}(\tau_k) - \frac{\sqrt{\alpha}}{1-\alpha}[(1-\sqrt{\alpha})\Delta N_{1\,r,s}^{\;p,q} - \Delta N w_{r,s}^{p,q}] + \Delta\varepsilon_{\phi\text{ion-free},r}^{p,q} \tag{9-111}
$$

其中宽通道模糊度现在已知。一旦求解出 L1 的模糊度，处理的最后阶段将充分利用相位作为一个非常精确的距离测量来求解载体位置。

目前已经采用了许多其他策略来解决模糊度问题，并进行数据处理以进行精确的动态定位。这里只列出了几种情况来说明基本问题。通常必须测试不同的方案，以适应特定的载体轨迹。频繁地周跳或失锁是导致定位精度下降的最主要原因，尤其是在定位过程中不能及时解决模糊度的情况。当然，一旦求解出模糊度，就可以及时将它们应用到发生周跳或失锁的点。

第 10 章　大地测量学应用

10.1　介绍

以上章节描述了惯性导航系统（INS）、惯性传感器及工作原理、位置和速度求解的数学基础、相关误差项及基于随机模型的误差估计方法。实质上，我们介绍了惯性导航系统的基本传感器——测量装有惯性导航系统运载体加速度的加速度计；在导航坐标系中提供测量加速度所需要方向信息的陀螺仪。给定运载体位置和速度的初始条件，测量加速度对时间积分，就可以得到其运动轨迹上全部时间序列的导航解，即运载体的位置和速度。因此，惯性导航系统是一种独立自主导航系统，仅需要初始化作为积分常数。随着时间增长的定位误差和增长率是传感器精度（主要是陀螺仪精度）的函数。外部位置或速度信息可以通过最优估计技术用于再标定传感器误差，以此降低或约束位置误差。

根据大地测量学定义的范围，惯性导航系统本质上是大地测量仪器。大地测量学是地球测绘的科学，最终的目标是确定地球表面一个点的坐标。惯性导航系统确定了运载体沿着运动轨迹的坐标因此用于定位移动运载体。而传统的测量是通过卷尺或者电子测距仪的移动来测量距离，通过经纬仪来测量方向（或角度）（或使用全站仪测量装置测量距离和角度）。对敏感到的加速度进行双重积分来确定相对于起始点的坐标差值，这仅在概念上不同于传统的测量技术，即使研制陀螺仪最初目的是为海上导航提供参考方向，但本质上也属于大地测量。另外，现代大地测量处理的位置精度在 10 cm 者更高的量级上；然而，由于惯性导航误差积累的特点，如果自主运行 1 h（及以上），它通常只用于精度比这差 3～4个数量级的应用场景。历史上，这大多用于导航要求不高的场景，其目的是满足精度在1 km 水平上的应用。这将惯性导航系统与传统的大地测量学仪器区分开来。同样，惯性导航系统实时工作的主要目的进一步取代常规、后处理和约束条件平差等方面的应用，而这恰好是大地测量学的内容。

实际上，研发惯性导航系统的主要目的是实时导航和制导。精确大地测量定位（后处理）未能更多促进惯性技术的发展，因为在惯性导航系统发展过程中，大地测量学已经构建了很多其他更高精度定位的成熟方法；所以，对惯性导航系统没有特别迫切的需求。然而，惯性导航系统具有许多传统大地测量学技术不具备的优点，比如惯性导航系统测量的速度快，并且不受限于测点之间的视线。大地测量的现场测绘工作量成本很高，在单点测绘中节省工时降低成本就促使研究人员考虑改造惯性导航系统以用于大地测量学测绘领域。

在过去 20 多年中，全球定位系统蓬勃发展，在商业、休闲娱乐和许多军事应用领域几乎取代了其他所有的定位和导航系统，不论是无线电系统还是惯性系统。此外，对用户来说，由于成本相对较低、优于100 m高精度的绝对定位和更高精度的相对定位，GPS在实时性和后续处理运动轨迹确定方面具有其他系统不易替代的能力。

从在单一学科领域的应用比例，可以看出GPS对大地测量学具有深远的影响。然而，GPS也不能满足空间数据参考点和大地测量所有动态定位需求。对于GPS卫星数量不够的区域则使用受限。例如，在水下（海底定位）、隧道中、厚叶区域、非常崎岖的地形和高层建筑物密集的区域中，GPS信号受到严重影响。在强电磁场和辐射的区域在建筑物附近反射较大GPS应用也可能很困难，例如高压线、广播和电视塔和充满多路径的区域。此外，导航和制导开发人员，尤其是航空（军事和商业）和导弹系统的开发人员，不会只依赖一个导航系统，因为单一导航系统如果出现意外状况，例如被关机（蓄意的）或被电子干扰（有意或者无意的），可能会中断或影响定位。

这些问题和限制（例如GPS信号普遍的周跳）使得惯性导航系统成为GPS的辅助或临时替换的定位和导航应用。惯性导航系统（INS）本质上是自主工作，其既不依赖于信号发送，也不从外部信号源接收信号。标定INS的误差仅需要初始值和少量的外部速度或者位置更新。INS和GPS使用许多其他的方法一起相互补充，以组合的方式形成了鲁棒性更强的定位和导航系统。

GPS和INS功能上来说完全不一样，这样它们就可以用于测量重力场，或者提供运载体位置以外的3个方向。重力测量应用在区域大地水准面确定和包含矿产和石油勘探的地球物理问题方面具有重要意义。INS在大地测量学中的多种应用、作为传统测绘方法补充应用以及和GPS组合用于重力测量是本章的主题。

10.2 惯性测量系统

设计惯性测量系统（IMU）的目的是用于确定大地测量网中高精度的点坐标，而不实时确定运动轨迹或导航。所以，当传感器组件是一组IMU（通常由INS改装），并且系统动态模型是基于INS常用的导航方程，那么为了获得大地测量级精度，需要使用足够的外部信息来严格控制已知的误差积累（见第5章），完成数据分析和处理。常规应用是确定沿两个已知坐标点之间测线点的三维坐标。陆地车辆或者直升机可以穿过测线上的这些点，完成这些测量需要的时间范围是从小于1～2 h或3 h。许多测线通常组合在一起成为一条更长的测线或一些点的区域网。尽管可以使用卡尔曼滤波器或平滑器在测区实时获得坐标的初步解，使用最小二乘后处理方法获得全部测量网络的最好结果。因此，惯性测量包括误差控制和优化等几个方面。

10.2.1 发展历史

19世纪60年代，美国陆军工程地形实验室（U.S. Army Engineer Topographic Laboratories，USAETL）致力于支持高精度位置（三维）和方位的实时测量系统研发，这成为了开发惯性测量系统的起源。非常偶然，当时这项研究仅仅使用卡尔曼滤波器的公式，而现在卡尔曼滤波器本质能够实现线性动态系统的最优误差控制，能够利用外部信息（例如，速度和位置更新）来实时控制惯性测量系统的误差。

在19世纪70年代早期（可参见Huddle和Maughmer，1972），利顿制导与控制公司根据美国陆军工程地形实验室的军事需求，成功研制了第一款大地测量惯性勘测系统——位置和方位测定系统（Position and Azimuth Determination System，PADS）。这套系统的目的是在6 h任务中，验证高度的定位精度为10 m，水平定位精度为20 m。同样，在6 h内方位精度在1角分以下。最初，为了控制误差的增长，加装了里程计和激光测速仪作为外部传感器，系统偶尔短暂停留，这证明对估计系统误差的是完全足够且高效，这就使INS的位置误差有界。这允许系统在纯惯性模式下工作，称为零速度更新（zero - velocity updates，ZUPT），对于所有的运载体惯性测量系统，ZUPT方法成为标准的操作步骤。

PADS的IMU包括在舒勒调谐（当地水平）指北（NED）稳定平台的2个两自由度空气轴承陀螺仪和3个力再平衡加速度计。水平位置坐标和垂直位置坐标通过常规的导航方程获得，例如式（4 - 91）。应注意，由于使用测速仪和ZUPT方法，垂向通道具有阻尼，所以可以实现3个方向上的定位（参见第5.2节）。通过消除主要的交叉耦合项，简化卡尔曼滤波器中使用的误差动态模型。因为在ZUPT相对短时间内的纯惯性导航，可以忽略交叉耦合效应，或将其作为已经存在的传感器误差，作为不可分离的项来处理。仅保留平台方向误差间相互作用导致的方位未对准误差项。同样，由于外部控制导航误差，可以忽略动态模型中位置误差积累效应，也可以忽略傅科振荡项。耦合为垂向加速度误差的平台倾斜误差［式（5 - 67）中，误差动态矩阵 $\boldsymbol{F}^n$ 第6行的前两个元素］作为加速度计的误差状态变量。通过上述考虑和分析，动态矩阵的设计可以将9个导航误差状态之间耦合量的个数从34减少到13。而且，简化操作使水平通道和垂向通道完全解耦，并且系统误差可以由两个不相关的卡尔曼滤波器控制，一个用于水平位置和方向，另外一个用于垂向位置。显然，这个设计目的是提高计算效率，随着现在计算能力的提高，已不再是一个难题。

传感器误差和未知重力效应一起作为附加状态变量进行建模，如第6章所述。加速度计误差模型包括（不可重复或者随机的）偏置和一阶高斯-马尔科夫相关噪声。假定重力误差模型具有指数相关噪声的特性，相关时间随运载体速度发生变化。陀螺仪误差模型由（不可重复的）速率偏置、标度系数误差和一阶高斯-马尔科夫相关噪声组成。采用相同的方法对加速度计（速度量化误差）、里程计和测速仪（标度系数误差和非对准误差）相关的其他误差源建模，本质上可以理解为随机过程。

军用定向PADS的成功应用以及使用外部误差控制达到的高精度，推动了高精度测地学惯性测量系统的研究，为后来能够获得10 cm量级或更高位置精度打下良好基础。利顿PADS一直在发展，不同用户使用的产品名称不同［例如，惯性定位系统（IPS），美国国防部制图局；惯性测量系统（ISS），加拿大能源矿产资源部；快速大地测量系统（RGSS），USAETL和美国国防部制图局；以及其他名称］。此外，其他惯性导航系统的主要制造商也推出了惯性测量系统。霍尼韦尔公司开发了 Honeywell Geo－Spin 系统，为一个空间稳定的系统，方向由 2 个两自由度的电悬浮陀螺仪保持（可参见 Hadfield，1978）。同样，在 20 纪 70 年代后期，苏格兰的费伦蒂有限公司研制了费伦蒂陆地惯性测量仪，成为英国军方下一代自主的 PADS（可参见 Hagglund 和 Hittel，1977）。同利顿公司的系统一样，它也采用当地水平稳定的机械编排，其惯性测量单元包括 3 个粘滞阻尼加速度计和 3 个单自由度液浮速率积分陀螺仪。

查尔斯·斯塔克·德雷珀实验室研制出一种固定翼的航空测量系统（可参见 Hursh 等，1977）。这套系统称为航空地形勘查系统（Aerial Profiling of Terrain System，APTS)，包括一个用于定位的方向 IML、一个用于误差控制的（观测更新）激光跟踪仪和激光高度仪分析系统，这项定位技术就是正在研制 INS 辅助定位系统的先导（见第 10.3 节）。

每个系统的卡尔曼滤波器设计相似，包括常用的位置、速度和方向误差状态变量式（5－64)，还包括 IMU 误差的几个状态变量，例如加速度计偏置、标度系数误差、陀螺漂移、重力扰动分量、传感器的非对准误差，或它们的线性组合（由于不可估计单个误差效应）以及外部传感器的误差。根据系统误差动态模型，要达到测地学精度或者优于10 cm 要求，我们不能仅仅使用 ZUPT 方法的卡尔曼滤波来消除全部系统误差。在第 8 章中（见图 8－1)，我们发现使用速度更新估计的方位角（向下方向）误差比较大，但是方位误差影响北向速度，因此东向误差影响北向位置误差［见式（5－71）和式（5－74）］。这对 L 形测线（或者包括很大转弯的测线）的影响尤其严重。为了控制这个误差，需要传递外部方位或者已知测线两端坐标形式的附加信息。

这样，惯性测量系统的数据处理就划分为两个或者三个不同的阶段。第一个阶段是处理系统误差，根据假设的系统误差动态方程和沿运动轨迹零速更新使用卡尔曼滤波器进行估计。第二个阶段采用最优平滑的方式提高精度，使用测线上所有的信息来进一步解释系统误差，例如使用已知的端点坐标。如果多条测线组成了一个测线网，则有第三个阶段采用测线几何关系施加的约束条件，来消除仍然存在的不一致性误差。例如，两条测线有一个交叉点，在这个点上两次测量应当具有相同的坐标集。交叉点、同一条测线的重复线和其他外部观测值（例如，相同或者不同测线点之间的距离）提供的这些限制条件可以用于任务后的最小二乘平差。第二阶段和第三阶段可以组合为统一的误差调整。

10.2.2 估计方法

众所周知，大量数据如此复杂的调整，尤其是坐标估计值标准差的确定，取决于数据合适的权值，权值可以从数据的协方差矩阵中获得。在数据处理的第一阶段，对于测线的中间测点基本不需要协方差矩阵，因为卡尔曼滤波器本质上是迭代，不需要保留状态变量协方差的历史值。所以，大多数惯性测量系统分析和软件研发，集中在平滑步骤和任务后平差上大多使用系统误差系数模型，并且认为该模型有卡尔曼滤波解。根据最小二乘平差可以得到统一的方法，通常表示平滑和网格坐标平差两个部分（可参见 Schwarz，1985）。

在大地测量学中，最小二乘平差公式（可参见 Koch，1987；Leick，1995），本质上满足式（7-14）的准则。假设观测误差在正态分布条件下，最小二乘估计公式是为了卡尔曼滤波器中单次观测更新循环，为后续讨论的基础。

10.2.2.1　模型和观测值

在数据处理第一阶段，使用初始的卡尔曼滤波器无法估计这位置坐标误差 $\delta\boldsymbol{x}$ 和系统误差参数 $\boldsymbol{s}$ 这两种类型的误差，因此要进行平差。坐标误差又分为两类，一类与控制点坐标相关，另外一类没有任何外部控制信息。同样，尽管其他的系统误差系数是随机的，但是假定坐标误差系数不具有随机过程的特性，因为仅完成一个（非迭代）平差（对坐标误差的影响可以建模为时间的函数）。因此，其他的误差本质上是经验值，通过一个简单函数来表示，沿测线描述它们变化。对第 l 条测线，根据模型式（10-1）假设任一点上总坐标误差与经验系统误差相关，得出

$$\delta\boldsymbol{x}_{tot,l}=\delta\boldsymbol{x}_l+\boldsymbol{H}_{s,l}\boldsymbol{s}_l \tag{10-1}$$

式中，$\boldsymbol{s}_l$ 是每条航线不同的参数集；$\boldsymbol{H}_{s,l}$ 是一个适当的系数矩阵；坐标误差 $\delta\boldsymbol{x}_l$ 是消除系统误差后的误差。

例如，系统误差系数典型的集合，可能是基于陀螺仪漂移误差和初始速度误差。后一项可以解释为在 ZUPT 后，在运载体初始加速度 a 的情况下，加速度计标度系数误差 κ_a 引起的效应。那么，初始速度误差为 $\delta v=\kappa_a a\delta t$ ；如果 δt 是短时间间隔，并且在这段时间内 a 是常数，根据式（5-12）和式（5-13），速度误差传播到位置误差的表达式为

$$\delta x=\delta v\sin\omega_S\Delta t\approx\delta v\omega_S\Delta t \tag{10-2}$$

式中，ω_S 是舒勒频率；Δt 是上次 ZUPT 到现在的时间。如果 $\Delta t<15$ min，式（10-2）中近似的精度优于 10^{-3}。同样，方位的初始方向误差 ψ_D（或者等效情况，两个水平加速度计输入轴之间非正交）产生初始速度误差 $\delta v=\psi_D a\delta t$ ，从而产生式（10-2）所示的位置误差。另外，东向或者北向的陀螺仪漂移误差 $\delta\omega_G$ 表示强迫误差项，它将产生式（5-24）所示的位置误差项，使用式（5-26）变为

$$\delta x\approx\frac{g}{6}\delta\omega_G\Delta t^3 \tag{10-3}$$

从式（5-71）和式（5-74），我们发现北向和东向位置误差交叉耦合；并且，所有的陀螺漂移误差最终都耦合到每个方向的位置误差中。例如，纬度（北向坐标）误差 $\delta\phi\approx\delta x/R$ ，通过与 Δt 相关的项，不仅与运载体沿着测线的纬度位移 $\Delta\phi$[$\Delta t\approx R\Delta\phi/v_N$ ，v_N 近似为常量；参考式（4-103）] 有关，也与沿着测线的经度位移 $\Delta\lambda$（$\Delta t\approx R\Delta\lambda\cos\phi/v_E$ ）相关。如上所述，我们通常在理论上，或者是在受控测量环境下典型系统的经验分析考虑误差模型 $\boldsymbol{H}_{s,l}\boldsymbol{s}_l$ 。对后一种情况，误差可以建模以坐标或者时间差为变量的线性模型或者高阶多项式，表示其他系统传感器误差和导航算法误差的多种组合。Hannah 为惯性定位系统给出了一个经验模型的示例，其中

$$\boldsymbol{s}_l=(s_{\phi1}\quad s_{\phi2}\quad s_{\phi3}\quad s_{\lambda1}\quad s_{\lambda2}\quad s_{\lambda3}\quad s_{h1}\quad s_{h2}\quad s_{h3})_l^{\mathrm{T}} \tag{10-4}$$

并且，参数系数矩阵通过 $\boldsymbol{H}_{s,l}=[\cdots\quad(\boldsymbol{H}_{s,l})_j^{\mathrm{T}}\quad\cdots]^{\mathrm{T}}$ 给出，其中对于测线中第 l^{th} 点得出

$$(\boldsymbol{H}s,\ell)_j=\begin{pmatrix}\Delta\phi_j & \Delta\lambda_j & \Delta\lambda_j^2 & 0 & 0 & 0 & 0 & 0 & 0\\ 0 & 0 & 0 & \Delta\phi_j & \Delta\lambda_j & \Delta t_j^2 & 0 & 0 & 0\\ 0 & 0 & 0 & 0 & 0 & 0 & \Delta\phi_j & \Delta\lambda_j & \Delta t_j\end{pmatrix} \tag{10-5}$$

Δ 表示测线上的点与前一个 ZUPT 点之间的差值。类似的模型可参见 Schwarz (1981)、Schwarz/Gonthier (1981) 和 Hannah (1982b)。

对于第 ℓ 条测线的第 j 测点，坐标误差（相对于起始点）是 $\delta\boldsymbol{x}_{\ell,j}=((M+h)\delta\phi,\ (N+h)\cos\phi\delta\lambda,\ -\delta h)^{\mathrm{T}}_{\ell,j}$［参考式 (5-53)］，并且总误差 $\delta\boldsymbol{x}$ 包含全部测线上所有点的坐标误差，而这些测线中的测量系统需要指示一个位置。由于非控制点上的坐标没有外部可用的观测值，因此不能提高非控制点上的误差初始估计值。所以，在后续讨论中，我们限定在大地测量网中控制点的坐标估计误差为 $\delta\boldsymbol{x}_c$ 。

在这些控制点上，由惯性测量系统通过处理滤波获得坐标测量值，及外部方式（例如使用 GPS 或者传统测量）获得基准坐标值（闭环模式，见第 7.5.2 节），计算获得坐标测量值和基准坐标值之间的差值。依据式 (7-52)，我们假设参数 $\delta\boldsymbol{x}_c^{\mathrm{T}}=(\cdots\quad \delta\boldsymbol{x}_{c,\ell}^{\mathrm{T}}\quad \cdots)^{\mathrm{T}}$ 和 $\boldsymbol{s}^{\mathrm{T}}=(\cdots\quad \boldsymbol{s}_\ell^{\mathrm{T}}\quad \cdots)^{\mathrm{T}}$ 与观测量线性相关

$$\boldsymbol{y}=(\boldsymbol{H}_{x_c}\quad \boldsymbol{H}_{s_c})\begin{pmatrix}\delta\boldsymbol{x}_c\\ \boldsymbol{s}\end{pmatrix}+\boldsymbol{v} \tag{10-6}$$

式中，$\boldsymbol{H}_{s_c}=(\cdots\quad \boldsymbol{H}_{s_c,\ell}^{\mathrm{T}}\quad \cdots)^{\mathrm{T}}$ 仅表示控制点的矩阵，$\boldsymbol{v}\sim\mathcal{N}(0,\ \boldsymbol{R})$ 。假定观测误差为白噪声，观测误差是由外部控制点坐标不精确和惯性测量系统相对于地面标志对准噪声造成。如果总坐标误差向量直接由观测获得，那么 $\boldsymbol{H}_{x_c}$ 是一个单位矩阵。

假定这些系数有一些先验估计值，称为 $\delta\boldsymbol{x}_c^-$（从卡尔曼滤波器获得）和 $\boldsymbol{s}^-$ ，与我们以前表示线性回归估计的符号保持一致；并假定存在先验协方差矩阵，其中两组初始估计值不相关可写为

$$\operatorname{cov}\left\{\begin{pmatrix}\delta\boldsymbol{x}_c^-\\ \boldsymbol{s}\end{pmatrix}[(\delta\boldsymbol{x}_c^-)^{\mathrm{T}}\quad (\boldsymbol{s}^-)^{\mathrm{T}}]\right\}=\begin{pmatrix}\boldsymbol{P}_{x_c}^- & 0\\ 0 & \boldsymbol{P}_s^-\end{pmatrix} \tag{10-7}$$

式中，$\boldsymbol{P}_{x_c}^-$ 是测线控制点上坐标卡尔曼滤波后估计值的协方差矩阵；$\boldsymbol{P}_s^-$ 是必须适当选择系统误差参数的协方差模型。

10.2.2.2　参数估计

参数的后验估计由式 (7-72) 给出，其中从式 (7-74) 可得卡尔曼增益矩阵

$$\boldsymbol{K}=\begin{pmatrix}\boldsymbol{P}_{x_c}^- & 0\\ 0 & \boldsymbol{P}_s^-\end{pmatrix}\begin{pmatrix}\boldsymbol{H}_{x_c}^{\mathrm{T}}\\ \boldsymbol{H}_{s_c}^{\mathrm{T}}\end{pmatrix}(\boldsymbol{H}_{x_c}\boldsymbol{P}_{x_c}^-\boldsymbol{H}_{x_c}^{\mathrm{T}}+\boldsymbol{H}_{s_c}\boldsymbol{P}_s^-\boldsymbol{H}_{s_c}^{\mathrm{T}}+\boldsymbol{R})^{-1} \tag{10-8}$$

在初始估计值为 $\delta\boldsymbol{x}_c^-=\boldsymbol{0}$（闭环滤波）和 $\boldsymbol{s}^-=\boldsymbol{0}$ 假设条件下，式 (7-72) 可以给出后验估计值为

$$\delta\hat{\boldsymbol{x}}_c=\boldsymbol{P}_{x_c}^-\boldsymbol{H}_{x_c}^{\mathrm{T}}(\boldsymbol{H}_{x_c}\boldsymbol{P}_{x_c}^{\mathrm{T}}\boldsymbol{H}_{x_c}^{\mathrm{T}}+\boldsymbol{H}_{s_c}\boldsymbol{P}_s^-\boldsymbol{H}_{s_c}^{\mathrm{T}}+\boldsymbol{R})^{-1}\boldsymbol{y} \tag{10-9}$$

$$\hat{\boldsymbol{s}}=\boldsymbol{P}_s^-\boldsymbol{H}_{s_c}^{\mathrm{T}}(\boldsymbol{H}_{x_c}\boldsymbol{P}_{x_c}^-\boldsymbol{H}_{x_c}^{\mathrm{T}}+\boldsymbol{H}_{s_c}\boldsymbol{P}_s^-\boldsymbol{H}_{s_c}^{\mathrm{T}}+\boldsymbol{R})^{-1}\boldsymbol{y} \tag{10-10}$$

这些估计值的协方差由式 (7-42) 和式 (7-73) 给出。使用前面的方程，可得

$$\begin{pmatrix} \boldsymbol{P}_{x_c} & \boldsymbol{P}_{x_c s} \\ \boldsymbol{P}_{s x_c} & \boldsymbol{P}_s \end{pmatrix} = \begin{pmatrix} \boldsymbol{P}_{x_c}^- & 0 \\ 0 & \boldsymbol{P}_s^- \end{pmatrix} - \begin{pmatrix} \boldsymbol{P}_{x_c}^- \boldsymbol{H}_{x_c}^{\mathrm{T}} \\ \boldsymbol{P}_s^- \boldsymbol{H}_{s_c}^{\mathrm{T}} \end{pmatrix} (\boldsymbol{H}_{x_c} \boldsymbol{P}_{x_c}^- \boldsymbol{H}_{x_c}^{\mathrm{T}} + \boldsymbol{H}_{s_c} \boldsymbol{P}_s^- \boldsymbol{H}_{s_c}^{\mathrm{T}} + \boldsymbol{R})^{-1} \times (\boldsymbol{H}_{x_c} \boldsymbol{P}_{x_c}^- \quad \boldsymbol{H}_{s_c} \boldsymbol{P}_s^-) \tag{10-11}$$

注意，参数估计值 $\delta\hat{\boldsymbol{x}}_c$ 和 $\hat{\boldsymbol{s}}$ 相互独立，但是它们的误差相关。如果先验信息矩阵 $(\boldsymbol{P}_{x_c}^-)^{-1}$ 是部分或全部等于 0，部分或者全部坐标误差作为非随机的未知量来处理，那么这个公式就不成立。

下述两个恒等式对于非奇异矩阵 $\boldsymbol{A}$ 和 $\boldsymbol{D}$ 成立（可参见 Hendrson 和 Searle，1981），这两个恒等式用于估计值表达式的转换，使涉及信息矩阵 $(\boldsymbol{P}_{x_c}^-)^{-1}$ 的表达形式更加方便

$$\boldsymbol{A}\boldsymbol{B}^{\mathrm{T}}(\boldsymbol{B}\boldsymbol{A}\boldsymbol{B}^{\mathrm{T}} + \boldsymbol{D})^{-1} = (\boldsymbol{B}^{\mathrm{T}}\boldsymbol{D}^{-1}\boldsymbol{B} + \boldsymbol{A}^{-1})^{-1}\boldsymbol{B}^{\mathrm{T}}\boldsymbol{D}^{-1} \tag{10-12}$$

$$(\boldsymbol{B}\boldsymbol{A}\boldsymbol{B}^{\mathrm{T}} + \boldsymbol{D})^{-1} = \boldsymbol{D}^{-1} - \boldsymbol{D}^{-1}\boldsymbol{B}(\boldsymbol{B}^{\mathrm{T}}\boldsymbol{D}^{-1}\boldsymbol{B} + \boldsymbol{A}^{-1})^{-1}\boldsymbol{B}^{\mathrm{T}}\boldsymbol{D}^{-1} \tag{10-13}$$

令

$$\boldsymbol{C} = \boldsymbol{H}_{s_c}\boldsymbol{P}_s^-\boldsymbol{H}_{s_c}^{\mathrm{T}} + \boldsymbol{R} \tag{10-14}$$

那么，将式（10－12）和 $\boldsymbol{B} = \boldsymbol{H}_x$ 及 $\boldsymbol{D} \equiv \boldsymbol{C}$ 用于式（10－9），我们发现

$$\delta\hat{\boldsymbol{x}}_c = [\boldsymbol{H}_{x_c}^{\mathrm{T}}\boldsymbol{C}^{-1}\boldsymbol{H}_{x_c} + (\boldsymbol{P}_{x_c}^-)^{-1}]^{-1}\boldsymbol{H}_{x_c}^{\mathrm{T}}\boldsymbol{C}^{-1}\boldsymbol{y} \tag{10-15}$$

同样，将式（10－13）代入式（10－10），可得

$$\hat{\boldsymbol{s}} = \boldsymbol{P}_s^-\boldsymbol{H}_{s_c}^{\mathrm{T}}\boldsymbol{C}^{-1}\{\boldsymbol{I} - \boldsymbol{H}_{x_c}[\boldsymbol{H}_{x_c}^{\mathrm{T}}\boldsymbol{C}^{-1}\boldsymbol{H}_{x_c} + (\boldsymbol{P}_{x_c}^-)^{-1}]^{-1}\boldsymbol{H}_{x_c}^{\mathrm{T}}\boldsymbol{C}^{-1}\}\boldsymbol{y} = \boldsymbol{P}_s^-\boldsymbol{H}_{s_c}^{\mathrm{T}}\boldsymbol{C}^{-1}(\boldsymbol{y} - \boldsymbol{H}_{x_c}\delta\hat{\boldsymbol{x}}_c) \tag{10-16}$$

同样，在式（10－11）中使用式（10－13）且 $\boldsymbol{D} \equiv (\boldsymbol{P}_{x_c}^-)^{-1}$ 和 $\boldsymbol{D} \equiv \boldsymbol{C}$，相应的协方差矩阵分别为

$$\begin{aligned} \boldsymbol{P}_{x_c} &= [\boldsymbol{H}_{x_c}^{\mathrm{T}}\boldsymbol{C}^{-1}\boldsymbol{H}_{x_c} + (\boldsymbol{P}_{x_c}^-)^{-1}]^{-1} \\ \boldsymbol{P}_s &= \boldsymbol{P}_s^- - \boldsymbol{P}_s^-\boldsymbol{H}_{s_c}^{\mathrm{T}}\boldsymbol{C}^{-1}\{\boldsymbol{I} - \boldsymbol{H}_{x_c}[\boldsymbol{H}_{x_c}^{\mathrm{T}}\boldsymbol{C}^{-1}\boldsymbol{H}_{x_c} + (\boldsymbol{P}_{x_c}^{-1})^{-1}]^{-1}\boldsymbol{H}_{x_c}^{\mathrm{T}}\boldsymbol{C}^{-1}\}\boldsymbol{H}_{s_c}\boldsymbol{P}_s^- \end{aligned} \tag{10-17}$$

式（10－15）～式（10－17）清楚地表明在估计系统误差参数中先验坐标误差矩阵的重要性。假定坐标误差的观测矩阵是单位矩阵（ $\boldsymbol{H}_{x_c} = \boldsymbol{I}$ ）。如果，没有惯性系统的先验信息，那么外部观测值全部用于计算误差估计值 $\delta\hat{\boldsymbol{x}}_c$ ；系统参数就没有改善

$$(\boldsymbol{P}_{x_c}^-)^{-1} = \boldsymbol{0} \quad \Rightarrow \quad \delta\bar{\boldsymbol{x}}_c = \boldsymbol{y} \quad \Rightarrow \quad \bar{\boldsymbol{s}} = \boldsymbol{0}, \boldsymbol{P}_s = \boldsymbol{P}_s^- \tag{10-18}$$

10.2.3　最后平差

平差可以采用几种方式进行。最严格、直接的方法就是在全部测线上使用测量网中所有控制点的观测值来估计控制点坐标误差和系统参数误差。那么，在第 ℓ 条测线上全部点的坐标误差估计值通过式（10－15）、式（10－16）和式（10－1）给出如下

$$\delta\bar{\boldsymbol{x}}_{\mathrm{tot},\ell} = \delta\hat{\boldsymbol{x}}_\ell + \boldsymbol{H}_{s,\ell}\hat{\boldsymbol{s}}_\ell \tag{10-19}$$

式中，对于测线上所有点，在非控制点 $\delta\hat{\boldsymbol{x}}_\ell = \boldsymbol{0}$，在控制点 $\delta\hat{\boldsymbol{x}}_\ell = \delta\hat{\boldsymbol{x}}_{c,\ell}$；$\boldsymbol{H}_{s,\ell}$ 包含 $[\boldsymbol{H}_{s,\ell}]_j$ ，如式（10－5）所示。分布在测量网所有控制点总估计误差 $\delta\hat{\boldsymbol{x}}_{\mathrm{tot}}$ 的协方差矩阵可以通过式（10－11）的协方差和互协方差确定来计算

$$\boldsymbol{P}_{\text{tot},c} = \boldsymbol{H}_{s_c} \boldsymbol{P}_s \boldsymbol{H}_{s_c}^{\text{T}} + \boldsymbol{H}_{s_c} \boldsymbol{P}_{sx_c} + \boldsymbol{P}_{x_c s} \boldsymbol{H}_{s_c}^{\text{T}} + \boldsymbol{P}_{x_c}$$

$$\boldsymbol{P}_{\text{tot},nc} = \boldsymbol{H}_{s_{nc}} \boldsymbol{P}_s \boldsymbol{H}_{s_{nc}}^{\text{T}} + \boldsymbol{P}_{x_{nc}} \tag{10-20}$$

式中，下标" nc "表示非控制点。对于后一个公式，缺少互协方差，并且 $\boldsymbol{P}_{x_{nc}} = \boldsymbol{P}_{x_{nc}}^{-}$ 。

平差的步骤可以分为两步，第一，仅对每条测线进行平滑处理，不估计参数 $\delta \hat{\boldsymbol{x}}$ ，不在测量网内进行测线组合。这一步骤的优点是在现场快速消除了单条测线剩余的系统误差，并且能够显示测线的缺陷，保证测线的快速重测。观测模型式（10-6）简化为特定测线上控制点的观测闭合差

$$\boldsymbol{y}_l = \boldsymbol{H}_{s_c,l} \boldsymbol{s}_l + \boldsymbol{v}_l, \quad \boldsymbol{v}_l \sim \mathcal{N}(0, \boldsymbol{R}_l) \tag{10-21}$$

并且，在式（10-10）中 $\boldsymbol{H}_{x_c} = \boldsymbol{0}$ 的条件下，通过平滑，测线上全部点的坐标误差估计值通过下式得出

$$\delta \hat{\boldsymbol{x}}_{\text{tot},l}^{-} = \boldsymbol{H}_{s,l} \hat{\boldsymbol{s}}_l = \boldsymbol{H}_{s,l} (\boldsymbol{P}_{s,l}^{-}) (\boldsymbol{H}_{s_c,l}^{\text{T}}) (\boldsymbol{H}_{s_c,l} \boldsymbol{P}_{s,l}^{-} \boldsymbol{H}_{s_c,l}^{\text{T}} + \boldsymbol{R}_l)^{-1} \boldsymbol{y}_l \tag{10-22}$$

同样，从式（10-11）获得的协方差矩阵通过下式给出

$$\boldsymbol{P}_{\text{tot},l}^{-} = \boldsymbol{H}_{s,l} [\boldsymbol{P}_{s,l}^{-} - \boldsymbol{P}_{s,l}^{-} \boldsymbol{H}_{s_c,l}^{\text{T}} (\boldsymbol{H}_{s_c,l} \boldsymbol{P}_{s,l}^{-} \boldsymbol{H}_{s_c,l}^{\text{T}} + \boldsymbol{R}_l)^{-1} \boldsymbol{H}_{s_c,l} \boldsymbol{P}_{s,l}^{-}] \boldsymbol{H}_{s,l}^{\text{T}} \tag{10-23}$$

式（10-22）和式（10-23）中的上标负号表示这些估计值和它们协方差的基本特性。注意，由于通过 $(\boldsymbol{P}_{s,l}^{-})^{-1}$ 施加的随机约束，系统参数估计不取决于先验信息 $(\boldsymbol{P}_{x_c}^{-})^{-1}$ ，也不取决于控制点的数量（最少一个终端点），所以在选择先验信息时需要非常注意。

如果使用估计的误差公式（10-22）对每条测线的坐标进行平滑，那么就要根据观测模型实施测线网中全部测线的平差

$$\boldsymbol{y} = \boldsymbol{H}_{x_c} \delta \boldsymbol{x}_c + \boldsymbol{v}_x \tag{10-24}$$

其中，现在每个控制点上的观测值是通过 $\delta \hat{\boldsymbol{x}}_{\text{tot},l}^{-}$ 修正后的惯性系统指示坐标与外部观测坐标的差值。假定这些坐标差值没有剩余的系统误差，控制点上的噪声协方差矩阵 $\boldsymbol{v}_x$ 通过式（10-23）给出。最后平差主要是在控制点上所有坐标误差估计值中分配随机噪声。通过式（10-15）获得最终坐标误差估计值，并在式（10-14）中令 $\boldsymbol{H}_{s_c} = \boldsymbol{0}$ ，得出

$$\delta \hat{\boldsymbol{x}}_c = [\boldsymbol{H}_{x_c}^{\text{T}} (\boldsymbol{P}_{\text{tot},c}^{-})^{-1} \boldsymbol{H}_{x_c} + (\boldsymbol{P}_{x_c}^{-})^{-1}]^{-1} \boldsymbol{H}_{x_c}^{\text{T}} (\boldsymbol{P}_{\text{tot},c}^{-})^{-1} \boldsymbol{y} \tag{10-25}$$

式中， $(\boldsymbol{P}_{x_c}^{-})^{-1}$ 包含一个来自于卡尔曼滤波器的先验随机信息，如前所述。估计值的协方差通过下式给出

$$\boldsymbol{P}_{x_c} = [\boldsymbol{H}_{x_c}^{\text{T}} (\boldsymbol{P}_{\text{tot},c}^{-})^{-1} \boldsymbol{H}_{x_c} + (\boldsymbol{P}_{x_c}^{-})^{-1}]^{-1} \tag{10-26}$$

其他的讨论、平差策略及其相对优势，读者可以参考 Schwarz（1985）、Schwarz 和 Arden（1985）的文献。

10.2.4　典型结果

20 世纪 70 年代和 80 年代早期，开展了多次测量作业来分析惯性测量系统的工作流程和系统性能。Todd（1981）和 Hannah（1982b）描述了在新墨西哥州白沙区使用运载体对 RGSS 系统实施了充分的测试。在公路车辆和直升机上都进行了操作。在 1980 年和 1981 年实施测量作业（见图 10-1），测线网包括多条测量时间为 1.5～3 h 的交叉测线，

使用公路车辆或直升机进行一条典型的测线测量，测量开始的前一个小时为预对准和标定，在行进过程中，在相邻的 ZUPT 之间紧接着有几次时长 3～4 min 行进。在 ZUPT 期间，系统仍然保持测量（可以从直升机测量中消除，但是不能从陆地车辆测量中消除）1 min。测线包括前向行进测量和逆向测量，所以冗余的测线就能够用来估计误差。通常，测线保持恒定的航向，然而，也使用 L 形测线和 U 形测线以确定大方位角变化情况时对系统影响。Hannah（1982b）公开了整个测线网平差的结果，得出的结论是可以确定 ZUPT 点的水平坐标在 10 cm 的精度上（高度方向的误差在 30 cm 的量级上）。

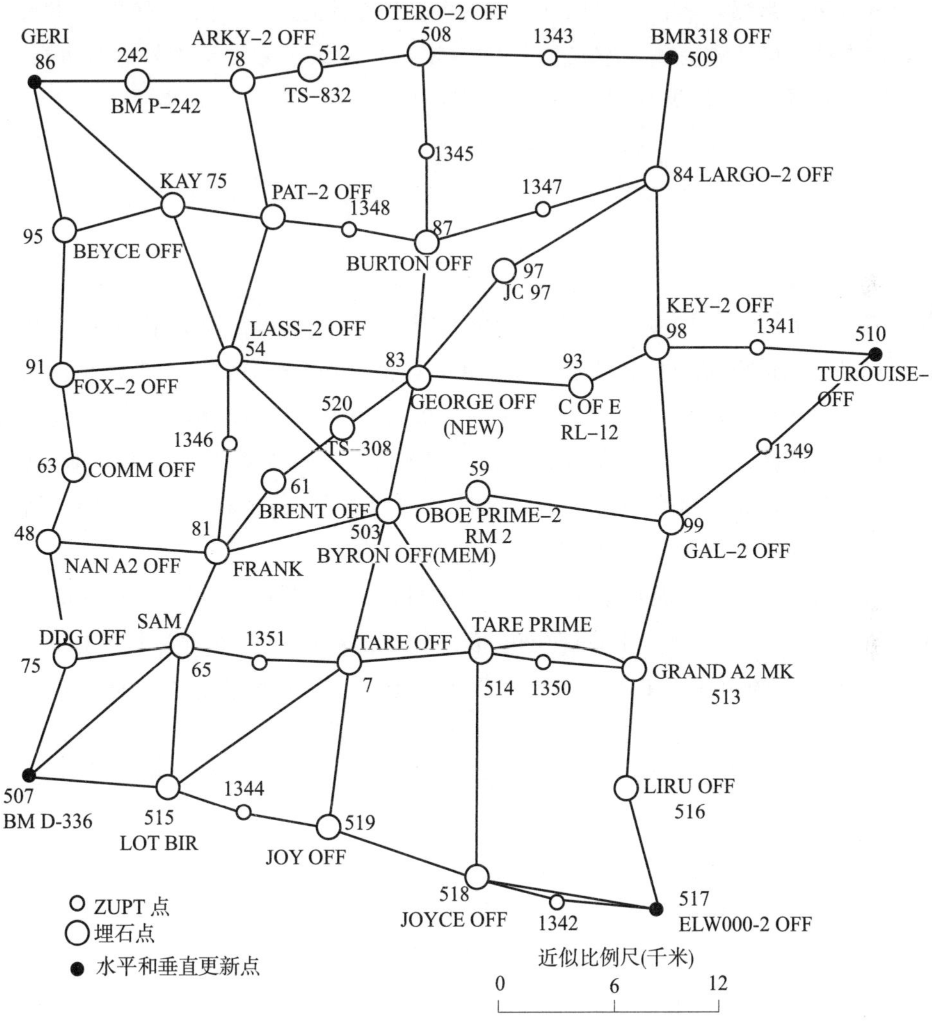

图 10－1　新墨西哥州白沙导弹靶场的 RGSS 测量网络（可参见 Hannah，1982b）

Huddle（1985）对其他系统的类似测试和程序进行了回顾。当时的技术水平评估表明，使用惯性测量可以获得高测量精度，ZUPT 和测线交叉点必不可少。此外，如上所述，平滑和滤波方法相对简单的经验误差模型，足够用于系统误差控制。误差的可靠估计由全部（控制点）观测值真实的误差模型（统计协方差）所决定的。

在此，惯性测量系统最终不仅作为位置测量系统，对于重力矢量测量系统（见第10.4节），也是非常有价值的。在位置测量系统情况下，更要注意重力误差（现在变成需要估计的信号）的建模。

尽管前景广阔，惯性测量系统尚未广泛应用于快速和高精度大地测量。所以，现在认为惯性方法被使用全球定位系统的动态定位代替不完全合适。在惯性技术能够发展成一个低成本和高精度的测量技术之前，GPS出现并快速成为比其他技术更实用的选择，它具有使用方便、精度高和成本低的优点。现在，在很多应用中GPS实际上已经代替或正在代替传统测量方法。当然，在特殊的地方，有许多其他技术应用的例子，例如用于水下或地下测量，惯性技术则非常有用，它在动态GPS定位中提供了非常重要的辅助功能。现在，美国国家图像测绘局在新墨西哥州的白沙导弹靶场和霍罗曼空军基地正在使用RGSS和IPS。

10.3 INS/GPS组合

在第9.6.1节中，卡尔曼滤波算法使用GPS观测值估计运动位置误差，因为缺少GPS两次更新之间的随机信息和动态特性，我们提供了一个位置误差动态模型。已知运动特性可以用于描述随机误差和确定误差。例如，从已知的飞机空气动力学（长周期运动）、近似恒定的飞行高度和航向中推导出的模型。相关的一阶简单模型，例如高斯-马尔科夫过程，可以提供随机过程所需要的参数。这种模型可以得到GPS历元之间更加精确的差值，在动态环境较好的情况下非常有效。

另外，保持运动平台高精度连续定位的问题可以使用伽利略定律 $\delta s=0.5\delta a t^2$ 来说明，例如在时间间隔 $t=0.5$ s上，加速度变化 $\delta a=0.2\ \mathrm{m/s^2}$ 时，位置的变化为 $\delta s=2.5$ cm。当要求的GPS位置插值在厘米级精度的水平上，由于GPS接收机相对较低的数据输出速率（通常为每秒1次或者更少），难以保持精度。大地测量的一个特别重要的应用是航空摄影测量，其中相机摄影的时刻可能与GPS得出位置的时刻不一致。如果GPS定位应当确定曝光时间相机的坐标，那么就需要某种形式的插值。

当考虑GPS信号丢失（例如遮挡）或由于周跳引起相位模糊时，这个问题变得更加严重。尽管在飞行过程中的GPS数据足以解决周模糊度的问题，这个过程通常需要多个数据历元（≥10个），取决于接收机类型和卫星几何配置。一旦重新捕获，完整的周期数可以向后外推（后处理）到周跳的时间，这样就可以解决周跳的问题。然而，在很短时间间隔上重复周跳将不能有效地求解出全周模糊度，这将导致信号在这个时间间隔内丢失。GPS信号暂时性丢失降低了跟踪卫星的数量，使得定位解变差（甚至无法求解）。

假定除GPS外，还有第二种仪表或传感器能够直接提供GPS历元之间高时间分辨率的运动特性，那么将弥补GPS的离散特性，并且在周跳和信号丢失的情况下辅助定位。惯性导航系统（INS）就能够精确提供的这些信息。由前述所知，误差动态方程非常复杂；由于INS数据在短时间内精度和分辨率非常高，所以INS是实现真正连续运动测量最接近的工具。由于 GPS 和 INS 的各自鲜明特性，促使开展组合进行高精度定位应用。如表 10－1 总结所示，GPS 和 INS 都被认为是定位装置，但它们的基本特性却截然相反，这使得这两个系统可以互为补充而不是相互竞争。

因为 INS 定位需要相对于时间积分加速度和角速率，这些测量噪声累积将导致长波误差。GPS 定位从多个位置的直接测量获得，它的误差通常不积累，但是它们没有数据平均的优势，在短时间内误差相对较大，并且测量值的分辨率比较低。由于惯性导航系统除了需要初始位置和速度外，全部自主运行，不容易受到外部因素影响，而 GPS 接收机必须跟踪卫星发射的信号。因此，从大地测量学的观点来看，我们考虑使用 INS 辅助 GPS 定位，二者相互补充。此外，由于 INS 可以输出方向信息，就可以确定运载体全部的旋转运动。这个辅助设备唯一的缺点就是设备成本是主要定位设备的很多倍。然而，INS 成本是所需要精度的函数。如果强调短时间精度而不注重长期精度，例如仅仅考虑恢复快速周跳，低成本系统的惯性导航系统也足够了。

表 10－1　定位装置 GPS 和 INS 的基本特性

	GPS	INS
测量原理	时间延迟测距	惯性加速度
系统工作	依赖于空间段	自主
输出变量	位置，时间	位置，方向角
长波误差	低	高
短波误差	高	低
数据率	低（<1 Hz）	高（>25 Hz）
仪器成本	低（$20 000，大地测量级）	高（$100 000，中/高精度）

为了提高定位能力，GPS/INS 组合的大地测量学应用集中在移动测绘系统及相似的系统上，例如使用运载体实现遥感和通过多光谱成像获取地面数据。创建这样一个可行的地理信息数据库，其关键在于数据的高精度空间参考，而这可以通过测绘系统已知的位置来完成。世界上已经开发出几种这样的系统，相关性能分析可参见 Linkwitz 和 Hangleiter（1995）、El－Sheimy 和 Schwarz（1998）和 Grejner－Brzezinska（1999）。

10.3.1　组合模式

系统组合根据不同特点可以分为两种方式：通过一个系统的数据在一定程度上辅助另外一个系统的功能，也就是说，通过系统的机械编排或结构来实现；通过数据组合或数据融合的方法来获得位置坐标（可参见 Greenspan，1996）。尽管数据融合方法在一定程度上真实反映了硬件配置决定的机械编排，但是不同层级的数据处理可以用于特定的机械编排。实际上，随着系统组合变得更加深入，机械编排和数据处理方法之间明显的区别正在淡化。

更加具体为，机械编排是指耦合，如果没有耦合（非耦合组合）则说明没有从这个系统到另外一个系统的数据反馈来提高系统性能；并且，在紧耦合中，传感器作为单一的系统能够产生多种互补类型的数据，这些数据被同时进行最优化处理，并尽可能提高单个传感器性能。在一个松耦合系统中，从一个仪器输出后的处理数据进行反馈来辅助提高其他传感器性能的发挥，但是每个仪器仍然有其自身的数据处理算法。

INS 速度实时反馈给 GPS 接收机，这使得 GPS 伪距和相位在下一个历元的精确预测成为可能，允许接收器的跟踪回路在高动态环境中提高精度时具有更窄带宽［参考方程式(9－34）和式（9－35）］。反过来，如果 GPS 函数解作为惯性传感器中系统误差估计卡尔曼滤波器中的参数，惯性导航的性能会提高。同样，GPS 位置和速度可以给线性近似的传播误差状态量提供更好的参考（参考第 5.3 节和第 7.5.2 节），在高动态情况下用于辅助 INS 求解。当然，人们可能考虑使用一个 INS 辅助三维位置或一组 GPS 卫星导航解的确定，这些卫星的几何关系不利或者视图被部分阻断，这样它就弥补 GPS 失效情况或提高精度几何因子（Geometric Dilution of Precision，GDOP）。

在大地测量学应用中，我们不太关注实时的运动定位（导航），通常我们采用货架产品来集成系统，也就说，不需要在分系统间有很强的硬件耦合。此外，绝大多数应用是在良好动态环境中，重点研究融合数据处理算法上就足够了。嵌入式 GPS/INS 系统代表了耦合系统的最终形式，即将 GPS 接收机嵌入在惯性系统中作为整体硬件组件（一块电子电路板）。目前，这些系统主要用于军事和民用领域，未来也可以直接用于高精度的大地测量学应用。

处理算法分为两类：集中式和分散式。如名所示，集中式处理通常与深度耦合的系统相关，其中传感器原始数据通过一个中央处理器（例如，卡尔曼滤波器或平滑器）进行最优组合来获得位置解。分散式处理以序贯方法处理为特点，其中单个系统处理器提供本系统的解，通过一个主处理器将这些解最优性组合起来。一些其他文献也描述了分散融合的方式，例如级联算法和联邦融合算法。同样，这种组合的松散类型需要设计和使用各自不同的最优度。原则上，如果误差的统计值被准确传播，那么最优分散式处理方法和集中式处理方法应当产生一致的解。然而，分散式方法在某些方面通常更利于分散式方式，例如系统故障检测、隔离和校正能力及相对简单计算。如果误差统计特性能够严格建模，能明确在单个卡尔曼滤波器（平滑器）误差传播特性时，集中式方法可以获得最好的导航解和位置解。

列举一个包含一个 GPS 接收机（和天线）和一个 IMU 组件组合定位系统的数据处理方案，不管 GPS 独立还是作为 INS 的一部分。这种方式组合两个子系统表明它们未耦合或松散系统融合，这是一种的测地学的典型应用模式。数据处理集中程度取决于每个系统的可用数据——数据越接近传感器原始数据，集中程度就越大。

10.3.1.1　分散式组合

首先讨论未耦合、分散式 GPS/INS 组合系统，如图 10－2 所示，其中 INS 和 GPS 接收机独立采集和处理位置数据。如第 4 章中所述，包含速度增量 Δv 和角增量 $\Delta\theta$ 的 IMU 数据通过 INS 导航计算机积分获得，并得到位置坐标 ϕ_{INS} 和 λ_{INS} 、对应的速度分量和方向角。误差标准差在这些计算值中可有可无；然而，在 INS 中不用去估计它的误差，仅在系统初始化期间进行最后一次误差标定时（通常在测量开始阶段）确定它们的误差。

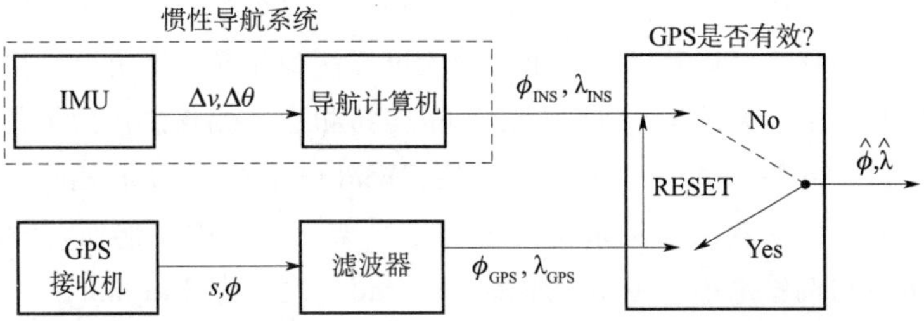

图 10－2　无 INS 误差标定的未耦合、集中式 GPS/INS 组合

同样，GPS 接收机测量的伪距 s 和相位 φ，处理后可以获得坐标 ϕ_{GPS} 和 λ_{GPS}，通常也提供误差估计值。这些估计值可以使用卡尔曼滤波器来构建，如第 9.6 节讨论，其中根据建模后的速度［例如动态误差模型式（9－71）］、观测值［例如宽巷相位式（9－61）］用于更新坐标预测值。卡尔曼滤波器也可以包含其他的状态，例如周模糊度或电离层效应［参见式（9－95）和式（9－109）］。

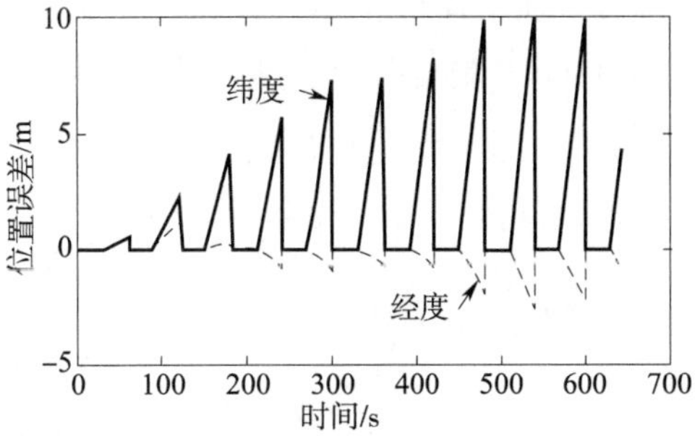

图 10－3　对于未耦合、分散式处理和无 INS 误差标定时，GPS 信号失效期间 INS 和 GPS 坐标之间的差值

两个系统的数据融合可以使用一个简单的决策算法来实现，根据 GPS 信号的可用性，这个算法使用一个或者另外一个系统的输出。也就是说，由于 GPS 信号的长期稳定性，GPS 作为主要系统。INS 坐标根据 GPS 坐标在数据融合处理器中重置限制了 INS 误差相对的大幅增长（但是不能影响增长率）。数据融合算法给出如下

$$\begin{pmatrix}\hat{\phi}(t_k)\\ \hat{\lambda}(t_k)\end{pmatrix}=\begin{cases}\begin{pmatrix}\phi_{GPS}(t_k)\\ \lambda_{GPS}(t_k)\end{pmatrix}, \text{如果 GPS 解有效}\\ \begin{pmatrix}\phi_{INS}(t_k)+(\phi_{GPS}(t_0)-\phi_{INS}(t_0))\\ \lambda_{INS}(t_k)+[\lambda_{GPS}(t_0)-\lambda_{INS}(t_0)]\end{pmatrix}, \text{如果 GPS 解无效}\end{cases} \tag{10-27}$$

式中，t_0 是 GPS 解有效时的最近时间。图 10－3 中说明当 INS 为没有误差补偿的（重置除外）纯惯性系统期间，从式（10－27）计算的 $\hat{\phi}(t)$、$\hat{\lambda}(t)$ 和从 GPS 推算的 $\phi_{GPS}(t)$、$\lambda_{GPS}(t)$ 之间不同值。注意纯惯性解快速发散。举一个例子，在俄亥俄州中部进行一款航空 GPS/INS 定位系统测试获得的数据充分证实了这一点。在这个例子及下一个例子中，从 INS 获得的高度坐标无法使用，除非惯性解是通过 GPS 或者大气（或者其他类型的）高度计观测值进行辅助（耦合）获得。

此处，必须注意 GPS 天线的位置，即 GPS 定位解的参考点，天线位置与惯性导航解的计算点不一致。偏移量可以达到几分米，最大可以达到几米，这由天线相对于 INS 的安装位置决定。在载体坐标系的笛卡儿坐标中，很容易测量出偏移量。为了得到导航坐标系中相应的坐标差值，需要式（1－90）给出的旋转矩阵信息 $\boldsymbol{C}_b^n$ ，旋转矩阵可以通过陀螺仪输出值和惯性导航解（或者从稳定系统的平台常平架上）获得。然而，角精度不需要太大；如果任何坐标的偏移量小于 1 m，那么 10^{-3} rad（大约为 3 arcmin）方向的不确定度将导致计算偏移量误差小于 1 mm。从此以后，我们假定这个偏移量校正是 GPS 和 INS 数据融合处理的组成部分。

如果使用含有 GPS 位置解的更新信息来估计 IMU 误差，那么数据融合算法更有优势，可以获得更好的结果。再次说明，这里提到的 INS 和 GPS 功能仍然没有紧耦合。每个系统独立采集数据并确定位置解，如图 10－4 所示。然而，在 GPS 无效期间内，根据先前积累的 GPS 定位信息使用卡尔曼滤波器（平滑器）估计 IMU 的误差值，这些估计值补偿 INS 获得的位置解。这种情况完全与惯性测量中第一阶段数据处理的情况类似，ZUPT 期间获得目前运动的 GPS 位置。如下面的误差估计公式所示，在捷联系统中（对于当地水平、指北、稳定系统，$\boldsymbol{C}_s^n=\boldsymbol{I}$ ），导航计算机必须提供从传感器坐标系到导航坐标系的方向余弦矩阵 $\boldsymbol{C}_s^n$ 。

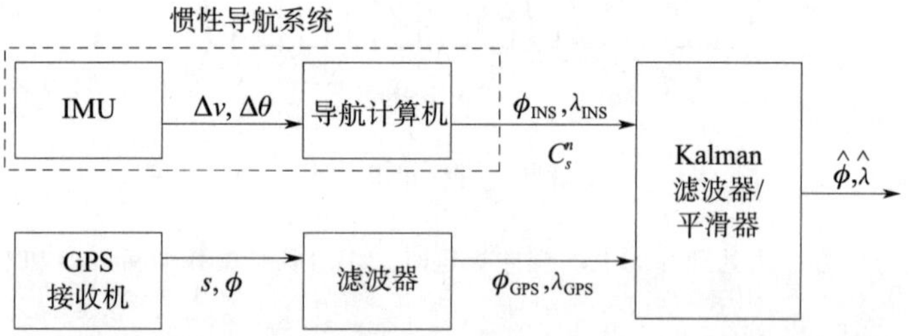

图 10－4　具有 INS 误差补偿的松耦合、分散式 GPS/INS 组合

对于时间较短和常规速度（ $\leqslant 200$ m/s ）的情况下，可以简化 IMU 误差动态方程，类似于方程式（5－82），在 NED 坐标系中，不包含高度变量的方程为

$$\frac{\mathrm{d}}{\mathrm{d}t}\begin{pmatrix}\psi_N\\ \psi_E\\ \psi_D\\ \delta\dot{\phi}\\ \delta\dot{\lambda}\\ \delta\phi\\ \delta\lambda\end{pmatrix}=\begin{pmatrix}0 & -\omega_e\sin\phi & 0 & 0 & \cos\phi & -\omega_e\sin\phi & 0\\ \omega_e\sin\phi & 0 & \omega_e\cos\phi & -1 & 0 & 0 & 0\\ 0 & -\omega_e\cos\phi & 0 & 0 & -\sin\phi & -\omega_e\cos\phi & 0\\ 0 & \frac{-a_3^n}{r} & \frac{a_2^n}{r} & 0 & -\omega_e\sin2\phi & 0 & 0\\ \frac{a_3^n}{r\cos\phi} & 0 & \frac{-a_1^n}{r\cos\phi} & 2\omega_e\tan\phi & 0 & 0 & 0\\ 0 & 0 & 0 & 1 & 0 & 0 & 0\\ 0 & 0 & 0 & 0 & 1 & 0 & 0\end{pmatrix}\begin{pmatrix}\psi_N\\ \psi_E\\ \psi_D\\ \delta\dot{\phi}\\ \delta\dot{\lambda}\\ \delta\phi\\ \delta\lambda\end{pmatrix}+\begin{pmatrix}\delta\omega_{GN}\\ \delta\omega_{GE}\\ \delta\omega_{GD}\\ \delta a_{AN}\\ \delta a_{AE}\\ 0\\ 0\end{pmatrix}\tag{10-28}$$

可以对右边主要项的传感器误差建模，例如每个陀螺仪的误差模型包含漂移误差和白

噪声，分别由传感器坐标系向量 $\boldsymbol{d}$ 和 $\boldsymbol{w}_G$ 表示[参见(5－75) 和式(6－109)]

$$\delta\boldsymbol{\omega}_G = \boldsymbol{C}_s^n \delta\boldsymbol{\omega}_{is}^s = \boldsymbol{C}_s^n (d + \boldsymbol{w}_G) \tag{10-29}$$

每个加速度计的误差模型包含偏置、标度系数误差和白噪声，分别由 s 系的向量 $\boldsymbol{b}$、$\boldsymbol{\kappa}_A$ 和 $\boldsymbol{w}_A$ 表示［参见式（5－72）和式（6－107）］

$$\delta\boldsymbol{a}_A = \boldsymbol{D}^{-1}\boldsymbol{C}_s^n \delta\boldsymbol{a}^s = \boldsymbol{D}^{-1}\boldsymbol{C}_s^n \left[\boldsymbol{b} + \mathrm{diag}(\boldsymbol{a}^s)\boldsymbol{\kappa}_A + \boldsymbol{\omega}_A\right] \tag{10-30}$$

式中，$\mathrm{diag}(\boldsymbol{a}^s)$ 表示敏感加速度分量的对角矩阵，$\boldsymbol{D}$ 由式（5－69）给出，将坐标从测地坐标系变换为当地笛卡儿坐标系。

导航误差状态变量由下式表示

$$\boldsymbol{\varepsilon}_1 = \begin{bmatrix}\psi_N & \psi_E & \psi_D & \delta\dot{\phi} & \delta\dot{\lambda} & \delta\phi & \delta\lambda\end{bmatrix}^{\mathrm{T}} \tag{10-31}$$

并且假定系统误差参数

$$\boldsymbol{\varepsilon}_2 = \begin{bmatrix}\boldsymbol{d}^{\mathrm{T}} & \boldsymbol{b}^{\mathrm{T}} & \boldsymbol{\kappa}_A^{\mathrm{T}}\end{bmatrix}^{\mathrm{T}} \tag{10-32}$$

它们均是随机常量，满足式（6－63），扩展误差动态微分方程式（10－28）可以给出如下（也可参见 7.5.1 节）公式

$$\frac{\mathrm{d}}{\mathrm{d}t}\begin{pmatrix}\boldsymbol{\varepsilon}_1\\ \boldsymbol{\varepsilon}_2\end{pmatrix} = \begin{pmatrix}\boldsymbol{F}_1 & \boldsymbol{F}_2\\ \underset{9\times7}{\boldsymbol{0}} & \underset{9\times9}{\boldsymbol{0}}\end{pmatrix}\begin{pmatrix}\boldsymbol{\varepsilon}_1\\ \boldsymbol{\varepsilon}_2\end{pmatrix} + \begin{pmatrix}\boldsymbol{G}\\ \underset{9\times6}{\boldsymbol{0}}\end{pmatrix}\begin{pmatrix}\boldsymbol{w}_G\\ \boldsymbol{w}_A\end{pmatrix} \tag{10-33}$$

式中，$\boldsymbol{F}_1$ 是式（10－28）中的误差动力学矩阵，并且

$$\boldsymbol{F}_2 = \begin{pmatrix}\boldsymbol{C}_s^n & \underset{3\times3}{\boldsymbol{0}} & \underset{3\times3}{\boldsymbol{0}}\\ \underset{2\times3}{\boldsymbol{0}} & \boldsymbol{J}\boldsymbol{D}^{-1}\boldsymbol{C}_s^n & \boldsymbol{J}\boldsymbol{D}^{-1}\boldsymbol{C}_s^n\,\mathrm{diag}(a^s)\\ \underset{2\times3}{\boldsymbol{0}} & \underset{2\times3}{\boldsymbol{0}} & \underset{2\times3}{\boldsymbol{0}}\end{pmatrix}, \boldsymbol{G} = \begin{pmatrix}\boldsymbol{C}_s^n & \underset{3\times3}{\boldsymbol{0}}\\ \underset{2\times3}{\boldsymbol{0}} & \boldsymbol{J}\boldsymbol{D}^{-1}\boldsymbol{C}_s^n\\ \underset{2\times3}{\boldsymbol{0}} & \underset{2\times3}{\boldsymbol{0}}\end{pmatrix}, \boldsymbol{J} = \begin{pmatrix}1 & 0 & 0\\ 0 & 1 & 0\end{pmatrix} \tag{10-34}$$

所有的零矩阵均给出了它们的维数。

由于 GPS 获得的位置坐标用于更新数据，观测方程［比照式（7－53）］给出如下

$$\boldsymbol{y} = \boldsymbol{H}\boldsymbol{\varepsilon} + \boldsymbol{v} \tag{10-35}$$

其中 $\boldsymbol{\varepsilon}^{\mathrm{T}} = (\boldsymbol{\varepsilon}_1^{\mathrm{T}} \quad \boldsymbol{\varepsilon}_2^{\mathrm{T}})^{\mathrm{T}}$，得出

$$\boldsymbol{H} = \begin{pmatrix}\underset{2\times5}{\boldsymbol{0}} & \underset{2\times2}{\boldsymbol{I}} & \underset{2\times9}{\boldsymbol{0}}\end{pmatrix} \tag{10-36}$$

在前面示例中，使用离散卡尔曼滤波器获得 GPS 观测值 ϕ 和 λ 。式（10－35）中的对于滤波器的时间不相关观测噪声的假设很难满足假设，最终卡尔曼滤波器（或平滑器）应该在理论上进行扩展，如 7.5.1 节所示，如果它们的统计特性与已有的误差状态不同，可以将 GPS 误差参数作为扩展项。同样，应当通过最新 GPS 解（闭环操作，见第 7.5.2 节）来重置 INS 的解，其目的是保持误差模型线性近似的精确性。

对于噪声过程 $\boldsymbol{w}_G$ 和 $\boldsymbol{w}_A$ 使用合适的统计信息，同误差状态的先验协方差一样，这些模型和观测值通过离散卡尔曼滤波器（见第 7.3.2.2 节）和（或者）平滑器（见第 7.3.2.3 节）来获得所关注时刻的估计值 $\delta\hat{\phi}$ 和 $\delta\hat{\lambda}$ 。那么，从式（7－132）可得所有时刻 t_k 位置坐

标的估计值为

$$\hat{\phi}(t_k)=\phi_{\text{INS}}(t_k)-\delta\hat{\phi}(t_k)$$
$$\hat{\lambda}(t_k)=\lambda_{\text{INS}}(t_k)-\delta\hat{\lambda}(t_k) \tag{10-37}$$

通过式（7-73）给出 $\boldsymbol{P}_k$ 求取协方差，协方差的真实性取决于误差模型的精度，包括 GPS 噪声向量 $\boldsymbol{v}$ 的协方差。

在更新历元时，坐标估计值与更加精确 GPS 解导出的坐标值（观测值）接近。这些估计值也用于重置惯性导航系统给出的坐标值。根据更新值估计传感器误差，从而获得校正后的导航解，其他时刻的坐标值就来自与校正后的导航解。换句话说，IMU 的误差已经被校正过（在一定程度上就是来自于 GPS 的更新值，参见第 8 章）。如图 10-3 所示，将飞行试验数据用于这个松耦合的融合方案，标定后的惯性导航系统纯惯性解替代 GPS 解（在这个阶段内没有 GPS 更新），差值 $\hat{\phi}(t)-\phi_{\text{GPS}}(t)$ 和 $\hat{\lambda}(t)-\lambda_{\text{GPS}}(t)$ 被计算出来。计算结果如图 10-5 所示，表明标定后比未标定的解提高了一个数量级；对应的卡尔曼滤波平滑解误差进一步降低了 1/2。

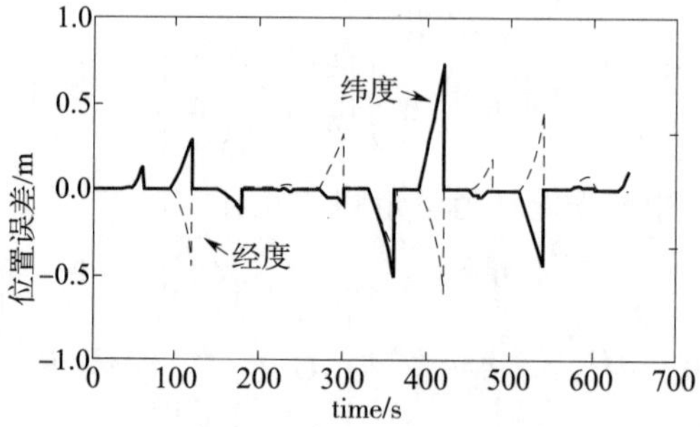

图 10-5　松耦合、分散式处理和 INS 误差标定在 GPS 信号失效期间，INS 和 GPS 坐标之间的差值

10.3.1.2　集中式组合

第三个示例给出了 IMU 和 GPS 数据集中式组合方案，如图 10-6 所示。因为从处理器到 GPS 接收器跟踪回路没有反馈，所以它表示了 GPS 和 INS 接近紧耦合的传统定义。这种组合与图 10-4 给出的分散式配置本质差别在于数据处理。此时，用于 IMU 和 GPS 组合算法数据包括：原始角度增量 $\Delta\theta$ 和原始速度增量 Δv。它们分别来自于 INS 的陀螺仪和加速度计，以及 GPS 接收器的相位和伪距。使用卡尔曼滤波器同时估计出这两个系统所有的位置误差状态和误差参数。将量程和量程差，或相位和伪距及它们的差（见第 9.5.2 节）用于惯性导航解的参数更新，而不使用 GPS 获得的坐标更新惯性解的参数。

IMU 的传感器误差状态（变量）是前述确定的变量；在这个例子中，我们在 e 系中构建了动力学方程，因为集中处理的方法通过三维的 GPS 更新，在本质上提供了垂向 IMU 位置和速度误差的垂向通道衰减。对于捷联惯性测量单元，在 e 系使用简单的误差动态方程，e 系也是 GPS 观测的主要坐标系。此外，我们使用附加的状态变量来对传感器误差和未知重力扰动分量来建模（例如高斯-马尔科夫过程，见第 6.6.3 节）。

GPS 误差状态变量包括周模糊度、电离层和对流层延迟。目前，我们认为模糊度已经

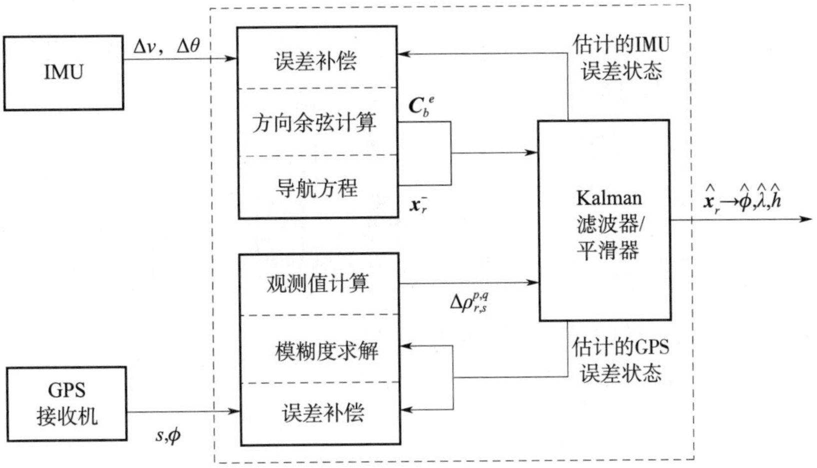

图 10－6　集中式 GPS/INS（捷联）组合

通过 INS 辅助的一个动态（on－the－fly，OTF）算法来确定，详见下一节。一旦以足够的精度将这些参数估计出来，它们就被分为配固定的值（在双重差分相位的情况下为整数），并且将从系统的状态向量（见第 9.6.4 节）中删除这些变量。此外，对流层延迟被认为在很大程度上是在卡尔曼滤波器之外建模的，并且是以对 GPS 观测修正的形式呈现的（见第 9.4 节）。全部状态向量包含有 9 个变量导航误差状态向量、IMU 传感器参数向量和一个 GPS 相关参数的向量，如下

$$\boldsymbol{\varepsilon} = (\boldsymbol{\varepsilon}_1^{\mathrm{T}} \quad \boldsymbol{\varepsilon}_2^{\mathrm{T}} \quad \boldsymbol{\varepsilon}_3^{\mathrm{T}})^{\mathrm{T}} \tag{10-38}$$

其中

$$\begin{aligned} \boldsymbol{\varepsilon}_1 &= [(\boldsymbol{\psi}^e)^{\mathrm{T}} \quad (\delta\dot{\boldsymbol{x}}_r)^{\mathrm{T}} \quad (\delta\boldsymbol{x}_r)^{\mathrm{T}}]^{\mathrm{T}} \\ \boldsymbol{\varepsilon}_2 &= (\boldsymbol{d}^{\mathrm{T}} \quad \boldsymbol{b}^{\mathrm{T}} \quad \boldsymbol{\kappa}_A^{\mathrm{T}} \quad \boldsymbol{c}^{\mathrm{T}})^{\mathrm{T}} \\ \boldsymbol{\varepsilon}_3 &= (\cdots \quad \Delta I_{r,s}^{p,q} \quad \cdots)^{\mathrm{T}} \end{aligned} \tag{10-39}$$

式中，已经忽略了位置误差和速度误差上指定坐标系的上标，因为在第 9.6 节中已知，它们是 e 系中的向量。相比于（10－32）中的状态向量，$\boldsymbol{\varepsilon}_2$ 也满足一阶高斯-马尔科夫过程［见式（6－69）］相关误差模型

$$\dot{\boldsymbol{c}} = -\mathrm{diag}(\boldsymbol{\beta})\boldsymbol{c} + \boldsymbol{w}_c \tag{10-40}$$

式中，$\mathrm{diag}(\boldsymbol{\beta})$ 是一个对角矩阵，对角线元素为过程的相关参数 $\boldsymbol{\beta}^{\mathrm{T}} = (\beta_1 \quad \beta_2 \quad \beta_3)^{\mathrm{T}}$，并为已知量；$w_c$ 是已知方差的白噪声过程向量。

式（10－38）最后一个分量 $\boldsymbol{\varepsilon}_3$ 是动态的，取决于任意历元时刻跟踪卫星的数目，每个状态变量对应两个卫星 p 和 q 、两个 GPS 接收机 r 和 s 电离层效应的误差，其中一个是漫游的，另外一个静止的。$\boldsymbol{\varepsilon}_3$ 的维数是 $n_{p,q}$ ，它是双差分电离层延迟的个数；这些状态中每一个变量可以建模为随机游走（可参见 Grejner－Brzezinska 等，1998）或其他类型的随机过程。考虑随机游走的情况，可得

$$\frac{\mathrm{d}}{\mathrm{d}t}\Delta I_{r,s}^{p,q} = w_I \tag{10-41}$$

如果其他误差参数也包括在状态向量中，例如对流层延迟，它们的随机模型应当区别于已有的模型，否则它们在统计学上是不可估计的，并且应该简单地纳入现有模型。

在这个例子中，状态向量的动态方程为

$$\frac{\mathrm{d}}{\mathrm{d}t}\begin{pmatrix}\boldsymbol{\varepsilon}_1\\ \boldsymbol{\varepsilon}_2\\ \boldsymbol{\varepsilon}_3\end{pmatrix}=\begin{pmatrix}\boldsymbol{F}_{11} & \boldsymbol{F}_{12} & \underset{9\times 2n_{p,q}}{\boldsymbol{0}}\\ \underset{12\times 9}{\boldsymbol{0}} & \boldsymbol{F}_{22} & \underset{12\times 2n_{p,q}}{\boldsymbol{0}}\\ \underset{2n_{p,q}\times 9}{\boldsymbol{0}} & \underset{2n_{p,q}\times 12}{\boldsymbol{0}} & \underset{2n_{p,q}\times 2n_{p,q}}{\boldsymbol{0}}\end{pmatrix}\begin{pmatrix}\boldsymbol{\varepsilon}_1\\ \boldsymbol{\varepsilon}_2\\ \boldsymbol{\varepsilon}_3\end{pmatrix}+\begin{pmatrix}\boldsymbol{G}_1\\ \boldsymbol{G}_2\\ \boldsymbol{G}_3\end{pmatrix}\begin{pmatrix}\boldsymbol{w}_A\\ \boldsymbol{w}_G\\ \boldsymbol{w}_C\\ \boldsymbol{w}_I\end{pmatrix} \tag{10-42}$$

式中，F_{11} 由式（5－51）中的动态矩阵给出，并且

$$\boldsymbol{F}_{12}=\begin{pmatrix}\boldsymbol{C}_b^e & \underset{3\times 3}{\boldsymbol{0}} & \underset{3\times 3}{\boldsymbol{0}} & \underset{3\times 3}{\boldsymbol{0}}\\ \underset{3\times 3}{\boldsymbol{0}} & \boldsymbol{C}_b^e & \boldsymbol{C}_b^e\,\mathrm{diag}(a^s) & \boldsymbol{C}_b^e\\ \underset{3\times 3}{\boldsymbol{0}} & \underset{3\times 3}{\boldsymbol{0}} & \underset{3\times 3}{\boldsymbol{0}} & \underset{3\times 3}{\boldsymbol{0}}\end{pmatrix},\ \boldsymbol{F}_{22}=\begin{pmatrix}\underset{9\times 9}{\boldsymbol{0}} & \underset{9\times 3}{\boldsymbol{0}}\\ \underset{3\times 9}{\boldsymbol{0}} & -\mathrm{diag}(\boldsymbol{\beta})\end{pmatrix} \tag{10-43}$$

同样，从类似于式（10－29）和式（10－30）的模型中，并且在 e 系中，从式（10－40）和式（10－41）中易得

$$\boldsymbol{G}_1=\begin{pmatrix}\boldsymbol{C}_b^e & \underset{3\times 3}{\boldsymbol{0}} & \underset{3\times(3+n_{p,q})}{\boldsymbol{0}}\\ \underset{3\times 3}{\boldsymbol{0}} & \boldsymbol{C}_b^e & \underset{3\times(3+n_{p,q})}{\boldsymbol{0}}\\ \underset{3\times 3}{\boldsymbol{0}} & \underset{3\times 3}{\boldsymbol{0}} & \underset{3\times(3+n_{p,q})}{\boldsymbol{0}}\end{pmatrix},\ \boldsymbol{G}_2=\begin{pmatrix}\underset{9\times 6}{\boldsymbol{0}} & \underset{9\times 3}{\boldsymbol{0}} & \underset{9\times n_{p,q}}{\boldsymbol{0}}\\ \underset{3\times 6}{\boldsymbol{0}} & \underset{3\times 3}{\boldsymbol{I}} & \underset{3\times n_{p,q}}{\boldsymbol{0}}\end{pmatrix},\ \boldsymbol{G}_3=\begin{pmatrix}\underset{n_{p,q}\times 9}{\boldsymbol{0}} & \underset{n_{p,q}\times n_{p,q}}{\boldsymbol{I}}\end{pmatrix} \tag{10-44}$$

GPS 的观测量由式（9－61）给出的双差分宽行相位获得，其中模糊度在滤波器外确定。观测矩阵 $\boldsymbol{H}$ 变为一个 $n_{p,q}\times(21+n_{p,q})$ 的矩阵，类似于式（9－110），每一行给出如下

$$(\boldsymbol{H})_{p,q}=\begin{pmatrix}\underset{1\times 6}{\boldsymbol{0}} & -\dfrac{1}{\lambda_w}(\tilde{\boldsymbol{e}}_r^{p,q})^{\mathrm{T}} & \underset{1\times 12}{\boldsymbol{0}} & \cdot\cdot 0 \cdot\cdot & \dfrac{1-\sqrt{\alpha}}{\lambda_1} & \cdot\cdot 0 \cdot\cdot\end{pmatrix} \tag{10-45}$$

式中，类似式（9－98），符号 ··0·· 代表一串 0，其长度取决于卫星对（p，q）的顺序；$\tilde{e}_r^{p,q}$ 由式（9－99）给出。考虑双差分观测相位误差式（9－63）的组合时，协方差矩阵 $\boldsymbol{R}$ 类似于式（9－102）。注意，最终三维位置估计值的笛卡儿坐标用式（1－84）可以很容易变换为大地坐标。

比较分散式和集中式组合，可以发现它们基本体系结构类似，其中惯性测量单元提供参考运动轨迹，而 GPS 作为系统的更新。二者主要差异在于滤波时对 GPS 数据的处理方式，也就是说，将双差分距离而非求解后的坐标作为更新量。如前述，惯性导航解具有校正传感器数据的优点。原则上，如果两种组合类型的误差模型等效，并且误差统计传播特性严格一致，获得的结果应该相等。例如，从独立式 GPS 滤波器获得的全协方差矩阵应当用于分散式组合（算法），也用于任意历元期间的相关算法。

显然，集中式组合对 GPS 信号丢失具有更好的容错性。在分散式组合中，一个位置解取决于跟踪卫星数量（至少为 4 颗），没有这个基本条件，无法获得（位置）解，所以

不能更新纯惯性解（除非构建特殊滤波器来计算这种情况下的退化解或低维解）。另一方面，集中式组合可以使用任何 GPS 信号，即使信号仅仅是单一双差（信号）。

基于上述原因，通常采用集中式组合方法。然而，分散式组合方法也有一些优点。如果在任一系统中出现传感器故障或性能下降，由于分散式积分算法本质上基于两个独立的解来工作，所以它更加能够探测这些故障或随之而来的异常值，并且易于采取适当补救措施。另一个优点涉及组合算法计算复杂度，处理两个级联或分散式组合的低阶状态滤波器，比处理高阶状态滤波器的计算量要小。然而，在任务后处理中，特别是在高精度大地测量应用中，这种优势随着误差统计数据严格传播的潜在损失而逐渐消失，即使在实时处理中，随着计算能力指数级增长，这个优点就变得不重要了。

10.3.2　圆周模糊度确定

惯性系统提供移动平台更高分辨率的位置解，辅助 GPS 信号故障的过渡期，也非常适合航路探测和 GPS 观测相位中圆周模糊度的恢复。尽管已存在有效算法来确定静态模式和运动模式的这些量，但其性能随着基线长度、大气效应、运载体恶劣的动态环境和高精度 P 码跟踪（防电子欺骗）无效而降低。不但在周跳的情况下需要确定圆周模糊度，而且在求取运动定位解时，作为新卫星来补充或替换其他卫星情况下也需要圆周模糊度。

如果使用最小数量卫星可以求解，那么使用运载体和卫星的位置坐标很容易确定任何其他卫星相位信号的圆周模糊度。反之，IMU 数据表示的位置可以用于计算、恢复周期数或检测错误的计数（一个周跳），它取决于纯惯性导航误差的累积水平。使用高精度、标定过的惯性测量，只要 INS 精度误差小于载波波长的一半（对于 L1 为 10 cm，对于宽巷信号为 43 cm），在几秒内就很容易确定圆周度。

图 10－7 描述了在组合系统中检测并求解圆周模糊度的逻辑流程。双差分相位观测量相对动态 GPS 定位的基本逻辑不同于单个接收器情况下的绝对定位。在每一个历元中，双差分是通过卡尔曼滤波器算法预测运载体位置和从相关卫星及基站的位置来获得，通过式（9－66）计算距离、通过式（9－57）校验完整的双差分相位。这个预测的距离 $(\Delta\rho_{r,s}^{p,q})^-$ 相当于一个双差分相位（观测的 L1，宽巷信号，或无离子相位，包括相位误差）、相应的完整周期数和电离层效应的组合。例如，对于宽巷相位（9－61），我们有

$$(\Delta\rho_{r,s}^{p,q})^- - \varepsilon_{\Delta\rho} = \lambda_w(\Delta\phi w_{r,s}^{p,q} - \Delta\varepsilon_{\phi w,r,s}^{p,q}) + \frac{\lambda_w}{\lambda_1}\left(1-\sqrt{\alpha}\right)\Delta I_{r,s}^{p,q} + \lambda_w \Delta N w_{r,s}^{p,q} \tag{10-46}$$

式中，$\varepsilon_{\Delta\rho}$ 是预测距离的误差。从观测的相位 $\Delta\phi w_{r,s}^{p,q}$ 、估计的电离层效应和上一个周期数（假定为常数），再次通过式（9－61）可以计算

$$\Delta\bar{\rho}_{r,s}^{p,q} = \lambda_w \Delta\phi w_{r,s}^{p,q} + \frac{\lambda_w}{\lambda_1}\left(1-\sqrt{\alpha}\right)\Delta\hat{I}_{r,s}^{p,q} + \lambda_w \Delta N w_{r,s}^{p,q}\big|_0 \tag{10-47}$$

假定预测值 $(\Delta\rho_{r,s}^{p,q})^-$ 和估计值 $\Delta\hat{I}_{r,s}^{p,q}$ 精度足够，$(\Delta\rho_{r,s}^{p,q})^-$ 和 $\Delta\tilde{\rho}_{r,s}^{p,q}$ 之间的主要差为

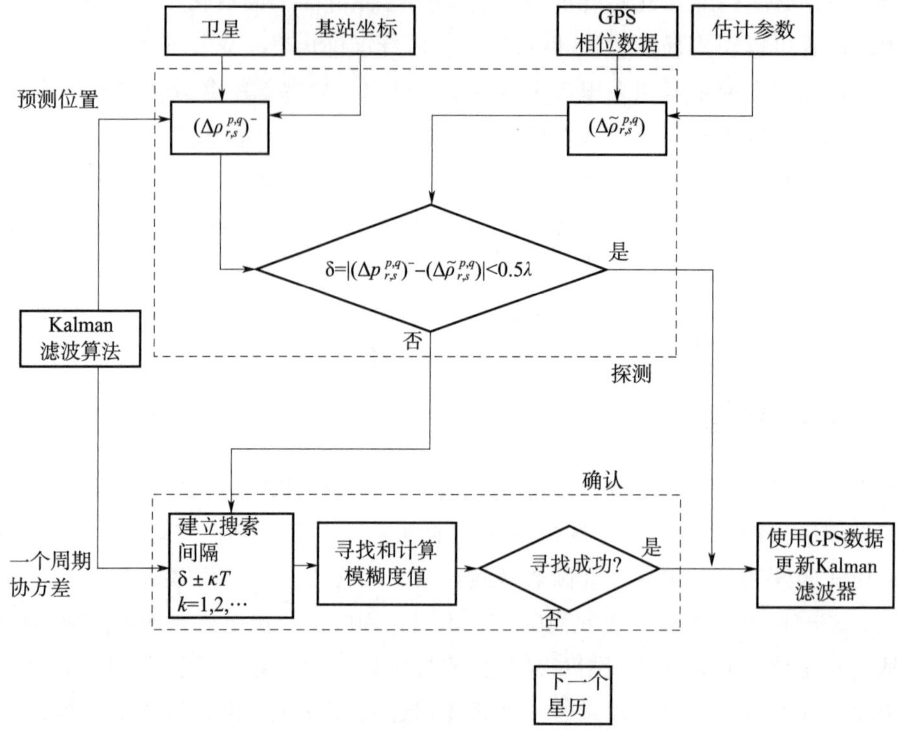

图 10-7　在集中式 GPS/INS 组合中圆周模糊度检测和确定

$$\frac{1}{\lambda_w}[(\Delta\rho_{r,s}^{p,q})^- - \Delta\bar{\rho}_{r,s}^{p,q}] = \frac{\varepsilon\Delta_\rho}{\lambda_w} - \Delta\varepsilon_{\phi w,r,s}^{p,q} + \frac{(1-\sqrt{\alpha})}{\lambda_1}(\Delta I_{r,s}^{p,q} - \Delta\hat{I}_{r,s}^{p,q})$$
$$+ \Delta N w_{r,s}^{p,q} - \Delta N w_{r,s}^{p,q}|_0 = T + \Delta N w_{r,s}^{p,q} - \Delta N w_{r,s}^{p,q}|_0 \tag{10-48}$$

式中，公差 T 是基于估计误差的标准差，由误差 $\Delta N_{r,s}^{p,q}|_0$ 所致。

式（10-48）不但可以探测周跳，如果在 T 小于 0.5 个周期，也能立即用于计算模糊度 $\Delta N w_{r,s}^{p,q}$。T 值大小很大程度上取决于 $\varepsilon_{\Delta\rho}$ 的标准差，它反映惯性系统输出位置来预测距离的精度。如果 $T>0$（因为由于 GPS 故障，预测的距离就退化了），应当使用标准搜索技术来找到模糊度的正确值，它们可以在几个历元内收敛。一旦确定模糊度，在时间上落后的周跳和卫星跟踪就是有效的。

10.4　动基座重力测量方法

如前几节所述，GPS 和 INS 的组合主要用于定位和导航，因为它们具有互补的误差特性和相应的相互辅助能力。还有另一种类型的组合吸引了大地测量学和地球物理学界在测量重力场方面的努力。基于牛顿第二运动定律基本方程式（1-7）并对式（1-7）稍加整理，可得

$$\boldsymbol{g}^{i}=\ddot{\boldsymbol{x}}^{i}-\boldsymbol{a}^{i} \tag{10-49}$$

上式在 i 系中成立，说明引力向量是总加速度（例如通过差分 GPS 导出的位置确定）和比力（由加速度计测量）之间的差。实际上，这并不是一个 GPS 和 INS 的混合，而是两个不同传感器的配置，二者功能不同是组合的本质，与此同时，它们也受到完全不同误差特性的影响。也就是说，由于两个系统都未能相互辅助，则它们的误差会组合起来。我们知道 INS 误差随着时间积累，这样在长时间范围内它就是主要误差项。假定 GPS 位置误差主要是白噪声，那么在导出加速度中相应的误差在高频部分很大，或者说是短时间内的大误差项。所以，只有一个很小的窗口内才能分辨出引力信号。如图 10－8 所示（也可以参见 Schwarz 等，1992）根据沿轨迹功率谱密度（每单位频率上的功率）给出了使用 INS 和 GPS 估计重力扰动量的谱窗。这个窗也取决于运载体的速度，当速度下降时，相对于重力信号来说，这个窗就移动到右侧。

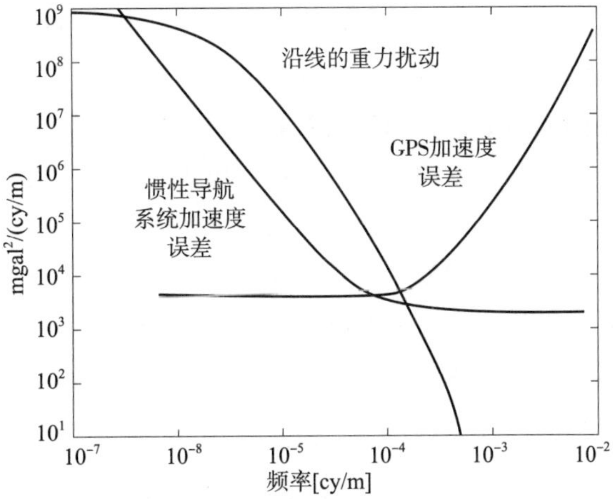

图 10－8　使用 INS 和 GPS 估计重力扰动量的谱窗

无论在静态重力测量还是移动平台上进行重力测量，其测量方法都是基于牛顿定律，即式（10－49）推导出来的。在静态测量的情况下，重力仪是精度非常高的垂向加速度计，它敏感静态平台上地球表面由于引力加速度和地球自转离心加速度效应产生的加速度。在移动平台例如飞机上，重力仪敏感施加在飞机机翼上的升力，同时也敏感离心加速度和科里奥利加速度。在这两种情况下，只有独立的获得（移动）平台总加速度 $\ddot{\boldsymbol{x}}^{i}$ 垂向分量（在静态的情况下，仅是离心加速度的分量），垂向引力可以从重力仪的测量值中提取出来。由于力再平衡（和振梁）加速度计（见第 3.3.3 节和第 3.3.4 节）相关的测量原理，我们也认识到这些传感器仅获得相对于初始标定值的加速度，因此它们仅适用于相对重力测量。

我们从三维角度提出了 INS/GPS 重力测量方法的概念，这样就容易考虑一些特殊情况，例如垂向重力测量方法（例如使用一个相对重力仪）。相应地，也分析了矢量重力测量和标量重力测量之间的区别，矢量重力测量是指确定重力的全部向量（或者至少多于一个分量），而标量重力测量通常是重力向下分量的测量或重力向量幅值的测量。此外，我们区分了基于加速度直接测量的方法和第 10.2 节中已经给出基于定位测量加速度的方法，其中惯性系统，例如惯性测量系统，能够用于获取重力矢量各分量的估计值。

加速度测量方法是式（10－49）直接的应用。平台的加速度（比力）由惯性传感器（加速度计）输出值得到，并通过陀螺仪来进行定向。在标量重力测量的情况下，运动加速度必须通过位置相对于时间的数据差分独立获得，而位置可以由 GPS、雷达或者激光测高仪测量确定。所以，能从这两种不同类型加速度的差值中估计得到引力（加速度）分量。

在惯性定位的情况下，加速度计的测量值对时间一次数值积分获得速度，再次积分获得位置，所以根据基本方程（10－49）可得

$$\boldsymbol{x}^i=\boldsymbol{x}_0^i+(t-t_0)\dot{\boldsymbol{x}}_0^i+\int_{t_0}^{t}\int_{t_0}^{t}(\boldsymbol{a}^i+\boldsymbol{g}^i)\,\mathrm{d}t\,\mathrm{d}t \tag{10-50}$$

同理，在 n 系中更加复杂的公式可由式（4－91）导出。这些由惯性表示的位置或速度与运动位置或速度（例如 ZUPT）外部更新进行比较，惯性值将与外部更新值不同，因为用于式（10－50）[或者式（4－91）] 的引力值是不准确的。那么，通过合适算法能够将观测的差异估计出正确的引力值，例如卡尔曼滤波器。与加速度测量法相比，这种间接确定引力值的方法给出了与使用惯性仪器进行重力场估计方法的根本区别。这两种测量方法使用了相同的传感器数据，但是数据处理方式不同，前者情况涉及数字微分，而后者涉及数字积分。这些方法在理论上和数学计算细节上完全不同；两种方法都有其优缺点。

对所有测量方法，与矢量重力测量来说，有一点是相同的，即未补偿的陀螺仪误差耦合到水平加速度分量上。此处再次给出北向分量的速度误差动态方程式（5－71）

$$\frac{\mathrm{d}}{\mathrm{d}t}\delta v_N=-2\omega_e\sin\phi\delta v_E-a_D\psi_E+a_E\psi_D+\delta a_{AN}+\delta\bar{g}_N \tag{10-51}$$

可以从式（4－101）获得 $\boldsymbol{a}^n$ 。此时，有 4 个加速度项施加在速度误差的动力学方程上，所有的加速度有近似的幅值。重力扰动分量幅度的典型值在 40 mGal 的量级上；在中等精度到高精度的系统中，未补偿的加速度偏置更小。在 $-a_D\psi_E$ 项中，东向的动态误差耦合到加速度误差中，其中取 $a_D\approx-\bar{g}\approx 10\ \mathrm{m/s^2}$ ，即 10^{-6} rad（≈0.2″）的方向误差导致耦合量大约为 1 mGal。对低动态的运载体情况（ $|a_E|\ll\bar{g}$ ）下，向下分量的方向误差作用较小。

仅当用载体速度转换到时域的重力扰动信号特性完全与其他信号不同时，就有可能将其与其他加速度项隔离开来。更精确地说，δg_N 的那些谱分量可以从系统误差中分离而被估计出来。在良好的运载体动态环境下，在导航坐标系中加速度计的偏置本质上仍然保持为偏置。如果稳定运动导致方向误差 ψ_E 的动态特性很大程度上是由陀螺仪漂移引起的 [参见式（5－75）和式（5－74）]，那么对应的加速度误差 $-a_D\psi_E$ 类似于趋势项。在这种情况下，消除偏置和去趋势技术能估计水平重力的短波长分量。另外，在矢量重力测量中，由于 $-a_D\psi_E$（同理，$a_D\psi_N$ 为东向分量）项存在，对方向误差的要求极为苛刻，因为陀螺仪误差在惯性导航系统中起绝对性作用。

此外，速度误差通过科里奥利项也影响估计精度。例如，式（10－51）中 $\phi=45°$ 时的

值［也可参见式（5－71）］，任何速度分量误差达到 10 cm/s，导致的加速度误差可以达到 1 mgal。

以下讨论动基座陆地系统［此处不包括目前正在研发过程中的空间系统（可参见 Jekeli，1999），但是包括航空系统］。此外，地球重力场的确定限定在重力扰动向量上，通常定义为正常重力矢量的剩余值，如式（6－95）所示。如果参考地球重力场是类似于式（6－99）的高阶、近似、平面、球谐函数，那么这些讨论成立。不论是由正常重力场还是高阶模型，参考重力场总是包括由于地球旋转引起的离心加速度，所以重力扰动分量是纯引力加速度（为了一致，保留带横杠的符号）。

10.4.1　惯性定位获得引力加速度

奇怪的是，从与惯性定位相关的误差中推导（水平）重力扰动分量方法的实现，先于使用加速度计直接测量重力扰动分量的方法。原因非常明显，已经存在使用最优估计技术（例如卡尔曼滤波器）来处理 INS 误差的机制方法，并且，很难或不可能通过微分位置坐标来获得可靠的加速度，即 $\ddot{\boldsymbol{x}}$ 。

第 5.3 节中已经推导出误差动态模型，它将重力扰动量作为系统的误差状态。在 n 系中，根据方程式（5－66），并且速度误差动态强迫项的相关分量 $\boldsymbol{G}^n\boldsymbol{u}$ 是从式（5－65）和式（5－68）获得的，写为

$$\left| \boldsymbol{G}^n\boldsymbol{u} \right|_{\text{rows }4,5,6} = \boldsymbol{D}^{-1}(\boldsymbol{C}_s^n\delta\boldsymbol{a}^s + \delta\bar{\boldsymbol{g}}^n) \tag{10-52}$$

然而，需要注意纯惯性导航在垂直方向（见第 5.2 节）的不稳定性使得使用这种方法估计垂向重力扰动分量相当困难。根本上来说，我们需要 GPS 和 INS 作为两个相互独立的传感器来提取引力信号，它超出了 GPS 合理服务于该功能的能力（译者：解算垂向运动加速度），并且也提供高精度惯性垂向定位需要的垂向阻尼。因此，我们将垂向位置和速度误差排除在系统状态向量之外，所以限制了重力水平分量的估计。

为了将卡尔曼滤波器用于误差估计，$\delta\boldsymbol{a}^s$ 和 $\delta\bar{\boldsymbol{g}}^n$ 的每个分量进一步表示成随机参数的线性模型。对于加速度误差，我们可以选取式（10－30），重力扰动分量可以表示为高斯-马尔科夫过程。那么，我们可得

$$[\boldsymbol{G}^n\boldsymbol{u}]_{\text{rows }4,5} = \boldsymbol{J}\boldsymbol{D}^{-1}\boldsymbol{C}_s^n\,[\boldsymbol{b} + \text{diag}(\boldsymbol{a}^s)\boldsymbol{\kappa}_A + \boldsymbol{w}_A] + \boldsymbol{J}\boldsymbol{D}^{-1}\delta\bar{\boldsymbol{g}}^n \tag{10-53}$$

式中，$\boldsymbol{J}$ 在式（10－34）中定义，$\boldsymbol{D}$ 在式（5－69）中定义，如果建立的模型为三阶随机过程，$\delta\bar{\boldsymbol{g}}^n$ 的每个分量满足式（6－104）类型的微分方程，并且引入了 2 个新参数。在这种情况下，总状态向量由式（10－31）和式（10－32）给出，通过重力扰动模型状态向量增强为

$$\begin{aligned}
\boldsymbol{\varepsilon}_1 &= (\psi_N \quad \psi_E \quad \psi_D \quad \delta\dot{\phi} \quad \delta\dot{\lambda} \quad \delta\phi \quad \delta\lambda)^{\mathrm{T}} \\
\boldsymbol{\varepsilon}_2 &= (d^{\mathrm{T}} \quad b^{\mathrm{T}} \quad \kappa_A^{\mathrm{T}})^{\mathrm{T}} \\
\boldsymbol{\varepsilon}_3 &= (\delta\bar{g}_N \quad \delta\bar{g}_E \quad c_{N1} \quad c_{E1} \quad c_{N2} \quad c_{E2})^{\mathrm{T}}
\end{aligned} \tag{10-54}$$

式中，陀螺仪的误差建模为漂移加上白噪声（10－29），并且参数 c_{N1}，c_{N2}，c_{E1}，c_{E2} 属于三阶高斯-马尔科夫过程。很明显，传感器误差和重力扰动分量可选的模型能够在系统总

状态向量中减少或增加参数个数，必须慎重选择参数以确保如下所述的可估计性。例如，在水平飞行（或水平稳定平台）的捷联系统中，垂向加速度计的偏置和标度系数在以下的步骤中不起作用，因此无法估计它们。

误差动态方程变成与式（10－33）类似的表达式，写为

$$\frac{\mathrm{d}}{\mathrm{d}t}\begin{pmatrix}\boldsymbol{\varepsilon}_1\\ \boldsymbol{\varepsilon}_2\\ \boldsymbol{\varepsilon}_3\end{pmatrix}=\begin{pmatrix}\boldsymbol{F}_{11} & \boldsymbol{F}_{12} & \boldsymbol{F}_{13}\\ \underset{9\times7}{\mathbf{0}} & \underset{9\times9}{\mathbf{0}} & \underset{9\times6}{\mathbf{0}}\\ \underset{6\times7}{\mathbf{0}} & \underset{6\times9}{\mathbf{0}} & \boldsymbol{F}_{33}\end{pmatrix}\begin{pmatrix}\boldsymbol{\varepsilon}_1\\ \boldsymbol{\varepsilon}_2\\ \boldsymbol{\varepsilon}_3\end{pmatrix}+\begin{pmatrix}\boldsymbol{G}_1\\ \underset{9\times9}{\mathbf{0}}\\ \boldsymbol{G}_3\end{pmatrix}\begin{pmatrix}\boldsymbol{w}_G\\ \boldsymbol{w}_A\\ \boldsymbol{w}_{\delta g}\end{pmatrix} \tag{10-55}$$

式中，$\boldsymbol{F}_{11}$ 与式（10－33）中的 $\boldsymbol{F}_1$ 相同，由式（10－28）给出的一个 7×7 的矩阵；$\boldsymbol{F}_{12}$ 与 $\boldsymbol{F}_2$ 相同，由式（10－34）给出，并且

$$\boldsymbol{F}_{13}=\begin{pmatrix}\underset{3\times2}{\mathbf{0}} & \underset{3\times4}{\mathbf{0}}\\ \boldsymbol{J}\boldsymbol{D}^{-1}\boldsymbol{J}^{\mathrm{T}} & \underset{2\times4}{\mathbf{0}}\\ \underset{2\times2}{\mathbf{0}} & \underset{2\times4}{\mathbf{0}}\end{pmatrix},\boldsymbol{F}_{33}=\begin{pmatrix}\underset{2\times2}{\mathbf{0}} & \underset{2\times2}{\boldsymbol{I}} & \underset{2\times2}{\mathbf{0}}\\ \underset{2\times2}{\mathbf{0}} & \underset{2\times2}{\mathbf{0}} & \underset{2\times2}{\mathbf{0}}\\ -v^3\operatorname{diag}(\beta_N^3,\beta_E^3) & -3v^3\operatorname{diag}(\beta_N^2,\beta_E^2) & -3\operatorname{diag}(\beta_N,\beta_E)\end{pmatrix} \tag{10-56}$$

式中，v 是运载体速度，具有特定值的两个参数 β_N、β_E 分别对应每一个如式（6－103）给出的高斯-马尔科夫模型。同样，与这些模型相关的白噪声过程包含在 2×1 的向量 $\boldsymbol{\omega}_{\delta g}$ 中。类似于式（10－34），可得

$$\boldsymbol{G}_1=\begin{pmatrix}\boldsymbol{C}_s^n & \underset{3\times3}{\mathbf{0}} & \underset{3\times2}{\mathbf{0}}\\ \underset{2\times3}{\mathbf{0}} & \boldsymbol{J}\boldsymbol{D}^{-1}\boldsymbol{C}_s^n & \underset{2\times2}{\mathbf{0}}\\ \underset{2\times3}{\mathbf{0}} & \underset{2\times3}{\mathbf{0}} & \underset{2\times3}{\mathbf{0}}\end{pmatrix},\boldsymbol{G}_3=\begin{pmatrix}\underset{4\times6}{\mathbf{0}} & \underset{4\times2}{\mathbf{0}}\\ \underset{2\times6}{\mathbf{0}} & \underset{2\times2}{\boldsymbol{I}}\end{pmatrix} \tag{10-57}$$

用于更新的观测值是式（7－51）的差值，即通过积分惯性导航方程得到指示大地测量坐标的值与外部获得大地测量坐标的值（例如从 GPS 获得坐标）之间的差值。类似于式（10－36），观测矩阵可以通过下式给出

$$H=\begin{pmatrix}\underset{2\times5}{\mathbf{0}} & \underset{2\times2}{\boldsymbol{I}} & \underset{2\times15}{\mathbf{0}}\end{pmatrix} \tag{10-58}$$

如第 10.3.1 节中所讨论，应当考虑 GPS 天线和 INS 之间的位置误差，并进行简单地补偿修正，而修正取决于载体坐标系相对于导航坐标系的方向。我们可以引入这些不同于运载体动态特性的补偿量，作为状态向量中附加的随机参数。

那么，卡尔曼滤波器根据式（7－72）中给出的随机信息确定最优权值，将这些观测的差值分配到不同误差参数中。这些参数中有两个是重力扰动向量分量，它们的估计值也伴随着一个协方差矩阵［式（7－73）中恰当的对角线元素模块］。这个估计步骤的示意如图 10－9 所示。

这个方法的效果取决于指定合理的随机模型，不仅包括惯性传感器常用的系统误差参数模型，也包括引力扰动分量的随机模型。为了获得扰动量的可估计性，这些模型和它们所表示的状态必须截然不同，因为单个“误差”不是与其他误差密不可分的。也就是说，

在第 5.4 节中已经验证过加速度计偏置和倾斜误差（由陀螺漂移引起的误差）的不可分离性，这将扩展到重力扰动分量上。后者随机过程的特性必须与传感器随机过程的特性不同，所以滤波器才会产生精确的估计值。

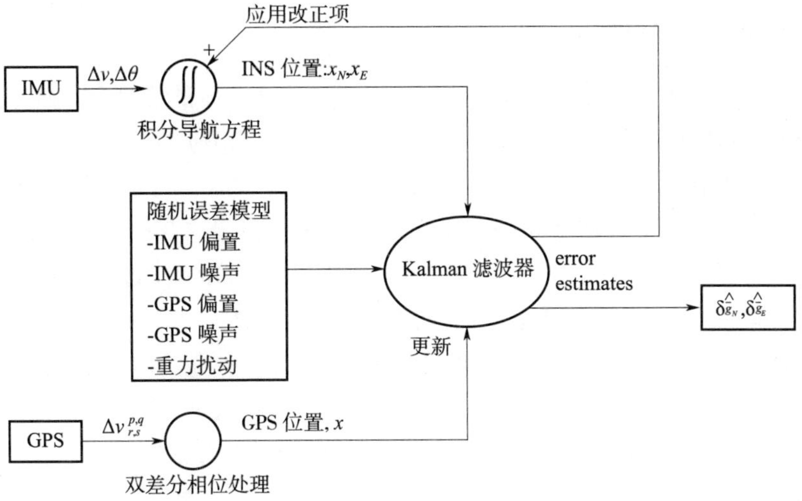

图 10－9　使用惯性定位方法进行重力扰动估计的基本步骤

重力扰动估计对随机模型的依赖存在几个缺点（可参见 Schwarz 和 Li，1996）。主要是可以认为有两种方式将重力扰动解释成为一个随机过程。显然这些估计对选定的模型非常敏感（可参见 Jekeli，1995），因此降低了这种方法的鲁棒性。这又符合重力扰动向量随机建模的缺点，如第 6.6.3 节所述。也就是说，由于卡尔曼滤波器是一维的，这两种情况都不适用于重力场，所以不能做到完全无误。模型的阶数是有限的，为了简单理解，忽略了不同分量之间的相关性。

然而，它也有许多优点，首先，更新值以观测位置（或速度）的形式给出，这两种形式都能在运动中相对容易获得。一个经典的例子就是 ZUPT，当然现在 GPS 可以基本连续地为移动平台提供高精度定位。此外，惯性导航对时间积分的事实表明 IMU 随机误差趋向于更低的频率，因此产生了一个更加平滑的结果。最后，估计是最优的，并且包含了一个确定的协方差，但这些仅在模型合理且有足够精度的情况下才有效。

惯性矢量重力测量的演示验证要追溯到 Rose 和 Nash（1972），他们使用船载的惯性导航系统，从 LORAN 远程导航系统获得位置和速度更新。因为以 ZUPT 方式的高频次的更新，此方法被研究并主要应用于惯性测量系统（可参见 Schwarz，1980；Huddle，1986）。然而，最严重的阻碍是陀螺仪的漂移误差，它在定位误差中直接与水平重力扰动分量结合，如式（10－51）所示。为了解决这些问题，在控制台站上包括一些“重力更新”（外部测量垂线偏差，式（6－98）），这样沿着测量轨迹从水平分量中分离出漂移误差。对于固定机翼航空系统来说，很明显 ZUPT 方法不切实际，这使得诺斯罗普公司（1986）使用一个恒星相机与 INS 搭配，使用相对于已知恒星的观测方向来更新方向角，这样可以连续控制陀螺仪的漂移误差［可以参见（Mangold，1997）］。对这种价格昂贵和环境受限方法的另外一个选择，就是通过飞机上加装 3 个或者更多的 GPS 天线测量姿态。然而对于航空矢量重力测量来说，测试表明所需要长基线（几米的量级）的弯曲变形妨碍航空测量获得足够的定向精度。

10.4.2　加速度测量获得重力

对于矢量重力测量，更直接的方法是使用加速度计（在标量情况下，通常是一款重力仪）测量加速度和精确定位系统观测运动加速度的标量重力测量方法的推广。航空垂向重力测量的成功主要借助于 GPS 以足够的精度和分辨率提供运动定位来计算运动垂向加速度的能力，也可以提供足够精度和分辨率的水平速度（可参考 Brozena 和 Peters，1992；Hein，1995）。其他辅助系统，例如雷达、激光测高仪和 LORAN 远程导航系统也能获得很好的结果，但是 GPS 是当前最主要的应用。相同的概念可以拓展到矢量重力测量中。需要注意，使用这种方法时，方位误差将量级很大的垂向加速度耦合为水平加速度误差的情况也不会消失，但是在本质上不依赖于前述方法中的随机解释或重力扰动向量的建模。

根据传感器坐标系下的比力 $\boldsymbol{a}^s$ 和 i 系下的运动加速度 $\ddot{\boldsymbol{x}}^i$，n 系中的引力向量可以从式（10-49）表示如下

$$\boldsymbol{g}^n = \boldsymbol{C}_i^n(\ddot{\boldsymbol{x}}^i - \boldsymbol{C}_s^i\boldsymbol{a}^s) \tag{10-59}$$

在稳定平台系统，坐标变换矩阵 $\boldsymbol{C}_i^n$ 和 $\boldsymbol{C}_s^i$ 与加速度 $\boldsymbol{a}^s$ 物理上固定在一起直接产生在机械框架下（例如 n 系，或者进行适当的修改游动方位坐标系）的加速度。然而，我们仅考虑传感器坐标系与载体坐标系一致的捷联式的惯性测量单元。通过消除校正地球离心加速度后，比较式（4-89）和式（6-95）的正常重力向量 $\boldsymbol{g}^n$ 获得重力扰动向量

$$\delta\bar{\boldsymbol{g}}^n = \bar{\boldsymbol{g}}^n - \boldsymbol{\gamma}^n = \boldsymbol{g}^n - \boldsymbol{C}_e^n\boldsymbol{\Omega}_{ie}^e\boldsymbol{\Omega}_{ie}^e\boldsymbol{x}^e - \boldsymbol{\gamma}^n = \boldsymbol{C}_i^n(\ddot{\boldsymbol{x}}^i - \boldsymbol{C}_b^i\boldsymbol{a}^b) - (\boldsymbol{\gamma}^n + \boldsymbol{C}_i^n\boldsymbol{\Omega}_{ie}^i\boldsymbol{\Omega}_{ie}^i\boldsymbol{x}^i) \tag{10-60}$$

式中，$\boldsymbol{\Omega}_{ie}^e = \boldsymbol{C}_i^e\boldsymbol{\Omega}_{ie}^i\boldsymbol{C}_e^i$，根据式（1-77），非零分量为 $\pm\omega_e$。

式（10-60）右边的所有变量是通过测量或计算获得。加速度计直接产生 $\boldsymbol{a}^b$，从载体坐标系到惯性坐标系的坐标变换矩阵 $\boldsymbol{C}_b^i$ 直接从陀螺仪的输出值 $\boldsymbol{\omega}_{ib}^b$ 通过积分四元数相应的微分方程式（4-21）获得（参见第 4.2.3.1 节）。此处，陀螺仪误差将影响 $C_b^i\boldsymbol{a}^b$，以上已经讨论过。由式（1-87）和式（1-78）给出的坐标变换矩阵 $\boldsymbol{C}_i^n = \boldsymbol{C}_e^n\boldsymbol{C}_i^e$ 很容易通过使用变换式（1-84）从运载体的位置获得，即笛卡儿地球固联坐标到测地学坐标的变换（其中 $\boldsymbol{x}^e = \boldsymbol{C}_i^e\boldsymbol{x}^i$）。这些坐标中的一个误差就表示重力扰动向量的定位失准误差。这个误差的幅值取决于重力扰动分量的梯度，这个梯度值足够小（通常小于 0.1 mgal/m），允许几米的位置误差。确定高度是最重要的，它影响正常重力向量垂直分量 γ_h 的计算，每米的位置误差将导致 0.31 mgal 的重力垂向分量误差（反映重力的垂向梯度）。所有计算量和估计量的定位要求均可以通过 GPS 容易地实现。

然而，需要更加精确的量是位置 $\boldsymbol{x}^i$，需要对它进行微分获得运动加速度

$$\ddot{\boldsymbol{x}}^i = \frac{\mathrm{d}^2}{\mathrm{d}t^2}\boldsymbol{x}^i \tag{10-61}$$

已经存在许多标准数值计算技术来从位置中计算加速度，将以时间为函数的 $\boldsymbol{x}^i$ 每个分量拟合为多样条曲线。位置精度和相应的加速度精度之间的近似关系，可以通过考虑适合伽利略定律的简单的最小二乘来获得

$$x_j^i(t) = \frac{1}{2}a_j t^2; j = 1,2,3; t = \Delta t, 2\Delta t, \cdots, n\Delta t \tag{10-62}$$

式中，a_j 表示在积分（平均）时间 $\tau = n\Delta t$ 估计的加速度向量的第 j^t 个分量。a_j 未加权最小二乘估计值可以通过式（7-39）给出

$$\hat{a}_j = (\boldsymbol{H}^{\mathrm{T}}\boldsymbol{H})^{-1}\boldsymbol{H}^{\mathrm{T}}\boldsymbol{y}_j \tag{10-63}$$

其中

$$\boldsymbol{H} = \frac{\Delta t^2}{2}(1^2 \quad 2^2 \quad \cdots \quad n^2)^{\mathrm{T}}, \boldsymbol{y}_j = [x_j^i(\Delta t) \quad x_j^i(2\Delta t) \quad \cdots \quad x_j^i(n\Delta t)]^{\mathrm{T}} \tag{10-64}$$

估计值的方差可以通过下式给出

$$\begin{aligned}\sigma_{a_j}^2 &= (\boldsymbol{H}^{\mathrm{T}}\boldsymbol{H})^{-1}\boldsymbol{H}^{\mathrm{T}}\boldsymbol{\xi}(y_j y_j^{\mathrm{T}})\boldsymbol{H}(\boldsymbol{H}^{\mathrm{T}}\boldsymbol{H})^{-1} = \boldsymbol{\sigma}^2(x_j^i)(\boldsymbol{H}^{\mathrm{T}}\boldsymbol{H})^{-1} \\ &= \sigma^2(x_j^i)\frac{4}{\Delta t^4}\left(\sum_{k=1}^{n}k^4\right)^{-1}\end{aligned} \tag{10-65}$$

其中，假定位置坐标中的误差是不相关的（协方差矩阵 $\boldsymbol{\xi}(\boldsymbol{y}_j\boldsymbol{y}_j^{\mathrm{T}})$ 是对角矩阵），并且均具有相同的方差 $\sigma^2(x_j^i)$ 。连续整数 q 次幂和的近似公式为

$$\sum_{k=1}^{n}k^q \approx \frac{n^{q+1}}{q+1}, (n \gg 1) \tag{10-66}$$

所以，当 $q=4$ 时，式（10-65）变成

$$\sigma_{a_j}^2 \approx \frac{20\Delta t}{\tau^5}\sigma^2(x_j^i) \tag{10-67}$$

取 $\Delta t = 1$ s，平均时间 $\tau = 60$ s，位置标准偏差为 6 cm，转换成加速度的精度大概是 1 mGal。从 GPS 导出位置坐标进行加速度计算的例子可参见 Wei 和 Schwarz（1995）和 Jekeli 和 Garcia（1997）。

因为 GPS 天线和 INS 不可能在运载体的同一个位置上，计算加速度和敏感加速度参考空间中不同的点。然而，这些点必须刚性连接，所以这些不同点的加速度是通过杆臂效应联系在一起，第 3.3.1 节已经推导出杆臂效应的关系式。对式（3-98）进行修改以满足当前情况，即在图 3-13 中的壳体是运载体（b 系），并且 $\boldsymbol{b}^b$ 表示 GPS 天线相对于 b 系原点（认为是 IMU 的位置）的坐标向量，我们得出表达式

$$\ddot{\boldsymbol{x}}_{\text{antenna}}^i = \ddot{\boldsymbol{x}}_{\text{IMU}}^i + \boldsymbol{C}_b^i[\dot{\boldsymbol{\omega}}_{ib}^b \times \boldsymbol{b}^b + \boldsymbol{\omega}_{ib}^b \times (\boldsymbol{\omega}_{ib}^b \times \boldsymbol{b}^b)] \tag{10-68}$$

式中，下标“antenna”和“IMU”分别表示 GPS 天线和 IMU 的位置；$\ddot{\boldsymbol{x}}_{\text{antenna}}^i$ 是从 GPS 位置坐标计算获得的加速度；$\ddot{\boldsymbol{x}}_{\text{IMU}}^i$ 是式（10-59）中需要的加速度；包含在相应变换矩阵 $\boldsymbol{C}_b^i$ 中运载体相对于 i 系的角速率 $\boldsymbol{\omega}_{ib}^b$ ，直接来自于陀螺仪的输出值（上面已经提到）；角加速度 $\dot{\boldsymbol{\omega}}_{ib}^b$ 可以通过数值微分来获得。尤其是这个科里奥利项和离心加速度项需要显著平滑，以此来降低由陀螺仪白噪声产生的高频误差。我们注意到根据式（3-96）和式（3-97）

也以下述形式产生杆臂效应为

$$\begin{aligned}\ddot{\boldsymbol{x}}^{i}_{\text{antenna}}-\ddot{\boldsymbol{x}}^{i}_{\text{IMU}}&=\frac{\mathrm{d}^2}{\mathrm{d}t^2}(\boldsymbol{C}^i_b\boldsymbol{b}^b),\\ \ddot{\boldsymbol{x}}^{i}_{\text{antenna}}-\ddot{\boldsymbol{x}}^{i}_{\text{IMU}}&=\frac{\mathrm{d}}{\mathrm{d}t}(\boldsymbol{C}^i_b\boldsymbol{\omega}^b_{ib}\times\boldsymbol{b}^b)\end{aligned}\tag{10-69}$$

实际上，式（10－69）等号右侧括号内项的数值微分（使用平滑）能得到更稳定的结果。

10.4.2.1　卡尔曼滤波器方法

在直接加速度测量方法中，有必要估计与INS相关的主要误差项。可以构建一个很简单的卡尔曼滤波器，其中运动加速度服务于外部更新。现在，系统的误差状态限定为IMU的误差参数和方向误差，它将陀螺仪误差和加速度计误差联系在一起；根据传统的方法，我们可以将重力扰动分量包含在状态向量中。举例说明，在式（10－54）中，我们假定传感器的误差为偏置和加速度计标度系数误差；然而，在实际情况中能根据可估计性选取一组不同的参数。

因此，假定系统的状态向量为

$$\boldsymbol{\varepsilon}=[(\boldsymbol{\psi}^i)^{\mathrm{T}}\quad\boldsymbol{\varepsilon}_2^{\mathrm{T}}\quad\boldsymbol{\varepsilon}_3^{\mathrm{T}}]^{\mathrm{T}}\tag{10-70}$$

式中，$\boldsymbol{\psi}^i$ 是方向误差向量，在实现惯性坐标系过程中产生的误差；式（10－54）中给出的向量 $\boldsymbol{\varepsilon}_2$ 和 $\boldsymbol{\varepsilon}_3$ 分别含有传感器误差状态变量和与重力扰动分量模型相关的状态变量。方向误差的动态特性方程由式（5－46）中的第一个方程给出；并且，假定传感器误差为随机常数，其动态特性由式（6－63）给出。3个重力扰动分量均可由三阶高斯-马尔科夫过程表示（通常在 n 系中），满足式（6－81）；也就是说，现在 $\boldsymbol{\varepsilon}_3$ 包含以下9个分量

$$\boldsymbol{\varepsilon}_3=(\delta\bar{g}_N\quad\delta\bar{g}_E\quad\delta\bar{g}_D\quad c_{N1}\quad c_{E1}\quad c_{D1}\quad c_{N2}\quad c_{E2}\quad c_{D2})^{\mathrm{T}}\tag{10-71}$$

使用 $\delta\boldsymbol{\omega}^b_{ib}=\boldsymbol{d}+\boldsymbol{w}_G$，类似于式（10－29），我们得出

$$\frac{\mathrm{d}}{\mathrm{d}t}\begin{pmatrix}\boldsymbol{\psi}^i\\ \boldsymbol{\varepsilon}_2\\ \boldsymbol{\varepsilon}_3\end{pmatrix}=\begin{pmatrix}\underset{3\times3}{\boldsymbol{0}} & \boldsymbol{F} & \underset{9\times9}{\boldsymbol{0}}\\ \underset{9\times3}{\boldsymbol{0}} & \underset{9\times9}{\boldsymbol{0}} & \underset{9\times9}{\boldsymbol{0}}\\ \underset{9\times3}{\boldsymbol{0}} & \underset{9\times9}{\boldsymbol{0}} & \boldsymbol{F}_{33}\end{pmatrix}\begin{pmatrix}\boldsymbol{\psi}^i\\ \boldsymbol{\varepsilon}_2\\ \boldsymbol{\varepsilon}_3\end{pmatrix}+\begin{pmatrix}\boldsymbol{G}_1\\ \underset{9\times6}{\boldsymbol{0}}\\ \boldsymbol{G}_3\end{pmatrix}\begin{pmatrix}\boldsymbol{w}_G\\ \boldsymbol{w}_{\delta E}\end{pmatrix}\tag{10-72}$$

其中

$$\boldsymbol{F}=\begin{pmatrix}-\boldsymbol{C}^i_b & \underset{3\times6}{\boldsymbol{0}}\end{pmatrix},\boldsymbol{G}_1=\begin{pmatrix}-\boldsymbol{C}^i_b & \underset{3\times3}{\boldsymbol{0}}\end{pmatrix},\boldsymbol{G}_3=\begin{pmatrix}\underset{6\times3}{\boldsymbol{0}} & \underset{6\times3}{\boldsymbol{0}}\\ \underset{3\times3}{\boldsymbol{0}} & \underset{3\times3}{\boldsymbol{I}}\end{pmatrix}\tag{10-73}$$

和 $\boldsymbol{F}_{33}$，类似于式（10－56），表示为

$$\boldsymbol{F}_{33}=\begin{pmatrix}\underset{3\times3}{\boldsymbol{0}} & \underset{3\times3}{\boldsymbol{I}} & \underset{3\times3}{\boldsymbol{0}}\\ \underset{3\times3}{\boldsymbol{0}} & \underset{3\times3}{\boldsymbol{0}} & \underset{3\times3}{\boldsymbol{I}}\\ -v^3\,\mathrm{diag}(\beta_N^3,\beta_E^3,\beta_D^3) & -3v^3\,\mathrm{diag}(\beta_N^2,\beta_E^2,\beta_D^2) & -3\,\mathrm{diag}(\beta_N,\beta_E,\beta_D)\end{pmatrix}\tag{10-74}$$

对应于式（7-51），观测值更新通过 IMU 敏感加速度和从运动加速度及引力加速度获得外部加速度之差来给出，运动加速度和引力根据 $\boldsymbol{a}^i=\ddot{\boldsymbol{x}}^i-\boldsymbol{g}^i$ 来获得。在这种情况下，我们假定仅已知正常重力 $\boldsymbol{\gamma}^i$（加上离心加速度），其中［也可参考式（10-60）］

$$\boldsymbol{g}^i=\boldsymbol{\gamma}^i+\boldsymbol{\Omega}_{ie}^i\boldsymbol{\Omega}_{ie}^i\boldsymbol{x}^i+\delta\bar{\boldsymbol{g}}^i \tag{10-75}$$

式中，$\delta\bar{\boldsymbol{g}}^i$ 是在 i 系中的重力扰动向量。所以，观测模型变为

$$\boldsymbol{y}=\tilde{\boldsymbol{a}}^i-[\tilde{\ddot{\boldsymbol{x}}}^i-(\boldsymbol{\gamma}^i+\boldsymbol{\Omega}_{ie}^i\boldsymbol{\Omega}_{ie}^i\boldsymbol{x}^i)] \tag{10-76}$$

式中，波浪线"～"表示观测值或传感器的指示量。使用上述给出的精确定位后，正常重力加速度（加上离心加速度部分）中的对准误差（由不正确的位置坐标导致的误差）是不用考虑的。再次，计算加速度 $\tilde{\ddot{\boldsymbol{x}}}^i$ 是指 IMU 参考点的加速度，并且应当包括式（10-68）或式（10-69）中所示的杆臂效应。

观测量 $\boldsymbol{y}$ 反映了敏感加速度和计算加速度之间的误差

$$\begin{aligned}\tilde{\boldsymbol{a}}^i&=\boldsymbol{a}^i+\delta\boldsymbol{a}^i\\ \tilde{\ddot{\boldsymbol{x}}}^i&=\ddot{\boldsymbol{x}}^i+\delta\ddot{\boldsymbol{x}}^i\end{aligned} \tag{10-77}$$

通过式（5-35）中 i 系的加速度、式（10-30）中的 $\delta\boldsymbol{a}^b$ 以及用于运动加速度的白噪声 $\boldsymbol{w}_K$ 的组合给出误差表达为

$$\begin{aligned}&\delta\boldsymbol{a}^i=\boldsymbol{C}_b^i\delta\boldsymbol{a}^b-\boldsymbol{\Psi}\boldsymbol{C}_b^i\boldsymbol{a}^b=\boldsymbol{C}_b^i[\boldsymbol{b}+\mathrm{diag}(\boldsymbol{a}^b)\boldsymbol{\kappa}_A+\boldsymbol{w}_A]+\boldsymbol{a}^i\times\boldsymbol{\psi}^i\\ &\delta\ddot{\boldsymbol{x}}^i=\boldsymbol{w}_K\end{aligned} \tag{10-78}$$

后者是一种理想情况，即使用足够的平滑来降低由数值微分产生的高频误差来近似。将式（10-77）代入式（10-76），并且结合式（10-49）和式（10-75），观测模型变为

$$\boldsymbol{y}=\delta\boldsymbol{a}^i-\delta\ddot{\boldsymbol{x}}^i-\delta\bar{\boldsymbol{g}}^i \tag{10-79}$$

使用式（10-78），根据系统的状态变量它可以表示为

$$\boldsymbol{y}=\boldsymbol{H\varepsilon}+\boldsymbol{v} \tag{10-80}$$

其中，观测矩阵是

$$\boldsymbol{H}=[[\boldsymbol{a}^i\times]\quad 0\quad \boldsymbol{C}_b^i\quad \boldsymbol{C}_b^i\mathrm{diag}(\boldsymbol{a}^b)\quad -\boldsymbol{C}_n^i\quad 0\quad 0] \tag{10-81}$$

噪声向量是

$$\boldsymbol{v}=\boldsymbol{C}_b^i\boldsymbol{w}_A-\boldsymbol{w}_K \tag{10-82}$$

假定误差 $\boldsymbol{w}_A$ 和 $\boldsymbol{w}_K$ 不相关，并且其协方差矩阵分别为 $\boldsymbol{R}_A$ 和 $\boldsymbol{R}_K$，$\boldsymbol{v}$ 的协方差矩阵可以通过下式给出

$$\boldsymbol{R}=\boldsymbol{C}_b^i\boldsymbol{R}_A\boldsymbol{C}_i^b+\boldsymbol{R}_K \tag{10-83}$$

包含重力扰动分量的状态参数向量 $\boldsymbol{\varepsilon}$ 的估计值可以通过式（7-72）和由式（7-73）给出的协方差矩阵递归运算获得。相比于第 10.4.1 节给出的方法，因为这种方法不是基于确定一个惯性导航解，所以它可以得到 $\delta\bar{\boldsymbol{g}}^n$ 的 3 个分量。该方法仍然需要一个重力扰动随机模型，如第 10.4.1 节和第 6.6.3 节中所述，而重力扰动模型构建存在一些问题。

另一个选择是从误差参数中去掉重力扰动向量，这已被 Jekeli 和 Kwon（1999）成功应用，那么可以由下式表示

$$\hat{\boldsymbol{\varepsilon}} = [(\boldsymbol{\psi}^i)^{\mathrm{T}} \quad \boldsymbol{\varepsilon}_2^{\mathrm{T}}]^{\mathrm{T}} \tag{10-84}$$

动态方程式（10－72）相应的简化表示为

$$\frac{\mathrm{d}}{\mathrm{d}t}\begin{pmatrix}\boldsymbol{\psi}^i \\ \boldsymbol{\varepsilon}_2\end{pmatrix} = \begin{pmatrix}\underset{3\times3}{\mathbf{0}} & \boldsymbol{F} \\ \underset{9\times3}{\mathbf{0}} & \underset{9\times9}{\mathbf{0}}\end{pmatrix}\begin{pmatrix}\boldsymbol{\psi}^i \\ \boldsymbol{\varepsilon}_2\end{pmatrix} + \begin{pmatrix}\boldsymbol{G} \\ \underset{9\times6}{\mathbf{0}}\end{pmatrix}\boldsymbol{w}_G \tag{10-85}$$

观测模型式（10－80）现在变为

$$\hat{\boldsymbol{y}} = \boldsymbol{y} + \delta\bar{\boldsymbol{g}}^i = \hat{\boldsymbol{H}}\hat{\boldsymbol{\varepsilon}} + \boldsymbol{v} \tag{10-86}$$

其中观测矩阵是

$$\hat{\boldsymbol{H}} = [[\boldsymbol{a}^i \times] \quad 0 \quad \boldsymbol{C}_b^i \quad \boldsymbol{C}_b^i \mathrm{diag}(\boldsymbol{a}^b)] \tag{10-87}$$

噪声的协方差矩阵由式（10－83）给出。

将卡尔曼滤波器用于系统状态变量式（10－84），根据式（10－85）和由式（10－76）计算观测值 $\boldsymbol{y}$ 更新进行动态的变化，产生这些状态相应的估计值

$$\hat{\hat{\boldsymbol{\varepsilon}}} = \hat{\boldsymbol{\varepsilon}} + \delta\hat{\boldsymbol{\varepsilon}} \tag{10-88}$$

其中

$$\delta\hat{\boldsymbol{\varepsilon}} = [(\delta\boldsymbol{\psi}^i)^{\mathrm{T}} \quad \delta\boldsymbol{d}^{\mathrm{T}} \quad \delta\boldsymbol{b}^{\mathrm{T}} \quad \delta\boldsymbol{\kappa}_A^{\mathrm{T}}]^{\mathrm{T}} \tag{10-89}$$

分别是估计值中真正的误差。参数估计值 $\hat{\hat{\boldsymbol{\varepsilon}}}$ 产生一个调整后观测值，给出如下

$$\hat{\boldsymbol{y}} = \hat{\boldsymbol{H}}\hat{\hat{\boldsymbol{\varepsilon}}} \tag{10-90}$$

这个调整后观测值相对于观测值的残差使用方程式（10－90）、式（10－88）、式（10－86）和式（10－89）推导如下

$$\begin{aligned}\boldsymbol{v} &= \boldsymbol{y} - \hat{\boldsymbol{y}} \\ &= \boldsymbol{y} - \hat{\boldsymbol{H}}\hat{\hat{\boldsymbol{\varepsilon}}} \\ &= \boldsymbol{y} - \hat{\boldsymbol{H}}(\hat{\boldsymbol{\varepsilon}} + \delta\hat{\boldsymbol{\varepsilon}}) \\ &= \boldsymbol{y} - (\boldsymbol{y} + \delta\bar{\boldsymbol{g}}^i - \boldsymbol{v} + \hat{\boldsymbol{H}}\delta\hat{\boldsymbol{\varepsilon}}) \\ &= -\delta\bar{\boldsymbol{g}}^i - \boldsymbol{C}_b^i[\delta\boldsymbol{b} + \mathrm{diag}(\boldsymbol{a}^b)\delta\boldsymbol{\kappa}_A] - \boldsymbol{a}^i \times \delta\boldsymbol{\psi}^i + \boldsymbol{C}_b^i\boldsymbol{w}_A - \boldsymbol{w}_K\end{aligned} \tag{10-91}$$

根据式（10－91）的第一行，使用式（10－76）和式（10－90）计算残差；但是，如最后一行所示，它包含了重力扰动向量，也包括系统参数估计值中的真实误差、IMU 传感器的噪声和观测运动加速度误差（陀螺仪误差通过 $\delta\boldsymbol{\psi}^i$ 进入系统）。如果相对于重力扰动向量，我们假定后边的项是小量，那么（负的）残差估计值为

$$\boldsymbol{v} \approx -\delta\bar{\boldsymbol{g}}^i \tag{10-92}$$

显然，一旦在 i 系中确定 $\delta\bar{\boldsymbol{g}}^i$，那么它很容易通过 $\boldsymbol{C}_i^n$ 变换到导航坐标系中，而坐标变换矩阵可以从运载体的位置坐标获得。总的估计步骤示意如图 10－10 所示。

当同时估计传感器误差时，这种确定重力扰动向量的非常规方法是基于最小二乘方法校正中检测异常值的常规技术，而最小二乘校正是通过监测对应调整后观测量的残差来实现的。更加普遍的解释是，残差中显著的系统特性通常表明了故障或者建模缺陷。在我们的研究中，观测模型近似为式（10－86）右侧的方程。

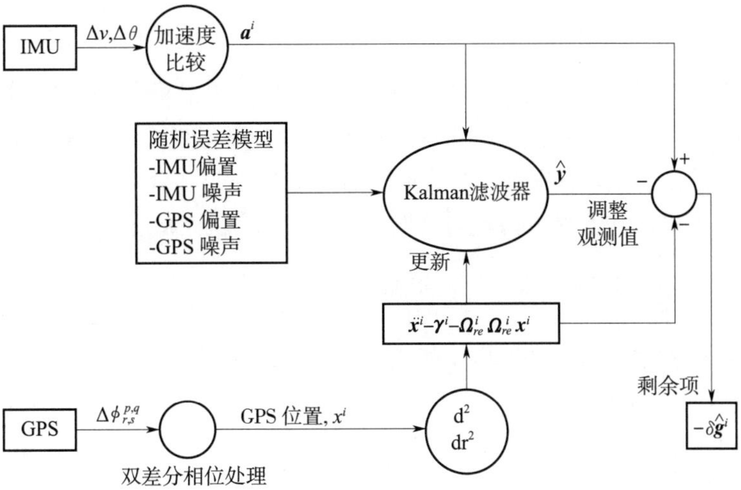

图 10－10　使用加速度方法进行重力扰动向量估计的步骤

当然，这个方法也有许多重要的注意事项。重力扰动信号与传感器误差信号特性相同的那些部分（当通过云载体的速度变化到时域中时）将在卡尔曼滤波器中变成相对应的（误差）估计值。这意味着估计值 $\delta\hat{\boldsymbol{\varepsilon}}$ 中的真误差可能比较大，因此可能式（10－92）的结果变差。本质上来说，这种方法的可行性取决于重力扰动信号从导航坐标系（例如 i 系）中传感器误差的加速度影响的可分离性。但是，这是在任何使用这些方法的情况下都是如此，这再次强调动基座矢量重力测量的根本问题。

尝试了其他类型的重力建模（可参见 Salychev，1995，1998），但是矢量重力测量的最终成功取决于惯性传感器可预测的系统误差和移动平台的低角度和线性动态特性。

10.4.2.2　标量重力测量

重力扰动垂向分量的测量对 $\bar{g}_D$ 与平台调平误差 ψ 非常不敏感。在这种情况下，加速度计的测量值是 $\bar{g}_D$，它通过乘以 $\cos\psi$，得到相对应的误差仅是（调平误差的）二阶项

$$\bar{g}_D\cos\psi \approx \bar{g}_D - \bar{g}_D\psi^2/2 \tag{10-93}$$

如式（10－51）中所指出的，水平分量通过一阶误差受影响：$\bar{g}_D\sin\psi \approx \bar{g}_D\psi$。这一事实以及使用 GPS、雷达或者激光测距仪可精确地确定高度使航空（标量）重力测量成为一个可行的方案，可以开拓世界范围内地球物理勘探和科学目的的业务。

多数的航空重力测量系统使用重力仪（传统的静态仪器进行改造以便在动态环境中作业），惯性导航系统的垂向加速度也是一款重力仪，它们本质上是同一种传感器。所以，下面的讨论适用于这两种类型的系统。从式（4－91）可知，在 n 系中的重力向量 $\bar{\boldsymbol{g}}^n$ 与比力 $\boldsymbol{a}^n$ 有关，写为

$$\bar{\boldsymbol{g}}^n = \frac{\mathrm{d}}{\mathrm{d}t}\boldsymbol{v}^n - \boldsymbol{a}^n + (\boldsymbol{\Omega}^n_{in} + \boldsymbol{\Omega}^n_{ie})\boldsymbol{v}^n \tag{10-94}$$

将式（4－103）给出的测地坐标速率代入式（4－102），它是式（10－94）的等效分量形式，那么垂向分量可以提取出来，变为

$$\delta \bar{g}_D = -\gamma_D - \ddot{h} - a_D + 2\omega_e v_E \cos\phi + \frac{v_N^2}{M+h} + \frac{v_E^2}{N+h} \tag{10-95}$$

式中，γ_D 为 NED 坐标系中正常重力的垂向（向下）分量（参见式（6－96）和式（6－93)，它是使用式（6－90）并根据已知的纬度和高度计算获得；$\ddot{h}$ 是方向朝上的垂向运动加速度，而 a_D 是比力的向下分量，它从垂向加速度计获得。式（10－95）右边 3 项在一起称为厄特弗斯校正，其中最后两项通常与式（5－57）中的 R_ϕ 结合在一起产生一个近似值：$\frac{v^2}{(R_\phi + h)}$，其中 v 是运载体总的水平速度。

厄特弗斯校正和垂向运动加速度 $\ddot{h}$ 能通过差分大地坐标（ϕ，λ，h）获得，而大地坐标是通过一个 GPS 解并且使用式（4－97）获得。$\delta\bar{g}_D$ 更加简单和等效的公式绕开了 GPS 导出的 i 系坐标到测地学坐标和速度，它通过直接从式（10－60）中提取第 3 个分量建立起来

$$\delta \bar{g}_D = [C_i^n(\ddot{x}^i - \Omega_{ie}^i \Omega_{ie}^i x^i)]_3 - a_D - \gamma_D \tag{10-96}$$

式中，等号右侧括号向量的下标确定了垂向（向下为正）分量。

我们可以使用式（5－52）来确定方向误差对 a_D 测量值的影响，同时也确定速度和位置误差对厄特弗斯校正计算的影响。特别地，结合式（5－67)，式（5－52）的第 3 个分量可以表示为下式

$$\begin{aligned}\delta\ddot{h} &= a_2^n\psi_N - a_1^n\psi_E + 2\dot{\phi}\delta v_N + 2\dot{l}_1\cos\phi\delta v_E \\ &\quad - (\dot{\lambda}\dot{l}_2\sin 2\phi + \bar{\Gamma}_{31}^n) r\delta\phi - \bar{\Gamma}_{32}^n r\cos\phi\delta\lambda + (\dot{\phi}^2 + \dot{\lambda}\dot{l}_2\cos^2\phi + \bar{\Gamma}_{33}^n)\delta h\end{aligned} \tag{10-97}$$

等号左侧的项不应当与运动的垂向加速度的误差混淆，它仅表示由于前面提到的以及右边列写出来的原因导致的误差。如果垂向加速度计在水平方向不稳定或方向精度不够高，那么前两项将产生明显的误差。注意，方位误差 ψ_D 不直接影响一阶项。然而，需要精确地确定速度，尤其是由于地球自转导致的东向速度分量；在 $\phi = 45°$ 时，0.1 m/s 的东向速度误差产生 1 mgal 的加速度误差。因此，只要总的水平加速度可以精确测量的时候，航向（方位）间接成为一个重要的参数。运载体纬度和经度误差一定要达到几个角分（几公里)，否则它们将影响加速度 1 mgal 的精度。另一方面，重力垂向梯度 $\bar{\Gamma}_{33}^n = 0.308\,6$ mgal/m，使得确定 $\delta\bar{g}_D$ 对垂向位置误差（对准误差）相当敏感。

观察式（10－96）可知，杆臂效应 $\boldsymbol{b}^i = \boldsymbol{x}_{\text{antenna}}^i - \boldsymbol{x}_{\text{IMU}}^i$ 成为向量的垂向（第 3 个）分量

$$\boldsymbol{C}_i^n[(\ddot{\boldsymbol{x}}_{\text{antenna}}^i - \ddot{\boldsymbol{x}}_{\text{IMU}}^i) - \boldsymbol{\Omega}_{ie}^i\boldsymbol{\Omega}_{ie}^i\boldsymbol{C}_b^i\boldsymbol{b}^b] \tag{10-98}$$

式中，$\boldsymbol{x}_{\text{antenna}}^i - \boldsymbol{x}_{\text{IMU}}^i$ 的差值是通过式（10－69）获得，并且由于地球自转角速率是小量，所以与 $\boldsymbol{b}^b$ 相关的项可以忽略不计。

参考文献

[1] Abramowitz, M. and I.A. Stegun (eds.) (1972): *Handbook of Mathematical Functions*. Dover Publications, New York.

[2] AFSC (1992): Specification for USAF Standard Form, Fit, and Function (F3) Mediurn Accuracy Inertial Navigation Unit. SNU 84 - 1, Rev. D, Aeronautical Systems Division, Air Force Systems Command, Wright - Patterson AFB, OH.

[3] Anderson, B.D.O. and J.B. Moore (1979): *Optimal Filtering*. Prentice - Hall, Englewood Clifs, NJ.

[4] Arfken, G. (1970): *Mathematical Methods. for Physics*. Academic Press, New York.

[5] Babuska, I, M. Prager, and E. Vitasek (1966): *Numerical Processes in Differential Equations*.John Wiley & Sons, Ltd.London.

[6] Barbour, N. and G. Schmidt (1998): Inertial sensor technology trends. Proceedings of the IEEE Symposiurn on Autonomous Underwater Vehicle Technology, pp. 55 - 62, 20 - 21 August 1998, Cambridge, Massachusetts.

[7] Bassiri, S. and G.A. Hajj (1993): Higher - order ionospheric effects on the Global Positioning System observables and means of modeling them. *Manuscripta Geodaetica*, 18(5), 280 - 289.

[8] Baziw, J. and C.T. Leondes (1972a): In - flight alignment and calibration of inertial measurement units—part I: general formulation. *IEEE Transactions on Aerospace and Electronic Systems*, AES - 8(4), 439 - 449.

[9] Baziw, J. and C.T. Leondes (1972b): In - flight alignment and calibration of inertial measurement units—part Ⅱ: experimental results. *IEEE Transactions on Aerospace and Electronic Systems*, AES -8(4), 450 - 465.

[10] Beck, G.E. (1971): *Navigation Systems*.Van Nostrand Reinhold, London.

[11] Bierman, G.J. (1973): Fixed interval smoothing with discrete measurements. *Int. J. Control*, 18 (1), 65 - 75.

[12] Bierman, G.J, (1977): *Factorization Methods for Diserete Sequential Estimation*. Academic Press, New York.

[13] BIPM (1991): Le Système International d'Unités (SI). Bureau International des Poids et Mesures, Sèvres.

[14] Borkowski, K.M. (1989): Accurate algorithms to transform geocentric to geodetic coordinates. *Bulletin Géodéique*, 63, 50 - 56.

[15] Bortz, J.E. (1971): A new mathematical formulation for strapdown inertial navigation. *IEEE Trans Aerospace and Electronic Systems*, AES - 7(1), 61 - 66.

[16] Boyce, W.E. and R.C. DiPrima (1969): *Elementary Differential Equations and Boundary Value Problems*. John Wiley & Sons, Inc, New York.

[17] Briting, K.R. (1971): *Inertial Navigation Systems Analysis*. Wiley Interscience, Wiley &Sons,

New York.

[18] Brogan, W.L. (1974): *Modern Control Theory*. Quantum Publ., Inc., New York.

[19] Brown, R.G. and P.Y.C. Hwang (1992): *Introduction to Random Signals and Applied Kalman Filtering*. John Wiley and Sons, Inc., New York.

[20] Broxmeyer, C. (1964): *Inertial Navigation Systems*. McGraw Hill Book Company, New York.

[21] Burdess, J.S., A.J. Harris, J. Cruickshank, D. Wood, G. Cooper (1994): Review of vibratory gyroscopes. *Engineering Science and Education Journal*, 3(6), 249 - 254.

[22] Chatfield, A.B. (1997): *Fundamentals of High Accuracy Inertial Navigation*. American Institute of Aeronautics and Astronautics, Inc., Reston, Virginia.

[23] Chapin, D. (1998): Gravity instruments: past, present, future. *The Leading Edge*, 17(1), 100 - 112.

[24] Chow, W.W., J. Gea - Banacloche, L.M. Pedrotti, V.E. Sanders, W. Schleich, and M.O. Scully (1985): The ring laser gyro. *Reviews of Moderm Physics*, 57(1), 61 - 104.

[25] Conte, S.D. and C. de Boor (1965): *Elementary Numerical Analysis*. McGraw - Hill Book Co., New York.

[26] Craig, R.J.G. (1972a): Theory of operation of an elastically supported, tuned gyroscope. *IEEE Transactions on Aerospace and Electronic Systems*, AES - 8(3), 280 - 288.

[27] Craig, R.J.G. (1972b): Theory of errors of a multigimbal, elastically supported, tuned gyroscope. *IEEE Transactions on Aerospace and Electronic Systems*, AES - 8(3), 289 - 297.

[28] Cressie, N.A.C. (1993): *Statistics for Spatial Data*. John Wiley and Sons, lnc., New York.

[29] Dudewicz, E.J. (1976): *Introduction to Statistics and Probability*. Holt, Rinehart, and Winston, New York.

[30] El - Sheimy, N. and K.P. Schwarz (1998): Navigating urban areas by VISAT - a mobile mapping system integrating GPS/INS/Digital cameras for GIS applications. *Navigation, Journal of the Institute of Navigation*, 45(4), 275 - 285.

[31] Eissfeller, B. and P. Spietz (1989): Shaping filter design for the anomalous gravity feld by means of spectral factorization. *Manuscripta Geodaetica*, 14, 183 - 192.

[32] Everitt, C.W.F. (1988): The Stanford relativity gyroscope experiment (A): History and Overview. In: *Near Zero: New Frontiers of Physics*, edited by J.D. Fairbanks et al., W.H. Freeman and Co., New York.

[33] Feissel, M. and F. Mignard (1998): The adoption of ICRS on 1 January 1998: Mcaning and consequences. *Astronomy and Astrophysics*, 331(3), L33 - L36.

[34] Forsberg, R. (1987): A New Covariance Model for Inertial Gravimetry and Gradiometry, *J.Geophys Res.*, 92(B2), 1305 - 1310.

[35] Fraser, D.C. (1967): A new technique for the optimal smoothing of data. Report No. T - 474, M.I.T. Instrumentation Lab, Cambridge, Massachusetts.

[36] Gao, Y., E.J. Krakiwsky, and M.A. Abousalem (1993): Comparison and analysis of centralized, decentralized, and federated filters. *Navigation, Journal of the Institute of Navigation*, 40(1), 69 - 86.

[37] Gear, C.W. (1971): *Numerical Initial Value Problems in Ordinary Differential Equations*. Prentice -Hall, Inc., Englewood, NJ.

[38] Gelb, A., 1974:*Applied Optimal Estimation*. M.I.T. Press, Cambridge, Massachusetts.

[39] Goldstein, H. (1950):*Classical Mechanics*. Addison - Wesley Pub. Co., Reading, MA.

[40] Goursat, E. (1945):*Differential Equations*. Dover Pub, New York.

[41] Greenspan, R.L. (1995): Inertial navigation technology from 1970 - 1995.*Navigation, Journal of the Institute of Navigation*, 42(1), 165 - 185.

[42] Greenspan, R.L. (1996): GPS and inertial integration. In *Global Positioning System: Theory and Practice, vol II*, by B.W. Parkinson and J.J. Spilker (eds.), pp.187 - 220, American Institute of Aeronautics and Astronautics, Inc., Washington, DC.

[43] Grejner - Brzezinska, D.A., R. Da, and C. Toth (1998): GPS error modeling and OTF ambiguity resolution for high - accuracy GPS/INS integrated system.*Journal of Geodesy*,72(11), 626 - 638.

[44] Grejner - Brzezinska, D.A. (1999): Direct exterior orientation of airborne imagery with GPS/INS system: performance analysis.*Navigation, Journal of the Institule of Navigation*,46(4).

[45] Hadfield, M.J. (1978): Location, navigation and survey - adaptability of high precision ESG inertial systems in the 1980's. IEEE PLANS 1978, Position, Location and Navigation Symposium, 6 - 9 November, San Diego.

[46] Hagglund, J.E. and A. Hittel (1977): Evolution of the Ferranti Inertial Survey System. Proceedings of the First International Syrnposium on Inertial Technology for Surveying and Geodesy, 12 - 14 October 1977, Ottawa, pp.257 - 277.

[47] Hannah, J. (1982a): The development of comprehensive error models and network adjustment techniques for inertial surveys. Report No.330, Department of Geodetic Science and Surveying, Ohio State University, Columbus.

[48] Hannah, J. (1982b): Inertial Rapid Geodetic Survey System (RGSS) error models and network adjustment. Report No. 332, Department of Geodetic Science and Surveying,Ohio State University, Columbus.

[49] Hartmann, G.K. and R. Leitinger (1984): Range errors due to ionospberic and tropospberic eflects for signal frequencies above 100 MHz. *Bulletin Géodésique*, 58(2), 109 - 136.

[50] Hein, G. W. (1995): Progress in airborne gravimetry: solved, open and critical problems. Proceedings of LAG Symposium on Airborne Gravity Field Determination, IUGG XXI General Assembly, Boulder, CO, 2 - 14 July 1995, pp. 3 - 11.

[51] Heiskanen, W.A. and H. Moritz (1967):*Physical Geodesy*. W.H. Freeman, San Francisco.

[52] Heller, W.G. and S.K. Jordan (1979): Attenuated White Noise Statistical Gravity model, *J. Geophys. Res*, 84(B9), 4680 - 4688.

[53] Helmert, F.R. (1880):*Die Mathematischen und Physikalischen Theorien der höheren Geodöste*. Teubner, Leipzig.

[54] Henderson, H.V. and S.R. Searle (1981): On deriving the inverse of a sum of matrices.*SIAM Review*, 23(1), 53 - 60.

[55] Hobson, E.W. (1965):*The Theory of Spherical and Ellipsoidal Harmonics*. Chelsea Publishing, New York.

[56] Hofmann - Wellenhof, B, H. Lichtenegger, and J. Collins (1994):*Global Positioning System, Theory and Practice*. Springer - Verlag, Wien.

[57] Hotate, K. (1997): Fiber - optic gyros. In: *Optical Fiber Sensors, vol.4, Applications, Analysis, and Future Trends*, edited by J. Dakin and B. Culshaw, pp.167 - 206, Artech House, Inc., Boston.

[58] Huddle, JR. (1985): Historical perspective and potential directions for estimtion in inertial surveys, Proceedings of the Third International Symposium on Inertial Technology for Surveying and Geodesy, 16 - 20 September 1985, Banff, Canada, pp. 215 - 239.

[59] Huddle, J.R. (1986): Historical perspective on estimation tochniques for position and gravity survey with inertial systems, *J. Guidance and Control*, 9(3), 257 - 267.

[60] Huddle, J.R. and R.W. Maughmer (1972): The application of error control techniques in the design of an advanced inertial surveying system. Presented at the 28th Annual Meeting of the Institute of Navigation, West Point, New York, June 1972.

[61] Hursh, J.W., G. Mamon, J.A. Stolz (1977): Aerial Profiling of Terrain. Proceedings of the First International Symposium on Inertial Technology for Surveying and Geodesy, 12 - 14 October 1977, Ottawa, pp.121 - 130.

[62] IEEE (1984): IEEE Standard lnertial Sensor Terminology. IEEE Std 528 - 1984, New York.

[63] Ignagni, M.B. (1990): Optimal strapdown attitude integration algorithms. *Journal of Guidance*, 13(2), 363 - 369.

[64] Ignagni, M.B. (1998): Duality of optimal strapdown sculling and coning compensation algorithms. *Navigation*, 45(2), 85 - 96.

[65] IGS Central Bureau (1999): International GPS Service, Information and Resources. Report produced by Jet Propulsion Laboratory, Pasadena, CA.

[66] Jekeli, C. (1995): Airborne vector gravimetry using precise, position - aided inertial measurement units. *Bulletin Géodésique*, 69(1), 1 - 11.

[67] Jekeli, C. (1999): The determination of gravitational potential differences from satellite - to - satellite tracking, *Celestial Mechanics and Dynamical Astronomy*, 75(2), 85 - 100.

[68] Jekeli, C. and R. Garcia (1997): GPS phase accelerations for moving - base vector gravimetry. *Journal of Geodesy*, 71, 630 - 639.

[69] Jekeli, C. and J.H. Kwon(1999): Results of airborne vector (3 - D) gravimetry. *Geophysical Research Letters*, 26(23), 3533 - 3536.

[70] Jiang, Y.F. and Y.P. Lin (1992): Improved strapdown coning algorithms. *IEEE Trans Aerospace and Electronic Systems*, 28(2), 484 - 489.

[71] Jordan, S.K. (1972): Self - consistent statistical models for the gravity anomaly, vertical deflection, and undulation of the geoid. *Journal of Geophysical Research*, 77(20), 3660 - 3670.

[72] Kalman, R.E. (1960): A new approach to linear filtering and prediction problems. *Trans.ASME J. Basic Eng.*, 82, 34 - 45.

[73] Kalman, R.E. and R.S. Bucy (1961): New results in linear filtering and prediction theory. *Trans. ASME J. Basic Eng.*, 83, 95 - 108.

[74] Kayton, M. and W.R. Fried (1969): *Avionics Navigation Systems*. John Wiley & Sons, Inc., New York.

[75] Kayton, M. and W.R. Fried (1997): *Avionics Navigation Systems*. Second edition. John Wiley & Sons, Inc., New York.

[76] Kim, B.Y. and HJ. Shaw (1986):Fiber - optic gyroscopes.*IEEE Spectrum*, 23(3), 54 - 60.

[77] Klobuchar, J.A. (1987): Ionospheric time - delay algorithm for single - frquency GPS users.*IEEE Trans. Aerospace and Electronic Systems*, AES - 23(3), 325 - 331.

[78] Koch, K. R. (1987): *Parameter Esimation and Hypothesis Testing in Linear Models*. Springer Verlag, Berlin.

[79] Lang, S. (1971):*Linear Algebra*. Addison - Wesley Pub. Co., Reading. MA.

[80] Langley, R.B. (1998): GPS receivers and the observables. In *GPS for Geodesy* (2nd ed.), by P.J.G. Teunissen and A. Kleusberg (eds.), pp.151 - 185, Springer - Verlag, Berlin.

[81] Lawrence, A. (1998):*Modern Inertial Techmology*:*Navigation*, *Guidance*, *and Control*.Springer - Verlag, New York.

[82] Lefevre, H. (1993):*The Fiber -Optic Gyroscope*.Artech House, Boston.

[83] Leick, A. (1995):*GPS Satelite Surveying*. John Wiley & Sons, Inc., New York.

[84] Lemoine, F.G. et al. (1998): The development of the joint NASA GSFC and the National Imagery Mapping Agency (NIMA) geopotential model EGM96. NASA Technical Report NASA/TP - 1998 - 206861, Goddard Space Flight Center, Greenbelt, Maryland.

[85] Leondes, CT. (ed.) (1963):*Guidance and Control of Aerospace Vehicles*. McGraw - Hill Book Company, New York.

[86] Linkwitz, K. and U. Hangleiter (eds.) (1995):*High Precision Navigation* 95. Proceedings of the Third International Workshop on High Precision Navigation, Dümmler Verlag, Bonn.

[87] Lipa, J.A. and G.M. Kciser (1988): The Stanford relativity gyroscope experiment (B):Gyroscope development. In *Near Zero*: *New Frontiers of Physics*, J.D. Fairbanks et al (eds.) (W.H. Freeman and Co, New York), pp. 640 - 658.

[88] Mader, G. L. (1992): Rapid static and kinematic Global Positioning System solutions using the ambiguity function technique.*Journal of Geophysical Research*, 97(B3), 3271 - 3283.

[89] Madsen, S. N, H. A. Zebker, and J. Martin (1993): Topographic mapping using radar interferometry: processing techniques. *IEEE Trars Geoscience and Remote Sensing*, 31 (1), 246 - 256.

[90] Mangold, U. (1997): Theory and performance prediction for continuous vector gravimetry based on a DGPS augmented rate bias inertial navigation system and a star tracker.*Navigation*, *Journal of The Institute of Navigation*, 44(3), 329 - 345.

[91] Mansour, W. M. and C. Lacchini (1993): Two - axis dry tuned - rotor gyroscopes: design and technology.*J .Guridance*, *Control*, *and Dynamics*, 16(3), 417 - 425.

[92] Marple, S.L. (1987):*Digial Spectral Analysis with Applications*. Prentice - Hall, Inc., Englewood Cliffs, New Jersey.

[93] Martin, J.L. (1988):*General Relativity*, *A Gride to its Consequences for Gravity and Cosmology*. Ellis Horwood Ltd., Chichester.

[94] Maybeck, P.S. (1979):*Stochastic Models*, *Estimation*, *and Control* (*vol. I*), Academic Press,New York.

[95] Maybeck, P.S. (1982):*Stochastic Models*, *Estimation*, *and Control* (*vol.II*). Academic Press,New York.

[96] McCarthy, D.D. (1996): IERS Conventions (1996). IERS Tech. Note 21, Observatoire de Paris, Paris.

[97] Meditch, J.S. (1973): A survey of data smoothing for linear and nonlinear dynamic systems. *Automatica*, 9, 151 - 162.

[98] Meydan, T. (1997): Recent trends in linear and angular accelerometers. *Sensors and Actuators, A: Physical*, 59(1 - 3), 43 - 50.

[99] Moritz, H. (1992): Geodetic Reference System 1980. *Bulletin Geodesique*, 66(2), 187 - 192.

[100] Moritz, H. (1980): *Advanced Physical Geodesy*. H. Wichmann Verlag, Heidelberg.

[101] Moritz, H. and I.I. Mueller (1987): *Earth Rotation, Theory and Observation*. Ungar Pub. Co, New York.

[102] Morse, P.M. and H. Feschbach (1953): *Methods of Theoretical Physies*. McGraw - Hill Book Company, Inc., New York.

[103] Nerem, R.S., C. Jekeli, and W.M. Kaula (1995): Gravity Ficld Determination and Characteristics: Retrospective and Prospective. *Journal of Geophysical Research*, 100(B8), 15053 - 15074.

[104] NIMA (1997): Department of Defense World Geodetic System 1984. Tech. Report TR - 8350.2, third edition, National Imagery and Mapping Agency, Bethesda, MD.

[105] NGSP (1977): National Geodctic Stellite Program, Parts I and II. Report SP - 365, Scientifie and Technical Information Office, NASA, Washington, DC.

[106] Northrop Corporation, Electronics Division, 1986: Gravity Compensation for INS Demon - stration Program, Volume 4 - Operational Testing, Report No. AFWAL TR - 85 - 1156, AF Wright Aeronautical Laboratories, Wright - Patterson AFB, Ohio.

[107] O'Donnell, C.F. (ed.) (1964): *Inertial Navigation, Analysis and Design*. McGraw - Hill Book Company, New York.

[108] Paik, H.J. (1996): Superconducting accelerometers, gravitational - wave transducers, and gravity gradiometers. In *SQUID Sensors: Fundumentals, Fabrication and Applications*, H. Weinstock (ed.), Kluwer Academic, Dortrecht, pp. 569 - 598.

[109] Papoulis, A. (1991): *Probability, Random Variables, and Stochastic Processes*. McGraw Hil, New York.

[110] Parkinson, B.W. and J.J. Spilker (eds.) (1996): *Global Positioning System: Theory and Application, Volumes I and II*. American Institute of Aeronautics and Astronautics, Inc., Washington, DC.

[111] Post, E.J. (1967): Sagnac effect. *Reviews of Modern Physics*, 39(2). 475 - 493.

[112] Prestley, M.B. (1981): *Spectral Analysis and Time Series Analysis*. Academic Press, New York.

[113] Rauch, H.E., F. Tung, C.T. Striebel (1965): Maximum likelihood estimatcs of linear dynamic systems. *AIAA J.*, 3, 1445 - 1450.

[114] Richtmyer, F.K., E.H. Kennard, and J.N, Cooper (1969): *Introduction to Moderm Physics*. MeGraw - Hill Book Company, New York.

[115] Rose, R.C. and R.A. Nash (1972): Direct recovery of deflections of the vertical using an inertial navigator. *IEEE Transactions on Geoscience and Electronics*, GE - 10(2), 85 - 92.

[116] Sagnac, G. (1913): L'éther lumineux démontré par l'effet du vent relatif déther dans un

interferomètre en rotation uniforme. *Compte -rendus de I'Académie des Sciences*, 95, 708 - 710.

[117] Salychev, O.S. (1995): *Inertial Surveying: ITC Ltd.Experience*.Bauman MSTU Press, Moscow.

[118] Salychev, O.S. (1998): *Inertial Systems in Navigation and Geophysics*. Bauman MSTU Press, Moscow.

[119] Savage, P.G. (1978): Strapdown sensors. In: *Strapdown Inertial Systems*, AGARD Lecture Series 95, NATO, Neuilly - sur - Seine, France.

[120] Savet, P.H. (ed.) (1961): *Gyroscopes: Theory and Design*. McGraw - Hill Book Co., Inc, New York.

[121] Schaffrin, B. and E. Grafarend (1986): Generating classes of equivalent linear models by nuisance parameter elimination.*Manuscripta Geodaetica*, 11, 262 - 271.

[122] Schwarz, K.P. (1980): Gravity field approximations using inertial survey systems.*The Cana -dian Surveyor*, 34(4), 383 - 395.

[123] Schwarz, K.P. (1981): A comparison of models in inertial surveying. Proceedings of the Second International Symposium on Inertial Technology for Surveying and Geodesy, 1 - 5 June 1981, Banff, Canada, pp.61 - 76.

[124] Schwarz, K.P. (1983): Inertial surveying and geodesy *Reviews of Geophysics and Space Physics*, 21(4), 878 - 890.

[125] Schwarz, KP. (1985): A unified approach to post - mission processing of inertial data. *Bulletin Géodésique*, 59, 33 - 54.

[126] Schwarz, K.P. and M. Gonthier (1981): Analysis of the heading sensitivity in the Litton lnertial Survey System. Proceedings of the Second International Symposium on Inertial Technology for Surveying and Geodesy, 1 - 5 June 1981, Banff, Canada, pp. 399 - 413.

[127] Schwarz, K.P. and D.A.G. Arden (1985): A comparison of adjustment and smoothing methods for inertial networks. Proceedings of Third International Symposium on Iner - tial Technology for Surveying and Geodesy, 16 - 20 September 1985, Banff, Canada, pp.257 - 272.

[128] Schwarz, K.P., M.E. Cannon, and R.V.C. Wong (1989): A comparison of GPS kinematic models for the determination of position and velocity along a trajectory. *Manuscripta Geodaetica*, 14, 345 - 353.

[129] Schwarz, KP., O.L. Colombo, G. Hein, E.T. Knickmeyer (1992): Requirements for airborne vector gravimetry. Proc. IAG Symp., From Mars to Greenland: Charting Gravity with Space and Airborne Instruments, General Assembly of the IUGG, Vienna, 1991, Springer Verlag, New York, pp. 273 - 283.

[130] Schwarz, K.P., M.A. Chapman, M.W. Cannon, and P. Gong (1993): An integrated INS/GPS approach to the georeferencing of remotely sensed data. *Photogrammetric Engineering & Remote Sensing*, 59(11), 1667 - 1674.

[131] Schwarz, K.P., J.M. Brozena, and G.W. Hein (eds.) (1995): Airborne Gravimetry. Proc. IAG Symp. on Airborne Gravity Field Determination, IUGG XXI General Assembly, Boulder CO, 2 - 14 July 1995.

[132] Schwarz, K.P. and Z. Li (1996): An introduction to airborne gravimetry and its boundary value problems. International Summer School of Theoretical Geodesy, Como, 26 May 7 June 1996.

[133] Seeber, G. (1993): *Salellite Geodesy*. Walter deGruyter & Co., Berlin.

[134] Sennott, J., I. S. Ahn, and D. Pietraszcwski (1996): Marine Applications. In *Global Positioning System: Theory and Practice, vol II*, by B. W. Parkinson and JJ. Spilker (eds.), pp. 303 - 325, American Institute of Aeronautics and Astronautics, Inc., Washington, DC.

[135] Shortley, G. and D. Williams (1971): *Elements of Physics*. Prentice - Hall, Inc., Englewood Cliffs, New Jersey.

[136] Schuler, H. (1923): Die Störung eines Pendels und eincs Kreiselgeratcs infolge Be - schleunigung des Fahrzeugs. *Physkalische Zeitschrifi*, Band 24, Kiel.

[137] Stieler, B and H. Winter (1982): *Gyroscopic Instruments and their Application to Flight Testing*. AGARD -AG - 160, vol. 15, Advisory Group for Aerospace Research and Development, NATO, Nuilly sur Seine, France.

[138] Teunisscn, P.J.G. (1998): GPS carrier phase ambiguity fixing concepts. In *GPS for Geodesy* (2nd ed.), by P.J.G. Teunissen and A. Kleusberg (eds.), pp. 319 - 388, Springer - Verlag, Berlin.

[139] Teunissen, P.J.G. and A. Kleusberg (eds.) (1998): *GPS for Geodery* (2nd ed.). Springer - Verlag, Berlin.

[140] Thomson, W.T. (1960): *Laplace Transformation*. Prentice - Hall, Inc., Englewood, NJ.

[141] Todd, M.S. (1981): Rapid Geodetic Survey System (RGSS) White Sands tests for position, height, and the anomalous gravity vector components. Proc. Second Interational Symposium on Inertial Technology for Surveying and Geodesy, 1 - 5 June 1981, Banff, Canada, pp. 373 - 385.

[142] Torge, W. (1989): *Gravimetry*. Walter de Gruyter, Berlin.

[143] Torge, W. (1991): *Geodesy*, 2nd edition. Walter de Gruyter, Berlin.

[144] Talli, D. M. and S. M. Lichten (1990): Stochastic estimation of uropospheric path delays in Global Positioning System geodetic measurements. *Bulletin Géodésique*, 64(2), 127 - 159.

[145] Van Dierendonck, A.J. (1996): GPS receivers. In *Global Postitioning System' Theory and Practice, Vol. I*, by B.W. Parkinson and J J. Spilker (eds.), pp.329 - 407, American Institute of Aeronautics and Astronautics, Inc., Washington, DC.

[146] Vassiliou, A A. and K. P. Schwarz (1987): Study of the High - Frequency Spectrum of the Anomalous Gravity Potential, *J. Geophys. Res.*, 92(B1), 609 - 617.

[147] Walter, P.L. (1997): History of the accelerometer. *Sound and Vibration*, 31(3), 16 - 22.

[148] Walter, P.L. (1999): Trends in accelerometer design for military and aerospace applications, *Sensors (Pelerborough, NH)*, 16(3), 44 - 51.

[149] Wei, M., and K.P. Schwarz (1995): Analysis of GPS - derived accelerations from airborne tests. ln: *Airborne Gravimetry*, by K.P. Schwarz, J.M. Brozena, and G.W. Hein (eds.), Proceedings of IAG Symposium G4, XXI General Assembly of IUGG, pp. 175 - 188.

[150] Wilson, H.K. (1971): *Ordinary Differenrial Equarions*. Addison - Wesley Pub. Co., Reading, MA.

[151] Yazdi, N., F. Ayazi, and K. Najaf (1998): Micromachined inertial sensors. *Proceedings of the IEEE*, 86(8), 1640 - 1658.

[152] Zumberge, J.F., M.M. Watkins, and F.H. Webb (1998): Characteristics and applications of precise GPS clock solutions every 30 seconds. *Navigation, Joumal of the Institute of Navigation*, 44(4), 449 - 456.